新工科建设·电子信息类系列教材
2020 年山东省普通高等教育一流教材

单片机原理及应用

（第 5 版）

张 鑫 等编著

电子工业出版社.
Publishing House of Electronics Industry
北京·**BEIJING**

内 容 简 介

本书以 MCS-51 单片机为主，主要内容：绪论为单片机简介，第 1 章介绍单片机的结构与原理，第 2 章介绍单片机的指令系统与程序设计，第 3 章介绍单片机的内部资源及应用，第 4～6 章介绍单片机的外围接口技术，第 7 章介绍单片机系统设计，第 8 章为课程设计与创新实验题目。第 1～7 章配有习题，并免费提供包括 CAI 课件、典型例题的 Proteus 仿真源代码、仿真演示视频（二维码）、习题参考答案等在内的教学资源包。CAI 课件可登录华信教育资源网（www.hxedu.com.cn）下载。

本书以培养学生的工程实践能力与创新能力为目标，突出多种典型、常用集成电路芯片的介绍与应用，突出单片机外围接口芯片的扩展、单片机系统的设计与实现及单片机的典型应用；汇编语言与 C51 语言程序设计并重，注重新技术和新器件的引入，如 I^2C 总线、时钟芯片、串行 A/D 转换器和 D/A 转换器、片上系统（SoC）等；理论联系实际，系统实用。

本书可作为高等学校自动化类、电气信息类、电子信息类及计算机类等专业相关课程教材，也可供相关领域工程技术人员参考。

图书在版编目（CIP）数据

单片机原理及应用 / 张鑫等编著. —5 版. —北京：电子工业出版社，2023.4
ISBN 978-7-121-46130-9

Ⅰ．①单…　Ⅱ．①张…　Ⅲ．①单片微型计算机－高等学校－教材　Ⅳ．①TP368.1

中国国家版本馆 CIP 数据核字（2023）第 152573 号

责任编辑：冉　哲
印　　刷：三河市鑫金马印装有限公司
装　　订：三河市鑫金马印装有限公司
出版发行：电子工业出版社
　　　　　北京市海淀区万寿路 173 信箱　邮编　100036
开　　本：787×1092　1/16　印张：17.5　字数：494 千字
版　　次：2005 年 8 月第 1 版
　　　　　2023 年 4 月第 5 版
印　　次：2025 年 1 月第 3 次印刷
定　　价：59.80 元

第 5 版前言

本书于 2005 年出版第 1 版，并分别于 2010 年、2014 年、2018 年修订出版第 2、3、4 版，得到了广大读者和使用本书作为教材的高校师生的肯定，并获批 2020 年山东省普通高等教育一流教材。

为深入贯彻党的二十大报告中"推进新型工业化"精神，全面提高人才自主培养质量，全力造就创新型工程人才，作者对本书再次进行了修订，进一步完善了本书内容，使之更适应当前高校课堂教学与实践教学的需要，并展现单片机技术的最新发展。

本书面向应用，以培养学生分析问题和解决问题的能力为目的，循序渐进，深入浅出，尽量使"深者得其深，浅者得其浅"，关注学生的认知特点和教学规律，注重体系的完整性。

在本书中，汇编语言与 C51 语言程序设计并重，硬件设计与软件设计的技巧性和方法并重，典型实例与 Proteus 仿真并重。在介绍单片机系统的组成时，详尽地介绍了多种典型、常用的集成电路芯片及其应用，列举了大量单片机外围接口芯片及相应的单片机系统。同时，注重新技术和新器件的引入，如 I^2C 总线、时钟芯片、串行 A/D 转换器和 D/A 转换器、片上系统（SoC）等。本书还给出了单片机课程设计与创新实验题目，供教师及读者参考。通过这些课程设计与创新实验，读者能够有效地提高应用单片机解决实际工程问题的能力与创新能力。

本书在第 4 版的基础上，为教师与学生提供符合技术发展、适应时代应用且更为合理的实例、仿真及动画演示；尽可能选择应用性强的系统实例，并提供了详尽的硬件和软件设计及 Proteus 仿真，以期为学生今后的实际应用、参加学科竞赛奠定基础；对 Proteus 软件应用进行了全面升级，与软件发展同步；对全书的内容进行修改与完善，使得内容更加全面，章节结构更加合理，通用性、系统性、工程性和实用性更好。

本书以 MCS-51 单片机为主，主要内容：绪论为单片机简介，第 1 章介绍单片机的结构与原理，第 2 章介绍单片机的指令系统与程序设计，第 3 章介绍单片机的内部资源及应用，第 4~6 章介绍单片机的外围接口技术，第 7 章介绍单片机系统设计，第 8 章为课程设计与创新实验题目，附录 A 为 ASCII 码字符表，附录 B 为 MCS-51 单片机指令表，附录 C 和附录 D（二维码）分别为 Keil C51 与 Proteus 软件简介。

作者根据多年的教学经验积累，并依托山东省省级一流课程"单片机原理及应用"，对教材的配套资源进行整合，形成了集理论教学、实践教学、课后习题及参考答案、CAI 课件及 Proteus 仿真于一体的立体化教材。CAI 课件中配备了大量的动画，用以演示寻址过程、指令与程序执行过程、硬件和软件设计过程、电路信号流向与信号变化、系统工作过程。使用者可根据不同的教学与学习需求，从中选取相应的内容。本书还以二维码的形式提供了典型例题及系统设计的 Proteus 仿真演示视频。

本书参考学时为 48~64 学时，教师可根据教学实际情况对讲授内容进行取舍或补充。

全书共 9 章。绪论、第 1 章、第 4 章、第 7 章由张鑫编写，第 2 章、附录 C 和附录 D 由张岩编写，第 3 章由华臻编写，第 5 章由陈书谦编写，第 6 章、第 8 章及各章习题、附录 A 和附录 B 由元红妍编写。全书由张鑫统稿。

本书在编写的过程中得到了各位参编老师所在学校的领导和同行们的支持与帮助。在本书校对过程中，冉哲编辑提出了许多宝贵意见。在此对所有参与本书出版的人员表示诚挚的谢意！另外，向所有参考文献的作者致谢！

作者学识有限，书中可能会存在某些错误与不妥之处，敬请读者批评指正，作者电子邮箱：zxtz65@163.com。

立体化教学资源

为了满足不同读者的需求，本书免费提供以下教学资源：

- 全部习题的参考答案；
- CAI 课件，登录华信教育资源网（www.hxedu.com.cn）注册后免费下载；
- 典型例题的 Proteus 仿真源代码；
- 以二维码形式提供的仿真演示视频、实用程序及常用软件使用方法介绍；
- 教学所需的相关内容。

以上资源请联系本书责任编辑冉哲索取，电子邮箱：ran@phei.com.cn。

作　者

附录 C　　　　　附录 D

目　　录

绪　　论

绪论主要介绍单片机的基本概念、发展过程、发展趋势、应用领域、市场前景、单片机的选型及典型单片机性能概览，目的在于使学生了解单片机，重视单片机技术的学习。

1. 单片机的基本概念

单片微型计算机（Single-Chip Microcomputer），简称单片机，就是将微处理器（Central Processing Unit，CPU）、存储器 ROM（Read Only Memory，只读存储器）和 RAM（Random Access Memory，随机存储器）、定时器/计数器、中断系统、输入/输出接口（I/O 接口）、总线及其他多种功能的器件集成在一块芯片上的微型计算机。由于单片机的重要应用领域为智能化电子产品，一般需要嵌入仪器设备内，故又称为嵌入式微控制器（Embedded Microcontroller）。

单片机的主要特点如下。

（1）可靠性高。单片机芯片是按工业测控环境要求设计的，其抗干扰的能力优于个人计算机（Personal Computer，PC）。单片机的系统软件（如程序、常数、表格）均固化在 ROM 中，不易受病毒破坏；许多信号的通道均集成在芯片内，运行系统稳定可靠。

（2）便于扩展。单片机内部具有计算机正常运行所必需的部件，外部有很多供扩展用的引脚（总线、并行 I/O 接口和串行 I/O 接口），很容易构成各种规模的计算机应用系统。

（3）控制功能强。单片机具有丰富的控制指令（如条件分支转移指令、I/O 接口的逻辑操作指令、位处理指令等），可以对逻辑功能比较复杂的系统进行控制。

（4）低电压、低功耗。低电压、低功耗对便携式产品和家用消费类产品是非常重要的。许多单片机可在 3V，甚至更低的电压下运行，有些单片机的工作电流已降至 μA 级。

（5）易于嵌入、发展迅速、应用广泛、易于产品化。单片机具有体积小、性价比高、灵活性强等特点，易于嵌入其他系统，在嵌入式微控制器中占有重要的位置。单片机从 20 世纪 70 年代出现至今，发展迅速，以其形式多样、集成度高、功能日臻完善、应用系统设计简单、易于掌握、易于产品化等特点而得到了广泛应用和普及。

单片机的出现是近代计算机技术发展史上的一个重要里程碑，单片机的诞生标志着计算机正式形成了通用计算机系统和嵌入式计算机系统两大分支。通用计算机的主要特点是大存储容量，高速数值计算，不必兼顾控制功能，不断完善操作系统，其在数据处理、模拟仿真、人工智能、图像处理、多媒体、网络通信中得到了广泛应用。但是，通用计算机的体积大、成本高，无法嵌入大多数产品，而单片机则应嵌入式需求而生。单片机具有体积小、成本低等特点，广泛应用于机器人、仪器仪表、汽车电子系统、工业控制单元、玩具、家用电器、办公自动化设备、金融电子系统、舰船、个人信息终端及通信产品中。单片机以面向对象的实时监测和控制为己任，不断增强控制能力，降低成本，减小体积，改善开发环境，迅速而广泛地取代了经典电子系统。既有几元一块的一般功能的单片机，也有上百元一块的多功能的单片机，内含模数（A/D）转换器、数模（D/A）转换器、通信接口、多个计数器、多种接口标准等。

单片机目前作为最典型的嵌入式系统，它的成功应用推动了嵌入式系统的发展。单片机技术在高等学校的相关专业单独开设课程；在课程设计、毕业设计，乃至研究生论文课题中，单片机技术的应用非常广泛；在高校中大力推行的各种电子设计竞赛、智能车竞赛中，单片机技术的应用占有重要的地位。因此，作为电类等专业的学生，必须学好并灵活应用单片机技术。

2．单片机的发展过程

1974 年，美国 Fairchild（仙童）公司研制了世界上第一块单片机 F8。该机由两块集成电路芯片组成，结构奇特，具有与众不同的指令系统，深受家用电器与仪器仪表领域的欢迎和重视。从此，单片机开始迅速发展，应用领域也在不断扩大，现已成为微型计算机的重要分支。单片机的发展通常可以分为以下 4 个阶段。

（1）第一阶段（1974—1976 年）。单片机初级阶段。在这个时期生产的单片机，制造工艺落后，集成度低，而且采用双片形式。典型的代表产品有 1974 年 12 月 Fairchild 公司推出的 F8 系列。其特点是，内部只包含 8 位（bit，b）的 CPU，64 字节（Byte，B）的 RAM 和两个并行接口，需要外加一块 3851 芯片（内部具有 1KB 的 ROM、定时器/计数器和两个并行接口）才能组成一台完整的单片机。

（2）第二阶段（1977—1978 年）。低性能单片机阶段。这个时期生产的单片机虽然已能在单块芯片内集成 CPU、并行接口、定时器/计数器、RAM 和 ROM 等功能部件，但性能低，品种少，应用范围也不是很广。典型的产品有 1976 年 Intel 公司推出的 MCS-48 系列、1977 年 GI（通用仪器）公司推出的 PIC1650。其特点是，内部集成 8 位的 CPU，1KB/2KB 的 ROM，64B/128B 的 RAM，有并行接口，无串行口，还有一个 8 位的定时器/计数器，两个中断源；外部寻址范围为 4KB，芯片引脚为 40 个。

（3）第三阶段（1979—1982 年）。高性能单片机阶段。这一代单片机和前两代相比，不仅存储容量和寻址范围增大，而且中断源、并行 I/O 接口和定时器/计数器的个数都有不同程度的增加，并且集成了全双工串行通信接口。在指令系统方面，普遍增设了乘除法、位操作和比较指令。代表产品有 Intel 公司的 MCS-51 系列、Motorola 公司的 MC6805 系列、TI（德州仪器）公司的 TMS7000 系列、Zilog 公司的 Z8 系列等。此后，各公司的单片机迅速发展起来，新机型单片机不断出现，可以满足各种不同领域的需要。其特点是，内部集成 8 位的 CPU，4KB/8KB 的 ROM，128B/256B 的 RAM，具有串/并行接口，还有 2～3 个 16 位的定时器/计数器，5～7 个中断源；外部寻址范围可达 64KB。

（4）第四阶段（1983 年至今）。8 位单片机巩固发展及 16 位、32 位单片机推出阶段。20 世纪 90 年代是单片机大发展时期，Motorola、Intel、Microchip、Atmel、TI、三菱、日立、Philips、ST（意法半导体）等公司开发了大批性能优越的单片机，极大地促进了单片机的发展与应用。16 位单片机的工艺先进，集成度高，内部功能强，运算速度快。代表产品有 Intel 公司的 MCS-96 系列、Motorola 公司的 MC68HC16 系列、TI 公司的 TMS9900 系列等。其特点是，内部集成 16 位的 CPU，8KB 的 ROM，256B 的 RAM，具有串/并行接口，还有 4 个 16 位的定时器/计数器，8 个中断源，还有看门狗（Watchdog）、总线控制部件、D/A 转换电路和 A/D 转换电路；外部寻址范围 64KB。另外，大容量和多功能的新型 8 位单片机也得到了进一步发展。代表产品有 Intel 公司的 88044（双 CPU）、Zilog 公司的 Super8（含 DMA 通道）、Motorola 公司的 MC68HC11F1（含 A/D 转换电路）等。

近年来出现的 32 位单片机，是单片机的顶级产品，具有较高的运算速度。代表产品有 ST 公司的 STM32 系列（ARM Cortex-M3 内核）、Motorola 公司的 M68300 系列、Silabs 公司的 Precision32 系列、Microchip 公司的 PIC32 系列、TI 公司的 F28× 系列和日立公司的 SH 系列等。

单片机的发展从嵌入式系统的角度可分为 SCM、MCU 和 SoC 三大阶段。

SCM（Single-Chip Microcomputer，单片微型计算机）阶段，主要寻求最佳的单片形态、嵌入式系统的最佳体系结构。在 SCM 开创嵌入式系统独立发展道路上，Intel 公司功不可没。

MCU（Micro Control Unit，微控制器）阶段，主要的发展方向是不断扩展满足嵌入式应用和设计系统要求的各种外围电路与接口电路，突显其对象的智能化控制能力。在发展 MCU 方面，代表产品有 Philips 公司的 80C51，Atmel 公司的 AT89C××、AT89S×× 系列等。

SoC（System on Chip，片上系统）阶段，主要寻求应用系统在芯片上的最大化解决，单片机的发展形成了 SoC 化趋势。随着微电子技术、集成电路（Integrated Circuit，IC）设计、电子设计自动化（Electronic Design Automatic，EDA）工具的发展，基于 SoC 的单片机系统设计会有较大的发展。Silabs 公司推出的 C8051F 系列，将 MCS-51 系列从 MCU 推向了 SoC 时代。

3. 单片机的发展趋势

单片机的发展是为了满足不断增长的传感器接口、电气接口、功率驱动接口、控制接口、人机接口、通信网络接口等方面的要求，以适应自动检测与控制要求。具体体现在高速的 I/O 能力、较强的中断处理能力、较高的 A/D 转换、D/A 转换性能，以及较强的位操作、功率驱动、程序运行监控、信号实时处理、通信能力等方面。总之，单片机正在向高性能、多功能、大存储容量、多功能化引脚、高可靠性、低电压、低功耗、低噪声、低成本的方向发展。

（1）CPU 的改进。采用多核 CPU 结构，增加数据总线的宽度，提高时钟频率，提高数据处理的速度和能力；采用流水线结构，提高处理和运算速度，以适应实时控制和处理的需要。

（2）高性能。在单片机设计中采用精简指令集（Reduced Instruction Set Computing，RISC）体系结构、并行流水线操作等设计技术，以提高单片机的运算速度和执行效率。

（3）外围电路的内装化。把需要的外围电路全部集成到单片机内，实现系统的单片化是目前单片机发展的趋势。将应用系统中常用的存储器，A/D 转换器，D/A 转换器，多路转换开关，电压基准，液晶显示（Liquid Crystal Diodes，LCD）驱动器，同步串行外设接口（Serial Peripheral Interface，SPI），I²C 串行总线（Inter Integrated Circuit Bus），看门狗，电源监控器等集成到单片机芯片中，从而成为名副其实的单片微机。例如，NS（美国国家半导体）公司把语音、图像部件等集成到单片机中，Infineon 公司的 C167CS-32FM 单片机内部含有两个 CAN（Controller Area Network，局域网络控制器）模块。

（4）大存储容量。内部存储器采用闪存（Flash Memory），其容量可达 128KB 甚至更大，使得一般单片机系统可不用外扩程序存储器。一般采用加大内部数据存储器容量的方法，以满足动态数据存储的需求。单片机的寻址能力可达 16MB 甚至更多。

（5）制造工艺不断提高。更小的光刻工艺提高了集成度，从而使芯片更小、成本更低、工作电压更低、功耗更低，特别是很多单片机都设置了多种工作方式，并且越来越多地采用低频时钟和模拟电路结合的方式。目前，单片机及其外围器件普遍采用 CMOS（Complementary Metal Oxide Semiconductor，互补金属氧化物半导体）工艺，使单片机具有较宽的工作电压范围、较低的功耗等优点。

（6）接口性能不断提高。提高并行接口的驱动能力，以减少外围驱动芯片，增加外围 I/O 接口的逻辑功能和控制的灵活性；采用以串行方式为主的外围扩展，串行扩展具有方便、灵活，电路系统简单，占用 I/O 资源少等特点。单片机和互联网连接已是一种明显的趋势。

（7）可靠性不断提高。近年来，各生产厂家为了提高单片机的可靠性而采用电快速瞬变脉冲模式（Electrical Fast Transients，EFT）技术、低噪声布线技术及驱动技术、跳变沿软化技术、低频时钟等。

（8）低功耗。目前单片机产品多为 CMOS 芯片，具有低功耗的优点。为了充分发挥低功耗的特点，这类单片机普遍支持等待、睡眠、关闭等状态。在这些状态下低电压工作的单片机，其消耗的电流仅在 μA 或 nA 量级，非常适合干电池供电的便携式、手持式仪器仪表及其他消费类电子产品。

（9）编程及仿真技术的简单化。目前，大多数单片机都支持程序的在线编程，也称在系统编程（In System Programming，ISP），只需要一个 ISP 接口下载线，即可把程序从微机（微型计算机）写入单片机的闪存，省去了编程器。某些单片机还支持在应用编程（In Application Programming，IAP），可以在线对单片机的应用程序进行动态修改，省去了仿真器。

（10）实时操作系统的使用。单片机可配置实时操作系统，如 MCS-51 单片机的实时操作系统 RTX51，STM32 系列单片机的实时操作系统 μC/OS-Ⅱ等。RTX51 从本质上简化了对实时事件反应速度要求较高的复杂系统的设计、编程与测试，它已完全集成到 C51 编译器中，使用简单方便。

随着半导体工艺技术的发展及系统设计水平的提高，单片机还会不断产生新的变化和进步，单片机与微机系统之间的差距越来越小，甚至难以辨别。设计的发展趋势是，采用标准单片机，利用软件控制系统工作。闪存支持通过现场软件升级来重新定义工作方式和增加功能。随着系统复杂性的增加，单片机的应用也会快速增多，因为定义与开发复杂软件要比定义与开发复杂硬件简单得多。

4．单片机的应用

单片机具有结构简单、应用方便、软/硬件结合、功能强、体积小、价格低、应用方便、易于掌握和普及、易于产品化、易于嵌入各种应用系统等优点。因此，以单片机为核心的嵌入式系统在相关领域得到了广泛应用。

（1）工业检测与控制。单片机广泛应用于智能控制、过程控制、数据采集、仪器仪表、监控、机器人、机电一体化等应用系统中。例如，机床、锅炉、供水系统、自动报警系统、卫星信号接收系统等，大大降低了劳动强度和生产成本，增强了产品的功能，有效地提高了系统的工作效率和产品质量。

（2）仪器仪表。仪器仪表的数字化、智能化、多功能化、综合化的发展，可通过单片机的改造来实现，以单片机为中心进行设计，从而使智能仪器仪表集测量、处理、控制功能为一体。

（3）消费类电子产品。单片机在家电、手机、高档电子玩具中的应用已经非常普及，如电视机、电冰箱、空调、洗衣机、电风扇、高档中西餐厨具、微波炉、电饭煲、加湿器、消毒柜等。在这些设备中嵌入了单片机后，明显增强了产品的功能、性能，提高了产品的性价比、智能化程度，提高了产品在市场上的竞争力，同时受到产品开发商和用户的双重青睐。

（4）计算机外围设备。大部分计算机外围设备都采用单片机作为控制器，如键盘、打印机、CRT（Cathode Ray Tube，阴极射线管）显示器、绘图仪、硬盘驱动器、网络通信设备等。

（5）网络与通信的智能接口。单片机网络主要应用于分布式测控系统、通信系统等领域，如各类手机、传真机、程控电话交换机、各种通信设备、智能家居、楼宇自动化中的自动抄表系统等。在大型计算机控制的网络或通信电路与外围设备的接口电路中，用单片机来进行控制或管理，可以大大提高系统的运行速度和接口的管理水平。

（6）军事、航空。单片机具有高可靠性、宽适用温度范围、能适应各种恶劣环境的特点，其被广泛应用于航空航天、导弹控制、鱼雷制导控制、智能武器装备、导航等军工领域。

（7）办公自动化。现在办公室使用的大量通信和办公设备都被嵌入了单片机，如打印机、复印机、传真机、绘图仪、考勤机、电话及计算机中的键盘译码、磁盘驱动等。

（8）医疗器械。单片机在医用设备中有着广泛的应用，如医用呼吸机、各种分析仪、监护仪、超声诊断设备、病床呼叫系统等。

（9）汽车电子设备。单片机已广泛应用于各种汽车电子设备中，如汽车安全气囊、汽车信息系统、智能自动驾驶系统、卫星汽车导航系统、汽车紧急请求服务系统、汽车防撞监控系统、汽车仪表检测系统、汽车自动诊断系统、汽车黑匣子等。

（10）分布式多机处理系统。在比较复杂的多节点测控系统中，常采用分布式多机处理系统：① 集散控制系统，应用于工程中因多种外围功能要求而设置的多机系统。② 并行多机处理系统，主要用于解决工程应用系统的快速性问题，以便构成大型实时工程应用系统，如快速并行数据采集系统、快速并行数据处理系统、实时图像处理系统等。

许多日常产品都包含了用户完全不会注意到的嵌入式单片机。一项研究表明，一般的消费者每天接触到的物品中，包含近 100 块嵌入式单片机。从烤面包机、吹风机、手机、安全系统、微波炉、洗衣机到汽车的众多产品，都被加入了嵌入式单片机来增强可靠性、改善性能、保证安全、提高产品灵活性或简化用户接口等。据不完全统计，单片机市场每年销售量超过 50 亿块。

综上所述，单片机在工业、农业、国防、军工、医疗、汽车电子、智能仪器仪表、家用电器、消费类电子等领域都发挥着十分重要的作用，单片机应用的市场前景非常广阔。

5. 单片机的选择

当今单片机琳琅满目，产品性能各异。选择单片机需要考虑以下三个方面。

（1）指令结构。按指令结构不同可将单片机分为复杂指令集（Complex Instruction Set Computing，CISC）结构和精简指令集（Reduced Instruction Set Computing，RISC）结构两种。① CISC 结构的 CPU 内部将较复杂的指令译码后分成几个微指令去执行，因此指令较多，开发程序比较容易；但是由于指令复杂，故处理数据速度较慢。CISC 结构的特点是指令丰富，功能较强，但取指令和取数据不能同时进行，速度受限，价格高。属于 CISC 结构的单片机有 Intel 公司的 MCS-51 系列、Motorola 公司的 M68HC 系列、Atmel 公司的 AT89 系列、Winbond（华邦）公司的 W78 系列、Philips 公司的 MCS-51 系列等。② RISC 的 CPU 指令位数较短，内部具有快速处理指令的电路，指令的译码与数据的处理速度较快，执行效率比 CISC 高，但必须经过编译程序的处理，才能发挥它的效率。RISC 结构的特点是取指令和取数据可以同时进行，执行效率较高，速度较快；指令多为单字节，有利于实现超小型化。属于 RISC 结构的单片机有 Microchip 公司的 PIC 系列、Zilog 公司的 Z86 系列、Atmel 公司的 AT90S 系列、三星公司的 KS57 系列 4 位单片机、义隆公司的 EM78 系列等。

（2）程序存储方式。根据程序存储方式的不同，单片机可分为 ROMless（内部无 ROM，需要外部扩展 ROM）、EPROM、OTPROM、Flash ROM 和 Mask ROM 共 5 种。我国一开始都采用 ROMless 型单片机，对单片机的普及起了很大作用。但是，这种强调接口的单片机无法广泛应用，甚至会走入误区。目前，大多数单片机将程序存储体置于其内，给应用带来了极大的方便。

（3）特殊功能的单片机。为了构成控制网络或形成局部网，有的单片机内部含有 CAN 模块。例如，Infineon 公司的 C505C、C515C、C167CR、C167CS-32FM、81C90，以及 Motorola 公司的 M68HC08AZ 系列等。

为了能在变频控制中方便地使用单片机，形成高经济效益的嵌入式控制系统，有些单片机内部设置了专门用于变频控制的脉宽调制（Pulse Width Modulation，PWM）控制电路。例如，Fujitsu 公司的 MB89850/60 系列，Motorola 公司的 MC68HC08MR16/24 等。在这些单片机中，有多个通道脉宽调制电路输出，可产生三相脉宽调制交流电压，并且内部包含死区控制等功能。

目前，新型单片机的功耗越来越小，特别是很多单片机都设置了多种工作模式，这些工作模式包括暂停、睡眠、空闲、节电等。例如，Philips 公司的单片机 P87LPC762 在空闲时，其工作电流为 1.5mA，而在节电模式下，其工作电流只有 0.5mA。而 TI 公司的 16 位单片机 MSP430 系列的低功耗模式有 LPM1、LPM3、LPM4 三种。当电源为 3V 时，如果工作在 LMP1 模式下，那么，即使外围电路处于活动状态，但由于 CPU 不活动，振荡器主频为 1～4MHz，因此，这时工作电流只有 50μA。在 LPM3 模式下，振荡器主频为 32.768kHz，工作电流只有 1.3μA。在 LPM4 模式下，CPU、外围及振荡器都不活动，工作电流只有 0.1μA。

有的单片机已采用三核（TrCore）结构。这是一种建立在 SoC 级芯片概念上的结构。这种单片机由三个核组成：MCU 和 DSP（Digital Signal Processing，数字信号处理）核，数据和程序存储器核，以及 ASIC（Application Specific Integrated Circuit，外围专用集成电路）核。其最大特点在于把 DSP 和 MCU 同时制作在一块芯片上。DSP 的主要用途是在高速计算和特殊处理（如快速傅里叶变换）等方面，把它和传统单片机结合集成，大大提高了单片机的性能，这是目前单片机最大的进步之一。这种单片机典型的有 Infineon 公司的 TC10GP，日立公司的 SH7410、SH7612 等。这些单片机都是高档单片机，MCU 都是 32 位的，而 DSP 采用 16 或 32 位结构，工作频率一般在 60MHz 以上。

扩大电源电压范围，并在较低电压下仍能工作，这也是单片机发展的目标之一。目前，一般单片机都可以工作于 3.3～5.5V 电压，甚至 2.2～6V 电压。例如，Fujitsu 公司的 MB89 系列单片机工作电压为 3.3～5.5V，而 TI 公司的 MSP430X11X 系列单片机工作电压低至 2.2V。

6. 典型单片机性能概览

（1）MCS-51 单片机。MCS-51 单片机是美国 Intel 公司于 1980 年推出的产品，指令数为 111 条。MCS-51 单片机是世界上用量最大的单片机之一。目前，由于 Intel 公司在计算机方面将重点放在与 PC 机兼容的高档芯片的开发上，因此，MCS-51 单片机主要由 Philips、Atmel、三星、华邦等公司生产。这些公司都在保持与 MCS-51 单片机兼容的基础上改善了许多特性，提高了速度，降低了时钟频率，放宽了电源电压的动态范围，降低了产品价格。MCS-51 单片机及其兼容单片机目前仍是应用的主流产品。MCS-51 单片机主要包括 8031、8051、8751、89C51 和 89S51 等通用产品。MCS-51 单片机的性能见表 0.1。

表 0.1　MCS-51 单片机的性能

系列	典型芯片	I/O 接口	定时器/计数器	中断源	串行口	内部 RAM	内部 ROM
基本型	80C31	4×8bit	2×16bit	5 个	1 个	128B	无
	80C51	4×8bit	2×16bit	5 个	1 个	128B	4KB 掩模 ROM
	87C51	4×8bit	2×16bit	5 个	1 个	128B	4KB EPROM
	89C51	4×8bit	2×16bit	5 个	1 个	128B	4KB E^2PROM
增强型	80C32	4×8bit	3×16bit	6 个	1 个	256B	无
	80C52	4×8bit	3×16bit	6 个	1 个	256B	8KB 掩模 ROM
	87C52	4×8bit	3×16bit	6 个	1 个	256B	8KB EPROM
	89C52	4×8bit	3×16bit	6 个	1 个	256B	8KB E^2PROM

（2）Motorola 单片机。Motorola 公司是目前世界上较大的单片机生产厂家之一。自 1974 年 Motorola 公司推出第一种 M6800 单片机之后，相继推出了 M6801、M6804、M6805、M68HC05、M68HC08、M68IIC11、M68HC16、M68300、M68360 等系列的单片机。Motorola 单片机品种全、选择余地大、新产品多，有 8、16、32 位系列单片机。其主要产品有：8 位机 M68HC05 和升级产品 M68HC08，其中 M68HC05 有 30 多个系列，200 多个品种，产量已超过 20 亿块；8 位增强型单片机 M68HC11 和升级产品 M68HC12，其中 M68HC11 有 30 多个品种，年产量在 1 亿块以上；16 位单片机 M68HC16 有十几个品种；32 位单片机 M68300 也有几十个品种。其主要特点是，在同样速度下所用的时钟频率较 Intel 单片机的时钟频率低很多，因而使得高频噪声低，抗干扰能力强，更适合工控领域及恶劣的环境。Motorola 的 8 位单片机过去的程序存储策略是以掩模为主的，最近推出 OTP 计划以适应单片机发展新趋势，其 32 位机在性能和功耗方面都胜过 ARM 公司的 ARM7。

Motorola 单片机内部包含：CPU，振荡器，实时时钟，中断，ROM/RAM/EPROM/E^2PROM/OTPROM/Flash ROM，并行 I/O 接口，串行通信接口（Serial Communication Interface，SCI），串行外设接口（Serial Peripheral Interface，SPI），定时器/计数器，多功能定时器（含多个输入捕捉

端和多个输出比较端），PWM，Watchdog，D/A 转换器、A/D 转换器，LED（Light Emitting Diode）、LCD、屏幕（On-Screen Display，OSD）、荧光（Vacuum Fluorescent Display，VFD）等显示驱动器，键盘中断模式（Keyboard Interrupt Module，KBI），双音多频（Dual Tone Multi Frequency，DTMF）信号接收/发生器，保密通信控制器，锁相环（Phase Locked Loop，PLL），调制解调器，直接存储器访问（Direct Memory Access，DMA）等。Motorola 单片机的性能见表 0.2。

表 0.2　Motorola 单片机的性能

型号	RAM	ROM	串行口	定时器	总线速度/MHz	A/D转换器	电源电压/V	PWM	I/O 接口
M68HC05B6	176B	6144B Mask	SCI	4 个	1/2.1	8 个	5/3.3	2 个	32 个
M68HC705B16	528B	32768 B Mask			4/2.1				
M68HC705F32	920B	32256B OTP	SCI/SPI	8 个	1.8	8 个	5/2.7	3 个	69/80 个
M68HC11D3	192B	4096B OTP		8 个	3/2		5	—	16 个
M68HC11F1	1024B	512B E²PROM	SCI/SPI		5/4/3/2				30 个
M68HC16Z3	4096B	8192B Mask	SCI/QSPI	2 个	16/20/25	8 个	5/3.3	WDT	16 个
MC9S12D64	4096B	65536B Flash	SCI/IIC/SPI/	8 个	25	8 个	5.0	4/8/7 个	59/91 个
MC9S12DT128B	8192B	131072B Flash	CAN2.0A/B	8 个	25	8 个	5.0	4/8 个	91 个
MC68302	1152B	—	SCC/SCP/SMC		25/33/20/16		3.3/5		132 个
MC68375	10KB	256B Flash				16 个	3.3		

（3）PIC 单片机。由 Microchip 公司推出的 PIC 单片机系列产品，采用 RISC 结构，仅 33 条指令。其特点是高速度、低电压、低功耗、大电流 LCD 驱动能力和低价位 OTP 技术，自带看门狗定时器，具有睡眠和低功耗模式，强调节约成本的最优化设计，适合用量大、档次低、价格敏感的产品。PIC 单片机具有保密性好、开发环境优越、产品上市零等待等优点。PIC 单片机重视产品的性能与价格比，有几十种型号，用于满足不同层次的应用要求。其中，PIC10F20X 单片机仅有 6 个引脚，而 PIC12LF1552 体积最小（2mm×3mm，UDFN 封装），是目前世界上最小的单片机。PIC 单片机广泛应用于计算机的外设、家电控制、通信、智能仪器、汽车电子等领域，是市场份额增长较快的一种单片机，也是世界上最有影响力的嵌入式微控制器之一。PIC 单片机的性能见表 0.3。

表 0.3　PIC 单片机的性能

型号	RAM	A/D转换器	ROM	串行口	工作频率/MHz	定时器/计数器	低压型号	封装
PIC12CE518	25B	—	512B		4	1 个+WDT	PIC12LCE518	PDIP8
PIC12CF675	64B	4 个	1024B	—	20	2 个+WDT	PIC12LCF675	
PIC16C558	128B	—	2048B		20	2 个+WDT	PIC16LC558	—
PIC17C43	454B	—	4096B	USART	33	4 个+WDT	PIC17LC43	PDIP
PIC17C766	902B	16 个	16384B	USART(2)，I²C，SPI			PIC17LC766	SOIC
PIC18C252	1536B	5 个	1638B	AUSART，SPI，I²C	40	4 个+WDT	PIC18LC252	PDIP8
PIC18C452	1536B	8 个	1638B				PIC18LC452	SOIC8
PIC18F458	1536B		16384B	USART，MI²C，SPI，CAN2.0B			PIC18LF458	PDIP
PIC18F8720	3840B	16 个	65536B	AUSART(2)，MI²C，SPI	25	5 个+WDT	PIC18LF8720	SOIC

（4）MSP430 单片机。MSP430 单片机是 TI 公司生产的一种特低功耗的 Flash 微控制器，有"绿色微控制器（Green MCU）"之称。MSP430 系列新型产品集成业内领先的超低功率闪存、高

性能模拟电路和一个 16 位 RISC 结构的 CPU，具有丰富的寻址方式、简单的 27 条指令、较高的处理速度，且系统工作稳定，指令周期可以达 125ns，且大部分指令为单周期指令；具有丰富的内部设置，如看门狗、定时器/计数器、比较器、串/并行接口、A/D 转换器、硬件乘法器等；工作电流较小，仅为 0.1～400μA；属低电压器件，仅需 1.8～3.6V 电压供电，有效降低了系统功耗；使用超低功耗的数控振荡器技术，可以实现频率调节和无晶振运行；6μs 的快速启动时间，可以延长待机时间并使启动更加迅速，降低了电池的功耗。MSP430 单片机的性能见表 0.4。

表 0.4 MSP430 单片机的性能

型号	ROM/OTP/EPROM	RAM	A/D 转换器	液晶驱动段数	捕获/比较脉冲定时器	串行口	硬件乘法器	定时器/计数器	引脚与封装形式
MSP430C1101	1B	128B	Slope	—	Yes	software	No	2 个	—
MSP430C325	16B	512B	14bit	84	No	software	No	6 个	
MSP430C337	32B	1024B	Slope	120	Yes	hardware	Yes	7 个	
MSP430C412	4B	256B	Slope	96	Yes	software	No	3 个	
MSP430F110	1B	128B	Slope	—	Yes	software	No	1 个	20SOP
MSP430F1232	8B	256B	ADC	—	Yes	hardware	No	2 个	
MSP430F147	32B	1024B	12bit	—	Yes	hardware	Yes	3 个	64LQFP
MSP430F449	60B	2048B	ADC12	160	Yes	hardware	Yes	5 个	100LQFP
PMS430P337	32B	1024B	Slope	120	Yes	hardware	Yes	7 个	
PMS430E315	16B	512B	Slope	92	No	software	No	6 个	68IL$_{CC}$
PMS430E337	32B	1024B	Slope	120	Yes	hardware	Yes	7 个	100CFP

（5）EM78 单片机。EM78 单片机是由义隆公司推出的 8 位单片机，采用高速 CMOS 工艺制造，低功耗设计（正常工作电流 2mA，休眠状态电流 1μA）；内部包含 CPU、定时器/计数器、看门狗定时器、电压检测器、复位电路、振荡电路等；具有三个中断源，R-OPTION 功能，I/O 唤醒功能，多功能 I/O 接口等；具有优越的数据处理性能，采用 RISC 结构设计，单周期、单字节及流水线指令，共计 58 条指令；RAM 容量从 32KB 到 157KB，最短指令周期为 100ns，程序页面为 1KB（多至 4 页）。EM78 单片机具有完备的开发手段，方便产品的升级换代。它广泛应用于智能小区系统、消防电子系统、汽车摩托车电子、智能家用电器、医疗保健仪器、工业控制、玩具、智能仪表等行业。EM78 单片机的性能见表 0.5。

表 0.5 EM78 单片机的性能

型号	ROM	RAM	I/O 接口	中断源（外/内）	定时器/计数器	引脚	工作电压/V	备注
EM78P153	512×13bit	32B	12 个	3(1/2)个	1 个	14 个	2.2～6	内含 RC 振荡器
EM78P156	1K×13bit	48B	12 个	3(1/2)个	1 个	18 个	2.2～5.5	低电压复位
EM78451	4K×13bit	147B	35 个	3(1/2)个	2 个	40/42/44 个	2.3～5.5	含 SPI
EM78P459	4K×13bit	96B	16 个	6(1/5)个	3 个	20/24 个	2.2～6.0	含 A/D，PWM
EM78P860	16K×13bit	2.8KB	32 个	8(4/4)个	3 个	80/100 个	2.5～6.0	含 LCD 驱动，DTMF 接收，FSK 电路
EM78P567	4～16K×13bit	0.5KB	24/36 个	12 个	3 个	32/44 个	2.5～6.0	含 DTMF 接收，A/D，D/A 转换电路
EM78P257	2K×13bit	80B	15/17 个	4(1/3)个	4	18/20 个	2.1～6.0	红外线，鼠标电路

（6）AVR 单片机。Atmel 公司把 E^2PROM 及 Flash ROM 技术巧妙地用于特殊的集成电路，推出了 AT90 单片机。AT90 单片机是增强型 RISC 结构内载 Flash ROM 的单片机，简称为 AVR 单片机。AVR 单片机内部 32 个寄存器全部与 ALU 直接连接，突破瓶颈限制，每 1MHz 可实现 1MIPS（百万条指令每秒）的处理能力；内置 1～128KB 的 Flash ROM，内部集成 UART、SPI、PWM、WDT、10 位 A/D 转换器等器件；内部 E^2PROM 可进行系统内下载；支持 C 语言及汇编语言编程；采用可多次擦写的闪存，给用户的开发生产和维护带来了方便；具有省电模式、更低的功耗（4MHz/3V，掉电模式时工作电流小于 1μA）、良好的抗干扰性。绝大多数 AVR 单片机支持程序的在系统编程（ISP），还支持在应用编程（IAP）。AVR 单片机是一种高速单片机，其机器周期等于时钟周期，绝大多数指令为单周期指令。AVR 单片机的接口具有较强的负载能力，可以直接驱动 LED，MEGA 系列的 I/O 接口驱动能力达到了 40mA。多种封装形式可满足不同用户的需求，提供完全免费的开发环境，包括汇编器、支持汇编和高级语言源代码级调试的模拟和仿真环境。AVR 单片机的性能见表 0.6。

表 0.6　AVR 单片机的性能

器件	Flash ROM	E^2PROM	SRAM	在线编程	SPI-Master	UART	WDT	外中断源	定时器/计数器	可编程 I/O 接口	工作电压
AT90S1200	1KB	64B	—	√	—	—	√	1 个	1 个	15 个	
AT90S2313	2KB	128B	128B	√	—	√	√	2 个	2 个	15 个	
AT90S8515	8KB	512B	512B	√	√	√	√	2 个	2 个	32 个	5V
Atmega103	128KB	4KB	4KB	√	√	√	√	8 个	3 个	32 个	
AT90S1200	1KB	64B	—	√			√	1 个	1 个	15 个	
AT90S4414	4KB	256B	256B	√	√	√	√	2 个	2 个	32 个	3V
AT90S8535	8KB	512B	512B	√	√	√	√	2 个	3 个	32 个	
ATMega103L	128KB	4KB	4KB	√	√	√	√	8 个	3 个	32 个	
ATTiny10#	1KB	nil	nil	—	—	—	√	1 个	1 个	5 个	Tiny 系列
ATTiny22#	2KB	128	128	√			√	1 个	1 个	5 个	

习题 0

1. 单片机是指把组成微型计算机的各功能部件，即（　　）、（　　）、（　　）、（　　）、（　　）及（　　）等集成在一块芯片上的微型计算机。

2. 什么叫单片机？其主要特点有哪些？

3. 单片机有哪几个发展阶段？

4. 在实际应用中，如何选择单片机的类型？

5. 试比较 MCS-51、MSP430、EM78、PIC、Motorola 及 AVR 等系列单片机的特点。

6. 举例说明生活中应用单片机的例子。

第1章　MCS-51 单片机的结构与原理

本章主要介绍 MCS-51 单片机的内部结构、引脚、特点、工作方式和时序，并简单介绍典型片上系统（SoC）的结构、特点，为学生后面学习单片机系统设计、利用单片机解决工程实际问题打下坚实的基础。本章重点在于基本概念、组成原理、特点及 MCS-51 单片机的最小应用系统，难点在于时序。

1.1　MCS-51 单片机硬件结构及引脚

自从 Intel 公司 20 世纪 80 年代推出 MCS-51 单片机以后，世界上许多著名的半导体厂商（如 Atmel、Philips、Dallas、AMD、Motorola、Microchip、TI、EMC、LG、Temic、ESI 等）相继生产了与这个系列兼容的单片机，使产品型号不断增加，品种不断丰富，功能不断增强。从系统结构上讲，所有的 MCS-51 单片机都是以 Intel 公司最早的典型产品 8051 为核心，再增加一定的功能部件后构成的。因此，本章以 8051 为主介绍 MCS-51 单片机的结构、特点、工作方式、时序。MCS-51 单片机主要包括 8031、8051、8751 和 8951 等通用产品。

1.1.1　MCS-51 单片机内部结构

单片机的结构有两种类型：一种是程序存储器和数据存储器分开的形式，即哈佛（Harvard）结构；另一种是通用计算机广泛使用的程序存储器与数据存储器合二为一的结构，即普林斯顿（Princeton）结构。Intel 公司的 MCS-51 单片机采用哈佛结构，而后续产品 16 位的 MCS-96 单片机则采用普林斯顿结构。

MCS-51 单片机由中央处理器（CPU）、程序存储器（ROM）、数据存储器（RAM）、定时器/计数器、并行 I/O 接口、串行 I/O 接口（一般简称为串行口）和中断系统等组成。其内部结构框图如图 1.1 所示。

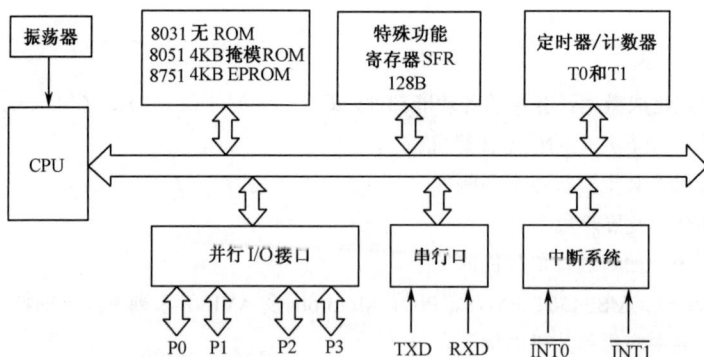

图 1.1　MCS-51 单片机的内部结构框图

MCS-51 单片机的内部结构原理图如图 1.2 所示。

8051 CPU 的主要功能特性如下。

① 8 位 CPU。

② 布尔代数处理器，具有位寻址能力。

③ 128B 内部 RAM 数据存储器，21 个专用寄存器。

④ 4KB 内部掩模 ROM 程序存储器。

⑤ 两个 16 位可编程定时器/计数器。

⑥ 32 个（4×8 位）双向可独立寻址的 I/O 接口。

⑦ 一个全双工 UART（异步串行口）。

⑧ 5 个中断源，两级中断优先级的中断控制器。

⑨ 时钟电路，外接晶振和电容可产生 1.2～12MHz 的时钟频率。

⑩ 外部程序存储器寻址空间为 64KB，外部数据存储器寻址空间也为 64KB。

⑪ 111 条指令，大部分为单字节指令。

⑫ 单一的+5V 电源供电，40 引脚双列直插封装（Dual In-line Package，DIP）。

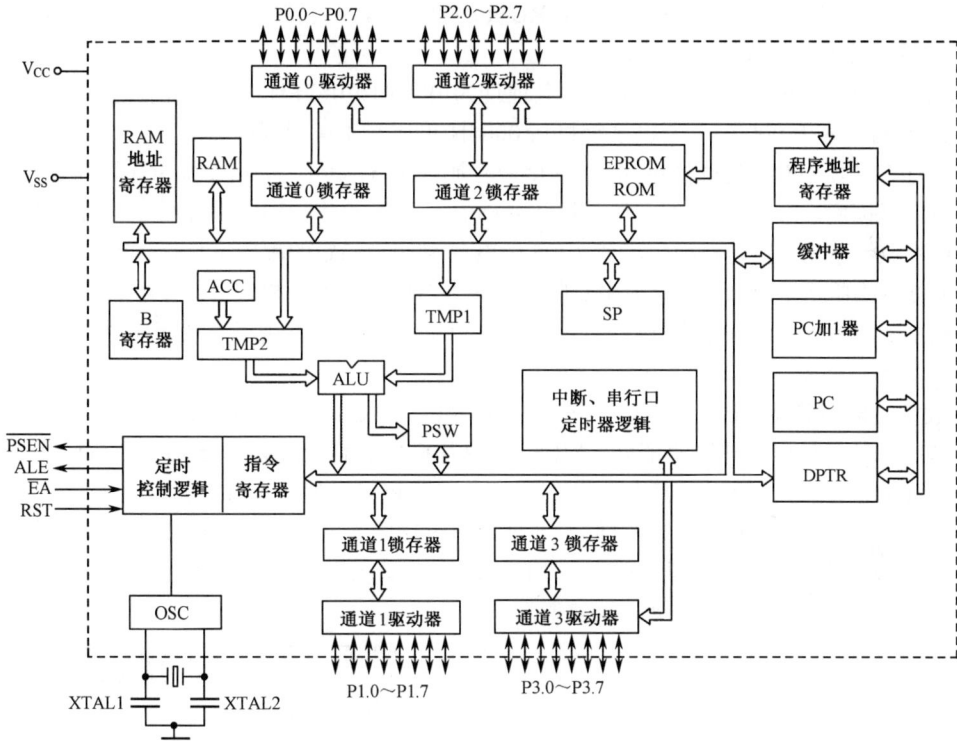

图 1.2　MCS-51 单片机的内部结构原理图

1．中央处理器（CPU）

CPU 是整个单片机的核心部件，由运算器和控制器组成。

（1）运算器

8051 的运算器功能较强，它可以完成算术运算和逻辑运算，其操作顺序在控制器控制下进行。运算器由算术逻辑单元（Arithmetic and Logic Unit，ALU）、累加器 A（Accumulator）、暂存器 TMP1 和 TMP2，以及程序状态字 PSW 组成。

（2）控制器

控制器由程序计数器（PC）、堆栈指针（SP）、数据指针寄存器（DPTR）、指令寄存器（IR）、指令译码器（ID）、定时控制逻辑、振荡器 OSC 等组成。CPU 根据 PC 中的地址将欲执行指令的指令码从存储器中取出，存放在 IR 中，ID 对 IR 中的指令码进行译码，定时控制逻辑在 OSC 配合下对 ID 译码后的信号进行分时，以产生执行本条指令所需的全部信号。

OSC 是控制器的核心，与外接晶振、电容组成振荡器，能为控制器提供时钟脉冲。其频率是单片机的重要性能指标之一，时钟频率越高，单片机控制器的控制节拍就越快，运算速度也就越高。

2．存储器

MCS-51 单片机的存储器有内部和外部之分，内部存储器集成在芯片内部，外部存储器是专用的存储器芯片，需要通过印制电路板上的三总线与 MCS-51 单片机连接。无论内部还是外部存储器，都可分为程序存储器和数据存储器两类。

（1）程序存储器

一般将只读存储器（ROM）用作程序存储器。MCS-51 单片机具有 64KB 程序存储器寻址空间，它用于存放用户程序、数据和表格等信息。对于内部无 ROM 的 8031 单片机，它的程序存储器必须外接，空间地址为 64KB。此时单片机的 $\overline{EA}$ 端必须接地，强制 CPU 从外部程序存储器读取程序。对于内部有 ROM 的 8051 等单片机，正常运行时，$\overline{EA}$ 需接高电平，使 CPU 先从内部的程序存储器中读取程序，当 PC 值超过内部 ROM 的容量时，才会转向外部的程序存储器读取程序。8051 程序存储器结构如图 1.3 所示。

8051 内部有 4KB 的程序存储单元，其地址为 0000H～0FFFH。单片机启动复位后，程序计数器（PC）的内容为 0000H，所以系统将从 0000H 单元开始执行程序。

在程序存储器中有些特殊的单元，在使用中应加以注意。其中，一组特殊单元是 0000H～0002H 单元，系统复位后，PC 为 0000H，单片机从 0000H 单元开始执行程序，应在 0000H～0002H 这三个单元中存放一条无条件转移指令，使 CPU 直接转到用户指定的程序去执行。另一组特殊单元是 0003H～002AH 单元，专门用于存放中断服务程序入口地址。中断响应后，按中断的类型，自动转到各自的中断服务入口地址处执行程序。因此，以上地址单元不能用于存放程序的其他内容。

（2）数据存储器

一般将随机存取存储器（RAM）用作数据存储器。MCS-51 单片机的数据存储器可分为内部数据存储区和外部数据存储区两部分。MCS-51 单片机内部有 128B 或 256B 的 RAM 用作数据存储器（不同的型号有区别），它们均可读/写，部分单元还可以使用位寻址。

8051 内部有 256B RAM，分为两部分。地址 00H～7FH 的单元作为用户数据 RAM。地址 80H～FFH 的单元作为特殊功能寄存器（SFR）。用户数据 RAM 又可分为工作寄存器区、位寻址区、堆栈区和数据缓冲区。其结构分布如图 1.4 所示。

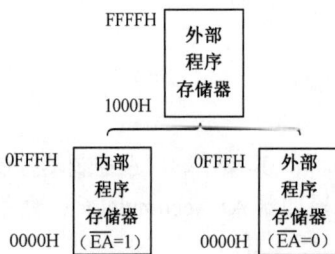

图 1.3　8051 程序存储器结构　　　　图 1.4　8051 内部 RAM 分配

内部 RAM 的 20H～2FH 单元为位寻址区，既可作为一般单元用字节寻址，也可以对它们的位进行寻址。位寻址区共有 16B（128bit），位地址为 00H～7FH。位地址分配见表 1.1。CPU 能直接寻址这些位，执行置 1、清 0、求"反"、转移、传送和逻辑运算等操作。常称 MCS-51 单片机具有布尔处理功能，布尔处理的存储空间就是位寻址区。

表 1.1　内部 RAM 位寻址区地址表

单元地址	（MSB）			位地址				（LSB）
	D7	D6	D5	D4	D3	D2	D1	D0
2FH	7FH	7EH	7DH	7CH	7BH	7AH	79H	78H
2EH	77H	76H	75H	74H	73H	72H	71H	70H
2DH	6FH	6EH	6DH	6CH	6BH	6AH	69H	68H
2CH	67H	66H	65H	64H	63H	62H	61H	60H
2BH	5FH	5EH	5DH	5CH	5BH	5AH	59H	58H
2AH	57H	56H	55H	54H	53H	52H	51H	50H
29H	4FH	4EH	4DH	4CH	4BH	4AH	49H	48H
28H	47H	46H	45H	44H	43H	42H	41H	40H
27H	3FH	3EH	3DH	3CH	3BH	3AH	39H	38H
26H	37H	36H	35H	34H	33H	32H	31H	30H
25H	2FH	2EH	2DH	2CH	2BH	2AH	29H	28H
24H	27H	26H	25H	24H	23H	22H	21H	20H
23H	1FH	1EH	1DH	1CH	1BH	1AH	19H	18H
22H	17H	16H	15H	14H	13H	12H	11H	10H
21H	0FH	0EH	0DH	0CH	0BH	0AH	09H	08H
20H	07H	06H	05H	04H	03H	02H	01H	00H

可以看出，内部 RAM 低 128 个单元的单元地址范围为 00H～7FH，而位寻址区的位地址范围也为 00H～7FH，二者是重叠的，在应用中可以通过指令的类型区分单元地址和位地址。

内部 RAM 的堆栈区及数据缓冲区地址为 30H～7FH，共有 80 个单元，用于存放用户数据或作为堆栈区使用，8051 对该区中的每个 RAM 单元只能实现字节寻址。

3. 特殊功能寄存器

特殊功能寄存器（Special Function Register，SFR），也称为专用寄存器。MCS-51 单片机有 21 个特殊功能寄存器（PC 除外），它们被离散地分布在内部 RAM 的 80H～FFH 单元中，共占据了 128 个存储单元，构成了 SFR 存储块。SFR 模块中，如果其单元地址能被 8 整除，则 MCS-51 单片机允许对其进行位寻址。SFR 反映了 MCS-51 单片机的运行状态，其功能已有专门的规定，用户不能修改其结构。表 1.2 是特殊功能寄存器分布一览表，这里只对其主要的寄存器做介绍。

表 1.2　特殊功能寄存器分布一览表

特殊功能寄存器	功能名称	物理地址	可否位寻址
B	寄存器 B	F0H	可以
A（ACC）	累加器 A	E0H	可以
PSW	程序状态字（标志寄存器）	D0H	可以
IP	中断优先级控制寄存器	B8H	可以
P3	P3 口数据寄存器	B0H	可以
IE	中断允许控制寄存器	A8H	可以
P2	P2 口数据寄存器	A0H	可以
SBUF	串行口发送/接收数据缓冲寄存器	99H	不可以
SCON	串行口控制寄存器	98H	可以

特殊功能寄存器	功能名称	物理地址	可否位寻址
P1	P1 口数据寄存器	90H	可以
TH1	T1 计数器高 8 位寄存器	8DH	不可以
TH0	T0 计数器高 8 位寄存器	8CH	不可以
TL1	T1 计数器低 8 位寄存器	8BH	不可以
TL0	T0 计数器低 8 位寄存器	8AH	不可以
TMOD	定时器/计数器工作方式控制寄存器	89H	不可以
TCON	定时器/计数器控制寄存器	88H	可以
PCON	电源控制寄存器	87H	不可以
DPH	数据指针寄存器高 8 位	83H	不可以
DPL	数据指针寄存器低 8 位	82H	不可以
SP	堆栈指针寄存器	81H	不可以
P0	P0 口数据寄存器	80H	可以

（1）程序计数器（Program Counter，PC）

PC 在物理上是独立的，它不属于 SFR 存储器块。PC 是一个 16 位的计数器，专门用于存放 CPU 将要执行的下一条指令的地址，寻址范围为 64KB。PC 有自动加 1 功能，即执行完一条指令后，其内容自动加 1。PC 本身并没有地址，因而不可寻址。用户无法对它进行读/写，但是可以通过转移、调用、返回等指令改变其内容，以控制程序执行的顺序。

（2）累加器 A（Accumulator）

累加器 A 是 8 位寄存器，又记作 ACC，是一个最常用的专用寄存器。在算术/逻辑运算中用于存放操作数或结果，CPU 通过累加器 A 与外部存储器、I/O 接口交换信息。大部分的数据操作都会通过累加器 A 进行，它就像一个交通要道，因此在程序比较复杂的运算中，累加器成了制约软件效率的"瓶颈"。它的功能特殊，地位也十分重要，因此近年来出现的单片机，有的集成多累加器结构，或者使用寄存器阵列来代替累加器，即赋予更多寄存器以累加器的功能，目的是解决累加器的"交通堵塞"问题，提高单片机的软件效率。

（3）寄存器 B

寄存器 B 是 8 位寄存器，专用于乘除指令，也可作为通用寄存器。在乘法指令中，专门用于存放乘数和积的高 8 位；在除法指令中，专门用于存放除数和余数。详见 2.3.2 节的乘除指令。

（4）工作寄存器

内部 RAM 的工作寄存器区 00H～1FH 共 32B 被均匀地分成 4 个组（区），每个组（区）有 8 个寄存器，分别用 R0～R7 表示，称为工作寄存器或通用寄存器，其中，R0、R1 除作为工作寄存器用外，还经常用于间接寻址的地址指针。

在程序中，通过程序状态字（PSW）寄存器管理它们，CPU 通过定义 PSW 的第 4 位和第 3 位（RS1 和 RS0），即可选中这 4 组通用寄存器中的某一组。对应的编码关系见表 1.3。

表 1.3 RS1 和 RS0 对工作寄存器的选择

RS1（PSW.4）	RS0（PSW.3）	选定的当前使用的工作寄存器组（区）	内部 RAM 地址	通用寄存器名称
0	0	第 0 组（区）	00H～07H	R0～R7
0	1	第 1 组（区）	08H～0FH	R0～R7
1	0	第 2 组（区）	10H～17H	R0～R7
1	1	第 3 组（区）	18H～1FH	R0～R7

（5）程序状态字（Program Status Word，PSW）

PSW 是 8 位寄存器，用于存放程序运行的状态信息，PSW 中各位状态通常是在指令执行的过程中自动形成的，但也可以由用户根据需要采用传送指令加以改变。各标志位定义见表 1.4。

表 1.4 程序状态字 PSW

位序	PSW.7	PSW.6	PSW.5	PSW.4	PSW.3	PSW.2	PSW.1	PSW.0
标志位	Cy	AC	F0	RS1	RS0	OV		P

各标志位简单介绍如下。

① PSW.7（Cy）：进位标志位。此位有两个功能：第一，存放执行算术运算时的进位标志位，可被硬件或软件置位或清 0，例如，进行加减运算时，若运算结果在最高位有进位或借位，则 Cy 被硬件自动置 1，反之则自动清 0；第二，在位操作中作为位累加器使用。

② PSW.6（AC）：辅助进位标志位，又称为半进位标志位。进行加减运算时，如果有低 4 位向高 4 位进位或借位，则 AC 被硬件自动置 1，反之则自动清 0。辅助进位标志位 AC 主要用于二-十进制数的调整。

③ PSW.5（F0）：用户标志位。这是供用户设置的标志位，F0 通常不是单片机在执行指令过程中自动形成的，而是用户根据程序执行的需要通过传送指令设置的。用户通过对 F0 位置 1 或清 0，以设定程序的走向。

④ PSW.4 和 PSW.3（RS1 和 RS0）：寄存器组选择位。8051 共有 4 组 8×8 位工作寄存器，每组均命名为 R0～R7，但每组在 RAM 中的物理地址不同。用户可通过软件改变 RS1 和 RS0 的组合内容，来选择 R0～R7 在内部 RAM 中的实际物理地址（即选择 4 组工作寄存器中的某一组）。工作寄存器 R0～R7 的物理地址与 RS1 和 RS0 之间的关系见表 1.3。

⑤ PSW.2（OV）：溢出标志位。在带符号数加减运算中，若结果超出了累加器 A 所能表示的带符号数的有效范围（−128～+127），则产生溢出。若 OV=1，则表明运算结果错误；若 OV=0，则表明运算结果正确。

执行加法指令 ADD，当位 6 向位 7 进位，而位 7 不向 Cy 进位时，OV=1；或者当位 6 不向位 7 进位，而位 7 向 Cy 进位时，同样 OV=1。

执行乘法指令 MUL 时，若 OV=1，则说明乘积超过 255，表明乘积在 AB 寄存器对中；若 OV=0，则说明乘积没有超过 255，乘积只在累加器 A 中。

执行除法指令 DIV 时，若 OV=1，则表示除数为 0，运算不被执行；否则 OV=0。

⑥ PSW.1（空缺位）：此位未定义。

⑦ PSW.0（P）：奇偶校验位。用于指示运算结果（存放在累加器 A 中）中 1 的个数的奇偶性。当存放运算结果的累加器 A 中 1 的个数为奇数时，P 被硬件置 1；反之被清 0。

（6）数据指针寄存器（Data Pointer，缩写为 DPTR）

DPTR 是 16 位的专用寄存器，它由两个 8 位的寄存器 DPH（高 8 位）和 DPL（低 8 位）组成，专门用来寄存外部 RAM 及扩展 I/O 接口进行数据存取时的地址。编程时，既可以按 16 位寄存器使用，也可以按两个 8 位寄存器使用（DPH 和 DPL）。

DPTR 主要用来保存 16 位地址。当对 64KB 外部数据存储器寻址时，可作为间址寄存器使用，指令为 MOVX　A,@DPTR 或 MOVX　@DPTR,A。

在访问程序存储器时，DPTR 可用作基址寄存器，采用"基址+变址"寻址方式访问程序存储器，指令为 MOVC　A,@A+DPTR。该指令常用于读取外部程序存储器内的表格数据。

（7）堆栈指针（Stack Pointer，SP）

堆栈是一种数据结构，是内部 RAM 的一段区域，如图 1.5 所示。堆栈有栈顶和栈底之分，

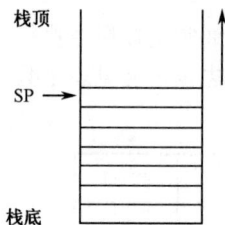

图 1.5　堆栈的结构

堆栈的起始地址称为栈底，堆栈的数据入口处称为栈顶。栈底由栈底地址标志，栈顶由栈顶地址指示。堆栈存取数据的原则是"后进先出"。堆栈共有两种操作：进栈和出栈，但不论数据进栈还是出栈，都是对栈顶进行操作的。

SP 是一个 8 位寄存器，是用于指示堆栈的栈顶地址的寄存器，它决定了堆栈在内部 RAM 中的物理位置。当堆栈中为空（无数据）时，栈顶地址等于栈底地址，两者重合，SP 的内容即为栈底地址。栈底地址一旦设置，就会固定不变，直至重新设置。每当一个数据进栈（称为压入堆栈）或出栈（称为弹出堆栈）时，SP 的内容都要随之变化，即栈顶随之浮动。

堆栈操作分为向上增长型和向下增长型两类。MCS-51 单片机属于向上增长型。其操作是，当数据压入堆栈时，SP 先自动加 1，然后向堆栈中写入数据；当数据弹出堆栈时，先从堆栈中读出数据，然后 SP 自动减 1。SP 的内容随着数据的进栈向高地址方向递增，随着数据的出栈向低地址方向递减。

MCS-51 单片机系统复位后，SP 的初值为 07H，即从内部 RAM 的 08H 开始就是堆栈区，这个位置与工作寄存器组 1 的位置相同。因此，在实际应用中，通常会根据需要在主程序开始处通过传送指令，对 SP 进行重新设置，即初始化。原则上，堆栈设在内部 RAM 中的任何一个区域均可，但一般设在 60H～7FH 之间较为适宜，即初始化时，设置 SP 为 60H。

设立堆栈的目的是用于数据的暂存，中断、子程序调用时断点和现场的保护与恢复，详见第 2 章的指令系统和第 3 章的中断部分。

（8）I/O 接口专用寄存器（P0、P1、P2 和 P3）

MCS-51 单片机中有 4 个 8 位并行 I/O 接口 P0、P1、P2 和 P3，每个 I/O 接口内部都有一个 8 位数据输出锁存器和一个 8 位数据输入缓冲器，4 个数据输出锁存器与接口号 P0、P1、P2 和 P3 同名，皆为特殊功能寄存器 SFR 中的一个，即 4 个 I/O 接口寄存器 P0、P1、P2 和 P3。MCS-51 单片机并没有专门的 I/O 接口操作指令，而是把 I/O 接口也当作一般的寄存器使用，通过 MOV 指令来传送。其优点在于，4 个并行 I/O 接口还可以当作寄存器直接寻址，参与其他操作。

（9）定时器/计数器（TL0、TH0、TL1 和 TH1）

8051 单片机中有两个 16 位的定时器/计数器 T0 和 T1，它们由 4 个 8 位寄存器（TL0、TH0、TL1 和 TH1）组成，两个 16 位定时器/计数器是完全独立的。用户可以单独对这 4 个寄存器进行寻址，但不能把 T0 和 T1 当作 16 位寄存器来使用。

（10）串行数据缓冲器（SBUF）

串行数据缓冲器 SBUF 用来存放需要发送和接收的数据。它由两个独立的寄存器组成，一个是发送缓冲器，另一个是接收缓冲器。发送和接收的操作其实都是对串行数据缓冲器 SBUF 进行的。

（11）其他控制寄存器

除以上介绍的几个专用寄存器外，还有 IP、IE、TCON、SCON 和 PCON 等寄存器，这几个控制寄存器主要用于中断、定时和串行口的控制，将在第 3 章中详细介绍。

4．I/O 接口

I/O 接口是 MCS-51 单片机对外部实现控制和信息交换的必经之路，用于信息传送过程中的速度匹配和增加它的负载能力。I/O 接口有串行和并行之分，串行口将数据一位一位地顺序传送，并行 I/O 接口将组成数据的各位同时传送。

MCS-51 单片机中有 4 个 8 位并行 I/O 接口 P0、P1、P2、P3，有 1 个全双工的可编程串行口。这些将在第 3 章中详细介绍。

5．定时器/计数器

8051 单片机内部有两个 16 位可编程序的定时器/计数器，均为二进制数加 1 计数器，分别命名为 T0 和 T1。T0 由两个 8 位寄存器 TH0 和 TL0 拼装而成，其中，TH0 为高 8 位，TL0 为低 8 位。与 T0 类似，T1 也由两个 8 位寄存器 TH1（高 8 位）和 TL1（低 8 位）拼装而成。TH0、TL0、TH1 和 TL1 均为 SFR 中的一个，用户可以通过指令对其进行存取数据操作。

T0 和 T1 均有定时和计数两种模式，在每种模式下又分为若干工作方式。在定时模式下，T0 和 T1 的计数脉冲可以由单片机时钟脉冲经 12 分频后提供。在计数模式下，T0 和 T1 的计数脉冲可以从 P3.4 和 P3.5 引脚输入。8051 单片机的定时器/计数器工作方式选择寄存器 TMOD，用于确定定时器/计数器的工作方式；定时器/计数器控制寄存器 TCON，用于定时器或计数器的启动、停止，以及进行中断控制。定时器/计数器的控制与应用将在第 3 章中详细介绍。

6．中断系统

8051 单片机有 5 个中断源，可分为外部与内部：外部中断源有两个，通常指外部设备的中断请求信号通过 P3.2、P3.3（即 $\overline{\text{INT0}}$ 和 $\overline{\text{INT1}}$）引脚输入，有电平或边沿两种引起中断的触发方式；内部中断源有三个，两个定时器/计数器中断源和一个串行口中断源，内部中断源 T0 和 T1 的两个中断是在它们从全"1"变为全"0"溢出时，自动向中断系统提出的，内部串行口中断源的中断请求是在串行口每发送完或接收到一个 8 位二进制数据后，自动向中断系统提出的。

8051 单片机的中断系统主要由中断允许控制器 IE 和中断优先级控制器 IP 等电路组成。其中，IE 用于控制 5 个中断源中断请求的允许与禁止，IP 用于控制 5 个中断源的中断请求优先权级别。IE 和 IP 也属于特殊功能寄存器，其状态可由用户通过指令设定，将在第 3 章中详细介绍。

1.1.2　MCS-51 单片机外部引脚

MCS-51 单片机中，各类单片机是相互兼容的，只是引脚功能略有差异。在器件引脚的封装上，MCS-51 单片机通常有两种封装形式：一种是双列直插封装（DIP），常为 HMOS 器件所用；另一种是方形封装，多在 CHMOS 型器件中使用。如图 1.6 所示，是 DIP 形式的 MCS-51 单片机引脚图。

8051 单片机有 40 个引脚，可分别连接电源线、接口线和控制线。

1．连接电源线

① GND（20 脚）：接地。

② V_{CC}（40 脚）：正电源。正常工作时，接+5V 电源。

2．连接接口线

8051 单片机内部有 4 个 8 位并行 I/O 接口 P0、P1、P2 和 P3，均可双向使用。

① P0 口。32～39 脚为 P0.0～P0.7 输入/输出引脚。P0 口为双向 8 位三态 I/O 接口，它既可作为通用 I/O 接口，又可作为外部扩展的数据总线及低 8 位地址总线的分时复用接口。作为通用 I/O 接口时，需外加上拉电阻；输出数据可锁存，不需外接专用锁存器，输入数据可缓冲，增强了数据输入的可靠性。每个引脚可驱动 8 个 TTL 负载。

图 1.6　DIP 形式的 MCS-51
单片机引脚图

对 EPROM 型芯片（如 8751）进行编程/校验时，P0 口用于数据总线或地址总线低 8 位。

② P1 口。1～8 脚为 P1.0～P1.7 输入/输出引脚。P1 口为 8 位准双向 I/O 接口，内部具有上拉电阻，一般作为通用 I/O 接口使用。它的每一位都可以分别定义为输入或输出，作为输入时，

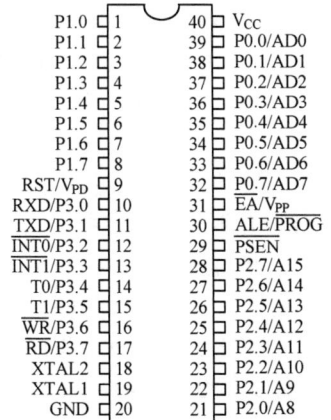

锁存器必须置 1。每个引脚可驱动 4 个 TTL 负载。

③ P2 口。21～28 脚为 P2.0～P2.7 输入/输出引脚。P2 口为 8 位准双向 I/O 接口，内部具有上拉电阻，可直接连接外部 I/O 设备。它与地址总线高 8 位分时复用，可驱动 4 个 TTL 负载。一般用于外部扩展的高 8 位地址总线。

对 EPROM 型芯片（如 8751）进行编程和校验时，用于接收高 8 位地址。

④ P3 口。10～17 脚为 P3.0～P3.7 输入/输出引脚。P3 口为 8 位准双向 I/O 接口，内部具有上拉电阻。它是双功能复用口，每个引脚可驱动 4 个 TTL 负载。作为通用 I/O 接口时，功能与 P1口相同。作为第二功能使用时，各位的作用见表 1.5。通常使用第二功能。

表 1.5   P3 口的第二功能

P3 口	第二功能	信号名称
P3.0	RXD	串行数据接收口
P3.1	TXD	串行数据发送口
P3.2	$\overline{\text{INT0}}$	外部中断 0 请求输入
P3.3	$\overline{\text{INT1}}$	外部中断 1 请求输入
P3.4	T0	定时器/计数器 T0 的外部输入口
P3.5	T1	定时器/计数器 T1 的外部输入口
P3.6	$\overline{\text{WR}}$	外部 RAM 写选通信号
P3.7	$\overline{\text{RD}}$	外部 RAM 读选通信号

3．连接控制线

① RST/V_{PD}（9 脚）：复位信号/备用电源。当 8051 单片机通电时，时钟电路开始工作，RST引脚上出现 24 个时钟周期以上的高电平，系统即初始复位。初始复位后，PC 指向 0000H 单元，P0～P3 输出口全部为高电平，SP 为 07H，其他专用寄存器被清 0。RST 由高电平下降为低电平后，系统立刻从 0000H 地址开始执行程序。RST/V_{PD} 脚的第二功能是连接备用电源输入线，当主电源 V_{CC} 发生故障而降低到规定电平时，RST/V_{PD} 引脚的备用电源自动投入，以保证单片机内部RAM 中的数据不丢失。

② ALE/$\overline{\text{PROG}}$（30 脚）：地址锁存允许/编程复用。其第一功能是地址锁存信号的输出端，配合外部锁存器，用于锁存地址的低 8 位；其第二功能是编程脉冲输入端，当对 EPROM 型芯片（如 8751）进行编程和校验时，此引脚传送 52ms 宽的负脉冲选通信号，用于控制芯片的写入操作。

ALE 每个机器周期两次有效，输出一个 1/6 振荡频率的正脉冲信号，该信号可以用于识别单片机是否工作，也可以当作一个时钟向外输出。但当访问外部数据存储器时（执行 MOVX 指令），ALE 会跳过一个脉冲。

③ $\overline{\text{EA}}$/V_{PP}（31 脚）：允许访问外部程序存储器/编程电源。8051 单片机内置有 4KB 的程序存储器，当 $\overline{\text{EA}}$ 为高电平并且程序大小小于 4KB 时，读取内部程序存储器指令，而当程序大小超过 4KB 时，读取外部程序存储器指令。如果 $\overline{\text{EA}}$ 为低电平，则不管程序大小，一律读取外部程序存储器指令。显然，对于内部无程序存储器的 MCS-51 单片机（如 8031），其 $\overline{\text{EA}}$ 端必须接地。

$\overline{\text{EA}}$/V_{PP} 是复用引脚，其第二功能是内部 ROM 编程/校验时的电源，在编程时，$\overline{\text{EA}}$/V_{PP} 引脚需加上 21V 的编程电压。

④ XTAL1 和 XTAL2（19 和 18 脚）：XTAL1 为内部振荡器反相放大器及内部时钟信号发生器的输入端，XTAL2 为内部振荡器反相放大器的输出端。8051 单片机的时钟有两种连接方式：一种是内部时钟振荡方式，但需将 18 和 19 脚外接石英晶体（频率为 1.2～12MHz）和振荡电容，振荡电容的值一般取 10～30pF，典型值为 30pF，如图 1.7（a）所示；另外一种是外部时钟方式，

外部时钟信号从 XTAL1 输入，XTAL2 悬空，如图 1.7（b）所示。

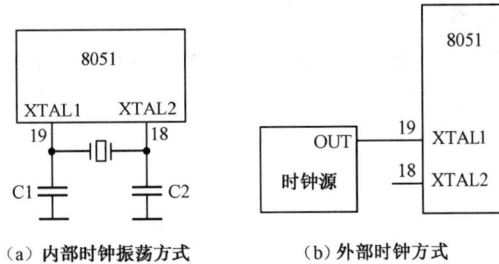

（a）内部时钟振荡方式　　　　　　　（b）外部时钟方式

图 1.7　8051 单片机内、外部时钟连接方式

⑤ $\overline{\text{PSEN}}$（29 脚）：外部 ROM 选通线。在访问外部 ROM 执行指令 MOVC 时，8051 单片机自动在 $\overline{\text{PSEN}}$ 引脚上产生一个负脉冲，用于对外部 ROM 的读选通，16 位地址数据将出现在 P2 和 P0 口上，外部程序存储器则把指令放到 P0 口上，由 CPU 读取并执行。在其他情况下，$\overline{\text{PSEN}}$ 引脚均为高电平封锁状态。

1.1.3　AT89 单片机简介

MCS-51 单片机的代表产品为 8051 单片机，其他单片机都是在 8051 内核基础上进行功能的增减。人们常用 8051（80C51，"C"表示采用 CMOS 工艺）单片机来称呼所有这些具有 8051 内核，且使用相同指令系统的单片机，也习惯把这些兼容机等各种衍生品种统称为 8051 单片机。

在众多与 MCS-51 单片机兼容的各种基本型、增强型、扩展型等衍生机型中，Atmel 公司推出的 AT89 系列，尤其是其中的 AT89S5×/AT89C5× 系列，在我国目前的 8 位单片机市场中占有较大的份额。

Atmel 公司是美国 20 世纪 80 年代成立并发展起来的半导体公司，该公司于 1994 年以 E²PROM 技术与 Intel 公司交换了 80C51 内核的使用权。Atmel 公司的技术优势是其闪存技术，将闪存技术与 80C51 内核相结合，形成了内部带有闪存的 AT89C5×/AT89S5× 系列单片机。AT89C5×/AT89S5× 系列与 MCS-51 单片机在原有的功能、引脚及指令系统方面完全兼容，系列中的某些品种又增加了一些新功能，如看门狗定时器（WDT）、ISP 及 SPI 串行口等，内部的闪存允许在线（+5V）重复编程，支持两种节电方式，适用于要求低功耗的场合，且价格较低。

AT89S5× 系列代表产品是 AT89S51 和 AT89S52。AT89C5× 系列已不再生产，可用 AT89S5× 系列直接替换。AT89S5× 系列工作频率的上限是 33MHz，内部集成双数据指针 DPTR、看门狗定时器、ISP 及 SPI 串行口，支持低功耗空闲方式和掉电方式。

AT89S51 和 AT89S52 的区别与 8051 和 8052 单片机的区别类似。因此可从表 0.1 推算出，AT89S51 内部有 4KB 的 Flash ROM、128B 的 RAM、5 个中断源及两个定时器/计数器。而 AT89S52 内部有 8KB 的 Flash ROM、256B 的 RAM、6 个中断源及三个定时器/计数器（具有捕捉功能）。

本书中常用到的"8051 单片机"，泛指具有 8051 内核的各种基本型、增强型、扩展型单片机，而 AT89S51 仅指 Atmel 公司的 AT89S51。

1.1.4　STC 单片机简介

STC 单片机是具有中国独立自主知识产权的增强型 8051 单片机。它基于 8051 内核，其指令代码完全兼容传统的 8051 单片机，速度提高 8～12 倍，带有 A/D 转换器、PWM、双串行口，内置 E²PROM、RAM、硬件看门狗；支持掉电方式，低功耗；支持 ISP 下载，加密性好，抗干扰性强；6 时钟/机器周期和 12 时钟/机器周期可以任意选择，还有单时钟/机器周期类型单片机。STC 单片机中有多种子系列，几百个品种，以满足不同领域应用的需求。

STC 单片机可直接替换 Atmel、Philips、华邦等公司的同类产品。

1. STC 单片机的主要特点

（1）抗干扰能力强。STC 单片机具有 ESD（Electro-Static Discharge，静电阻抗器）保护，其引脚可以直接耐受 2kV/4kV 的 EFT 测试；宽范围电压供电，对电源抖动不敏感；其 I/O 接口、内部供电系统、时钟电路、复位电路、看门狗电路均经过特殊处理，抗干扰能力强。

（2）对外电磁辐射强度低。STC 单片机采取了三种降低单片机时钟对外电磁辐射的措施（包括：禁止 AIE 输出，将外部时钟频率降低一半，时钟振荡器增益设为 1/2Gain），有效地降低了对外电磁辐射。

（3）超低功耗。STC 单片机在掉电方式下的典型工作电流小于 0.1μA，在空闲方式下的典型工作电流为 2 mA，在正常工作方式下的典型工作电流为 4～7mA。使用掉电方式时，可由外部中断唤醒，特别适用于电池供电系统，如野外作业系统、手持作业系统。

（4）运行可靠性高。STC 单片机内部集成 MAX810 专用复位电路，有效地提高了单片机的可靠性，并简化了外围电路。

（5）支持 ISP 下载。内部设计了在线编程模块 ISP，经过对数据流的验证直接写入用户程序区中，完成用户程序下载。

2. 典型 STC 单片机的性能

STC89C52RC 的主要性能及特点如下。

① CPU：增强型 8051 单片机，6 个时钟/机器周期和 12 个时钟/机器周期可以任意选择，指令代码完全兼容传统 8051 单片机。

② 工作电压：5.5～3.3V（5V 单片机）或 3.8～2.0V（3V 单片机）。

③ 工作频率：0～40MHz，实际工作频率可达 48MHz。

④ 存储器：内部集成 512B 的 RAM、8KB 的 E^2PROM。

⑤ 通用 I/O 接口：32 个，复位后，P1/P2/P3 口是准双向口/弱上拉。P0 口是漏极开路输出，作为总线扩展用时，不用加上拉电阻；作为 I/O 接口用时，需外加上拉电阻。

⑥ 外部中断：可管理 4 路外部中断，下降沿或低电平中断触发电路，掉电方式可由外部中断低电平触发中断方式唤醒。

⑦ 定时器/计数器与看门狗：内部集成三个 16 位定时器/计数器 T0、T1、T2，具有看门狗功能。

⑧ 串行口与程序下载：内部集成通用异步串行口（UART），还可用定时器/计数器软件实现多个 UART；支持 ISP/IAP 下载，无须专用编程器，也无须专用仿真器，可通过串行口直接下载用户程序，仅需几秒的时间。

⑨ 工作温度范围与封装：温度范围为-40～+85℃（工业级）或 0～75℃（商业级）；封装为 PDIP。

⑩ 工作方式可分为三种：正常工作方式，典型工作电流为 4～7mA；掉电方式，典型工作电流小于 0.1μA，可由外部中断唤醒，中断返回后，继续执行原程序；空闲方式，典型工作电流为 2mA，适用于水表、气表等电池供电系统及便携设备。

1.2 MCS-51 单片机的工作方式

单片机的工作方式是进行系统设计的基础，也是单片机应用技术人员必须熟悉的技术。MCS-51 单片机的工作方式可分为复位方式、程序执行方式、节电方式、编程和校验方式。

1.2.1 复位方式

系统开始运行和重新启动依靠复位电路来实现，这种工作方式为复位方式。单片机在开机时都需要复位,以便 CPU 及其他功能部件都处于一个确定的初始状态,并从这个初始状态开始工作。MCS-51 单片机的 RST 引脚是复位信号的输入端,复位信号为高电平有效。进行复位操作时,外部电路需在 RST 引脚上产生两个机器周期(即 24 个时钟周期)以上的高电平。例如,若 MCS-51 单片机的时钟频率为 12MHz,则复位脉冲宽度应在 2μs 以上。

① 单片机复位后的工作状态。当单片机 RST 引脚上出现复位信号后,CPU 回到初始状态,但不影响内部 RAM 中的内容。PC 的值恢复到 0000H。复位后,8051 单片机的各特殊功能寄存器的初始状态见表 1.6。

表 1.6 8051 单片机的各特殊功能寄存器的初始状态

寄存器	初始态	寄存器	初始态	寄存器	初始态	寄存器	初始态
ACC	00H	DPH	00H	SBUF	xxxx xxxxB	TH0	00H
PSW	00H	DPL	00H	TMOD	00H	TL0	00H
B	00H	IE	0xx0 0000B	SCON	00H	TH1	00H
SP	07H	IP	xxx0 0000B	TCON	00H	TL1	00H
P0~P3	1111 1111B	PCON	0xxx xxxxB				

② 复位电路。上电自动复位电路如图 1.8 所示。接入+5V 的电源后,使电容充电,在电阻 R 上可获得正脉冲。只要保持正脉冲的宽度为 10μs,就可使单片机可靠复位。一般 R 选 8.2kΩ 或 10kΩ。

上电/按键手动复位电路如图 1.9 所示。按下按键 SW,电容 C 放电,RST 端快速到达高电平,使得单片机进入复位状态;松开按键,电源向电容充电,RST 端恢复为低电平,单片机进入工作状态。单片机既可上电复位,又可按键复位。一般 R_1 选 470Ω,R_2 选 8.2kΩ,C 选 22μF。

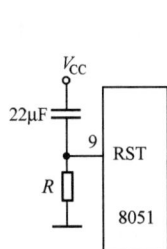

图 1.8 上电自动复位电路   图 1.9 上电/按键手动复位电路

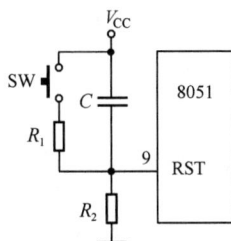

1.2.2 程序执行方式

程序执行方式是单片机的基本工作方式,又可分为连续执行和单步执行两种工作方式。

① 连续执行方式。连续执行方式是所有单片机都需要的一种工作方式。由于单片机复位后,PC 值为 0000H,因此单片机在上电或按键复位后总是转到 0000H 处执行程序,但是用户程序并不在从 0000H 开始的存储器单元中,为此需要在 0000H 处放入一条无条件转移指令,以便转到用户程序的实际入口地址处执行程序。之后,单片机按照程序事先编排的任务,自动连续地执行下去。

② 单步执行方式。单步执行方式是用户调试程序的一种工作方式,在单片机开发系统上有一个专用的单步按钮。按一次按钮,单片机就仅执行一条指令,可以逐条检查程序,发现问题并进行修改。单步执行方式是利用单片机外部中断功能实现的。

1.2.3 节电方式

节电方式是一种能降低单片机功耗的工作方式,通常可分为空闲(待机)方式和掉电(停机)方式,是针对 CHMOS 型芯片而设计的,它是一种低功耗的工作方式。HMOS 型单片机由于本身功耗大,因此不能工作在节电方式下,但它有一种掉电保护功能。

1. HMOS 型单片机的掉电保护

当 V_{CC} 突然掉电时，备用电源 V_{PD} 可以维持内部 RAM 中的数据不丢失。

保护过程：当 V_{CC} 掉电（或低于下限值）时，产生外部中断，CPU 响应，将必须保护的数据送到内部 RAM 中，V_{CC} 继续减小，V_{PD} 继续增大，当 $V_{PD} > V_{CC}$ 时，由 V_{PD} 供电。

恢复过程：V_{CC} 来电，V_{PD} 继续供电，单片机复位，V_{PD} 撤出，V_{CC} 供电。

2. CHMOS 型单片机的节电方式

CHMOS 型单片机是一种低功耗器件，正常工作时工作电流为 11～22mA，空闲方式时为 1.7～5mA，掉电方式时为 5～50μA。因此，CHMOS 型单片机特别适用于低功耗应用场合。它的空闲方式和掉电方式都由电源控制寄存器 PCON 中相应的位控制。

（1）电源控制寄存器（PCON）

PCON 各位的定义见表 1.7。

表 1.7　PCON 各位的定义

	D7	D6	D5	D4	D3	D2	D1	D0
地址（87H）	SMOD				GF1	GF0	PD	IDL

① IDL 为空闲方式控制位，为 1 时，单片机进入空闲方式。

② PD 为掉电方式控制位，为 1 时，单片机进入掉电方式。

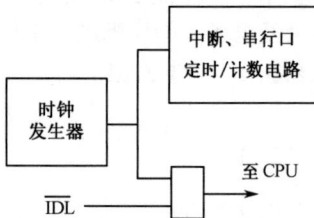

图 1.10　空闲方式控制电路

若 IDL 和 PD 同时为 1，则进入掉电方式；若同时为 0，则为正常工作状态。

③ GF0、GF1 为通用标志位，用于描述中断来自正常运行还是来自空闲方式。用户可通过指令设置其状态。

④ SMOD 为串行口波特率倍率控制位，用于串行通信。

（2）空闲方式

若将 IDL 位置为 1（用指令 ORL　PCON, #01H），则 $\overline{\text{IDL}}$ =0，如图 1.10 所示。其功能说明如下。

① 封锁了进入 CPU 的时钟，CPU 进入空闲状态，所以功耗很小。

② 中断系统、串行口、定时器/计数器仍有时钟信号，继续工作。

③ 因为 CPU 的时钟被封锁住，即原地踏步，所以与之相关的寄存器也处于"冻结"状态（ALE、$\overline{\text{PSEN}}$ 均为高电平）。

退出空闲状态有两种方法：一是中断唤醒，因为中断系统仍在工作，所以一旦中断请求有效，IDL 将自动清 0，单片机执行中断服务程序，完毕后返回空闲状态时的下一条指令执行；二是硬件复位退出，按复位键，迫使 IDL 清 0。

（3）掉电方式

① 将 PD 置为 1（用指令 ORL　PCON, #02H），使单片机进入掉电方式。此时振荡器停振，只有内部 RAM 和 SFR 中的数据保持不变，而包括中断系统在内的全部电路都将处于停止工作状态。

② 使用掉电方式时，需关闭所有外设，以保持整个系统的低功耗。

③ 退出掉电方式，只能采用硬件复位的方法，不能采用中断唤醒的方法。

④ 欲使 8051 单片机从掉电方式退出后继续执行掉电前的程序，必须在掉电前预先把 SFR 中的内容保存到内部 RAM 中，并在掉电方式退出后恢复 SFR 掉电前的内容。因为掉电方式的退出采用硬件复位的方法，所以复位后 SFR 为初始化的内容。

1.2.4　编程和校验方式

编程和校验方式用于内部含有 EPROM/E^{2}PROM 的单片机芯片（如 8751/8951），一般的单片机开发系统都提供实现这种方式的设备和功能。

编程的主要操作是，将原始程序、数据写入内部 EPROM/E^{2}PROM。编程时，要在 V$_{PP}$ 引脚上提供稳定的编程电压，从 P0 口输入编程信息，当编程脉冲输入端 $\overline{PROG}$ 输入 52ms 宽度的负脉冲时，就完成一次写入操作。

校验的主要操作是，在向内部程序存储器 EPROM/E^{2}PROM 中写入信息时或写入信息后，可将内部 EPROM/E^{2}PROM 的内容读出并进行校验，以保证写入信息的正确性。

1.3　单片机的时序

计算机的 CPU 实质上是一个复杂的同步时序电路，这个时序电路是在时钟脉冲控制下工作的。在执行指令时，CPU 首先要到程序存储器中取出需要执行指令的指令码，然后对指令码进行译码，并由时序部件产生一系列的控制信号去完成指令的执行，这些控制信号在时间上的相互关系就是 CPU 的时序。

CPU 在执行指令时所需控制信号的时间顺序称为时序。时序是用定时单位来描述的，MCS-51 单片机的时序单位有 4 个：时钟周期（节拍）、状态、机器周期和指令周期。

1.3.1　MCS-51 单片机的时序单位

（1）时钟周期（节拍）与状态。时钟周期又称为振荡周期，由单片机内部振荡电路 OSC 产生，定义为 OSC 时钟频率的倒数。时钟周期又称为节拍（用 P 表示）。时钟周期是时序中的最小单位。振荡脉冲经过二分频后即得到整个单片机工作系统的状态（用 S 表示），一个状态有两个节拍，前半周期对应的节拍定义为 P1，后半周期对应的节拍定义为 P2。

（2）机器周期。机器周期定义为完成一个基本操作所需的时间。MCS-51 单片机有固定的机器周期，规定一个机器周期有 6 个状态，分别表示为 S1～S6，而一个状态包含两个节拍，那么一个机器周期有 12 个节拍（记为 S1P1, S1P2, …, S6P1, S6P2），即一个机器周期由 12 个时钟周期构成，机器周期就是振荡脉冲的 12 分频。如果使用 6MHz 的时钟频率，一个机器周期为 2μs；如果使用 12MHz 的时钟频率，一个机器周期为 1μs。

（3）指令周期。执行一条指令所需要的时间称为指令周期，指令周期是时序中的最大单位。由于单片机执行不同指令所需的时间不同，因此不同指令所包含的机器周期数也不尽相同。MCS-51 单片机的指令可能包含 1～4 个不等的机器周期。通常，将包含一个机器周期、两个机器周期、4 个机器周期的指令分别称为单周期指令、双周期指令和四周期指令。指令所包含的机器周期数决定了指令的运算速度，机器周期数越少的指令，其执行速度越快。

1.3.2　MCS-51 单片机指令的取指/执行时序

程序是由指令组成的集合，执行程序的过程就是执行指令的过程。单片机的指令执行可分为取指和执行两个阶段。在取指阶段，CPU 从程序存储器中取出指令操作码，送指令寄存器，再经指令译码器译码，产生一系列控制信号，然后进入指令执行阶段。在指令执行阶段，利用指令译码器产生的控制信号，完成指令规定的操作。MCS-51 单片机指令系统共有 111 条指令，按字节的长度可分为单字节指令、双字节指令和三字节指令。单片机执行这些指令需要的时间是不同的，即它们所需的机器周期数不同，可分为单字节单周期指令、单字节双周期指令、单字节四周期指令、双字节单周期指令、双字节双周期指令、三字节双周期指令等几种形式。

如图 1.11 所示，描述了单周期指令和双周期指令的取指及执行时序。图中的 ALE 信号是用于锁存地址的选通信号，每出现一次该信号，单片机就进行一次读指令操作。从图 1.11 中可以看出，该信号是时钟频率 6 分频后得到的。在一个机器周期中，ALE 信号两次有效，第一次在 S1P2 和 S2P1 期间，第二次在 S4P2 和 S5P1 期间。

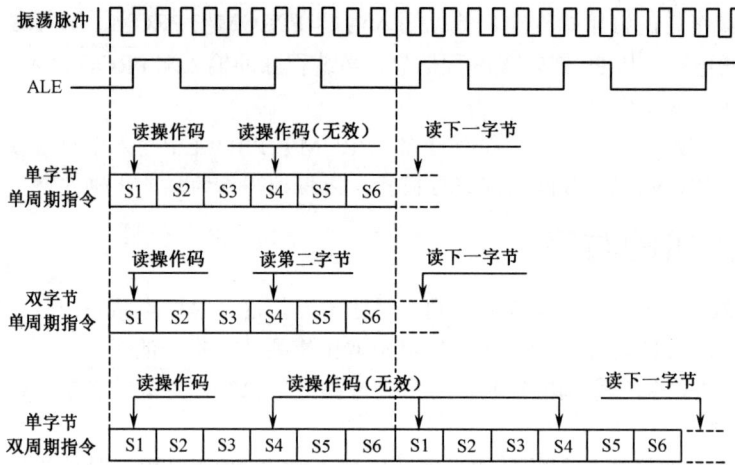

图 1.11　MCS-51 单片机指令的取指及执行时序

下面介绍几个典型指令的时序。

（1）单字节单周期指令。单字节单周期指令只进行一次读指令操作，当第二个 ALE 信号有效时，PC 并不加 1，读出的还是原指令，属于一次无效的读操作。

（2）双字节单周期指令。这类指令两次的 ALE 信号都是有效的，区别是，第一个 ALE 信号有效时，读的是操作码；第二个 ALE 信号有效时，读的是操作数。

（3）单字节双周期指令。这类指令的两个机器周期需进行 4 次读指令操作，但只有第一次读操作是有效的，后 3 次的读操作均为无效操作。

单字节双周期指令有一种特殊的情况，像 MOVX 这类指令，执行这类指令时，先在 ROM 中读取指令，然后对外部数据存储器进行读或写操作，第一个机器周期的第一次读指令操作有效，而第二次读指令操作无效。在第二个指令周期，访问外部数据存储器，此时，ALE 信号对其操作无影响，即不会再有读指令操作。

在图 1.11 中，只描述了指令的读取状态，而没有画出指令执行时序，因为每条指令都包含具体的操作数，而操作数类型种类繁多，这里不便列出，有兴趣的读者可参阅有关书籍。

1.3.3　访问外部 ROM/RAM 指令的时序

1. 外部程序存储器读时序

8051 单片机外部程序存储器读时序如图 1.12 所示，图中 P0 口提供低 8 位地址，P2 口提供高 8 位地址，S2 结束前，P0 口的低 8 位地址是有效的，之后出现在 P0 口上的不再是低 8 位的地址信号，而是指令数据信号。由于地址信号与指令数据信号之间有一段缓冲的过渡时间，要求在 S2 期间必须用 ALE 选通脉冲去控制锁存器，把低 8 位地址予以锁存。P2 口只输出地址信号，而没有指令数据信号，整个机器周期地址信号都是有效的，因而无须锁存这一地址信号。

从外部程序存储器读取指令，必须有两个信号进行控制：ALE 信号和 $\overline{\text{PSEN}}$ 信号（外部 ROM 读选通脉冲）。如图 1.12 所示，$\overline{\text{PSEN}}$ 从 S3P1 开始有效，直到将地址信号送出和外部程序存储器的数据读入 CPU 后才失效。从 S4P2 又开始执行第二个读指令操作。

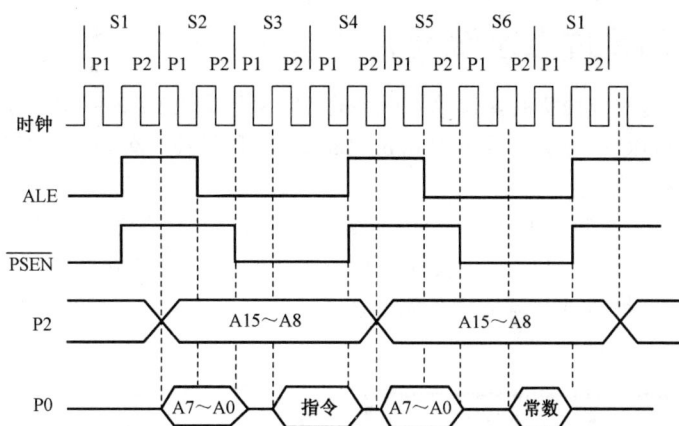

图 1.12   8051 单片机外部程序存储器读时序

2. 外部数据存储器读时序

CPU 对外部数据存储器的访问是对 RAM 进行数据的读或写操作，属于指令的执行周期。值得一提的是，读或写虽然是两种不同的操作，但它们的时序却是相似的。这里只对 RAM 的读时序进行分析，写时序类似，但需要将读控制信号换成写控制信号。8051 单片机外部数据存储器读时序如图 1.13 所示。图 1.13 中的第一个机器周期是取指阶段，从 ROM 中读取指令数据，第二个机器周期才开始读取外部数据存储器 RAM 中的内容。

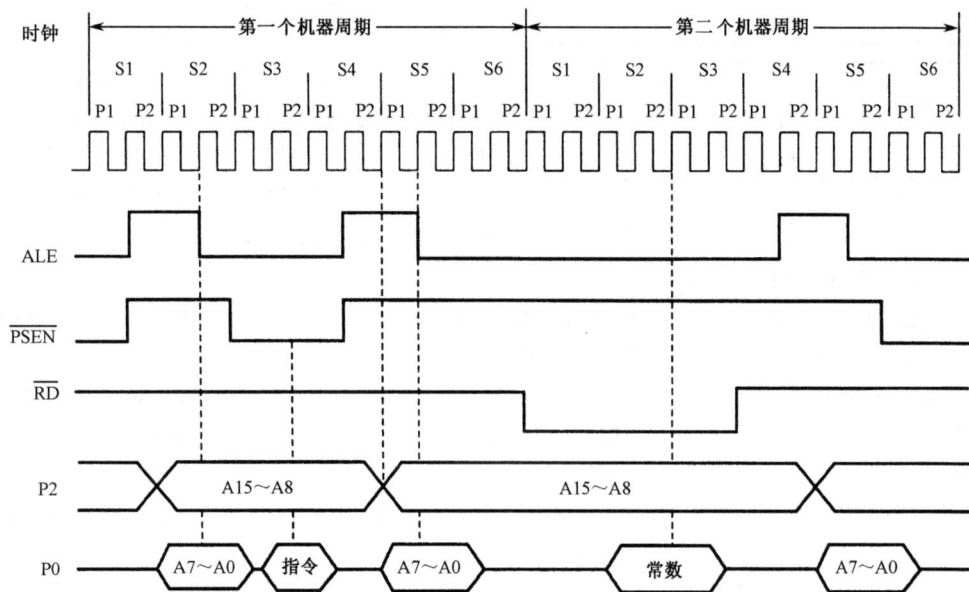

图 1.13   8051 单片机外部数据存储器读时序

在 S4 结束后，先把需要读取的 RAM 中的地址放到总线上，包含 P0 口的低 8 位地址 A0～A7 和 P2 口的高 8 位地址 A8～A15。当 $\overline{RD}$ 选通脉冲有效时，将 RAM 的数据通过 P0 数据总线读入 CPU。第二个机器周期，由于是访问外部数据存储器，ALE 会跳过一个脉冲，ALE 信号只出现一次，进行一次外部 ROM 的读操作，但是这一次的读操作属于无效操作。

对外部 RAM 进行写操作时，CPU 输出的则是 $\overline{WR}$（写选通信号），将数据通过 P0 数据总线写入外部数据存储器。

1.4 C8051F 片上系统简介

MCS-51 单片机是一个独特的 8 位单片机系列，它从早期 Intel 公司的 8051 单片机到 Philips、Atmel 等公司发展的 80C51 系列，再到 Silicon Labs（芯科科技）公司最新推出的 C8051F，展现了单片机的典型发展过程。

Silicon Labs 公司生产的 C8051F××× 单片机，与 MCS-51 单片机内核及指令集完全兼容。是 MCS-51 单片机的典型代表，也是目前功能最全、速度最快的 8051 衍生单片机之一，是完善的、系统级的芯片，集成了嵌入式系统的许多先进技术。Silicon Labs 公司共提供 40 余个型号工业级的 C8051F 片上系统单片机。

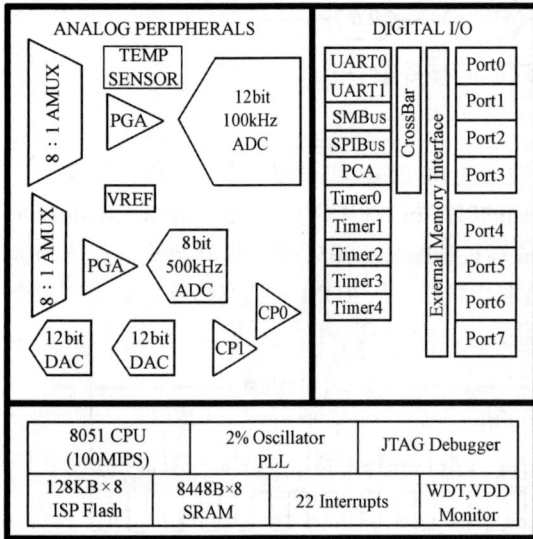

如图 1.14 所示，C8051F 单片机是以 CIP-51（Silicon Labs 公司的专利产品）为内核而集成的混合信号片上系统（System on Chip，SoC）。内部集成数据采集和控制系统中常用的模拟部件，能方便地通过数字交叉开关，将内部数字系统资源定向到外部 I/O 接口上；具有高达 25MIPS 的执行速度，强大的模拟信号处理和资源控制功能；8 路高性能的 12 位 ADC（转换速率为 100kHz）数据采集系统，2 路 12 位高精度 DAC，2 路模拟比较器和 ADC 可编程窗口检测器；8～64KB 的闪速/电可擦除程序存储器，256～8448B 的 RAM；典型的串行口，22 个中断源，7 个复位源；先进的非侵入式在线调试（Joint Test Action Group，JTAG）和看门狗定时、电源监控等可靠的安全机制。它汇集了许多单片机领域的先进技术，成为目前功能最强大的 8 位单片机之一。

图 1.14　C8051F 单片机的结构

C8051F 单片机具有以下特点。

（1）高速 CIP-51 内核。C8051F 单片机使用 Silicon Labs 的专利 CIP-51 内核，废除了原 MCS-51 单片机的机器周期概念，指令以时钟为运行单位，创建了 CIP-51 的 CPU 模式。CIP-51 内核采用流水线结构，机器周期由标准 8051 的 12 个系统时钟周期降为 1 个系统时钟周期，处理能力大大提高。70% 的指令在 1～2 个时钟周期内完成，大大提高了运行速度，使 C8051F 进入了 8 位高速单片机行列。在采用相同振荡器频率的情况下，C8051F 单片机的峰值执行速度是标准 8051 的 12 倍。大部分 C8051F 单片机的性能可达到 25MIPS，而 C8051F2× 系列的性能可达到 100MIPS。CIP-51 扩展了标准 8051 的中断系统，可提供 22 个中断源。

（2）丰富的模拟和数字资源。C8051F 单片机内部集成了数据采集与控制系统所需要的多种模拟与数字外设：ADC、DAC、可编程增益放大器（PGA）、模拟电压比较器、电压基准、锁相环（PLL）、温度传感器、SMBUS/I^{2}C 总线、UART、CAN、串行外设总线（SPI）、PCA、SRAM、闪存、非易失性存储器、WDT、电源监视器等。

模拟资源主要包括由 ADC、多通道模拟输入选择器和可编程增益放大器组成的完整 ADC 子系统。ADC 可以有多种转换启动方式，10 位或 12 位的 ADC 数据字可以被编程为左对齐或右对齐方式。大部分器件中的 ADC 均可被编程为差分输入或单端输入。ADC 子系统可以产生窗口比较中断，即窗口比较器可以被设置为，当 ADC 数据位于一个规定的窗口之内（或之外）时，向 CPU 申请中断。这一特性允许 ADC 用后台方式监视一个关键电压，当转换数据位于规定的窗口之内（或之外）时，才向 CPU 申请中断。

数字资源主要包括标准 8052 单片机的数字资源（3 个 16 位定时器/计数器、256B 内部 RAM、UART 等），内部可编程定时器/计数器阵列，SPI 总线和 SMBUS/I^2C 总线等。可编程定时器/计数器阵列是专用的 16 位定时器/计数器，一般有 n 个 16 位的捕捉/比较模块。每个模块可以被编程为上升与/或下降沿捕捉、软件定时、高速输出、脉宽调制这 4 种模式中的一种进行操作。有的模块还可以被编程为看门狗定时器。

（3）多源复位。C8051F 单片机彻底改造了原 MCS-51 单片机的复位源，从单引脚复位到多源复位。可提供多达 7 个复位源：内部电源监控器、CNVSTR 外部引脚、强制软件复位、时钟丢失检测器、比较器 0 提供的电压检测器、看门狗定时器和外部复位引脚。外部复位引脚是双向的，可接收外部复位信号或将内部产生的上电复位信号输出到外部复位引脚上。除内部电源监控器和外部复位引脚外，其他复位源都可以由用户用软件禁止。众多的复位源为保障系统的安全操作提供了灵活性，为零功耗设计带来了极大的好处。

（4）双重系统时钟。C8051F 单片机建立了完善的、先进的时钟系统，内部设置有一个可编程的时钟振荡器，可设置不同的时钟频率。外部振荡器可选择 4 种方式：晶振、陶瓷谐振器、RC 电路和外部时钟源。在复位后，内部时钟信号发生器被默认为系统时钟。如果需要，时钟源可以在运行期间在内部振荡器和外部振荡器之间切换。这种时钟切换功能在低功耗系统中是非常有用的，它允许 MCU 从一个低频率（节电）外部振荡器周期性地切换到高速的内部振荡器。

（5）可编程数字 I/O 接口和交叉开关。C8051F 单片机中引入了数字交叉开关 CrossBar（交叉开关矩阵），改变了以往单片机内部功能与外部引脚的固定对应关系。数字交叉开关是一个大的数字开关网络，允许将内部数字系统资源分配给 I/O 接口。与具有标准复用数字 I/O 接口的单片机不同，这种结构可支持多种功能组合，可通过设置交叉开关控制寄存器将内部的定时器/计数器、串行总线、硬件中断、ADC 转换启动输入、比较器输出，以及单片机内部的其他数字信号配置在 I/O 接口上。I/O 接口由固定方式改为数字交叉开关配置，使设计 I/O 接口更加灵活方便，允许用户根据自己的特定应用选择通用 I/O 接口和所需数字资源的组合。

（6）在应用编程和闪存安全机制。C8051F 单片机中使用具有在系统编程（ISP）和在应用编程（IAP）功能的闪存。IAP 特性允许将闪存用于非易失性数据的存储，并可以通过用户软件对闪存编程，这就允许现场更新 8051 固件，为产品的软件升级提供了极大的方便。闪存还具有安全机制，可以保护程序代码和数据，以防止程序或数据被读取或意外改写。

（7）系统调试。C8051F 单片机指令与 MCS-51 单片机指令兼容，有 Keil C 的支持。C8051F 单片机具有内部 JTAG 和调试电路，通过 4 脚的 JTAG 接口，并使用安装在最终应用系统中的器件，就可以进行非侵入式全速在系统编程和在应用编程调试。其调试系统支持观察和修改存储器与寄存器，支持断点、观察点、堆栈指示器和单步执行。

（8）低功耗设计。C8051F 单片机具有最小功耗的最佳支持。3V 供电标准降低了系统的功耗，但 I/O 接口仍然允许 5V 输入，经上拉后也可驱动 5V 逻辑器件。完善的时钟系统可使系统平均时钟频率最低，众多的复位源可灵活实现零功耗系统的设计。

习题 1

1．MCS-51 单片机基于____结构，其特点是____。

2．CPU 由____和____组成。

3．若不使用 MCS-51 单片机内部程序存储器，则引脚____必须接地。

4．在 MCS-51 单片机中，如果采用 6MHz 晶振，则一个机器周期为____。

5．8051 单片机内部 RAM 位寻址区的单元地址范围为____，其位地址范围为____。

6．8051 芯片的引脚可以分为三类：____、____和____。

7．若累加器 A 中的内容为 63H，那么，P 标志位的值为____。

8．8031 单片机复位后，R4 所对应的存储单元的地址为____，因为上电时，PSW=____。这时当前的工作寄存器区是____组工作寄存器区。

9．8051 单片机内部有（　　）的 ROM。

    A）4KB　　　　　　　　B）6KB　　　　　　　　C）256B　　　　　　　　D）8KB

10．MCS-51 单片机上电复位后，SP 的内容是（　　）。

    A）00H　　　　　　　　B）07H　　　　　　　　C）60H　　　　　　　　D）70H

11．PC 用来存放（　　）。

    A）指令　　　　　　　　　　　　　　　　B）上一条的指令地址

    C）将要执行的下一条的指令地址　　　　D）正在执行的指令地址

12．采用 8031 单片机必须扩展（　　）。

    A）数据存储器　　　　B）程序存储器　　　　C）I/O 接口　　　　D）显示接口

13．若 PSW=18H，则当前工作寄存器有（　　）。

    A）0 组　　　　　　　　B）1 组　　　　　　　　C）2 组　　　　　　　　D）3 组

14．MCS-51 单片机在内部集成了哪些主要逻辑功能部件？各个逻辑部件的主要功能是什么？

15．MCS-51 单片机的引脚中有多少根 I/O 线？它们与单片机对外的地址总线和数据总线之间有什么关系？其地址总线和数据总线各有多少位？对外可寻址的地址空间有多大？

16．8051 单片机的控制总线信号有哪些？各有什么作用？

17．什么是指令？什么是程序？简述程序在单片机中的执行过程。

18．8051 单片机的存储器组织采用何种结构？存储器地址空间如何划分？各地址空间的地址范围和容量如何？在使用上有何特点？

19．8051 单片机内部 RAM 低 128 个单元划分为哪三个主要部分？各部分主要功能是什么？

20．8051 单片机的内部、外部存储器如何选择？

21．何为堆栈指针？堆栈操作有何规定？

22．8051 单片机有多少个特殊功能寄存器？这些特殊功能寄存器能够完成什么功能？特殊功能寄存器中的哪些寄存器可以进行位寻址？

23．DPTR 是什么寄存器？它的作用是什么？

24．说明 8051 单片机的 PSW 寄存器各位标志的含义。

25．开机复位后，CPU 使用的是哪组工作寄存器（R0～Rn）？它们的地址是什么？CPU 如何确定和改变当前工作寄存器组（R0～Rn）？

26．MCS-51 单片机的工作方式可分为哪 4 种？

27．MCS-51 单片机的时钟周期、机器周期、指令周期是如何定义的？当主频为 12MHz 时，一个机器周期是多长时间？执行一条最长的指令需要多长时间？

28．8051 单片机复位后，各寄存器的初始状态如何？复位方法有几种？

第 2 章　MCS-51 单片机的指令系统与程序设计

本章介绍 MCS-51 单片机的寻址方式、指令系统、基本程序结构、汇编语言与 C51 语言程序的开发和调试，使学生掌握单片机的各种寻址方式及应用、单片机指令系统及各种指令应用的场合、单片机的汇编语言与 C51 语言程序设计方法。本章重点在于寻址方式、各种指令的应用、程序设计规范、程序设计思想及典型程序的理解和掌握，难点在于控制转移、位操作指令的理解、各种指令的灵活应用、程序设计方法、针对具体的硬件设计出最合理的软件。

2.1　汇编语言概述

指令是计算机用于控制各功能部件完成某一指定动作的指示和命令。一台计算机所能识别、执行的指令集合即为其指令系统。指令系统是一套控制计算机执行操作的编码，通常称为机器语言。机器语言是计算机唯一能识别和执行的指令。为了容易理解、便于记忆和使用，通常使用汇编语言（符号指令）描述计算机的指令系统。指令系统由计算机硬件设计决定，由生产厂商提供的计算机指令系统是用户必须理解和遵循的标准。指令系统没有通用性。

单片机一般是裸机，未含任何系统软件。因此，在第一次使用前，必须对其进行编程，将系统程序固化在芯片内。汇编语言虽然比高级语言烦琐，但它能充分地发挥指令系统的功能和效率，可获得最简练的目标程序，特别是在一些实时控制系统中，采用汇编语言可以准确地计算出控制操作时间并灵活地实施控制。因此，对单片机用户来说，掌握指令系统和汇编语言程序设计就显得十分重要。

2.1.1　汇编语言指令格式与伪指令

1．常用单位与术语

位（bit，b）：位是计算机所能表示的最小的、最基本的数据单位。由于计算机中使用的是二进制数，因此，位就是指一个二进制位。

字节（Byte，B）：一个连续的 8 位二进制数码称为 1 字节，即 1Byte=8bit。

字（Word）：通常由 16 位二进制数码组成，即 1Word=2Byte。

字长：字长是指计算机一次处理二进制数的位数。MCS-51 单片机是 8 位机，所以说它的字长为 8 位。

2．汇编语言指令格式

指令的表示方式称为指令格式，规定了指令长度和内部信息的安排。完整的指令格式如下：

[标号:] 操作码　[操作数] [,操作数] [,操作数] [;注释]

其中，[ ]项是可选项。

标号：本指令起始地址的符号，也称为指令的符号地址。代表该指令在程序编译时的具体地址，标号可以被其他语句调用。从形式上看，标号是由 1~8 个字符组成的字符串，但第一个字符必须是字母，其余可以是字母、数字或符号；结尾处用分界符 ":"。

操作码：又称指令助记符，它由对应的英文缩写构成，是指令的关键。它规定了指令具体的操作功能，描述指令的操作性质，是一条指令中不可缺少的内容。汇编语言程序根据操作码汇编成机器码。如果汇编后的机器码是供单片机执行的指令，就称此指令为可执行语句；否则，就称此指令为非可执行语句。

操作数：它既可以是一个具体的数据，也可以是存放数据的地址。在一条指令中可以有多个操作数，也可以一个操作数也没有。第一个操作数与操作码之间至少要有一个空格，操作数与操作数之间须用逗号","分隔。操作数中的常数可以用二进制数（B）、八进制数（Q）、十进制数（省略）、十六进制数（H）表示（当最高位用十六进制数 A 及以后的数开头时，前面须加 0，否则机器不识别）。

注释：注释也是指令的可选项，它是为增加程序的可读性而设置的，是针对某指令而添加的说明性文字，不产生可执行的目标代码。注释前一定要加分号";"。可以在一行内仅有注释语句，此行即是一个注释行。

【例 2.1】 MOV A, #00H

解 MOV（Move）是操作码，表示该指令的功能是数据传送，A 与#00H 都是操作数，执行后的结果为(A)=00H。

【例 2.2】 INC R0

解 INC（Increment）是操作码，表示该指令的功能是加 1，R0 是操作数，执行后的结果为 R0 寄存器的内容加 1。

【例 2.3】 NOP ;空操作

解 NOP 是操作码，没有操作数，表示该指令的功能是不做任何操作（空操作）。

3．伪指令

汇编语言除定义汇编语言指令外，还定义了一些伪指令。伪指令是程序员发给汇编程序的控制命令，用来设置符号值、保留和初始化存储空间、控制用户程序代码的位置，所以也称为汇编程序的控制命令。伪指令只出现在汇编前的源程序中，仅提供汇编用的某些控制信息，汇编时不产生可执行的目标代码，是 CPU 不能执行的指令。MCS-51 单片机常用伪指令介绍如下。

（1）定位伪指令 ORG

格式：ORG n

其中，n 通常为绝对地址，可以是十六进制数、标号或表达式。

功能：放在程序或数据块的前面，说明紧跟其后的程序段或数据块的起始地址（生成机器指令的起始存储器地址）。在一个汇编语言源程序中允许存在多条定位伪指令，但每一个 n 值都应和前面生成的机器指令存放地址不重叠。

【例 2.4】 说明下列指令完成的功能。

```
        ORG   0100H
START:  MOV   A,#78H
        ...
        ORG   0500H
LP:     MOV   R0,#80H
```

解 第一条 ORG 指令指定了标号为 START 的程序段的地址为 100H，即 MOV A, #78H 指令及其后面的指令汇编成的机器码存放在 100H 开始的程序存储单元中。第二条 ORG 指令指定了标号为 LP 的程序段的地址为 500H。从 START 地址开始的程序段所占的存储地址最多只能到 4FFH，否则就会与 LP 开始的程序段的地址重叠。地址重叠的程序在编译时并不会发生错误，但运行时会产生错误。

（2）结束汇编伪指令 END

格式：[标号:] END [表达式]

功能：放在汇编语言源程序的末尾，表明源程序到此结束，通知汇编程序结束汇编。在 END 之后即使还有指令，汇编程序也不予处理。END 伪指令只在某些主程序模块中才具有"表达式"

项，且表达式的值等于该程序模块的入口地址。

一般在程序的最后需要一条 END 伪指令，否则汇编程序编译时会提出警告，当然这并不会影响程序的正常运行。

（3）赋值伪指令 EQU

格式：x　EQU　n

功能：给字符名称 x 赋予一个特定的值 n，赋值后，其值在整个程序中有效。赋值项 n 可以是常数、地址、标号或表达式。赋值后的字符名称 x 既可以作为数据地址、代码地址或位地址使用，也可以作为立即数使用；可以是 8 位的，也可以是 16 位的。在使用时，必须先赋值后使用。

"字符名称"与"标号"的区别："字符名称"后无冒号，而"标号"后面有冒号。

【例2.5】 说明下列指令的功能（用注释语句标注）。

解　LE　EQU　09CDH　;LE 定义了一个 16 位地址（可以是一个子程序入口）

　　LG　EQU　10H　　;LG 与 10H 等值

　　DE　EQU　30H　　;DE 与 30H 等值

　　MOV　A,　LG　　;将 10H 单元中的内容送到 A 中

　　MOV　R1,　DE　　;将 30H 单元中的内容送到 R1 中

（4）定义字节伪指令 DB

格式：[标号:]　DB　$x_1, x_2, \cdots, x_i, \cdots, x_n$

功能：通知汇编程序从当前程序存储器地址开始，将 DB 后面的数据存到程序存储单元中，即把 $x_1, x_2, \cdots, x_i, \cdots, x_n$ 存到从标号开始的连续单元中。x_i 可以是 8 位数据、ASCII 码、表达式，也可以是括在单引号内的字符串。两个数据之间用逗号","分隔。

当 x_i 为数值常数时，取值范围为 00H～FFH；当 x_i 为 ASCII 码时，要使用单引号（' '）括起来，以示区别；当 x_i 为字符串常数时，其长度不应超过 80 个字符。

【例2.6】 说明下列指令的功能。

　　ORG　0100H

　　DB　20H, 21H, 22H

解　此时表示(0100H)=20H，(0101H)=21H，(0102H)=22H。

【例2.7】 说明下列指令的功能。

　　ORG　2000H

　　DB　'03'

解　此时'03'为字符串常数，其中，'0'表示 0 的 ASCII 码 30H，'3'表示 3 的 ASCII 码 33H，所以，(2000H)=30H，(2001H)=33H。

（5）定义双字节伪指令 DW

格式：[标号:]　DW　$x_1, x_2, \cdots, x_i, \cdots, x_n$

功能：从标号指定的地址单元开始，在程序存储器中定义 16 位的数据字，即把 $x_1, x_2, \cdots, x_i, \cdots,$ x_n 存到从标号开始的连续单元中。其中，x_i 为 16 位数值常数，所以占两个存储单元，先存高 8 位（存到低位地址单元中），后存低 8 位（存到高位地址单元中）。其他同 DB 指令。

【例2.8】 说明下列指令的功能。

　　ORG　2100H

　　DW　1226H, 0562H

解　此时表示(2100H)=12H，(2101H)=26H，(2102H)=05H，(2103H)=62H。

注意：DB 和 DW 定义的数据表，其长度应小于或等于 80 个字符，可以用几个命令定义长度大于 80 个字符的数据表。在 MCS-51 的程序设计中，常用 DB 定义数据，用 DW 定义地址。

（6）预留存储空间伪指令 DS

格式：[标号:]　DS　n

功能：从标号指定的地址单元开始，预留 n 个单元的存储单元，汇编时，不对这些存储单元赋值。n 可以是数据，也可以是表达式。

【例 2.9】　说明下列指令的功能。

```
        ORG   2200H
STOR:   DS    06H
        DB    21H, 22H
```

解　此时表示从 2200H 单元开始，连续预留 6 个单元，然后从 2206H 单元开始按 DB 指令处理，即(2206H)=21H，(2207H)=22H。

（7）定义位地址符号伪指令 BIT

格式：　x　BIT　n

功能：给字符名称 x 赋予位地址 n。其中，位地址 n 可以是绝对地址，也可以是符号地址。

【例 2.10】　说明下列指令的功能。

```
LP1   BIT   P1.1
LP2   BIT   02H
```

解　此时表示 P1 口位 1 的地址 91H 赋给了 LP1，而 LP2 的值为 02H。在其后的编程中，LP1 和 LP2 可以作为位地址使用。

（8）数据地址赋值伪指令 DATA

格式：字符名称 x　DATA　表达式 n

功能：把表达式 n 的值赋值给左边的字符名称 x。其中，表达式 n 可以是数据或地址，也可以是包含所定义的字符名称 x 在内的表达式，但不能是汇编符号（如 R0、R1 等）。

DATA 与 EQU 的主要区别：EQU 定义的字符名称必须先定义后使用，而 DATA 定义的字符名称没有这种限制，所以，DATA 伪指令通常用在源程序的开头或末尾。

2.1.2　指令的分类

MCS-51 单片机指令系统有 111 条指令（44 种助记符），可按下列几种方式分类。

按指令字节数不同，可将指令分为单字节指令（49 条）、双字节指令（46 条）和三字节指令（16 条）。

按指令执行时间不同，可将指令分为单机器周期指令（65 条）、双机器周期指令（44 条）和四机器周期指令（2 条）。

按功能不同，可将指令分为数据传送指令（29 条）、算术运算指令（24 条）、逻辑运算及移位指令（24 条）、控制转移指令（17 条）和位操作指令（17 条）。

2.1.3　指令中的常用符号

在 MCS-51 单片机指令系统中，除操作码字段采用了 44 种操作码助记符外，还在源操作数和目的操作数字段使用了一些符号，这些符号的含义归纳如下。

Rn：表示当前工作寄存器 R0～R7 中的任意寄存器。

Ri：表示当前寄存器是通用寄存器组中用于间接寻址的两个寄存器 R0 和 R1。

#data：表示 8 位直接参与操作的立即数。可以用二进制数（B）、八进制数（Q）、十进制数（省略）、十六进制数（H）表示。

#data16：表示 16 位直接参与操作的立即数。

direct：表示内部 RAM 的 8 位单元地址。既可以是内部 RAM 的低 128B 的单元地址，也可以是高 128B 中特殊功能寄存器（SFR）的单元地址。指令中的 direct 表示直接寻址方式。

addr11：表示 11 位目的地址，主要用于 ACALL 和 AJMP 指令。

addr16：表示 16 位目的地址，主要用于 LCALL 和 LJMP 指令。

rel：用补码形式表示的 8 位二进制地址偏移量，取值范围为−128～+127，主要用于相对转移指令，以形成转移的目的地址。

DPTR：表示数据指针，可作为 16 位地址寄存器，用于寄存器间接寻址和变址寻址方式。

bit：表示内部 RAM 的位寻址区，或者是可以进行位寻址的 SFR 的位地址。

A（或 ACC）：表示累加器 A。

B：表示 B 寄存器。

C：表示 PSW 中的进位标志位 Cy。

@：在间接寻址方式中，表示间接寻址寄存器指针的前缀标志。

$：表示当前的指令地址。

/：在位操作指令中，表示对该位先求反后再参与操作。

(X)：表示由 X 所指定的某寄存器或某单元中的内容。

((X))：表示由 X 间接寻址单元中的内容。

←：表示指令的操作结果是将箭头右边的内容传送到箭头的左边。

→：表示指令的操作结果是将箭头左边的内容传送到箭头的右边。

∨：表示逻辑或。

∧：表示逻辑与。

⊕：表示逻辑异或。

2.1.4　指令的字节数

在指令系统中，每条指令在存储器中存放的字节单元数，称为指令的字节数。

在 MCS-51 单片机指令系统中，指令操作码占 1 字节；直接地址占 1 字节，8 位数据占 1 字节，16 位数据占 2 字节；操作数中的 A、R0～R7、C、@Ri、DPTR、@ A+ DPTR、@ A+ PC 等均隐含在操作码中，不单独占 1 字节；B 在乘除指令中隐含，用作通用寄存器时占 1 字节。

（1）单字节指令（1 字节指令）

在单字节指令中只有指令操作码，或者操作数的寄存器隐含在指令操作码中。例如：

```
NOP                ;指令操作码 00H
RET                ;指令操作码 22H
MOV   A, Rn        ;指令操作码 11101 rrr，rrr 所代表的 3 位二进制数与 Rn 中的 n 对应
INC   DPTR         ;指令操作码 A3H
```

（2）双字节指令（2 字节指令）

在双字节指令中，指令操作码占 1 字节，操作数占 1 字节。例如：

```
MOV   A, #data     ;指令码为 0111 0100  #data
```

（3）三字节指令（3 字节指令）

在三字节指令中，指令操作码占 1 字节，源操作数占 1 字节，目的操作数占 1 字节。例如：

```
ANL   direct, #data  ;指令码 0101 0011    direct   #data
```

【例 2.11】　指出下列指令的字节数。

```
解  MOV    DPTR, #1000H     ;3 字节，指令操作码与 DPTR 占 1 字节，1000H 占 2 字节
    MOV    A, 20H           ;2 字节，指令操作码与 A 占 1 字节，20H 占 1 字节
    ANL    A, #0FH          ;2 字节，指令操作码与 A 占 1 字节，0FH 占 1 字节
    MOVC   A, @A+DPTR       ;1 字节，A、@A+DPTR 均隐含在指令操作码中
    MOV    A, R0            ;1 字节，A、R0 均隐含在指令操作码中
    MOV    SP, #60H         ;3 字节，指令操作码占 1 字节，SP 占 1 字节，60H 占 1 字节
```

SWAP	A	;1 字节，A 隐含在指令操作码中
SJMP	$	;2 字节，指令操作码占 1 字节，$为当前地址，占 1 字节

2.2 MCS-51 单片机的寻址方式

在计算机中，说明操作数所在地址的方法，或指令按地址获得操作数的方式，称为指令的寻址方式。在执行指令时，CPU 首先要根据地址寻找参加运算的操作数，然后才能对操作数进行操作。操作结果还要根据地址存到相应的存储单元或寄存器中。计算机执行程序实际上是不断地寻找操作数并进行操作的过程。计算机在设计时已决定了它具有哪些寻址方式。寻址方式越多，计算机的灵活性越强，指令系统也就越复杂。

在 MCS-51 单片机中，操作数的存放范围很宽，可以放在外部 ROM/RAM 中，也可以放在内部 ROM/RAM 中，还可以放在特殊功能寄存器（SFR）中。为了适应操作数范围内的寻址，MCS-51 单片机的指令系统提供了 7 种寻址方式，分别为立即寻址、直接寻址、寄存器寻址、寄存器间接寻址、变址寻址、相对寻址和位寻址。

2.2.1 立即寻址

（1）定义。将立即参与操作的数据直接写在指令中，这种寻址方式称为立即寻址。

（2）特点。指令中直接含有所需的操作数。该操作数可以是 8 位的，也可以是 16 位的，常常处在指令的第 2 字节和第 3 字节的位置上。立即数通常使用#data 或#data16 表示，在立即数前面加"#"标志，用以区别直接寻址中的直接地址（direct 或 bit）。

（3）操作原理。

【例 2.12】 分析下面指令的执行过程及执行结果。

```
MOV   A, #45H
MOV   A, 45H
```

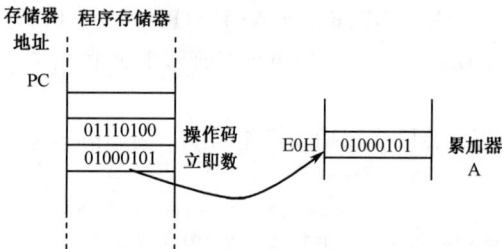

图 2.1 立即寻址示意图

解 第一条指令源操作数#45H 为立即寻址，源操作数#45H 就是立即数，指令的功能是把 8 位立即数 45H 传送到累加器 A 中，如图 2.1 所示。第二条指令源操作数 45H 前面无"#"，不是立即寻址，指令的功能是把内部 RAM 45H 单元中的内容传送到累加器 A 中。

在 MCS-51 单片机中，还有一条 16 位立即数的数据传送指令：

```
MOV   DPTR, #data16
```

2.2.2 直接寻址

（1）定义。将操作数的地址直接存放在指令中，这种寻址方式称为直接寻址。

（2）特点。指令中含有操作数的地址。该地址指出了参与操作的数据所在的字节单元地址，它可以是 8 位的，也可以是 16 位的，处在指令的第 2 字节和第 3 字节的位置上。单片机执行时，可根据直接地址找到所需要的操作数。

（3）寻址范围。

① 程序存储器。例如，长转移指令 LJMP、绝对转移指令 AJMP、长调用指令 LCALL、绝对调用指令 ACALL 等，指令中直接给出了程序存储器的 16 位或 11 位地址。

② 内部 RAM 区。访问内部 RAM 低 128B 单元时，直接给出单元地址；访问 SFR（即 RAM 高 128B 单元）时，可以使用 SFR 的物理地址，也可以使用 SFR 的字符名称。为了增强程序的可读性，建议使用后者。例如：

```
MOV   A, SP          ;(A)←(SP)
MOV   A, 81H         ;(A)←(81H)
```

以上两条指令的形式虽然不同，但汇编后的指令机器码完全一样（因为 SP 的物理地址是 81H），指令的功能也完全一样。

注意：访问 SFR 只能用直接寻址方式。

（4）操作原理。

【例 2.13】 分析指令 MOV   A,45H 的执行过程及执行结果。

解 该指令表示源操作数 45H 是参与操作的数据所在的单元地址。如果内部 RAM 的 (45H)=36H，则执行指令后(A)=36H，如图 2.2 所示。

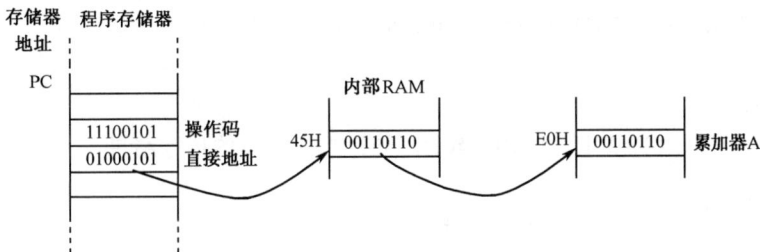

图 2.2   直接寻址示意图

2.2.3   寄存器寻址

（1）定义。操作数存放在 MCS-51 单片机内部的某个工作寄存器 R0～R7 中，这种寻址方式称为寄存器寻址。

（2）特点。由指令指出某个寄存器的内容作为操作数。存放操作数的寄存器在指令代码中不单独占 1 字节，而是隐含（嵌入）在操作码中。

（3）寻址范围。

① 4 组通用寄存器，即 Rn（R0～R7）。

② 部分专用寄存器。在 MCS-51 单片机中，A、B（在乘除指令中隐含，用作通用寄存器时占 1 字节）、DPTR 在指令代码中不单独占 1 字节，隐含在操作码中，属于寄存器寻址。

（4）操作原理。

【例 2.14】 分析指令 MOV   A, R7 的执行过程及执行结果。

解 该指令表示 R7 是存放源操作数据的寄存器，其指令代码为 1110 1111B，其中，低 3 位 111 表示为 R7 寄存器（若此时 PSW 中 RS1、RS0 分别为 00，则可知是第 0 组的 R7），其地址为 07H。设(R7)=19H，指令执行后(A)=19H，如图 2.3 所示。

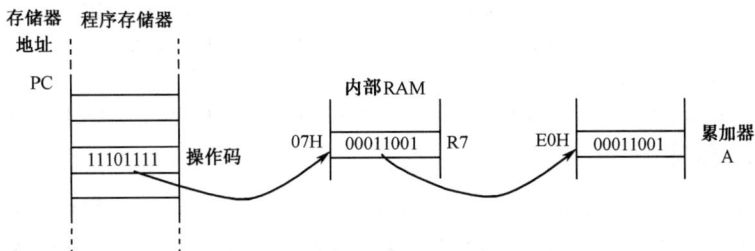

图 2.3   寄存器寻址示意图

2.2.4   寄存器间接寻址

（1）定义。指令给出的寄存器中存放的不是要操作的数据本身，而是操作数的单元地址，这种寻址方式称为寄存器间接寻址，简称为寄存器间址。

（2）特点。指令给出的寄存器中存放的是操作数地址。计算机执行这类指令时，首先根据指令码中的寄存器找到所需的操作数地址，再由操作数地址找到操作数，并完成相应的操作。所以，寄存器间接寻址实际上是一种二次寻找操作数的寻址方式。为了与寄存器寻址相区别，在寄存器间接寻址中，寄存器前边必须加前缀符号"@"。

（3）寻址范围。

① 内部 RAM 低 128B。MCS-51 单片机中规定，对内部 RAM 低 128B 单元的间接寻址，只能使用 R0 或 R1 作为间址寄存器。

② 外部 RAM。MCS-51 单片机中规定，对外部 RAM 的间接寻址，使用 DPTR 作为间址寄存器。但对于外部 RAM 低 256B 单元的访问，除可以使用 DPTR 外，也可以使用 R0 或 R1 作为间址寄存器。

（4）操作原理。

【例 2.15】 已知(R0)=30H，(30H)=40H，分析下面指令的执行结果。

    MOV A, @R0

解 指令执行后，(A)= 40H，执行过程如图 2.4 所示。

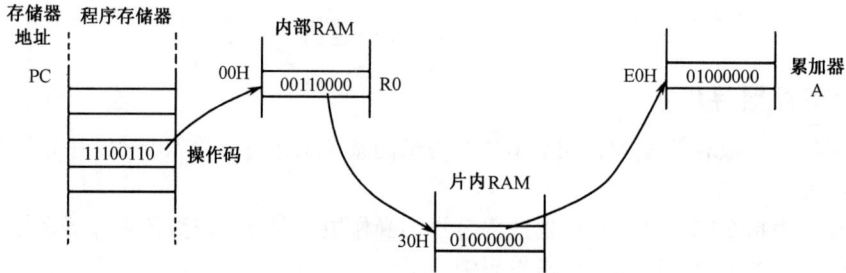

图 2.4　寄存器间接寻址示意图

（5）注意的问题。

① 寄存器间接寻址方式允许的操作数类型是@Ri 和@DPTR。@Ri 形式只能用 R0、R1 作为间址寄存器。

② 寄存器间接寻址方式不能用于寻址特殊功能寄存器 SFR，例如：

    MOV R0, #80H

    MOV A, @R0   ;这是错误的（指令没有错），8051 内部 RAM 的 80H 是 SFR 的 P0

【例 2.16】 已知(R0)=30H，内部 RAM 的(30H)=40H，外部 RAM 的(30H)=55H，外部 RAM 的(1234H)=79H，分析下面指令的执行结果。

    解 MOV A, @ R0   ;源操作数取自内部 RAM，执行结果是(A)=40H

        MOVX A, @ R0   ;源操作数取自外部 RAM，执行结果是(A)=55H

        MOV DPTR, #1234H

        MOVX A, @DPTR   ;源操作数取自外部 RAM 的 1234H 单元，执行结果是(A)=79H

2.2.5　变址寻址

（1）定义。操作数存放在变址寄存器（累加器 A）和基址寄存器（DPTR 或 PC）相加形成的 16 位地址的单元中，这种寻址方式称为基址加变址寄存器间接寻址，简称为变址寻址。

（2）特点。在指令操作码中隐含了作为基址寄存器用的 DPTR 或 PC（DPTR 或 PC 中应预先存放操作数的基地址），作为变址用的累加器 A 应预先存放操作数地址相对于基地址的偏移量。在执行变址寻址指令时，MCS-51 单片机先把基地址和地址偏移量相加，以形成操作数地址，再由操作数地址找到操作数，并完成相应的操作。变址寻址方式均为单字节指令。

（3）寻址范围。

① 变址寻址只能对程序存储器 ROM 进行寻址，主要用于查表性质的访问。

② 累加器 A 存放的操作数地址相对于基地址的偏移量的范围为 00H～FFH（无符号数）。

③ MCS-51 单片机共有以下三条变址寻址指令：

```
MOVC    A, @A+PC        ;(A)←((A)+(PC)+1)
MOVC    A, @A+DPTR      ;(A)←((A)+(DPTR))
JMP     @A+DPTR         ;(PC)←(A)+ (DPTR)
```

（4）操作原理。

【例 2.17】 已知(DPTR)=1234H，(A)=50H，程序存储器(1284H)=65H，分析下面指令的执行结果。

```
MOVC    A, @A+DPTR
```

解 该指令表示将累加器 A 中的内容与数据指针寄存器 DPTR 中的内容相加，其结果作为 ROM 地址，再将 ROM 中该地址单元的内容送到累加器 A 中，执行的过程如图 2.5 所示。

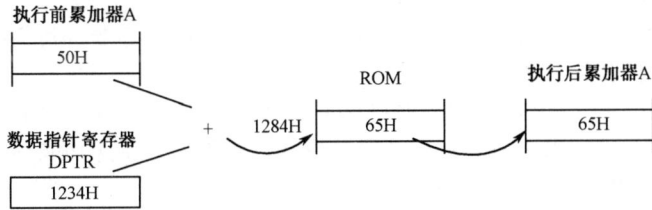

图 2.5 变址寻址示意图

2.2.6 相对寻址

（1）定义。将程序计数器 PC 的当前值（执行本条指令后的 PC 值）与指令第 2 字节给出的偏移量（rel）相加，形成新的转移目的地址。由于偏移量是相对 PC 而言的，故称为相对寻址方式。

（2）特点。相对寻址方式是为实现程序的相对转移而设计的，为相对转移指令所使用。相对转移指令的指令码中含有相对地址偏移量，能生成浮动代码：

相对转移指令的目的地址=相对转移指令地址+相对转移指令字节数+偏移量

（3）寻址范围。相对寻址只能对程序存储器 ROM 进行寻址。相对地址偏移量是一个带符号的 8 位二进制补码，其取值范围为-128～+127（在以 PC 为中间量的 256B 范围内）。

（4）操作原理。

【例 2.18】 分析指令 SJMP 06H 的执行过程及执行结果。假设这条指令的地址为 2000H。

解 执行的过程如图 2.6 所示。

① 这是一条双字节指令，存储在程序存储器 ROM 的 2000H 和 2001H 这两个单元中。

② 当执行该指令时，PC 指向 2000H，首先读取指令第 1 字节，然后 PC 自动加 1 指向 2001H。

③ 再读第 2 字节，得知偏移量为 06H（正值），然后 PC 再自动加 1，指向 2002H。

④ 将得到的偏移量 06H 和 PC 的当前值 2002H 相加，可得转移的目的地址为 2008H。

⑤ 程序将从 2008H 处开始执行。

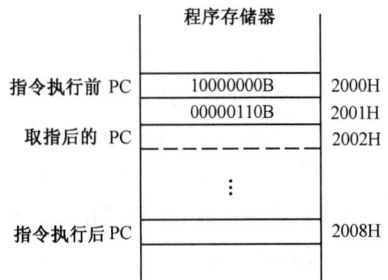

图 2.6 相对寻址示意图

2.2.7 位寻址

（1）定义。指令中给出的操作数是一个可单独寻址的位地址，这种寻址方式称为位寻址方式。

（2）特点。位寻址是一种直接寻址方式，由指令给出直接位地址。与直接寻址不同的是，位寻址只对 8 位二进制数中的某一位的地址进行操作，而不是字节地址。

（3）寻址范围。

① 内部 RAM 低 128B 的位寻址区，单元地址为 20H～2FH，共 16 字节，128 位，位地址范围为 00H～7FH。

② 内部 RAM 高 128B 的 SFR 中，有 83 位可以进行位寻址（其单元地址能被 8 整除的 SFR）。

③ 可以进行位寻址的位地址表示形式如下。

Ⅰ）直接使用位地址形式。例如：

    MOV   00H, C   ;(00H)←(Cy)，00H 是内部 RAM 中 20H 地址单元的第 0 位（D0）

Ⅱ）字节地址加位序号的形式。例如：

    MOV   20H.0, C   ;20H.0 是内部 RAM 中 20H 地址单元的 D0 位，(20H.0)←(Cy)

Ⅲ）位的符号地址（位名称）的形式。对于部分特殊功能寄存器，其各位均有一个特定的名字，所以可以用它们的位名称来访问该位。例如：

    ANL   C, P   ;P 是 PSW 的 D0 位，C 是 PSW 的 D7 位，(C)←(C)∧(P)

Ⅳ）字节符号地址（字节名称）加位序号的形式，对于部分特殊功能寄存器（如状态寄存器 PSW），还可以用其字节名称加位序号形式来访问某一位，例如：

    CPL   PSW.6   ;PSW.6 表示该位是 PSW 的 D6 位，(AC)←($\overline{AC}$)

（4）操作原理。

【例 2.19】 分析指令 MOV C, 01H 的执行过程及执行结果。

解 指令中，C 和 01H 均是位地址，其功能是，将 RAM 的 01H 位地址（20H.1）单元中的内容（0 或 1），传送到进位标志位 Cy 中。

2.3 MCS-51 单片机的指令系统

MCS-51 单片机的指令系统使用 44 种助记符，它们代表着 33 种功能，可以实现 51 种操作。指令助记符与操作数的各种可能的寻址方式的组合总共可构造出 111 条指令。

不同的指令对标志位的影响不同。在学习指令时，应注意指令对标志位的影响。MCS-51 单片机指令执行后可能会影响 PSW 中某些标志位（Cy、AC、OV、P）的状态。在学习指令时，应能正确估算指令的字节数。在书写和使用指令时，必须遵守指令系统的具体规定，用户不能任意制造非法指令，否则，单片机将不予识别和执行。

在 MCS-51 单片机中，立即数不能作为目的操作数；以累加器 A 为目的操作数的指令会影响奇偶校验标志位 P（CPL A 除外）；Rn 与 Rn、Rn 与@Ri、@Ri 与@Ri 不能同时出现在指令的源、目的操作数中。指令中操作数的表现形式如下。

① 内部 RAM：A、Rn、@Ri、direct、#data。

② 外部 RAM：@DPTR、@Ri。

③ ROM：@A+DPTR、@A+PC。

MCS-51 单片机指令系统按其功能不同可分为数据传送指令、算术运算指令、逻辑运算及移位指令、控制转移指令和位操作指令五大类。本节将详细介绍这五大类指令。

2.3.1 数据传送指令

CPU 在进行算术和逻辑运算时，绝大多数指令都有操作数，所以数据传送是一种最基本、最主要的操作。数据传送是否灵活、迅速，对整个程序的编写和执行都起着很大的作用。

MCS-51 单片机的数据传送指令共 29 条，可分为内部 RAM 数据传送指令、外部 RAM 数据传送指令、程序存储器数据传送指令、数据交换指令和堆栈操作指令 5 类。

除以累加器 A 为目的操作数的数据传送指令会影响 P 标志位外，其余均不影响标志位。

1．内部 RAM 数据传送指令（16 条）

内部 RAM 数据传送指令的源操作数或目的操作数地址为内部 RAM 或特殊功能寄存器的地址。其特点是传送速度快，寻址方式灵活多样，是使用最频繁的指令。内部 RAM 数据传送指令又可分为以下 5 类。

（1）以累加器 A 为目的操作数的指令（4 条）

格式：MOV　A, <src>

其中，<src>为源操作数，可以是 Rn、direct、@Ri 或#data；目的操作数为累加器 A。它只影响 PSW 中的奇偶校验标志位 P，不影响其他标志位。具体指令见表 2.1。

表 2.1　将内部 RAM 中的数据传送到累加器 A 中的指令一览表

汇编语言指令	机器语言指令	指令功能	目的操作数寻址方式	源操作数寻址方式
MOV　A, Rn	1110 1rrr	(A)←(Rn)	寄存器寻址	寄存器寻址
MOV　A, direct	1110 0101 direct	(A)←(direct)	寄存器寻址	直接寻址
MOV　A, @Ri	1110 011i	(A)←((Ri))	寄存器寻址	寄存器间址
MOV　A, #data	0111 0100 data	(A)←data	寄存器寻址	立即寻址

注：rrr 的范围为 000～111，对应于 R0～R7。Ri 对应于 R0 和 R1。以下各表均是如此，不再重复说明。

【例 2.20】　把存放在内部 RAM 的 30H 单元中的数据 66H 送到累加器 A 中。

解

方法 1：MOV　A, 30H　　　;(A)=(30H)=66H

方法 2：MOV　R0, #30H　　;(R0)=30H

　　　　MOV　A, @R0　　　;(A)=((R0))=(30H)=66H

（2）以工作寄存器 Rn 为目的操作数的指令（3 条）

格式：MOV　Rn, <src>

其中，<src>为源操作数，可以是 A、direct 或#data。目的操作数为工作寄存器 Rn。它不影响 PSW 中的各标志位。具体指令见表 2.2。

表 2.2　将数据传送到工作寄存器 Rn 中的指令一览表

汇编语言指令	机器语言指令	指令功能	目的操作数寻址方式	源操作数寻址方式
MOV　Rn, A	1111 1rrr	(Rn)←(A)	寄存器寻址	寄存器寻址
MOV　Rn, direct	1010 1rrr direct	(Rn)←(direct)	寄存器寻址	直接寻址
MOV　Rn, #data	0111 1rrr data	(Rn)←data	寄存器寻址	立即寻址

【例 2.21】　把存放在内部 RAM 的 20H 单元中的数据 50H 送到寄存器 R1 中。

解　MOV　R1, 20H　　　;(R1)=(20H)=50H

（3）以直接地址单元（内部 RAM 单元或 SFR 寄存器）为目的操作数的指令（5 条）

格式：MOV　direct, <src>

其中，<src>为源操作数，可以是 A、Rn、direct、@Ri 或#data；目的操作数为直接地址 direct（内部 RAM 单元或 SFR）。它不影响 PSW 中的各标志位。具体指令见表 2.3。

表 2.3　数据直接传送到直接地址单元中的指令一览表

汇编语言指令	机器语言指令	指令功能	目的操作数寻址方式	源操作数寻址方式
MOV　direct, A	1111 0101 direct	(direct)←(A)	直接寻址	寄存器寻址
MOV　direct, Rn	1000 1rrr direct	(direct)←(Rn)	直接寻址	寄存器寻址
MOV　direct1, direct2	1000 0101 direct2 direct1	(direct1)←(direct2)	直接寻址	直接寻址
MOV　direct, @Ri	1000 011i direct	(direct)←((Ri))	直接寻址	寄存器间址
MOV　direct, #data	0111 0101 direct data	(direct)←data	直接寻址	立即寻址

【例 2.22】　把存放在内部 RAM 的 20H 单元中的数据 0CDH 送到 30H 单元中。

解

方法 1：MOV　30H, 20H　　　;(30H)=(20H)=0CDH

方法 2：MOV　R1, #20H　　　;(R1)=20H

　　　　MOV　30H, @R1　　　;(30H)=((R1))=(20H)=0CDH

【例 2.23】　将从 P1 口输入的数据从 P2 口输出。

解　　　MOV　P1, #0FFH　　　;读内部并行 I/O 接口之前必须先将其对应的锁存器置 1

　　　　MOV　P2, P1　　　　;(P2)=(P1)=P1 口输入的数据

（4）以间址寄存器@Ri 为目的操作数的指令（3 条）

格式：MOV　@Ri, <src>

其中，<src>为源操作数，可以是 A、direct 或#data；目的操作数为用间接寄存器寻址的内部 RAM 单元。它不影响 PSW 中的各标志位。具体指令见表 2.4。

表 2.4　将数据传送到间接寄存器寻址的 RAM 单元中的指令一览表

汇编语言指令	机器语言指令	指令功能	目的操作数寻址方式	源操作数寻址方式
MOV　@Ri, A	1111 011i	((Ri))←(A)	寄存器间址	寄存器寻址
MOV　@Ri, direct	1010 011i　direct	((Ri))←(direct)	寄存器间址	直接寻址
MOV　@Ri, #data	0111 011i　data	((Ri))←data	寄存器间址	立即寻址

【例 2.24】　将内部 RAM 的 40H 单元中的内容和 50H 单元中的内容交换。

解　　　MOV　R0, #40H　　　;(R0)=40H

　　　　MOV　R1, #50H　　　;(R1)=50H

　　　　MOV　A, @R0　　　　;(A)=((R0))=(40H)

　　　　MOV　B, @R1　　　　;(B)=((R1))=(50H)

　　　　MOV　@R1, A　　　　;((R1))=(A)=(40H)

　　　　MOV　@ R0, B　　　　;((R0))=(B)=(50H)

注：此题也可以用后面介绍的交换指令米实现。

（5）16 位数据传送指令（1 条）

格式：MOV　DPTR, #data16

其中，源操作数为 16 位立即数，目的操作数为数据指针寄存器（DPTR）。它不影响 PSW 中的各标志位。具体指令见表 2.5。

表 2.5　16 位数据传送指令一览表

汇编语言指令	机器语言指令	指令功能	目的操作数寻址方式	源操作数寻址方式
MOV　DPTR, #data16	1001 0000　data 高 8 位 data 低 8 位	(DPTR)←data16	寄存器寻址	立即寻址

内部 RAM 数据传送指令的传送方式如图 2.7 所示。图中，箭头表示数据传送的方向。

【例 2.25】 设内部 RAM 的(30H)=40H、(40H)=10H、(10H)=00H，接口(P1)=1100 1010B，试分析下面 6 条指令分别属于前面已学过的 16 条内部 RAM 传送指令中的哪一类？操作数采用何种寻址方式？指令执行后各单元中的内容是什么？

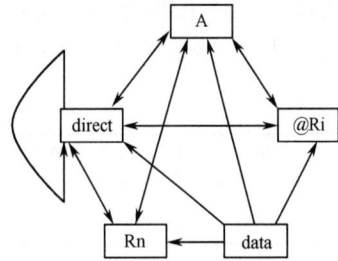

图 2.7 内部 RAM 数据传送指令的传送方式

解 　　MOV　R0, #30H 　;属于 MOV　Rn, #data 格式的指令
　　　　　　　　　　　　　　　;目的操作数 R0 为寄存器寻址，源操作数#30H 为立即寻址
　　　　　　　　　　　　　　　;指令执行后(R0)=30H
　　　　　MOV　A, @R0 　;属于 MOV　A, @Ri 格式的指令
　　　　　　　　　　　　　　　;目的操作数 A 为寄存器寻址，源操作数@R0 为寄存器间址
　　　　　　　　　　　　　　　;指令执行后(A)=((R0))=(30H)=40H
　　　　　MOV　R1, A 　;属于 MOV　Rn, A 格式的指令
　　　　　　　　　　　　　　　;目的操作数 R1、源操作数 A 均是寄存器寻址
　　　　　　　　　　　　　　　;指令执行后(R1)=(A)=40H
　　　　　MOV　@R1, P1 　;属于 MOV　@Ri, direct 格式的指令
　　　　　　　　　　　　　　　;目的操作数@R1 为寄存器间址，源操作数 P1 为直接寻址
　　　　　　　　　　　　　　　;指令执行后((R1))=(P1)=1100 1010B=0CAH
　　　　　MOV　P2, P1 　;属于 MOV　direct1, direct2 格式的指令
　　　　　　　　　　　　　　　;目的操作数 P2 和源操作数 P1 均为直接寻址
　　　　　　　　　　　　　　　;指令执行后(P2)=(P1)=1100 1010B=0CAH
　　　　　MOV　10H, #20H 　;属于 MOV　direct, #data 格式的指令
　　　　　　　　　　　　　　　;目的操作数 10H 为直接寻址，源操作数#20H 为立即寻址
　　　　　　　　　　　　　　　;指令执行后(10H)=20H

2．外部 RAM 数据传送指令（4 条）

CPU 与外部数据存储器之间进行数据传送时，必须使用外部 RAM 数据传送指令，只能通过累加器 A 完成，并且只能采用寄存器间接寻址（R0、R1 和 DPTR 三个间接寻址寄存器）方式。因为 Ri（R0 或 R1）是 8 位寄存器，所以只能访问外部 RAM 的低 256B 单元；DPTR 是 16 位寄存器，它可以访问外部 RAM 的全部 64KB 的空间。具体指令见表 2.6。

表 2.6　外部 RAM 数据传送指令一览表

汇编语言指令	机器语言指令	指令功能	目的操作数寻址方式	源操作数寻址方式
MOVX　A, @Ri	1110 001i	(A)←((Ri))	寄存器寻址	寄存器间址
MOVX　A, @DPTR	1110 0000	(A)←((DPTR))	寄存器寻址	寄存器间址
MOVX　@Ri, A	1111 001i	((Ri))←(A)	寄存器间址	寄存器寻址
MOVX　@DPTR, A	1111 0000	((DPTR))←(A)	寄存器间址	寄存器寻址

【例 2.26】 将外部 RAM 的 2040H 单元中的内容送到内部 RAM 的 20H 单元中。

解 　　MOV　DPTR, #2040H 　;将外部数据存储器的地址送到 DPTR 中
　　　　　MOVX　A, @DPTR 　;将 DPTR 提供的外部 RAM 的 2040H 单元中的内容写到 A 中
　　　　　MOV　20H, A 　;将 A 的内容写到内部 RAM 的 20H 单元中

3．程序存储器数据传送指令（查表指令）（2 条）

MCS-51 单片机中的程序存储器（ROM）可分为内部程序存储器和外部程序存储器。程序存

储器的内容是只读的，因此其数据传送是单向的，并且只能写到累加器 A 中。这类指令共有两条，均属于变址寻址指令。因其专门用于查表，又称为查表指令。具体指令见表 2.7。

表 2.7　程序存储器数据传送指令一览表

汇编语言指令	机器语言指令	指令功能	目的操作数寻址方式	源操作数寻址方式
MOVC　A, @A+DPTR	1001 0011	(A)←((A)+(DPTR))	寄存器寻址	变址寻址
MOVC　A, @A+PC	1000 0011	(PC)←(PC)+1，(A)←((A)+(PC))	寄存器寻址	变址寻址

在表 2.7 中，源操作数为变址寻址方式，将基地址寄存器（DPTR 或 PC）和累加器 A（偏移量）的内容相加，形成一个新的地址，然后将该地址所指向的 ROM 单元中的数据读到累加器 A 中。这两条指令的功能完全相同，但在使用中存在着差异。

（1）查表的位置要求不同

采用 DPTR 作为基地址寄存器，不必关注查表指令与具体的表在程序存储器中存储空间上的距离，表可以放在 64KB 程序存储器空间的任何地址，使用方便，故称为远程查表。

采用 PC 作为基地址寄存器，具体的表在程序存储器中只能在查表指令后的 256B 的地址空间内，使用有限制，故称为近程查表。

（2）偏移量的计算方法不同

采用 DPTR 作为基地址寄存器，查表地址为(A)+(DPTR)；采用 PC 作为基地址寄存器，查表地址为(A)+(PC)+1。因此，偏移量的计算方法不同。

【例 2.27】　已知程序存储器内已放置一张 0～9 这 10 个数的平方表，在 20H 单元中存放一个 0～9 范围内的数，编写程序查出 20H 单元中该数的平方值并送到 21H 单元中。

解　方法 1：利用 DPTR 作为基地址寄存器，可以把平方表放到程序存储器的某一位置，用标号 TABLE 指示其位置，程序如下：

```
        ORG   0100H
        MOV   DPTR, #TABLE    ;将平方表首地址送到 DPTR 寄存器中作为基地址
        MOV   A, 20H          ;从 20H 单元中取正整数送到 A 中
        MOVC  A, @A+DPTR      ;(A)←((A)+(DPTR))
        MOV   21H, A          ;将所查到的结果送到 RAM 的 21H 单元中
        SJMP  $              ;程序执行完，"原地踏步"
TABLE:  DB    0, 1, 4, 9, 16, 25, 36, 49, 64, 81
        END
```

注：TABLE 定义语句可以放在程序存储器的任意位置，但要注意，由于它是非可执行语句，因此，不能让执行语句转移至此，造成误执行。

方法 2：利用 PC 作为基地址寄存器，程序如下：

```
        ORG   0100H
        MOV   A, 20H          ;从 20H 单元中取正整数送到 A 中
        ADD   A, #04H         ;计算真正的偏移量 data=04H
        MOVC  A, @A+PC        ;(PC)←(PC)+1，(A)←((A)+(PC))
        MOV   21H, A
        SJMP  $              ;程序执行完，"原地踏步"
TABLE:  DB    0, 1, 4, 9, 16, 25, 36, 49, 64, 81
        END
```

程序说明如下。

第二条指令执行前，累加器 A 中已放有平方表的地址偏移量，第三条指令的 PC 当前值并不是平方表的首地址 TABLE，这就需要在第二条指令中外加一个修正量 data，则有

第三条指令的 PC 当前值+1+data =平方表的首地址 TABLE

所以

data=平方表的首地址 TABLE-第三条指令的 PC 当前值-1
=0109H-0104H-1=04H

修正量 data 可以理解为查表指令与表首地址之间的存储单元个数（从查表指令的下一条指令算起），是一个 8 位无符号数。所以，查表指令和被查表必须在同一页内（页内地址为 00H～FFH）。

4．数据交换指令（5 条）

数据传输时，若需要保存目的操作数，则应采用数据交换指令。

（1）半字节数据交换指令（2 条）

半字节数据交换指令见表 2.8。

表 2.8　半字节数据交换指令一览表

汇编语言指令	机器语言指令	指令功能	目的操作数寻址方式	源操作数寻址方式
SWAP　A	1100 0100	$(A)_{3\sim0} \longleftrightarrow (A)_{7\sim4}$	寄存器寻址（仅一个操作数）	
XCHD　A, @Ri	1101 011i	$(A)_{3\sim0} \longleftrightarrow ((Ri))_{3\sim0}$	寄存器寻址	寄存器间址

【例 2.28】　内部 RAM 的 40H 单元中存有压缩的 BCD 码，编写程序将其转换为非压缩的 BCD 码，并将转换结果存放到 30H 单元和 31H 单元中。要求：30H 单元存放十位，31H 单元存放个位。

解
```
        ORG   0100H
        MOV   A, 40H        ;(A)←(40H)，取压缩 BCD 码送到累加器 A 中
        MOV   31H, #00H      ;(31H)←00H，清 31H 单元
        MOV   R0, #31H       ;(R0)←31H
        XCHD  A, @R0         ;40H 单元内容的低 4 位与 31H 单元内容的低 4 位交换
        SWAP  A             ;40H 单元内容的高 4 位与低 4 位交换
        MOV   30H, A         ;转换结果的十位送到 30H 单元中
        SJMP  $             ;程序执行完，"原地踏步"
        END
```

（2）整字节数据交换指令（3 条）

整字节数据交换指令见表 2.9。

表 2.9　整字节数据交换指令一览表

汇编语言指令	机器语言指令	指令功能	目的操作数寻址方式	源操作数寻址方式
XCH　A, Rn	1100 1rrr	$(A) \longleftrightarrow (Rn)$	寄存器寻址	寄存器寻址
XCH　A, direct	1100 0101	$(A) \longleftrightarrow (direct)$	寄存器寻址	直接寻址
XCH　A, @Ri	1100 011i	$(A) \longleftrightarrow ((Ri))$	寄存器寻址	寄存器间址

【例 2.29】　已知内部 RAM 的(30H)=34H，分析下面指令的执行结果。
```
        MOV   A, #12H
        MOV   R1, #30H
        XCH   A, @R1
```
解　程序执行后，(A)=34H，(R1)=30H，(30H)=12H。

5．堆栈操作指令（2 条）

为了执行中断、子程序调用、参数传递等程序，必须保护断点和现场地址，需要用到堆栈操作指令。堆栈操作指令是一种特殊的数据传送指令，其特点是根据堆栈指针（SP）中的栈顶地址

进行数据操作，其功能是实现内部 RAM 单元数据与堆栈栈顶单元数据的交换。堆栈操作指令的实质是以堆栈指针（SP）为间址寄存器的间址寻址方式。堆栈操作指令主要用于中断执行、子程序调用、参数传递时对程序的断点保护和现场保护。堆栈操作指令见表 2.10。

表 2.10　堆栈操作指令一览表

汇编语言指令	机器语言指令	指令功能	操作数寻址方式
PUSH　direct	1100 0000 direct	SP←(SP)+1，((SP))←(direct)	直接寻址
POP　direct	1101 0000 direct	(direct)←((SP))，SP←(SP)−1	直接寻址

【例 2.30】　用堆栈操作指令将内部 RAM 的 40H 单元中的内容和 50H 单元中的内容交换。

解　　　PUSH　40H
　　　　　　PUSH　50H
　　　　　　POP　　40H
　　　　　　POP　　50H

注：① 堆栈操作指令是直接寻址指令，直接地址和堆栈区全部为内部 RAM（含 SFR）。直接地址不能是寄存器，因此应注意指令的书写格式。例如：

　　PUSH　ACC（不能写成 PUSH　A）
　　POP　　00H（不能写成 POP　R0）

② 堆栈区应避开使用的工作寄存器区和其他需要使用的数据区，系统复位后，SP 的初值为 07H。为了避免重叠，一般初始化时要重新设置 SP。

③ PUSH 入栈，先(SP)+1，后压入堆栈；POP 出栈，先弹出堆栈，后(SP)−1。

2.3.2　算术运算指令

在 MCS-51 单片机指令系统中，算术运算指令的目的操作数必须在累加器 A 中，源操作数在内部 RAM 中。大部分算术运算指令的执行结果都会影响状态标志寄存器（PSW）的某些标志位。

算术运算指令可以分为加法指令、带进位的加法指令、带借位的减法指令、十进制调整指令、加 1 指令、减 1 指令和乘除指令。下面分别进行介绍。

1．加法指令（4 条）

加法指令将源操作数与累加器 A 中的内容相加，结果存到累加器 A 中。源操作数可以是 Rn、direct、@Ri 或#data，目的操作数在累加器 A 中。具体的指令见表 2.11。

表 2.11　加法指令一览表

汇编语言指令	机器语言指令	指令功能	目的操作数寻址方式	源操作数寻址方式
ADD　A, Rn	0010 1rrr	(A)←(A)+ (Rn)	寄存器寻址	寄存器寻址
ADD　A, direct	0010 0101 direct	(A)←(A)+(direct)	寄存器寻址	直接寻址
ADD　A, @Ri	0010 011i	(A)←(A)+((Ri))	寄存器寻址	寄存器间址
ADD　A, #data	0010 0100 data	(A)←(A)+data	寄存器寻址	立即寻址

注：加法指令对 PSW 中的所有标志位 Cy、AC、OV、P 均会产生影响。

【例 2.31】　分析执行如下程序段后，A、Cy（进位）、AC（辅助进位）、P（奇偶校验）、OV（溢出）的结果。

　　　　　MOV　A, #36H　　　;(A)←36H，将立即数 36H 赋值给累加器 A
　　　　　ADD　A, #0EFH　　 ;(A)←(A)+EFH，A 的内容与立即数 EFH 相加，所得结果存到 A 中

解　结果为(A)=25H，(Cy)=1，(AC)=1，(P)=1，(OV)=0。

2．带进位的加法指令（4 条）

带进位的加法指令将源操作数与累加器 A 的内容、进位标志位的内容一起相加，结果存到累

加器 A 中。与加法指令类似，源操作数可以是 Rn、direct、@Ri 或#data，目的操作数在累加器 A 中。带进位的加法指令多用于多倍精度加法的实现。具体的指令见表 2.12。

表 2.12 带进位的加法指令一览表

汇编语言指令	机器语言指令	指令功能	目的操作数寻址方式	源操作数寻址方式
ADDC A, Rn	0011 1rrr	(A)←(A)+(Rn)+(Cy)	寄存器寻址	寄存器寻址
ADDC A, direct	0011 0101 direct	(A)←(A)+(direct)+(Cy)	寄存器寻址	直接寻址
ADDC A, @Ri	0011 011i	(A)←(A)+((Ri))+(Cy)	寄存器寻址	寄存器间址
ADDC A, #data	0011 0100 data	(A)←(A)+data+(Cy)	寄存器寻址	立即寻址

注：带进位的加法指令对 PSW 中的所有标志位 Cy、AC、OV、P 均会产生影响。

【例 2.32】 编写程序实现 16 位二进制数加法。将内部 RAM 的 41H 单元和 40H 单元中的 16 位二进制数与内部 RAM 的 31H 单元和 30H 单元中的 16 位二进制数相加，并将结果存到内部 RAM 的 51H 单元和 50H 单元中。

解
```
        ORG   0100H
        MOV   A, 40H        ;(A)←(40H)
        ADD   A, 30H        ;(A)←(A)+(30H)
        MOV   50H, A        ;(50H)←(A)
        MOV   A, 41H        ;(A)←(41H)
        ADDC  A, 31H        ;(A)←(A)+(31H)+(Cy)
        MOV   51H, A        ;(51H)←(A)
        SJMP  $             ;程序执行完，"原地踏步"
        END
```

3．带借位的减法指令（4 条）

带借位的减法指令将累加器 A 中的内容减去源操作数，再减去借位位 Cy 的内容，结果存到 A 中。源操作数可以是 Rn、direct、@Ri 或#data，目的操作数必须在累加器 A 中。具体的指令见表 2.13。

表 2.13 带借位的减法指令一览表

汇编语言指令	机器语言指令	指令功能	目的操作数寻址方式	源操作数寻址方式
SUBB A, Rn	1001 1rrr	(A)←(A)−(Rn)−(Cy)	寄存器寻址	寄存器寻址
SUBB A, direct	1001 0101 direct	(A)←(A)−(direct)−(Cy)	寄存器寻址	直接寻址
SUBB A, @Ri	1001 011i	(A)←(A)−((Ri))−(Cy)	寄存器寻址	寄存器间址
SUBB A, #data	1001 0100 data	(A)←(A)−data−(Cy)	寄存器寻址	立即寻址

注：① 带借位的减法指令对 PSW 中的所有标志位 Cy、AC、OV、P 均会产生影响。

② MCS-51 单片机指令系统中没有不带借位的减法指令，欲实现不带借位的减法计算，应预置 Cy=0（利用 CLR C 指令），然后利用带借位的减法指令 SUBB 实现计算。

【例 2.33】 已知(Cy)=1，分析下列指令的执行结果。
```
        MOV   A, #79H    ;(A)←79H
        SUBB  A, #56H    ;(A)←(A)−56H−(Cy)
```
解 结果为(A)=22H，(Cy)=0，(AC)=0，(OV)=0，(P)=0。

4．十进制调整指令（1 条）

十进制调整指令也称为 BCD 码修正指令，这是一条专用指令。其功能是，跟在加法指令 ADD 或 ADDC 后面，对运算结果的十进制数进行 BCD 码修正，将其调整为压缩的 BCD 码，以完成十进制数加法运算功能。

两个压缩的 BCD 码按二进制数相加后必须经本指令调整才能得到压缩 BCD 码的和。十进制调整指令不能对减法指令进行修正。源操作数只能在累加器 A 中，结果也存到其中。具体的指令见表 2.14。

表 2.14　十进制调整指令一览表

汇编语言指令	机器语言指令	指令功能	操作数寻址方式
DA　A	1101 0100	累加器十进制调整 若(AC)=1 或 $A_{3\sim0}$>9，则(A)←(A)+06H 若(Cy)=1 或 $A_{7\sim4}$>9，则(A)←(A)+60H	寄存器寻址

注：十进制调整指令对 PSW 中除溢出标志位 OV 外的所有标志位均会产生影响。

如果两个 BCD 码相加的结果也是 BCD 码，则该加法称为 BCD 码加法。BCD 码加法必须通过一条普通加法指令之后紧跟一条十进制调整指令才能完成。

【例 2.34】　试编写程序，实现 95+59 的 BCD 码加法，并分析执行过程。

解　　MOV　A, #95H　　;(A)←95H
　　　　　ADD　A, #59H　　;(A)←(A)+59H
　　　　　DA　A　　　　　 ;进行 BCD 码的调整
　　　　　SJMP　$

执行后，若不调整，则结果为 0EEH；若调整，则结果为 154（Cy=1，A=54H）。

5. 加 1 指令（5 条）

加 1 指令又称为增量指令，其功能是使操作数所指定的地址单元的内容加 1。源操作数和目的操作数是相同的（即只有一个操作数），可以是 A、Rn、direct、@Ri 或 DPTR。具体指令见表 2.15。

表 2.15　加 1 指令一览表

汇编语言指令	机器语言指令	指令功能	操作数的寻址方式
INC　A	0000 0100	(A)←(A)+1	寄存器寻址
INC　Rn	0000 1rrr	(Rn)←(Rn)+1	寄存器寻址
INC　direct	0000 0101	(direct)←(direct)+1	直接寻址
INC　@Ri	0000 011i	((Ri))←((Ri))+1	寄存器间址
INC　DPTR	1010 0011	(DPTR)←(DPTR)+1	寄存器寻址

注：① 加 1 指令除对累加器 A 操作影响标志位 P 外，其他操作均不影响 PSW 的各标志位。

② 当指令中的 direct 为接口 P0～P3（地址分别为 80H、90H、A0H、B0H）时，INC direct 指令的功能是修改接口的内容。执行指令时，先读取接口的内容，在 CPU 中加 1，然后输出到接口上。这里读取的是接口锁存器的内容，而不是接口的状态。这类指令具有"读—修改—写"的功能。

【例 2.35】　编写程序，将内部 RAM 中以 30H 为起始地址的三个无符号数相加，并将结果（假设小于 100H）存放到 40H 单元中。

解　　ORG　0100H
　　　　　MOV　A, #00H　　　;(A)←0，将 A 清 0
　　　　　MOV　R0, #30H　　 ;(R0)←30H，将地址 30H 送到 R0 中
　　　　　ADD　A, @R0　　　 ;(A)←(A)+((R0))，将 30H 中的内容加 A 中的内容后送到 A 中
　　　　　INC　R0　　　　　 ;(R0)←(R0)+1，将 R0 中的内容加 1，变成 31H
　　　　　ADD　A, @R0　　　 ;(A)←(A)+((R0))，将 31H 中的内容加 A 中的内容后再送到 A 中
　　　　　INC　R0　　　　　 ;(R0)←(R0)+1，再将 R0 中的内容加 1，变成 32H
　　　　　ADD　A, @ R0　　 ;(A)←(A)+((R0))，将 32H 中的内容加 A 中的内容后再送到 A 中
　　　　　MOV　40H, A　　　 ;(40H)←(A)，将最后的结果送到 40H 中
　　　　　SJMP　$　　　　　 ;程序执行完，"原地踏步"
　　　　　END

6. 减 1 指令（4 条）

减 1 指令又称为减量指令，其功能是使操作数所指定的地址单元的内容减 1。只有一个操作

数，可以是 A、Rn、direct 或@Ri。具体的指令见表 2.16。

表 2.16　减 1 指令一览表

汇编语言指令	机器语言指令	指令功能	操作数的寻址方式
DEC　A	0001 0100	(A)←(A)−1	寄存器寻址
DEC　Rn	0001 1rrr	(Rn)←(Rn)−1	寄存器寻址
DEC　direct	0001 0101	direct←(direct)−1	直接寻址
DEC　@Ri	0001 011i	((Ri))←((Ri))−1	寄存器间址

注：减 1 指令对 PSW 的各标志位的影响和对接口地址 P0～P3 的操作，同加 1 指令。

【例 2.36】　编程实现 DPTR 减 1 的运算。

解　由于减 1 指令中没有 DPTR 减 1 指令，因此必须将 DPTR 分为 DPH 和 DPL 两部分：

```
ORG   0100H
CLR   C        ;(Cy)←0，Cy 清 0
MOV   A, DPL   ;(A)←(DPL)，将数据指针寄存器的低 8 位 DPL 内容送到 A 中
SUBB  A, #01H  ;(A)←(A)−(Cy)−1，将 A 中的内容减 1 后再送回 A 中
MOV   DPL, A   ;(DPL)←(A)，再将 A 中的内容送回 DPL 中
MOV   A, DPH   ;(A)←(DPH)，将数据指针寄存器的高 8 位 DPH 内容送到 A 中
SUBB  A, #00H  ;(A)←(A)−(Cy)−0，将 A 中的内容减 0（虚减）后再送回 A 中
MOV   DPH, A   ;(DPH)←(A)，再将 A 中的内容送回 DPH 中
SJMP  $        ;程序执行完，"原地踏步"
END
```

7. 乘除指令（2 条）

乘除指令在 MCS-51 单片机指令系统中执行的时间最长，均为四周期指令。乘法指令将累加器 A 和寄存器 B 中的 8 位无符号整数相乘，乘积为 16 位，高 8 位存于寄存器 B 中，低 8 位存于累加器 A 中。除法指令将累加器 A 中的 8 位无符号整数除以寄存器 B 中的 8 位无符号整数，商的整数部分存到累加器 A 中，余数部分存到寄存器 B 中。具体的指令见表 2.17。

表 2.17　乘除指令一览表

汇编语言指令	机器语言指令	指令功能	操作数的寻址方式
MUL　AB	1010 0100	(B)(A)←(A)×(B)	寄存器寻址
DIV　AB	1000 0100	(A)←(A)÷(B)，余数在 B 中	寄存器寻址

注：乘除指令影响 PSW 中的标志位 Cy、OV、P。在乘除运算中，Cy 总是被清 0，P 由累加器 A 中 1 的个数的奇偶性
　　决定。若乘积大于 0FFH，则 OV 置 1，否则清 0。在除法运算中，若除数为 0，则 OV 置 1，否则清 0。

【例 2.37】　分析下面指令执行的结果。

解
```
MOV   A, #36H  ;将立即数 36H（0011 0110B）送到 A 中
MOV   B, #03H  ;将立即数 03H（0000 0011B）送到 B 中
MUL   AB       ;将 A 乘以 B，积的高 8 位存到 B 中，低 8 位存到 A 中
```
执行结果：

(A)=A2H，(B)=00H

(Cy)=0，(OV)=0，(P)=1

【例 2.38】　分析下面程序的功能。

解
```
MOV   A, 40H   ;(A)←(40H)
MOV   B, #10H  ;(B)←10H
DIV   AB       ;(A)(B)←(A)÷(B)，40H 中的内容除以 16（相当于右移 4 位）
MOV   30H, A   ;(30H)←(A)，商送 30H 中，即 40H 中内容的高 4 位在 A 中
MOV   31H, B   ;(31H)←(B)，余数送 31H 中，即 40H 中内容的低 4 位在 B 中
```

上面程序的功能是将 40H 单元中的高 4 位和低 4 位分开，结果分别存放到 30H 单元和 31H 单元中。如果 40H 单元中为压缩 BCD 码，则将其转换为非压缩的 BCD 码。

2.3.3 逻辑运算及移位指令

常用的逻辑运算及移位指令有：逻辑与、逻辑或、逻辑异或、循环移位、清 0、取反（非）等 24 条指令，它们的操作数都是 8 位的。

逻辑运算和移位指令中除两条带进位的循环移位指令会影响进位标志位外，其余均不会影响 PSW 中的各标志位。但当目的操作数在累加器 A 中时，会影响 PSW 中的标志位 P。逻辑运算都是按位进行的。

1. 逻辑与运算指令（6 条）

逻辑与运算指令将源操作数中的内容与目的操作数中的内容按位相与，结果存放到目的操作数中，而源操作数中的内容不变。

这类指令分为两类：一类以累加器 A 为目的操作数，其源操作数可以是 Rn、direct、@Ri 或 #data；另一类以地址 direct 为目的操作数，其源操作数可以是 A 或#data。具体指令见表 2.18。

表 2.18　逻辑与运算指令一览表

汇编语言指令	机器语言指令	指令功能	目的操作数寻址方式	源操作数寻址方式
ANL　A, Rn	0101 1rrr	(A)←(A)∧(Rn)	寄存器寻址	寄存器寻址
ANL　A, direct	0101 0101 direct	(A)←(A)∧(direct)	寄存器寻址	直接寻址
ANL　A, @Ri	0101 011i	(A)←(A)∧((Ri))	寄存器寻址	寄存器间址
ANL　A, #data	0101 0010 data	(A)←(A)∧data	寄存器寻址	立即寻址
ANL　direct, A	0101 0010 direct	(direct)←(direct)∧(A)	直接寻址	寄存器寻址
ANL　direct, #data	0101 0011 direct data	(direct)←(direct)∧data	直接寻址	立即寻址

在实际编程中，逻辑与指令具有"屏蔽"功能，主要用于屏蔽（清 0）一个 8 位二进制数中的某几位，而保留其余几位不变，即用于使操作数的某些位不变（这些位和 1 相与），某些位清 0（这些位和 0 相与）。

【例 2.39】　编程实现累加器 A 高 4 位清 0，P1.3、P1.4、P1.7 位输出低电平，P1 口的其他情况不变。

解　　ANL　A, #0FH　　　　　　　;累加器 A 高 4 位清 0
　　　　ANL　P1, #0110 0111B　　　;P1.3，P1.4，P1.7 位输出低电平

【例 2.40】　已知内部 RAM 的 30H 单元中存放着数 9 的 ASCII 码（39H），试编写程序求其 BCD 码。

解　数 9 的 ASCII 码为 0011 1001B，而数 9 的 BCD 码为 0000 1001B。
　　　方法 1：ANL　30H, #0FH　　　;直接屏蔽可得 0000 1001B
　　　方法 2：MOV　A, 30H　　　　　;将 30H 单元中的内容 39H 送到 A 中
　　　　　　　CLR　C　　　　　　　　;进位标志清 0，避免误操作
　　　　　　　SUBB　A, #30H　　　　;39H 减 30H 得 09H，结果送到 A 中
　　　　　　　MOV　30H, A　　　　　;再将 09H 送回 30H 单元中

2. 逻辑或运算指令（6 条）

逻辑或运算指令将源操作数中的内容与目的操作数中的内容按位相或，结果存放到目的操作数中，而源操作数中的内容不变。

逻辑或运算指令的分类及源、目的操作数的规定同逻辑与运算指令。具体指令见表 2.19。

表 2.19　逻辑或运算指令一览表

汇编语言指令	机器语言指令	指令功能	目的操作数寻址方式	源操作数寻址方式
ORL　A, Rn	0100 1rrr	(A)←(A)∨(Rn)	寄存器寻址	寄存器寻址
ORL　A, direct	0100 0101 direct	(A)←(A)∨(direct)	寄存器寻址	直接寻址
ORL　A, @Ri	0100 011i	(A)←(A)∨((Ri))	寄存器寻址	寄存器间址
ORL　A, #data	0100 0100 data	(A)←(A)∨data	寄存器寻址	立即寻址
ORL　direct, A	0100 0010 direct	(direct)←(direct)∨(A)	直接寻址	寄存器寻址
ORL　direct, #data	0100 0011 direct data	(direct)←(direct)∨data	直接寻址	立即寻址

在实际编程中，逻辑或运算指令具有"置位"功能，主要用于使一个 8 位二进制数中的某几位置 1，而保留其余的几位不变，即用于使操作数的某些位不变（这些位与 0 相或），某些位置 1（这些位与 1 相或）。

【例 2.41】　将累加器 A 中的高 4 位传送到 P1 口的高 4 位中，保持 P1 口的低 4 位不变。

解　　　ANL　A, #11110000B　　;屏蔽 A 中的低 4 位，保留高 4 位，送回 A 中
　　　　　ANL　P1, #00001111B　　;屏蔽 P1 口的高 4 位，保留 P1 口的低 4 位不变
　　　　　ORL　P1, A　　　　　　　;将 A 中的高 4 位送到 P1 口的高 4 位中
　　　　　SJMP　$　　　　　　　　　;程序执行完，"原地踏步"

【例 2.42】　将内部 RAM 的 40H 单元中存放的非压缩 BCD 码转换为 ASCII 码。

解　　　ORL　40H, #30H　　　　;用 0011 0000B "或" 40H 中的内容

设 40H 单元中存放的非压缩 BCD 码为 0000 1001B=9。

执行结果为(40H)=0011 1001B=39H，这是 ASCII 码的 9。

3．逻辑异或运算指令（6 条）

逻辑异或运算指令将源操作数与目的操作数按位异或，结果存放到目的操作数中，而源操作数中的内容不变。

逻辑异或运算指令的分类及源、目的操作数的规定同逻辑与运算指令。具体指令见表 2.20。

表 2.20　逻辑异或运算指令一览表

汇编语言指令	机器语言指令	指令功能	目的操作数寻址方式	源操作数寻址方式
XRL　A, Rn	0110 1rrr	(A)←(A)⊕(Rn)	寄存器寻址	寄存器寻址
XRL　A, direct	0110 0101direct	(A)←(A)⊕(direct)	寄存器寻址	直接寻址
XRL　A, @Ri	0110 011i	(A)←(A)⊕((Ri))	寄存器寻址	寄存器间址
XRL　A, #data	0110 0100 data	(A)←(A)⊕data	寄存器寻址	立即寻址
XRL　direct, A	0110 0010 direct	(direct)←(direct)⊕(A)	直接寻址	寄存器寻址
XRL　direct, #data	0110 0011 direct data	(direct)←(direct)⊕data	直接寻址	立即寻址

在实际编程中，逻辑异或运算指令具有"对位取反"功能，主要用于使一个 8 位二进制数中的某几位取反，而保留其余的几位不变，即用于使操作数的某些位不变（这些位与 0 相异或），某些位取反（这些位与 1 相异或）。

【例 2.43】　要求将 P1.6、P1.4、P1.0 位的输出取反，P1 口的其他位状态不变。

解　　　XRL　P1, #01010001B　　;P1.6，P1.4，P1.0 位的输出取反

【例 2.44】　编写程序，将存放在外部 RAM 的 30H 单元中数据的低 4 位取反，高 2 位置 1，其余 2 位不变。

解　　　MOV　R0, #30H　　　　;将地址 30H 送到 R0 中
　　　　　MOVX　A, @R0　　　　;用间接寻址将外部 RAM 的 30H 中的内容送到 A 中
　　　　　XRL　A, #0000 1111B　;将 30H 中的内容高 4 位保留，低 4 位取反
　　　　　ORL　A, #1100 0000B　;高 2 位置 1

```
ANL   A, #11001111B        ;其余 2 位清 0
MOV X  @R0, A              ;处理完毕，数据送回 30H 中
SJMP  $                    ;程序执行完，"原地踏步"
```

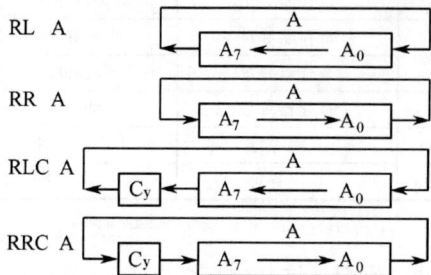

RL A

RR A

RLC A

RRC A

图 2.8　循环移位指令示意图

4．循环移位指令（4 条）

MCS-51 单片机的移位指令只能对累加器 A 进行移位，共有不带进位的循环左、右移位（指令操作码为 RL 和 RR）及带进位的循环左、右移位（指令操作码为 RLC 和 RRC）4 条指令。循环移位指令示意图如图 2.8 所示。具体指令见表 2.21。

表 2.21　循环移位指令一览表

汇编语言指令	机器语言指令	指令功能	操作数寻址方式
RL A	0010 0011	$(A_{n+1}) \leftarrow (A_n), (n=0\sim6), (A_0) \leftarrow (A_7)$	寄存器寻址
RR A	0000 0011	$(A_n) \leftarrow (A_{n+1}), (n=0\sim6), (A_7) \leftarrow (A_0)$	寄存器寻址
RLC A	0011 0011	$(A_{n+1}) \leftarrow (A_n), (n=0\sim6), (Cy) \leftarrow (A_7), (A_0) \leftarrow (Cy)$	寄存器寻址
RRC A	0001 0011	$(A_n) \leftarrow (A_{n+1}), (n=0\sim6), (A_7) \leftarrow (Cy), (Cy) \leftarrow (A_0)$	寄存器寻址

其中，RL、RR 影响标志位 P，RLC、RRC 影响标志位 Cy、P。累加器 A 中的数据逐位左移 1 位相当于原内容乘以 2，而逐位右移 1 位相当于原内容除以 2。

【例 2.45】　设(A)=08H=0000 1000B=8，试分析下面程序的执行结果。

解
```
RL A                    ;(A)=0001 0000B=10H=16
RL A                    ;(A)=0010 0000B=20H=32
RL A                    ;(A)=0100 0000B=40H=64
```

可见，运行了三条左移指令后，将原数扩大了 8 倍（每次乘以 2）。

同理，如果运行了三条右移指令 RR　A 后，可将原数缩小为原来的 1/8（每次除以 2）。

【例 2.46】　设内部 RAM 的 30H、31H、32H 单元中存有自然数，编程将其扩大为原来的 2 倍。其中，30H 单元为高位，32H 单元为低位。

解　因为累加器 A 中的数据逐位左移 1 位相当于原内容乘以 2，所以可以用左移操作来实现题目要求。移位时，应注意字节与字节之间的衔接。程序如下：

```
ORG   0100H
CLR   C                 ;最右 1 位应为 0
MOV   A, 32H            ;向左移应从最右边单元开始移，取其中的数到 A 中
RLC   A                 ;低字节左移
MOV   32H, A            ;存回低字节
MOV   A, 31H            ;取高 1 字节
RLC   A                 ;高 1 字节带着低字节的最高位左移
MOV   31H, A            ;存回高 1 字节
MOV   A, 30H            ;取最高字节
RLC   A                 ;最高字节带着前面字节的最高位左移
MOV   30H, A            ;存回最高字节
SJMP  $                 ;程序执行完，"原地踏步"
END
```

5．累加器清 0 和取反指令（2 条）

在 MCS-51 单片机指令系统中，专门提供了累加器 A 清 0 和取反指令，这两条指令都是单字

节单周期指令。虽然采用数据传送或逻辑运算指令也同样可以实现对累加器的清 0 和取反操作，但它们至少需要 2 字节。利用累加器 A 清 0 和取反指令可以节省存储空间，提高程序执行效率。具体指令见表 2.22。

表 2.22　累加器清 0 和按位取反指令一览表

汇编语言指令	机器语言指令	指令功能	操作数寻址方式
CLR　A	1110 0100	(A)←00H	寄存器寻址
CPL　A	1111 0100	(A)←($\overline{A}$)	寄存器寻址

其中，CLR　A 指令只影响 PSW 的标志位 P，CPL　A 指令不影响 PSW 的各标志位。

【例 2.47】　编写程序求内部 RAM 的 30H、31H、32H 单元中的数的补码，并将结果仍放回 30H、31H、32H 单元中。其中，30H 单元为高位，32H 单元为低位。

解　求补码的方法是取反加 1，由于有 3 字节，因此应该最低字节取反加 1，其余字节取反后加 0（带进位），应注意字节与字节之间的衔接。程序如下：

```
ORG    0100H
MOV    A, 32H      ;取最低字节内容送到 A 中
CPL    A           ;A 的内容取反
ADD    A, #1       ;最低字节取反加 1，并影响进位标志位 Cy
MOV    32H, A      ;存回低字节
MOV    A, 31H      ;取第 2 字节内容送到 A 中
CPL    A           ;A 的内容取反
ADDC   A, #0       ;第 2 字节内容取反后加 Cy
MOV    31H, A      ;存回第 2 字节
MOV    A, 30H      ;取最高字节内容送到 A 中
CPL    A           ;A 的内容取反
ADDC   A, #0       ;最高字节内容取反后加 Cy
MOV    30H, A      ;存回最高字节
SJMP   $           ;程序执行完，"原地踏步"
END
```

2.3.4　控制转移指令

计算机在运行过程中，程序的顺序执行是由程序计数器 PC 自动加 1 实现的。有时因为操作的需要或程序较复杂，需要改变程序的执行顺序，实现分支转向，必须通过强制改变 PC 值的方法来实现，这就是控制转移指令的基本功能。控制转移指令以改变 PC 中的内容为目标，以控制程序执行的流向为目的。

为了控制程序的执行方向，MCS-51 单片机提供了丰富的控制转移指令，共有 17 条（不包括按布尔变量控制程序转移的指令）。以累加器 A 为目的操作数会影响 PSW 的标志位 P，CJNE 会影响 PSW 的进位标志位 Cy，除此之外，其余均不会影响 PSW 的各标志位。

1. 无条件转移指令（4 条）

不规定条件的程序转移称为无条件转移指令。MCS-51 单片机指令系统中提供了 4 条无条件转移指令，具体指令见表 2.23。

表 2.23　无条件转移指令一览表

汇编语言指令	机器语言指令	指令功能
LJMP　addr16	0000 0010　addr$_{15\sim8}$　addr$_{7\sim0}$	(PC)←addr$_{15\sim0}$
AJMP　addr11	A$_{10}$A$_9$A$_8$00001 A$_7$A$_6$A$_5$A$_4$ A$_3$A$_2$A$_1$A$_0$	(PC)←(PC)+2, PC$_{10\sim0}$←addr11

汇编语言指令	机器语言指令	指令功能
SJMP rel	1000 0000 rel	(PC)←(PC)+2+rel
JMP @A+DPTR	0111 0011	(PC)←(DPTR)+(A)

（1）长转移指令（LJMP）

三字节指令，长转移指令提供了 16 位的转移目的地址。其功能是，把指令码中的 16 位转移目的地址 addr16 送到程序计数器（PC）中，使计算机执行下一条指令时无条件地转移到地址 addr16 处执行。此指令可以实现在全部 64KB 程序存储空间范围内的无条件转移。为了方便程序设计，addr16 常采用符号地址表示，只有在执行前才被汇编成 16 位二进制数地址。

【例 2.48】 已知 MCS-51 单片机最小系统的监控程序存放在程序存储器从 100H 开始的一段空间中，试编写程序使之在开机后自动转移到 100H 处执行程序。

解 因为开机后 PC 被自动复位为 0000H，所以要使单片机在开机后能自动执行监控程序，必须在程序存储器空间的 0000H 单元中存放一条无条件转移指令。程序如下：

```
        ORG   0000H
        LJMP   START      ;程序无条件转移到标号 START 处
        ORG   0100H
START:                    ;监控程序开始处
        ...
        END
```

（2）绝对转移指令（AJMP）

双字节指令，绝对转移指令的 11 位地址 addr11（$A_{10}A_9A_8$ $A_7A_6A_5A_4A_3A_2A_1A_0$）在指令码中的分布是，高 3 位 $A_{10}A_9A_8$ 与操作码 00001 共同组成指令的第 1 字节，低 8 位 $A_7A_6A_5A_4A_3A_2A_1A_0$ 组成指令的第 2 字节。11 位地址 addr11 可用符号地址表示，在执行前才会被汇编成具体的二进制数地址。

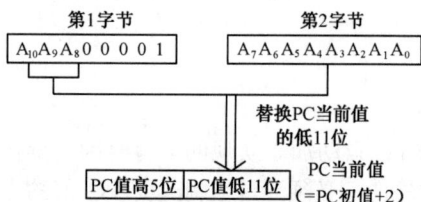

图 2.9 AJMP 指令的转移目的地址形成图

绝对转移指令执行时分两步：第一步，取指令操作，此时 PC 值自动加 2，指向下一条指令地址（称为 PC 的当前值）；第二步，用指令中给出的 11 位地址替换 PC 当前值的低 11 位，形成新的 PC 值，构成转移的目的地址，如图 2.9 所示。

如果把单片机 64KB 寻址区划分成 32 页（每页 2KB），则 PC 值的高 5 位地址 PC_{15}～PC_{11}（变化范围为 00000B～11111B）称为页面地址（0～31 页），A_{10}～A_0 称为页内地址（变化范围应在 2KB 之内，为 000～7FFH）。应该注意，若转移前与转移后 PC 值的高 5 位地址并不是同一个高 5 位地址，则无法使用本指令。例如，若 AJMP 指令地址为 1FFEH，则 PC+2=2000H，所以转移的目的地址必须在 2000H～27FFH 这个 2KB 区域内。

【例 2.49】 分析下面绝对转移指令的执行情况（设 KEY 的绝对地址为 2100H）。

```
        KEY:       AJMP   101 1010 0101B
```

解 指令执行前，(PC)=KEY 标号地址=2100H。取出该指令后，(PC)+2 形成 PC 当前的新地址 2102H=0010 0001 0000 0010B。用指令中给出的 11 位转移地址 101 1010 0101B，去替换 PC 当前新地址的低 11 位，得 0010 0101 1010 0101B=25A5H，即为新的 PC 值。程序的执行结果就是转移到 25A5H 处去执行。

（3）相对（短）转移指令（SJMP）

双字节指令，第 1 字节是操作码，第 2 字节是操作数，其中偏移量 rel 是以补码形式表示的 8

位二进制有符号数地址（范围为−128～+127），因此可以实现 256B 范围内的相对转移。若 rel 为正，则程序向后跳转；若 rel 为负，则程序向前跳转。转移的目的地址=(PC)+2+rel。

SJMP 指令中的相对地址 rel 常用符号地址表示，在执行前汇编时，计算机自动计算出 rel 的值。偏移量 rel 的计算方法为 rel=转移的目的地址−(PC)−2。

【例 2.50】 计算下面程序中短转移指令的偏移量 rel。

```
        ORG   1000H
LOOP:                    ;某个程序
        …
        ORG   1050H
        SJMP  LOOP       ;转到 LOOP 地址处执行
        …
        END
```

解 偏移量 rel=转移的目的地址−(PC)−2

$$=1000H−1050H−2=−52H=−101\ 0010B$$

其补码形式为 1010 1110B = 0AEH，最后去替换 LOOP。

程序汇编后，因为 SJMP LOOP 为 SJMP 0AEH，所以 rel=0AEH。

（4）间接转移指令（JMP @A+DPTR）

间接转移指令是以 DPTR 的内容为基地址，以累加器 A 中的内容为偏移量，可实现在 64KB 范围内无条件长转移的指令。在执行这条指令之前，用户应预先将其目的转移地址的基地址送到 DPTR 中，相对基地址的偏移量送到 A 中。在执行指令时，将 DPTR 中的基地址与 A 中的偏移量相加，形成目的地址，并送到 PC 中。该指令不影响 PSW 中的标志位。

这条指令常用于程序的分支转移。通常，DPTR 中的基地址是一个确定的值，一般是一张转移指令表的起始地址，A 中的值为表的偏移量地址，单片机通过间接转移指令 JMP @A+DPTR 便可实现程序的分支转移。

【例 2.51】 假设累加器 A 中存放着控制程序转向的值，试编程实现以下功能：当(A)=00H 时，执行 ZX0 分支程序；当(A)=01H 时，执行 ZX1 分支程序；当(A)=02H 时，执行 ZX2 分支程序；当(A)=03H 时，执行 ZX3 分支程序。

解
```
        ORG   0100H
TAB1:   CLR   C              ;清 Cy
        RLC   A              ;A 中的内容乘以 2（AJMP 指令为 2 字节），形成正确偏移量
        MOV   DPTR, #TAB2    ;将表首地址 TAB2 送到 DPTR 中
        JMP   @A+DPTR        ;程序转到地址 A+DPTR 处执行
TAB2:   AJMP  ZX0            ;当(A)=0 时，执行 ZX0 分支程序
        AJMP  ZX1            ;当(A)=1 时，执行 ZX1 分支程序
        AJMP  ZX2            ;当(A)=2 时，执行 ZX2 分支程序
        AJMP  ZX3            ;当(A)=3 时，执行 ZX3 分支程序
ZX0:    …                    ;ZX0 分支程序
        …
        SJMP  ZX4
ZX1:    …                    ;ZX1 分支程序
        …
        SJMP  ZX4
ZX2:    …                    ;ZX2 分支程序
        …
        SJMP  ZX4
```

```
ZX3:    …                          ;ZX3 分支程序
        …
ZX4:    SJMP  $                     ;程序执行完,"原地踏步"
        END
```

注:① 相对(短)转移指令 SJMP 只能在 256B 存储单元内转移,绝对转移指令 AJMP 可以在 2KB 范围内转移,长转移指令 LJMP 允许在 64KB 范围内转移。用户在编写程序时应注意灵活应用。② 使用转移指令时,指令中的地址或地址偏移量均可以采用符号地址(标号)表示,这使得编程更为方便。

2. 条件转移指令(2条)

条件转移指令在规定的条件满足时进行程序转移,否则程序往下顺序执行。条件转移指令共有 2 条,执行时均以累加器 A 中的内容是否为 0 作为转移条件。具体指令见表 2.24。

表 2.24 条件转移指令一览表

汇编语言指令	机器语言指令	指令功能
JZ rel	0110 0000 rel	若(A)=0,则 PC←(PC)+2+rel (转移) 若(A)≠0,则 PC←(PC)+2 (不转移)
JNZ rel	0111 0000 rel	若(A)≠0,则 PC←(PC)+2+rel (转移) 若(A)=0,则 PC←(PC)+2 (不转移)

注:rel(范围为-128~+127,用补码表示)在程序中也可以采用符号地址表示,换算方法和转移地址范围均与无条件转移指令中相对(短)转移指令 SJMP 指令相同。

【例 2.52】 已知内部 RAM 中以 30H 为起始地址的数据块以 0 为结束标志,试编写程序将其传送到以 DATA 为起始地址的内部 RAM 中。

```
解          ORG  0100H
            MOV  R0,#30H      ;将源数据块起始地址 30H 送到 R0 中
            MOV  R1,#DATA     ;将目的数据块起始地址 DATA 送到 R1 中
LOOP:       MOV  A,@R0        ;将源数据块起始地址 30H 中的内容送到 A 中
            JZ   DONE         ;若 A 的内容为 0,则跳至 DONE 结束,反之继续执行
            MOV  @R1,A        ;将 30H 中的内容送到 DATA 中
            INC  R0           ;源数据块地址加 1
            INC  R1           ;目的数据块地址加 1
            SJMP  LOOP        ;程序转回 LOOP 处循环执行
DONE:       SJMP  $           ;程序执行完,"原地踏步"
            END
```

3. 比较转移指令(4条)

比较转移指令把两个操作数进行比较,以比较的结果作为条件来控制程序的转移,共有 4 条指令。具体指令见表 2.25。

表 2.25 比较转移指令一览表

汇编语言指令	机器语言指令	指令功能
CJNE A, direct, rel	1011 0101 direct rel	若(A)=(direct),则 PC←(PC)+3,Cy←0 若(A)>(direct),则 PC←(PC)+3+rel,Cy←0 若(A)<(direct),则 PC←(PC)+3+rel,Cy←1
CJNE A, #data, rel	1011 0100 data rel	若(A)=data,则 PC←(PC)+3,Cy←0 若(A)>data,则 PC←(PC)+3+rel,Cy←0 若(A)<data,则 PC←(PC)+3+rel,Cy←1

汇编语言指令	机器语言指令	指令功能
CJNE Rn, #data, rel	1011 1rrr	若(Rn)=data，则 PC←(PC)+3，Cy←0
	data	若(Rn)>data，则 PC←(PC)+3+rel，Cy←0
	rel	若(Rn)<data，则 PC←(PC)+3+rel，Cy←1
CJNE @Ri, #data, rel	1011 011i	若((Ri))=data，则 PC←(PC)+3，Cy←0
	data	若((Ri))>data，则 PC←(PC)+3+rel，Cy←0
	rel	若((Ri))<data，则 PC←(PC)+3+rel，Cy←1

（1）指令的特点

① 三字节指令。指令执行时，PC 的内容先加 3，然后再判断第一个操作数与第二个操作数是否相等，若不相等，则转移，其偏移量为 rel。rel 的地址范围为$-128\sim+127$。

② 指令的比较是通过两个操作数相减实现的，所以会影响进位标志位 Cy，但对两个操作数本身无影响（不保存相减后的差值）。

③ 若用户处理的是有符号数，则仅根据 Cy 是无法判断它们的大小的。判断两个带符号数 X 和 Y 的大小可采用如下方法：

若 X>0，Y<0，则 X>Y。若 X<0，Y>0，则 X<Y。若 X>0，Y>0（或 X<0，Y<0），则需要按比较条件产生的 Cy 进行进一步的判断。此时，若 Cy=0，则 X>Y；若 Cy=1，则 X<Y。

（2）指令的操作过程

CJNE 指令把第一个操作数（假设为 X）与第二个操作数（假设为 Y）进行比较，若不相等，则跳转并影响 Cy。具体分为以下三种情况。

① 若 X=Y，则程序顺序执行，(PC)←(PC)+3，且 Cy←0。

② 若 X>Y，则程序转到 rel 处执行，PC←(PC)+3+rel，且 Cy←0。

③ 若 X<Y，则程序转到 rel 处执行，PC←(PC)+3+rel，且 Cy←1。

（3）指令的功能

利用 CJNE 指令对 Cy 的影响，可实现两个操作数大小的比较。

【例 2.53】 试用含有 CJNE 的指令编写程序，实现例 2.52 的功能。

解
```
        ORG   0100H
        MOV   R0, #30H          ;将源数据块起始地址 30H 送到 R0 中
        MOV   R1, #DATA         ;将目的数据块起始地址 DATA 送到 R1 中
LOOP:   CJNE  @R0, #00H, LOOP1  ;若(30H)=0，则程序顺序执行，否则转 LOOP1 处
        SJMP  $                 ;程序执行完，"原地踏步"
LOOP1:  MOV   A, @R0            ;将 30H 中的内容送到 A 中
        MOV   @R1, A            ;将 30H 中的内容送到 DATA 中
        INC   R0                ;源数据块地址加 1
        INC   R1                ;目的数据块地址加 1
        SJMP  LOOP              ;程序转回 LOOP 处循环执行
        END
```

4. 循环（减 1 条件）转移指令（2 条）

循环转移指令是一组把减 1 与条件转移两种功能结合在一起的指令。这类指令主要用于控制程序循环的次数。预先将循环次数置于寄存器或内部 RAM 中，利用指令的"减 1 判非 0 则转移"功能，可实现按循环次数控制循环的目的。共有两条指令。具体指令见表 2.26。

表 2.26　循环转移指令一览表

汇编语言指令	机器语言指令	指 令 功 能
DJNZ　Rn, rel	1101 1rrr rel	$(Rn) \leftarrow (Rn)-1$ 若$(Rn) \neq 0$，则 PC←(PC)+2+rel　（转移） 若$(Rn)=0$，则 PC←(PC)+2　（不转移，顺序执行）
DJNZ　direct, rel	1101 0101 direct rel	$(direct) \leftarrow (direct)-1$ 若$(direct) \neq 0$，则 PC←(PC)+3+rel　（转移） 若$(direct)=0$，则 PC←(PC)+3　（不转移，顺序执行）

指令的操作过程：先将操作数内容减 1，并保存减 1 后的结果，若操作数减 1 后不为 0，则程序进行转移；否则，程序顺序执行。

【例 2.54】　试编写程序，对内部 RAM 以 DATA 为起始地址的 10 个单元中的数据求和，并将结果送到 SUM 单元中。设相加结果不超过 8 位二进制数能表示的范围。

解　方法 1：（顺序结构）参考例 2.35。

方法 2：（循环结构）

```
        ORG   0100H
        CLR   A               ;累加器清 0 作为和的初值
        MOV   R0, #DATA        ;起始地址送到 R0（循环初始化）中
        MOV   R7, #0AH         ;求和单元个数送到 R7 中
LOOP:   ADD   A, @ R0          ;求和，结果送到 A 中（循环体）
        INC   R0               ;地址加 1（循环修改）
        DJNZ  R7, LOOP         ;若(R7)-1≠0，则程序转至 LOOP 处
                               ;若(R7)-1=0，则求和完毕，程序顺序执行（循环控制）
        MOV   SUM, A           ;求和的结果送到 SUM 单元中保存（循环结束）
        SJMP  $                ;程序执行完，"原地踏步"
        END
```

注：条件转移指令均为相对转移指令，因此指令的转移范围十分有限。要实现 64KB 范围内的转移，可以借助于一条长转移指令的过渡来实现。

5．子程序调用与返回指令（4 条）

为了减少编写和调试程序的工作量，减小程序在存储器中所占的存储空间，通常把具有完整功能的程序段定义为子程序，供主程序调用。

子程序调用是一种重要的程序结构，它是简化源程序的书写、程序模块共享的重要手段。它可以在程序中反复多次使用。主程序与子程序之间的调用关系如图 2.10 所示。

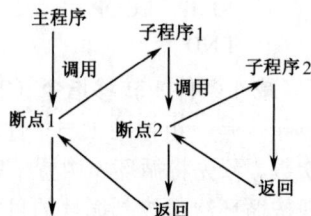

主程序与子程序是相对的，同一个子程序既可以作为另一个程序的子程序，也可以有自己的子程序。若子程序中还调用了其他子程序，则称为子程序嵌套。如图 2.11 所示为两级了程序嵌套的示意图。

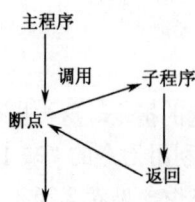

图 2.10　主程序与子程序之间的调用关系　　图 2.11　两级子程序嵌套的示意图

为了实现主程序对子程序的一次完整调用，必须有子程序调用指令和子程序返回指令。主程

序应该能在需要时通过程序调用指令自动转入子程序执行，子程序执行完后应能通过子程序返回指令自动返回调用指令的下一条指令处（该指令地址称为断点地址）执行。子程序调用指令在主程序中使用，而子程序返回指令则是子程序的最后一条指令。

调用与返回指令是成对使用的。调用指令必须具有自动把程序计数器（PC）中的断点地址保存到堆栈中，且将子程序入口地址自动送到 PC 中的功能；返回指令则必须具有自动把堆栈中的断点地址恢复到 PC 中的功能。

MCS-51 单片机指令系统中提供了 4 条子程序调用与返回指令，具体指令见表 2.27。

表 2.27　子程序调用与返回指令一览表

汇编语言指令	机器语言指令	指令功能
ACALL addr11	$A_{10}A_9A_8 10001$ $A_7A_6A_5A_4A_3A_2A_1A_0$	$(PC)\leftarrow(PC)+2$，$(SP)\leftarrow(SP)+1$，$(SP)\leftarrow(PC)_{7\sim0}$ $(SP)\leftarrow(SP)+1$，$(SP)\leftarrow(PC)_{15\sim8}$，$(PC)_{10\sim0}\leftarrow addr11$
LCALL addr16	0001 0010 addr15~8　addr7~0	$(PC)\leftarrow(PC)+3$，$(SP)\leftarrow(SP)+1$，$(SP)\leftarrow(PC)_{7\sim0}$ $(SP)\leftarrow(SP)+1$，$(SP)\leftarrow(PC)_{15\sim8}$，$(PC)_{15\sim0}\leftarrow addr16$
RET	0010 0010	$(PC)_{15\sim8}\leftarrow((SP))$，$(SP)\leftarrow(SP)-1$ $(PC)_{7\sim0}\leftarrow((SP))$，$(SP)\leftarrow(SP)-1$
RETI	0011 0010	$(PC)_{15\sim8}\leftarrow((SP))$，$(SP)\leftarrow(SP)-1$ $(PC)_{7\sim0}\leftarrow((SP))$，$(SP)\leftarrow(SP)-1$

（1）绝对短调用指令（ACALL）。该指令执行时，首先产生断点地址(PC)+2，然后把断点地址压入堆栈保存（先低位后高位），最后用指令中给出的 11 位地址替换当前 PC 中的低 11 位，组成子程序的入口地址。在实际编程时，addr11 可以用符号地址（标号）表示，且只能在 2KB 范围内调用子程序。在这方面，ACALL 指令与绝对转移指令 AJMP 的规定相同。

（2）绝对长调用指令（LCALL）。该指令执行时，首先产生断点地址(PC)+3，然后把断点地址压入堆栈保存（先低位后高位），最后用指令中给出的 16 位地址替换当前 PC 地址，组成子程序的入口地址。addr16 可以用符号地址（标号）表示，能在 64KB 范围内调用子程序。在这方面，LCALL 指令与长转移指令 LJMP 的规定相同。

（3）子程序返回指令（RET）。该指令执行时，首先将堆栈中的内容弹出给 PC（先高位后低位），PC 断点地址被恢复，使主程序从断点处继续顺序执行。

（4）中断返回指令（RETI）。中断服务程序是一种特殊的子程序，在计算机响应中断时，由硬件完成调用而进入相应的中断服务程序。RETI 指令与 RET 指令相仿，区别在于，RET 从子程序返回；而 RETI 从中断服务程序返回，此时的子程序为中断服务程序。

无论 RET 还是 RETI，都是子程序执行的最后一条指令。

6．空操作指令（1 条）

NOP 指令占据一个单元的存储空间，除使 PC 中的内容加 1 外，CPU 不产生任何操作结果，但是消耗了一个机器周期。NOP 指令常用于软件延时或在程序可靠性设计中用来稳定程序。具体指令见表 2.28。

表 2.28　空操作指令一览表

汇编语言指令	机器语言指令	指令功能
NOP	0000 0000	空操作

2.3.5　位操作指令

位操作指令的操作数不是字节，而是字节中的某个位。由于这些位只能取 0 或 1，故又称布尔变量操作指令。

MCS-51 单片机硬件结构中有一个布尔处理机，它以进位标志位 Cy 作为位累加器，以内部 RAM 位寻址区中的 128 个可寻址位和 11 个特殊功能寄存器 SFR 中的 83 个可寻址位作为位存储区。可以实现布尔变量的传送、运算和控制转移等。

位操作类指令中的位地址的表达方式有直接地址（如 0AFH）、特殊功能寄存器名.位序号（如 PSW.3）、字节地址.位序号（如 0D0H.0）、位名称（如 F0）等几种方式。

1. 位数据传送指令（2 条）

位数据传送指令是在可寻址位与位累加器 Cy 之间进行的，不能在两个可寻址位之间直接进行位传送。位数据传送指令有两条，具体指令见表 2.29。

表 2.29　位数据传送指令一览表

汇编语言指令	机器语言指令	指令功能	目的操作数寻址方式	源操作数寻址方式
MOV　C, bit	10100010 bit	(Cy)←(bit)	位寻址	位寻址
MOV　bit, C	10010010 bit	(bit)←(Cy)	位寻址	位寻址

【例 2.55】　将 20H 位中的内容与 50H 位中的内容互换。

解　　　ORG　0100H

MOV　C, 20H　　　　;将 20H 位中的内容送到 PSW 的 Cy 中

MOV　F, C　　　　　;将 20H 位中的内容送到 PSW 的 F0（用户位）中

MOV　C, 50H　　　　;将 50H 位中的内容送到 PSW 的 Cy 中

MOV　20H, C　　　　;将 50H 位中的内容送到 20H 位中

MOV　C, F　　　　　;将 F0 位中的内容送回 Cy 中

MOV　50H, C　　　　;将 Cy 中的内容（原 20H 位中的内容）送到 50H 位中

SJMP　$　　　　　　;程序执行完，"原地踏步"

END

2. 位逻辑运算指令（6 条）

位逻辑运算功能只有三项：位与、位或、位非。除 CPL　bit 指令外，其余指令执行时均不改变 bit 中的内容。位逻辑运算指令常用于对组合逻辑电路的模拟，即用软件的方法获得组合逻辑电路的功能。采用位逻辑运算指令进行组合逻辑电路的设计比采用字节型逻辑指令节约存储空间，运算操作十分方便。位逻辑运算指令共有 6 条，具体指令见表 2.30。

表 2.30　位逻辑运算指令一览表

汇编语言指令	机器语言指令	指令功能	目的操作数寻址方式	源操作数寻址方式
ANL　C, bit	1000 0010 bit	$(Cy)\leftarrow(Cy)\wedge(bit)$	位寻址	位寻址
ANL　C, /bit	1011 0000 bit	$(Cy)\leftarrow(Cy)\wedge(\overline{bit})$	位寻址	位寻址
ORL　C, bit	0111 0010 bit	$(Cy)\leftarrow(Cy)\vee(bit)$	位寻址	位寻址
ORL　C, /bit	1010 0000 bit	$(Cy)\leftarrow(Cy)\vee(\overline{bit})$	位寻址	位寻址
CPL　C	1011 0011	$(Cy)\leftarrow(\overline{Cy})$	位寻址	
CPL　bit	1011 0010 bit	$(bit)\leftarrow(\overline{bit})$	位寻址	位寻址

注意：位逻辑运算指令中没有异或运算，但利用多条位逻辑运算指令可以实现异或运算。

【例 2.56】　试编写程序将位 M 和位 N 的内容相异或（$M\oplus N=M\overline{N}+\overline{M}N$），结果存于 F0 位中。

解　　　ORG　0100H

MOV　C, M　　　　;(Cy)←(M)

ANL　C, /N　　　　;(Cy)←(M)∧($\overline{N}$)

MOV　F, C　　　　;(F0)←(Cy)

MOV　C, N　　　　;(Cy)←(N)

```
    ANL   C, /M        ;(Cy)←(N)∧(M̄)
    ORL   C, F         ;(Cy)←(MN̄)∨(M̄N)
    MOV   F, C         ;最后结果存于 F0 位中
    SJMP  $            ;程序执行完,"原地踏步"
    END
```

【例 2.57】 试编写程序实现如图 2.12 所示的逻辑电路的功能。

解
```
    ORG   0100H
    MOV   C, X         ;(Cy)←X
    ANL   C, Y         ;(Cy)←X∧Y
    MOV   F, C         ;结果送到 F0 中保存
    MOV   C, Y         ;(Cy)←Y
    ORL   C, Z         ;(Cy)←Y∨Z
    ANL   C, F         ;再将(Y∨Z)"与"XY
    CPL   C            ;最后取非
    MOV   F, C         ;结果输出
    SJMP  $            ;程序执行完,"原地踏步"
    END
```

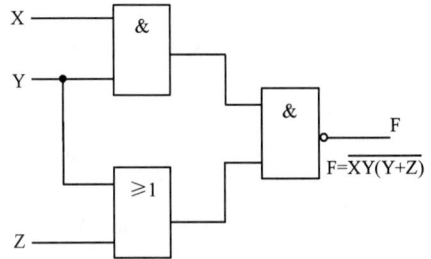

图 2.12　实现 $F = \overline{XY(Y+Z)}$ 功能的电路

3. 位状态 (清 0、置位) 控制指令 (4 条)

位状态控制指令的功能是把进位标志位 Cy 或位地址 bit 中的内容清 0 或置 1。共有 4 条指令,用到的指令助记符有 CLR、SETB 两个。具体指令见表 2.31。

表 2.31　位状态控制指令一览表

汇编语言指令	机器语言指令	指令功能	操作数寻址方式
CLR C	1100 0011	(Cy)←0	位寻址
CLR bit	1100 0010 bit	(bit)←0	位寻址
SETB C	1101 0011	(Cy)←1	位寻址
SETB bit	1101 0010 bit	(bit)←1	位寻址

4. 位条件 (控制) 转移指令 (5 条)

位条件 (控制) 转移指令 (简称位转移指令) 以位的状态作为实现程序转移的判断条件,可以使程序设计变得更加方便、灵活和简捷。位条件转移指令共有 5 条,分为以进位标志位 Cy 内容为条件的转移指令和以位地址 bit 内容为条件的转移指令两类。以 Cy 内容为条件的转移指令常与比较转移指令 CJNE 连用,以便根据 CJNE 指令执行过程中形成的 Cy 进一步决定程序的流向,或者形成三分支模式。具体指令见表 2.32。

表 2.32　位条件转移指令一览表

汇编语言指令	机器语言指令	指令功能
JC rel	0100 0000 rel	若(Cy)=1,则(PC)←(PC)+2+rel （转移） 若(Cy)=0,则(PC)←(PC)+2 （不转移,顺序执行）
JNC rel	0101 0000 rel	若(Cy)=1,则(PC)←(PC)+2 （不转移,顺序执行） 若(Cy)=0,则(PC)←(PC)+2+rel （转移）
JB bit, rel	0010 0000 bit rel	若(bit)=1,则(PC)←(PC)+3+rel （转移） 若(bit)=0,则(PC)←(PC)+3 （不转移,顺序执行）
JNB bit, rel	0011 0000 bit rel	若(bit)=1,则(PC)←(PC)+3 （不转移,顺序执行） 若(bit)=0,则(PC)←(PC)+3+rel （转移）
JBC bit, rel	0001 0000 bit rel	若(bit)=1,则(PC)←(PC)+3+rel （转移）,且(bit)←0 若(bit)=0,则(PC)←(PC)+3 （不转移,顺序执行）

【例 2.58】 已知外部 RAM 中有一个以 DATA 为起始地址的输入数据缓存区，该缓存区中的数据以回车符 CR（ASCII 码为 0DH）为结束标志，试编写程序把其中的正数传送到内部 RAM 从 30H 单元开始的正数区中，负数传送到内部 RAM 从 40H 单元开始的负数区中。

解
```
        ORG   0100H
        MOV   DPTR, #DATA        ;缓存区起始地址 DATA 送 DPTR
        MOV   R0, #30H           ;正数区起始地址送 R0
        MOV   R1, #40H           ;负数区起始地址送 R1
LOOP:   MOVX  A, @DPTR           ;将 DATA 起始地址中的内容送 A
        CJNE  A, #0DH, LOOP1     ;若 A≠0DH，则程序转 LOOP1 处
                                 ;若 A=0DH，则程序往下执行
        SJMP  $                  ;程序执行完，"原地踏步"
LOOP1:  JB    ACC.7, LOOP2       ;累加器 A 的第 7 位为 1（负数），程序转 LOOP2 处
                                 ;累加器 A 的第 7 位为 0（正数），程序往下执行
        MOV   @R0, A             ;为正数，送正数区
        INC   R0                 ;修改正数区指针
        SJMP  LOOP3              ;程序转 LOOP3 处
LOOP2:  MOV   @R1, A             ;为负数，送负数区
        INC   R1                 ;修改负数区指针
LOOP3:  INC   DPTR               ;修改缓存区指针
        AJMP  LOOP               ;程序返回 LOOP 处，循环
        END
```

2.4 C51 语言

MCS-51 单片机常用的编程语言有两种，一种是汇编语言，另一种是 C 语言。

汇编语言是面向机器的编程语言，能直接控制单片机系统的硬件，具有指令效率高、执行速度快等优点。但汇编语言的程序可读性差、移植困难，且编程时必须组织、分配存储器资源和处理接口数据，因而编程工作量大。

C51 语言是为 MCS-51 单片机设计的一种 C 语言，是标准 C 语言的的子集。C51 语言具有结构化语言的特点和机器级的控制能力，数据结构丰富，运算符丰富，生成的目标代码质量高，程序执行效率高，可移植性好，可读性强，不过分依赖机器硬件系统，开发效率高，易于调试和维护，产品开发周期短。

C51 语言已成为单片机程序开发的主要编程语言之一。C51 语言与 C 语言在语法规定、程序结构及程序设计方法等方面基本相同。不同的是，C51 语言必须根据单片机存储结构及内部资源定义相应的 C 语言中的头文件、库函数、数据类型、变量存储类型与存储方式、输入/输出处理、函数及中断等。

注：学习本节内容要求读者具有 C 语言程序设计基础。

2.4.1 C51 语言的程序结构、数据与存储类型

1. C51 语言的程序结构

C51 语言采用结构化的程序设计方法，对于一些常用的常数、变量以及各种特殊功能寄存器，可采用宏定义#define 或集中起来放在一个头文件中进行定义，然后采用文件包含命令#include 将其加到程序中。

C51 语言的程序结构与 C 语言的结构相同，由一个主函数 main()和若干个其他函数构成，程序中由主函数调用其他函数，其他函数也可以互相调用。如果源程序文件需要包含其他源程序文

件的内容，则要在程序文件头部用包含命令#include进行"文件包含"处理。

C51程序结构一般如下：

```
#include <文件名>          //用于包含头文件等
全局变量说明               //全局变量可被本程序的所有函数引用
功能函数说明               //说明自定义函数，以便调用
主函数 main()
{    局部变量说明；         //局部变量只能在所定义函数内部引用
     执行语句；
     函数调用；
}
功能函数定义               //其他函数定义
```

2. C51语言的基本语句

C51语言的基本语句与标准C语言基本相同，包括if（选择语句）、switch/case（多分支选择语句）、while（循环语句）、for（循环语句）、do-while（循环语句）等。

3. C51语言的数据类型

C51语言的数据类型可分为基本数据类型和组合数据类型，还有专门针对MCS-51单片机的特殊功能寄存器型和位型，主要包括字符型（char）、整型（int）、长整型（long）、浮点型（float）、指针型、特殊功能寄存器型、位型。

（1）数据类型

C51语言中的数据类型见表2.33。

表2.33　C51语言中的数据类型一览表

类型名称	数据类型	数据长度	值域
符号基本型	(signed) int	2字节	−32 768～32 767
符号短整型	(signed) short	2字节	−32 768～32 767
符号长整型	(signed) long	4字节	−2 147 483 648～2 147 483 647
无符号基本型	unsigned int	2字节	0～65 535
无符号短整型	unsigned short int	2字节	0～65 535
无符号长整型	unsigned long int	4字节	0～4 294 967 295
浮点型	float	4字节	±1.175 494E−38～±3.402 823E+38
指针型	*	1～3字节	对象地址
符号字符型	char	1字节	−128～127
无符号字符型	unsigned char	1字节	0～255
位型	bit	1位	0 或 1
特殊功能寄存器型	sfr	单字节	0～255
16位特殊功能寄存器型	sfr16	双字节	0～65 535
特殊功能寄存器位型	sbit	1位	0 或 1

（2）C51语言扩充的数据类型

C51语言扩充的数据类型包括sfr（特殊功能寄存器）、sfr16（16位特殊功能寄存器）、sbit（特殊功能寄存器位）、bit（位）4种。

① 特殊功能寄存器（SFR）的C51定义

格式：关键字（sfr或sfr16） SFR名=整型常数

其中，整型常数为SFR的字节地址，取值为0x80～0xFF；sfr16为16位SFR的值。

【例2.59】 定义特殊功能寄存器举例。

```
sfr SCON=0x98;        //串行口控制寄存器地址98H
sfr16 T2=0xCC;        //定时器/计数器T2，低8位地址为0CCH，T2高8位地址为0CDH
```

一般，将所有特殊的 SFR 定义放到一个头文件中，该文件应包含 MCS-51 单片机中的 SFR 定义，如"reg51.h"与"reg52.h"。

② 特殊功能寄存器（SFR）可寻址位的 C51 定义

格式：sbit　SFR 可寻址位符号名=SFR 名^整常数

其中，SFR 名为已定义过的 SFR 名或可寻址位所在的 SFR 的字节地址；整常数为可寻址位在 SFR 中的位号，必须是 0～7 范围中的数；SFR 名^整常数也可以是 SFR 可寻址位的绝对位地址。

【例2.60】 定义特殊功能寄存器位举例。

```
sbit OV=PSW^2;        //定义 OV 位为 PSW.2，地址为 D2H
sbit OV=0xD0^2;       //定义 OV 位地址是 D0H 字节的第 2 位
sbit OV=0xD2;         //定义 OV 位地址为 D2H
```

③ 位变量的 C51 定义

在 C51 程序中，定义位变量后，即可用定义的变量表示 MCS-51 单片机的可寻址位地址。

格式：　bit　位变量名

【例2.61】 定义位变量举例。

```
bit direction_bit;    //把 direction_bit 定义为位变量
bit look_pointer;     //把 look_pointer 定义为位变量
```

4．C51 语言的运算符

C51 语言的运算符、运算符的优先级规定与 C 语言基本相同。

赋值运算符：变量=表达式

算术运算符：+（加），-（减），*（乘），/（除），%（取余）

关系运算符：>（大于），>=（大于或等于），<（小于），<=（小于或等于），==（等于），!=（不等于）

逻辑运算符：&&（逻辑与），||（逻辑或），!（逻辑非）

位运算符：&（按位与），|（按位或），^（按位异或），～（按位取反），>>（位右移），<<（位左移）

自增减运算符：++i（使用 i 之前，先使 i 值增 1），--i（使用 i 之前，先使 i 值减 1）
i++（在使用 i 之后，使 i 值增 1），i--（在使用 i 之后，使 i 值减 1）

复合赋值运算符：与赋值运算符"="一起组成复合赋值运算符，包括：
+=，-=，*=，/=，%=，&=，|=，^=，～=，>>=，<<=

指针运算符：&（取地址运算符），*（取内容运算符）

运算符的优先级规定：

① 算术运算符>关系运算符>赋值运算符；

② 算术运算符中，先乘、除、模，后加、减，括号最优先，算术运算符结合时遵循"自至右"的原则，即当运算对象两侧的算术运算符优先级相同时，先与左边的运算符结合；

③ 关系运算符中，>、<、>=、<=优先级相同，!=与==优先级相同，前 4 种高于后两种；

④ 逻辑运算符中，"非">算术运算符>关系运算符>"与"和"或">赋值运算符。

5．C51 语言中的常量与变量

（1）常量。在程序运行过程中，其值不能被改变的量称为常量，包括整型、实型、字符、字符串。

（2）变量。在程序运行过程中，其值可以改变的量称为变量。要求在使用前必须对变量进行定义，指出变量的数据类型和存储模式，以便编译系统为它分配相应的存储单元。

变量定义格式：

      [存储种类] 数据类型说明符 [存储器类型] 变量名 1[=初值],变量名 2[=初值]…;

（3）一般指针和基于存储器的指针。C51 语言支持两种指针类型：一般指针和基于存储器的指针。一般指针可用于存取任何变量，不必考虑变量在 MCS-51 单片机存储器空间中的位置。与 C 语言相同，许多 C51 库函数采用了一般指针。基于存储器的指针用于指定存储器空间。

【例 2.62】 定义变量的存储模式举例。

```
char * sptr;              //char 型指针
int * numptr;             //int 型指针
char data * xdata str;    //指向 data 空间 char 型数据的指针，指针本身在 xdata 空间
int xdata * data num;     //指向 xdata 空间 int 型数据的指针，指针本身在 data 空间
```

6. C51 语言中数据的存储方式

C51 语言中数据的存储方式包括存储器类型、存储模式、存储种类等。

（1）存储器类型。存储器类型用于指明数据或变量所处的单片机存储器区域情况。存储器类型与存储种类完全不同。C51 编译器能识别的存储器类型说明见表 2.34。

表 2.34　存储器类型一览表

存储器类型	描述	长度
data	内部 RAM 低 128B 直接寻址区，位于内部 RAM 的 00H～7FH 存储区，访问速度快	8 位
bdata	内部 RAM 的位寻址区，位于内部 RAM 的 20H～2FH 存储区	1 位
idata	内部 RAM 存储区，位于全部内部 RAM 的 256B 存储区，必须用间接寻址访问	8 位
pdata	外部 RAM 的低 256B 存储区，利用@Ri 间接访问	8 位
xdata	外部 RAM 的 64KB 存储区，利用@DPTR 间接访问	8 位
code	程序存储器 ROM 的 64KB 存储区，存储数据不可改变	8 位

（2）存储模式。如果在变量定义时省略存储器类型，编译器会自动使用默认存储器类型。默认的存储器类型可进一步由存储模式（或编译模式）指示。存储模式说明见表 2.35。

表 2.35　存储模式一览表

存储模式	描述
Small （小编译）模式	默认的存储类型是 data，参数和变量被默认存放在可直接寻址内部 RAM 的用户区中（最大 128B）
Compact （紧凑编译）模式	默认的存储类型是 pdata，参数和变量被默认存放在外部 RAM 的低 256B 存储区中，通过@Ri 间接访问
Large （大编译）模式	默认的存储类型是 xdata，参数和变量被默认存放在外部 RAM 的 64KB 存储区中，使用数据指针@DPTR 间接访问

变量定义存储模式的格式：#pragma 存储模式

函数定义存储模式的格式：在函数定义时后面带存储模式说明。如果没有指定，则系统默认为 Small 模式。

【例 2.63】 定义变量的存储模式举例。

```
#pragma small            //变量的存储模式为 Small
char k1;                 //k1 的存储模式为 Small，存储器类型默认为 data
#pragma compact          //变量的存储模式为 Compact
int xdata m2;            //m2 的存储模式为 Compact，存储器类型为 xdata
int func1(int x1, int y1) large  //函数的存储模式为 Large，x1 和 y1 存储器类型为 xdata
```

```
        {
            return(x1+y1);
        }
```

（3）存储种类。存储种类是指变量在程序执行过程中的作用范围。C51 语言中，变量的存储种类有 4 种：auto（自动）、extern（外部）、static（静态）和 register（寄存器）。

① auto：自动变量。其作用范围在定义它的函数体或复合语句内部，执行时，C51 程序为其分配内存空间，结束时释放占用的内存空间。它一般用于说明局部变量，分配的存储空间一般为堆栈，默认存储种类为 auto。

② extern：外部变量。使用已在函数体外定义过的外部变量时，在该函数体内要用 extern 说明。它一般用于说明全局变量，分配的存储空间为固定的内存空间，在程序整个执行时间内都有效，直到程序结束才释放。

③ static：静态变量，分为内部静态变量和外部静态变量。内部静态变量在函数体内部定义，在对应的函数体内有效，并且一直存在，但在函数体外不可见。外部静态变量在函数外部定义，在程序中一直存在，但在定义的范围之外是不可见的，用于多文件或多模块处理中。

④ register：寄存器变量。定义的变量存放在 CPU 内部的寄存器中，处理速度快，但数目少。C51 程序编译时能自动识别其中使用频率最高的变量，并自动将其作为寄存器变量，用户无须专门声明。

（4）C51 语言中数据在 MCS-51 单片机中的存储方式

带存储方式的变量定义格式如下：

　　　　[存储种类]　数据类型　[存储器类型]　变量名 1，变量名 2，…；

【例 2.64】　　定义变量存储种类和存储器类型举例。

　　　char data var1; //在内部 RAM 的低 128B 空间中定义用直接寻址方式访问的字符型变量 var1
　　　int idata X,Y,Z; //在内部 RAM 的 256B 空间中定义用间接寻址方式访问的整型变量 X、Y、Z
　　　auto unsigned long data var2; //在内部 RAM 的低 128B 空间中定义用直接寻址方式访问的自动无
　　　　　　　　　　　　//符号长整型变量 var2
　　　extern float xdata var3;//在外部 RAM 的 64KB 空间中定义用间接寻址方式访问的外部实型变量 var3
　　　int code var4; //在 ROM 的 64KB 空间中定义整型变量 var4
　　　unsigned char bdata var5; //在内部 RAM 位寻址区 20H～2FH 单元中定义可字节处理和位处理
　　　　　　　　　　　　//的无符号字符型变量 var5

2.4.2　C51 语言的头文件与库函数

1．C51 语言的头文件及其文件包含

C51 语言的头文件与 C 语言类似。与 C 语言不同的是，在包含文件中多了一组与 MCS-51 单片机硬件相关的头文件。在这些预说明文件中，一般对 MCS-51 单片机的内部功能寄存器及端口进行说明，它包括字节型变量和位变量，以便用户在编程时直接使用。

文件包含是指一个程序文件将另一个指定文件的内容包含进去。

每个库函数都在相应的头文件中设置原型声明。在程序中需要调用 C51 语言编译器提供的各种库函数时，必须在源程序文件的开头使用预编译指令#include 定义与该函数相关的头文件（包含了该函数的原型声明），将相应的库函数的说明文件包含进来。

文件包含的一般格式如下：

　　　　#include <文件名>

或　　　　#include"文件名"

上述两种格式的差别在于，采用<文件名>格式时，在头文件目录中查找指定文件；采用"文件名"格式时，应当在当前目录中查找指定文件。

2．C51 语言的库函数

C51 语言的库函数可分为本征库函数和非本征函数。

本征库函数：是指在编译时直接将固定的代码插到当前行中，而不是用 ACALL 或 LCALL 进行函数调用（类似于宏的处理），从而大大提高了访问效率。C51 语言的本征库函数只有 9 个，数量虽少，但非常有用。本征库函数在头文件 intrins.h 中定义。

非本征函数：通过 ACALL 或 LCALL 进行函数调用，不把固定代码插到当前行中。

（1）本征库函数

本征库函数在头文件 intrins.h 中定义。若想使用本征函数，必须在源程序开头定义该头文件，即#include<intrins.h>。本征库函数有以下 9 个。

_crol_和_cror_：将 char 型变量循环向左、右移动指定位数后返回。

_irol_和_iror_：将 int 型变量循环向左、右移动指定位数后返回。

_lrol_和_lror_：将 long 型变量循环向左、右移动指定位数后返回。

nop：相当于插入汇编语言的 NOP 指令。

testbit：相当于汇编语言的 JBC 指令。

chkfloat：测试并返回浮点数状态。

【例 2.65】 将 unsigned char 变量 y 左移 3 位举例。

```
unsigned char y=0x70;        //在内部 RAM 低 128B 空间定义字符型变量 y，其值为 70H
y=_crol_(y, 3);              //将 y 循环左移 3 位，则 y=83H
```

（2）非本征函数

C51 语言中的主要非本征函数头文件见表 2.36。用户可用记事本打开头文件查看其中的内容。

① 特殊功能寄存器包含文件 reg51.h/reg52.h 中定义了所有 8051/8052 对应的 SFR 及其位定义。一般源程序中都包含这类头文件，即#include <reg51.h>或#include <reg52.h>。包含了这类头文件后，就可以在程序中使用这些特殊功能寄存器及其位。

② 绝对地址包含文件 absacc.h 中定义

表 2.36 C51 语言中的主要非本征函数头文件一览表

头文件名称	说明
reg51.h/reg52.h	定义特殊功能寄存器和位寄存器
math.h	定义常用数学运算函数
stdio.h	定义输入/输出流函数
stdlib.h	定义存储器分配函数
absacc.h	确定各存储空间的绝对地址
intrins.h	定义本征库函数
ctype.h	定义字符判断转换库函数
string.h	定义缓冲区处理函数
assert.h	定义宏，用于建立程序的测试条件函数

了 8 个宏，允许直接访问 MCS-51 单片机的不同存储区，以确定各存储空间的绝对地址。

③ 输入/输出流函数包含文件 stdio.h 中定义了输入/输出流函数。流函数通过串行口或用户定义的 I/O 接口读/写数据，默认为串行口。例如，格式输入函数 scanf()通过串行口实现数据输入，格式输出函数 printf()通过串行口输出若干任意类型的数据。

它们的用法与 C 语言类似。

2.4.3 C51 语言中绝对地址的访问

C51 语言中绝对地址的访问有三种方法：使用 C51 语言运行库中的预定义宏，通过指针访问，使用 C51 语言扩展关键字_at_。

1．使用 C51 语言运行库中的预定义宏访问绝对地址

C51 语言编译器提供了一组宏定义对 MCS-51 单片机的地址空间进行绝对寻址，并规定只能以无符号数方式访问。在包含头文件 absacc.h 的前提下，可以使用预处理命令#define 指令定义不同存储空间各个变量的绝对地址。

包含头文件 absacc.h 的格式：#include <absacc.h>

访问格式：预定义宏名 [地址]

函数原型定义格式：#define 宏名((数据类型 volatile*)0x 存储单元的绝对地址)

预定义宏名表示绝对地址所处的存储空间和数据长度，包括以下几种：

CBYTE——code 区（字节）	CWORD——code 区（字）
DBYTE——data 区（字节）	DWORD——data 区（字）
PBYTE——pdata 区（字节）	PWORD——pdata 区（字）
XBYTE——xdata 区（字节）	XWORD——xdata 区（字）

【例 2.66】 用预处理命令设置函数原型举例。

```
#define CBYTE((unsigned char volatile*)0x5000)
#define DBYTE((unsigned char volatile*)0x5F)
#define XBYTE((unsigned char volatile*)0x4000)
#define CWORD((unsigned int volatile*)0x3000)
#define DWORD((unsigned int volatile*)0x30)
```

【例 2.67】 使用绝对地址对存储单元的访问举例。

```
#include <reg52.h>            //将寄存器头文件包含在文件中
#include <absacc.h>           //将绝对地址头文件包含在文件中
#define uchar unsigned char   //定义符号 uchar 为数据类型符 unsigned char
#define uint unsigned int     //定义符号 uint 为数据类型符 unsigned int
void main()
{
    uchar var1;
    uint var2;
    var1=DBYTE[0x30];         //访问内部 RAM 的 30H 字节单元
    var2=XWORD[0x1100];       //访问外部 RAM 的 1100H 字单元
    ...
    while(1);
}
```

2. 通过指针访问绝对地址

【例 2.68】 通过指针实现绝对地址的访问举例。

```
#include <reg52.h>            //将寄存器头文件包含在文件中
#define uchar unsigned char   //定义符号 uchar 为数据类型符 unsigned char
#define uint unsigned int     //定义符号 uint 为数据类型符 unsigned int
void main ()
{
    uchar data var1;
    uint xdata *dp1;          //定义一个指向 xdata 区的指针 dp1
    uchar data *dp2;          //定义一个指向 data 区的指针 dp2
    dp1=0x1000;               //dp1 指针赋值，指向 xdata 区的 1000H 单元
    *dp1=0x1234;              //将数据 0x1234 送到外部 RAM 的 1000H 单元
    dp2=&var1;                //dp2 指针指向 data 区的 var1 变量
    *dp2=0x20;                //给变量 var1 赋值 20H
}
```

3. 使用 C51 语言扩展关键字_at_访问绝对地址

格式：[存储器类型] 数据类型说明符 变量名 _at_ 地址常数

其中，"地址常数"指定变量的绝对地址，必须位于有效的存储器空间之内。

规定：使用_at_定义的变量必须为全局变量。

【例2.69】　通过_at_实现绝对地址的访问举例。

```
#include <reg52.h>              //将寄存器头文件包含在文件中
#define uchar unsigned char     //定义符号 uchar 为数据类型符 unsigned char
#define uint unsigned int       //定义符号 uint 为数据类型符 unsigned int
data uchar x1 _at_ 0x40;        //在 data 区中定义字节变量 x1，它的地址为 40H
xdata uint x2 _at_ 0x2000;      //在 xdata 区中定义字变量 x2，它的地址为 2000H
void main()
{
    x1=0x75;
    x2=0x1500;
    ...
    while(1);
}
```

2.4.4　C51 语言与汇编语言混合编程的方法

在 C51 语言程序设计中，可以嵌入汇编程序。在把汇编程序加到 C51 程序中以前，必须使汇编程序和 C51 程序一样具有明确的边界、参数、返回值和局部变量；必须为用汇编语言编写的程序段指定段名并进行定义；如果要在它们之间传递参数，则必须保证汇编程序用来传递参数的存储区和 C51 程序函数使用的存储区是一样的。

在 C51 程序中使用汇编程序有以下三种方法。

1. 在 C51 程序中直接嵌入汇编代码

通过预编译指令 asm，用#pragma 语句，可以在 C51 程序中直接嵌入汇编代码。该方法通过指令 asm 和 endasm 通知 C51 语言编译器，中间的行不用编译为汇编行。具体结构如下：

```
#pragma asm
汇编代码
#pragma endasm
```

【例2.70】　在 C51 程序中直接嵌入汇编程序举例。

```
#include <reg51.h>
void main(void)
{
    unsigned char i=0;          //定义变量 i
    #pragma asm                 //预编译指令 asm
        MOV   R7,#10H;          //这些汇编代码行不用再编译为汇编行
        LP: INC A
        DJNZ R7, LP
    #pragma   endasm
    i=ACC                       //累加器 A 的结果传给 i
}
```

在 Keil C51 语言中直接嵌入汇编代码的方法如下（假设文件名为 zx.c）。

① 在 Project 窗口中右击包含汇编代码的 C51 文件 zx.c，从快捷菜单中选择 Options for File "zx.c"命令，进入 Options for File "zx.c"界面，选中 Generate Assembler SRC File 和 Assemble SRC File 复选框。

② 根据选择的编译模式，把相应的库文件（Small 模式时加入 keil\c51\lib\c51s.lib，浮点运算时加入 keil\c51\lib\c51fpl.lib）像添加 zx.c 一样加到工程中并放在 zx.c 下面，该文件必须作为工程的最后文件。

③ 在 zx.c 的头文件中加入优化指令，如#pragma OT(4,speed)。

④ 在 zx.c 中加入以下代码：

```
#pragma   asm
        汇编代码
#pragma   endasm
```

⑤ 编译，即可生成目标代码文件 zx.hex。

2. 使用控制命令 SRC

先用 C51 语言编写代码，然后用控制命令 SRC 将 C51 文件编译生成汇编文件（.src），在该汇编文件中对要求严格的部分进行修改，保存为汇编文件.asm，再用 A51 进行编译，生成机器代码。其特点是灵活、简单。

3. 模块间接口

将汇编程序部分和 C51 程序部分放在不同的模块或不同的文件中，通常由 C51 程序模块调用汇编程序模块的变量和函数，例如，调用汇编语言编写的中断服务程序。

其特点是比较简单，分别用 C51 语言和 A51 语言对源文件进行编译，然后用 L51 链接.obj 文件即可。模块接口间的关键问题是 C51 语言函数与汇编语言函数之间的参数传递。C51 语言中有两种参数传递方法：通过寄存器传递和通过固定存储区传递。

2.5　程序设计

程序设计就是编写计算机的程序，即应用计算机所能识别的、能接收的编程语言把要解决的问题的步骤有序地描述出来。同一程序可以有不同的编程方法，应选择最优的编程方法，使程序的字节数最少，执行时间最短。应对程序进行必要的正确注释，以便于阅读和修改。

单片机只能识别用二进制数表示的指令，即机器指令（机器码）。机器指令的缺点是难记忆。而汇编语言与机器码有着一一对应的关系，非常有利于用户记忆，它是既面向机器又面向用户的编程语言。

在进行单片机系统设计时，除需要熟悉单片机的硬件原理外，还要掌握单片机的汇编语言指令系统、C51 语言，掌握程序设计的基本方法和技巧，才能设计出质量高、可读性好、程序代码少和执行速度快的优质程序。程序设计不仅关系到单片机系统的特性和效率，而且还与应用系统本身的硬件结构紧密相关。

本节以汇编语言程序设计为主，辅以 C51 语言程序设计。

2.5.1　汇编语言程序设计的步骤

根据任务要求，采用汇编语言编写程序的过程称为汇编语言程序设计。在进行程序设计时，首先应根据需要解决的实际问题的要求和所使用计算机的特点，决定所采取的计算方法和公式，然后结合计算机指令系统特点，本着节省存储单元和提高执行速度的原则编写程序。一个应用程序的编写，从拟订设计任务书到所编程序的调试通过，通常可分为以下 7 步。

（1）拟订设计任务书。设计者应根据现场的实际情况，明确所要解决问题的具体要求，写出比较明确的设计任务书。设计任务书应包含程序功能、技术指标、精度等级、实施方案、工程进度、所需设备、研制费用和人员分工等内容。

（2）建立数学模型。在弄清楚设计任务的基础上，根据对象的特性建立数学模型。数学模型是多种多样的，可以是一系列的数学表达式，也可以是数学的推理和判断，还可以是运行状态的模拟等。

（3）确定算法。设计者应根据对象的特性和逻辑关系确定算法。算法是进行程序设计的依据，它决定了程序的正确性和程序的质量。确定算法时，不但要考虑问题的具体要求，还要考虑指令系统的特点，再决定所采用的计算方法和计算公式。

（4）编写程序框图。这是程序的结构设计阶段，也是程序设计前的准备阶段。对于一个复杂的设计任务，应根据实际情况和所选定的算法确定程序的结构设计方法（如模块化程序设计、自顶向下程序设计等），把总的设计任务划分为若干个子任务（即子模块），并确定解决各任务的步骤和顺序，绘制相应的程序流程图。程序流程图不仅可以体现程序的设计思想，而且可以使复杂的问题简单化。设计者应确定数据格式，分配工作单元。程序流程图中各部分的规定画法如图 2.13 所示。

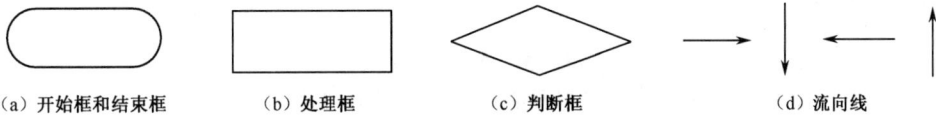

(a) 开始框和结束框　　　　(b) 处理框　　　　(c) 判断框　　　　(d) 流向线

图 2.13　程序流程图的规定画法

（5）编写源程序。根据程序流程图和指令系统的规定，编写出合法的汇编语言源程序。

（6）上机调试。应用汇编软件，将编辑的源程序生成目标程序，并进行链接；应用模拟调试软件或仿真器配合目标系统，进行程序测试或联调，排除错误，直至正确为止。在调试程序时，一般先进行模块调试，无误后再进行整个程序的联调。

（7）程序优化。程序的优化以能够完成实际问题要求为前提，以质量高、可读性好、节省存储单元和提高执行速度为原则。在程序设计中经常应用循环程序和子程序的形式来缩短程序的长度，通过改进算法和择优使用指令来节省存储单元和减少程序的执行时间。

2.5.2　顺序程序设计

顺序结构程序是最简单、最基本的程序。在这类程序中，大量使用了数据传送指令，程序的结构比较简单，按由上往下的顺序依次执行。其特点是能够解决某些实际问题，或成为复杂程序的子程序。

【例 2.71】　将内部 RAM 的 30H 单元中的两位压缩 BCD 码转换成二进制数，并送到内部 RAM 的 40H 单元中。

解　两位压缩 BCD 码转换成二进制数的计算方法如下：

$$(a_1a_0)_{BCD}=10*a_1+a_0$$

程序流程图如图 2.14 所示。程序如下：

```
        ORG   0000H
        LJMP  START
        ORG   0030H
START:  MOV   A, 30H      ;取两位 BCD 压缩码 a1a0 送 A
        ANL   A, #0F0H    ;取高 4 位 BCD 码 a1
        SWAP  A           ;高 4 位与低 4 位换位
        MOV   B, #0AH     ;将二进制数 10 送 B
        MUL   AB          ;将 10* a1 送 A
        MOV   R0, A       ;结果送 R0
        MOV   A, 30H      ;取两位 BCD 压缩码 a1a0 送 A
        ANL   A, #0FH     ;取低 4 位 BCD 码 a0
        ADD   A, R0       ;求 10* a1+a0
        MOV   40H, A      ;结果送 40H
        SJMP  $           ;程序执行完，"原地踏步"
        END
```

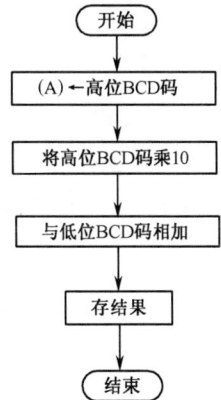

图 2.14　例 2.71 程序流程图

C51 程序如下：

```
#include<reg52.h>              //包含特殊功能寄存器头文件
#include<absacc.h>             //包含绝对地址访问头文件
#define ram30h DBYTE[0x30]     //定义绝对地址
#define ram40h DBYTE[0x40]     //定义绝对地址
void main()
{
    unsigned char y;
    while(1)
    {
        ram30h=0x57;           //向 30H 单元中写入数据 57H
        ACC=ram30h;            //取两位 BCD 压缩码 a1a0 送 A
        ACC=ACC>>4;            //ACC 位右移 4 位，取高 4 位 BCD 码 a1
        ACC=ACC*0x0A;          //将 10*a1 送 A
        y= ram30h&0x0f;        //取低 4 位 BCD 码 a0
        ram40h= ACC +y;        //求和 10*a1+ a0，结果送 40H
    }
}
```

2.5.3　分支程序设计

分支程序设计的特点是根据不同的条件确定程序的走向。它主要依靠条件转移指令、比较转移指令和位转移指令来实现。

分支程序体现了计算机执行程序时的分析判断能力。若某个条件满足，则计算机转移到另一分支上执行程序；否则计算机按原程序继续执行。分支程序结构如图 2.15 所示。

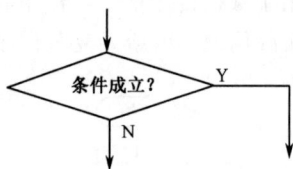

图 2.15　分支程序结构示意图

【例 2.72】　求符号函数的值。已知内部 RAM 的 40H 单元中有一个自变量 X，编写程序按如下条件求函数 Y 的值，并将其存到内部 RAM 的 41H 单元中。

$$Y = \begin{cases} 1 & X > 0 \\ 0 & X = 0 \\ -1 & X < 0 \end{cases}$$

解　此题有三个条件，是三分支归一的条件转移问题，属于三分支程序。这里采用先分支后赋值的方法进行程序设计。程序流程图如图 2.16 所示。程序如下：

```
            ORG    0000H
            LJMP   START
            ORG    0030H
START:      MOV    A, 40H       ;将 X 送到 A 中
            JZ     COMP         ;若 A 为 0，则转至 COMP 处
            JNB    ACC.7, POST  ;若 A 第 7 位不为 1（X 为正数），则程序转到 POST 处
                                ;否则（X 为负数）程序往下执行
            MOV    A, #0FFH     ;将-1（补码）送到 A 中
            SJMP   COMP         ;程序转到 COMP 处
POST:       MOV    A, #01H      ;将+1 送到 A 中
COMP:       MOV    41H, A       ;结果存到 Y 中
            SJMP   $            ;程序执行完，"原地踏步"
            END
```

C51 程序如下：

```
#include<reg52.h>                    //包含特殊功能寄存器头文件
#include<absacc.h>                   //包含绝对地址访问头文件
#define x DBYTE[0x40]                //定义内存单元 40H 为 x
#define y DBYTE[0x41]                //定义内存单元 41H 为 y
void main()
{    char z;
     x=-2;                          //40H 赋值为-2
     while(1)
     {
       z=x;                         //将 40H 单元内容赋值给变量 z
       if(z>0)    {y=1;}
       else if(z==0){y=0;}
           else {y=-1;}
     }
}
```

【例 2.73】 求单字节有符号数的补码。已知内部 RAM 的 30H 单元中存有二进制数，编写程序求其补码，并将转换后的补码存回 30H 单元中。

解 正数的补码是正数本身，负数的补码是其反码加 1，最高位为符号位，即最高位为 0 不求补，最高位为 1 才求补。程序流程图如图 2.17 所示。

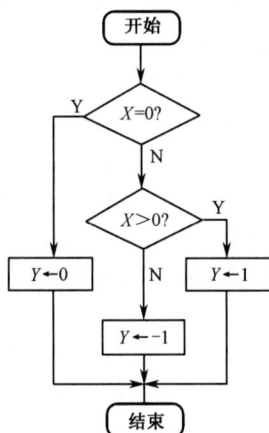

图 2.16 例 2.72 程序流程图   图 2.17 例 2.73 程序流程图

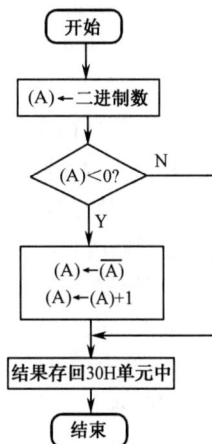

程序如下：

```
        ORG    0000H
        LJMP   CMPT
        ORG    0030H
CMPT:   MOV    A, 30H        ;将二进制数（原码）送到 A 中
        JNB    ACC.7, NCH    ;若 A 为正数，则程序转到 NCH 处，否则往下执行
        MOV    C, ACC.7      ;将符号 1 存到 Cy 中
        MOV    10H, C        ;保存在 10H 位中
        CPL    A             ;将 A 中的原码求反
        ADD    A, #1         ;加 1
        MOV    C, 10H        ;将保存的符号送回 Cy 中
        MOV    ACC.7, C      ;恢复最高位的符号
        MOV    30H, A        ;存回 30H 单元中
NCH:    SJMP   $             ;程序执行完，"原地踏步"
        END
```

C51 程序如下：

```
#include<reg52.h>                    //包含特殊功能寄存器头文件
#include<absacc.h>                   //包含绝对地址访问头文件
#define x DBYTE[0x30]                //定义内存单元 30H 为 x
void main()
{
    unsigned char y;
    y=x;
    while(1)
    {
        if(y<0x80)   {x=x;};         //正数补码是其本身
        else {x= ~(y-0x80)+0x01;}
    }
}
```

2.5.4　循环程序设计

循环程序的特点是程序中含有可以重复执行的程序段，该程序段称为循环体。采用循环程序可以有效地缩短程序，减少程序占用的内存空间，使程序的结构紧凑、可读性好。循环程序一般由下面 4 部分组成。

① 循环初始化。循环初始化程序段位于循环程序的开头，用于完成循环前的准备工作，如设置各工作单元的初值及循环次数。

② 循环体。循环体是循环程序的主体，位于循环体内，是循环程序的工作程序，在执行中会被多次重复使用。要求编写得尽可能简练，以提高程序的执行速度。

③ 循环控制。循环控制位于循环体内，一般由循环修改、循环次数修改及循环结束判断等组成，用于控制循环次数和修改每次循环时的参数。循环修改是指每执行一次循环体都要对参与工作的各单元的地址进行修改，以便指向下一个待处理的单元；循环次数修改是指对循环计数器内容进行修改；循环结束判断一般通过 DJNZ 指令实现，若不满足结束条件，则继续循环，否则退出循环。循环次数修改一般包含在 DJNZ 指令中。

④ 循环结束。循环结束用于存放执行循环程序所得的结果，以及恢复各工作单元的初值。

常见的循环结构有两种：一种是先循环处理，后循环控制（即先处理后控制）；另一种是先循环控制，后循环处理（即先控制后处理）。循环结构如图 2.18 所示。

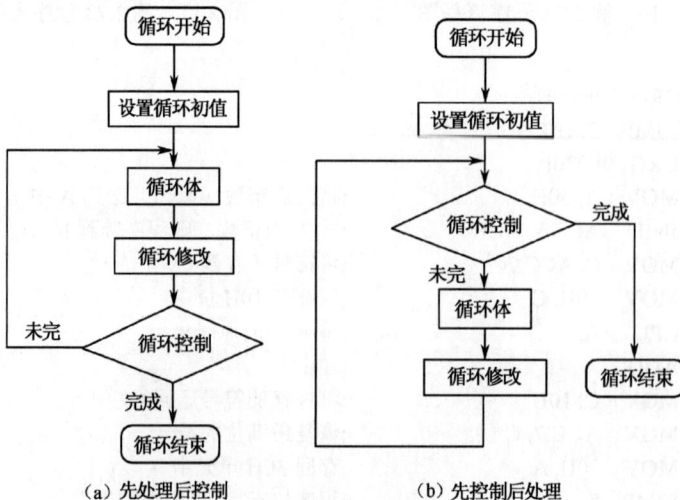

（a）先处理后控制　　　　　　（b）先控制后处理

图 2.18　循环结构

1. 单循环程序

循环体内部不包含其他循环的程序称为单循环程序。

【例 2.74】 已知内部 RAM 的 30H～3FH 单元中存放了 16 个二进制无符号数，编写程序求它们的累加和，并将和数存放在 R4 和 R5 中。其中，R4 中存高 8 位，R5 中存低 8 位。

解 因为首地址为 30H，且存放了 16 个二进制无符号数，所以此循环程序的循环次数为 16 次（存放在 R2 中），它们的和数存放在 R4 和 R5 中。程序流程图如图 2.19 所示。

程序如下：

```
            ORG   0000H
            LJMP  START
            ORG   0030H
START:      MOV   R0, #30H
            MOV   R2, #10H      ;设置循环次数为 16
            MOV   R4, #00H      ;和的高位单元 R4 清 0
            MOV   R5, #00H      ;和的低位单元 R5 清 0
LOOP:       MOV   A, R5         ;和的低 8 位的内容送 A
            ADD   A, @R0        ;将@R0 与 R5 的内容相加并产生进位 Cy
            MOV   R5, A         ;低 8 位的结果送 R5
            CLR   A             ;A 清 0
            ADDC  A, R4         ;将 R4 中的内容与 Cy 相加
            MOV   R4, A         ;高 8 位的结果送 R4
            INC   R0            ;地址递增（加 1）
            DJNZ  R2, LOOP      ;若循环次数减 1 不为 0，则转 LOOP 循环，否则循环结束
            SJMP  $
            END
```

C51 程序如下：

```c
#include <reg51.h>
#include <absacc.h>
#define R4 DBYTE[0x04]
#define R5 DBYTE[0x05]
#define ram30h DBYTE[0x30]
void main()
{
    unsigned char i, y, *address;//i 为循环次数变量
    unsigned int total=0;        //定义和单元
    while(1)
    {
        address=&ram30h;         //地址*address 初始化，初值指向内部 RAM 的 30H 单元
        for(i=0;i<16;i++)
        {
            y=*address;          //取二进制无符号数
            total=total+y;       //求累加和
            address++;           //内部 RAM 单元地址加 1，为取下一个加数做准备
        }
        R4=total>>8;             //取累加和结果的高 8 位存到 R4 中
        R5=total&0x00ff;         //取累加和结果的低 8 位存到 R5 中
    }
}
```

【例 2.75】 编写程序将内部 RAM 的 30H～4FH 单元中的内容传送至外部 RAM 的从 2000H 开始的单元中。

解 内部 RAM 数据区首地址送 R0，外部 RAM 数据区首地址送 DPTR，循环次数送 R2。程序流程图如图 2.20 所示。

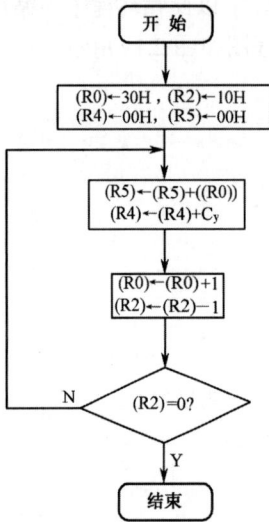

图 2.19 例 2.74 程序流程图　　　　图 2.20 例 2.75 程序流程图

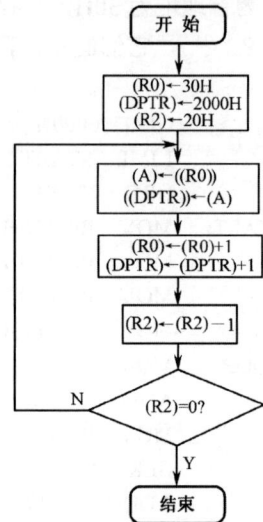

程序如下：

```
        ORG   0000H
        LJMP  START
        ORG   0030H
START:  MOV   R0, #30H
        MOV   DPTR, #2000H
        MOV   R2, #20H        ;设置循环次数
LOOP:   MOV   A, @R0          ;将内部 RAM 数据区内容送 A
        MOVX  @DPTR, A        ;将 A 中的内容送外部 RAM 数据区
        INC   R0              ;源地址递增
        INC   DPTR            ;目的地址递增
        DJNZ  R2, LOOP        ;若 R2 的值不为 0，则转 LOOP 循环，否则循环结束
        SJMP  $
        END
```

C51 程序如下：

```
#include <reg51.h>
#include <absacc.h>
#define ram30h DBYTE[0x30]
#define ram2000h XBYTE[0x2000]
void main()
{
    unsigned char i, *source;
    unsigned int *destination;
    while(1)
    {
        source=&ram30h;          //*source 初始化，初值指向内部 RAM 的 30H 单元
```

```
        destination=&ram2000h;   //*destination 初始化，初值指向外部 RAM 的 2000H 单元
        for(i=0;i<32;i++)
        {
            *destination=*source;  //数据传送
            source++;              //内部 RAM 单元地址加 1，为下一次传送数据做准备
            destination++;         //外部 RAM 单元地址加 1，为下一次传送数据做准备
        }
    }
}
```

2．多重循环程序

以上介绍的循环结构是单循环结构。若循环中还有循环，则称为多重循环，也叫循环嵌套。最典型的多重循环程序为数据排序程序。

【例 2.76】 设 MCS-51 单片机内部 RAM 起始地址为 30H 的数据块中，共存有 64 个无符号数，编写程序使它们按从小到大的顺序排列。

解 设 64 个无符号数在数据块中的顺序为 $e_{64}, e_{63}, \cdots, e_2, e_1$，使它们从小到大顺序排列的方法很多，现以冒泡法为例进行介绍。

冒泡法又称两两比较法。它先比较 e_{64} 和 e_{63}，若 $e_{64}>e_{63}$，则交换两个存储单元中的内容，否则不交换。然后比较 e_{63} 和 e_{62}，按同样的原则决定是否交换。一直比较下去，最后完成 e_2 和 e_1 的比较及交换，经过 $N-1=63$ 次比较（常用内循环 63 次来实现）后，e_1 的位置上必然得到数组中的最大值，犹如一个气泡从水底冒出来一样。冒泡过程如图 2.21 所示（图中只画出了 6 个数的比较过程）。

第二次冒泡过程与第一次的完全相同，比较次数也可以是 63 次（其实只需要 62 次，因为 e_1 的位置上是数据块中的最大数，不需要再比较），冒泡后在 e_2 位置上得到数组中的次大数，如图 2.21 所示。如此冒泡（即大循环）共 63 次（内循环 63×63 次）便可完成 64 个数的排序。

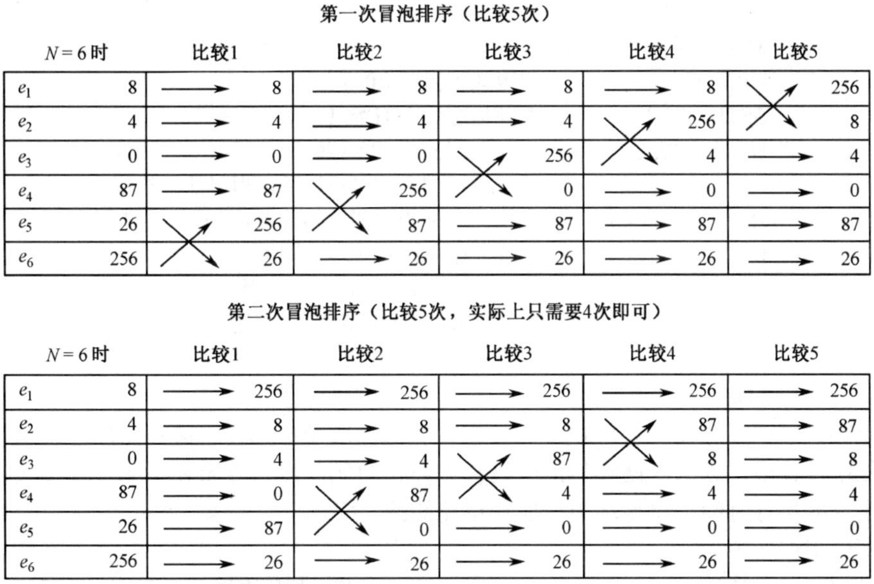

第一次冒泡排序（比较5次）

$N=6$ 时		比较1		比较2		比较3		比较4		比较5
e_1	8	→	8	→	8	→	8	→	8	256
e_2	4	→	4	→	4	→	4	256		8
e_3	0	→	0	→	0	256		4	→	4
e_4	87	→	87	256		0	→	0	→	0
e_5	26	256		87	→	87	→	87	→	87
e_6	256	26	→	26	→	26	→	26	→	26

第二次冒泡排序（比较5次，实际上只需要4次即可）

$N=6$ 时		比较1		比较2		比较3		比较4		比较5
e_1	8	→	256	→	256	→	256	→	256	256
e_2	4	→	8	→	8	→	8	87		87
e_3	0	→	4	→	4	87		8	→	8
e_4	87	→	0	87		4	→	4	→	4
e_5	26	87		0	→	0	→	0	→	0
e_6	256	26	→	26	→	26	→	26	→	26

图 2.21　冒泡过程

实际中，64 个无符号数的数组排序需要冒泡 63 次的机会是很少的，每次冒泡所需的比较次数，也是从 63 次逐渐减少的（每冒一次泡，减少一次比较）。为了禁止那些不必要的冒泡次数，可设置一个"交换标志"，在循环初始化时清 0，在数据交换时置 1（表示冒泡中进行过数据交换）。

"交换标志"用来控制是否再需要冒泡：若"交换标志"为 1，则表明刚刚进行完的冒泡中发生过数据交换（即排序尚未完成），应继续进行冒泡；若"交换标志"为 0，则表明刚刚进行完的冒泡中未发生数据交换（即排序已经完成），冒泡应该停止。例如，对于一个已经排好序的数组：1, 2, 3,…, 63, 64，排序程序只要进行一次循环，便可根据"交换标志"的状态而结束排序程序的再执行，这自然可以减少 63−1=62 次的冒泡时间。冒泡法程序流程图如图 2.22 所示。

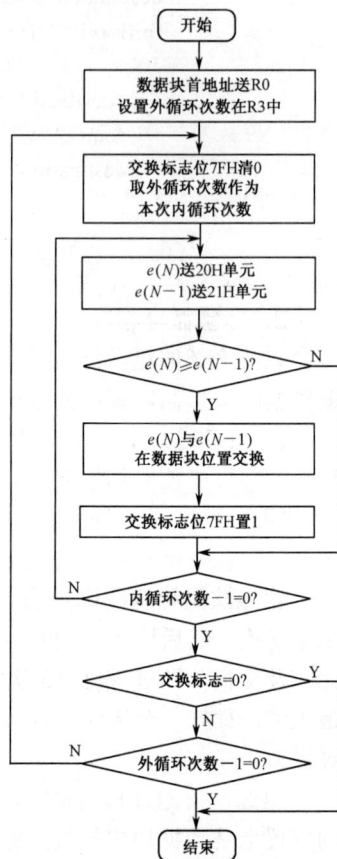

图 2.22　冒泡法程序流程图

程序如下：

```
        ORG   0000H
        LJMP  START
        ORG   0030H
START:  MOV   R3, #63        ;设置外循环次数送 R2
LP0:    MOV   R0, #30H       ;数据区首地址送 R0
        CLR   7FH            ;交换标志位 7FH 清 0
        MOV   A, R3          ;取外循环次数
        MOV   R2, A          ;设置内循环次数
LP1:    MOV   20H, @R0       ;数据区数据送 20H
        MOV   A, @R0         ;20H 内容送 A
        INC   R0             ;修改地址指针 R0+1
        MOV   21H, @R0       ;下个地址的内容送 21H
        CLR   C              ;Cy 清 0
        SUBB  A, 21H         ;比较两个地址单元中的内容
        JC    LP2            ;前者小，转 LP2
        MOV   @R0, 20H       ;前、后内容交换
        DEC   R0
        MOV   @R0, 21H
        INC   R0             ;修改地址指针 R0+1
        SETB  7FH            ;交换标志位 7FH 置 1
LP2:    DJNZ  R2, LP1        ;修改内循环次数 R2（减 1），若 R2≠0，则转 LP1
                            ;若 R2=0，则程序结束循环，程序往下执行
        JNB   7FH, LP3       ;交换标志位 7FH 若为 0，则转 LP3，结束循环
        DJNZ  R3, LP0        ;修改外循环次数 R3（减 1）
                            ;若 R3≠0，则转 LP0，执行外循环
                            ;若 R3=0，则结束循环，往下执行
LP3:    SJMP  $              ;程序执行完，"原地踏步"
        END
```

在双重循环（或多重循环）中，外循环执行一次，内循环执行一圈。因此，在双重循环和多重循环的程序设计中，进入内循环体前应进行循环初始化，内、外循环不应相互交叉。为了减少多重循环指令的执行时间，内循环指令应尽可能简捷。

C51 语言程序如下：

```
#include<reg52.h>              //包含特殊功能寄存器头文件
#include<absacc.h>             //包含绝对地址访问头文件
#define ram30h DBYTE[0x30]     //定义内存单元 30H 为 in_ram30h
#define uchar unsigned char
void main()
```

```
{    uchar i,j,temp,flag=0,*address;        //flag 为置位标志
    while(1)
    {
        for(i=63;i>=1;i--)                  //外循环 63 次
        {
            address=&ram30h;
            for(j=i;j>=1;j--)               //内循环
            {
                temp=*address;
                address++;
                if(temp>*address)
                {
                    flag=1;                 //有数据，交换标志位置 1
                    *(address-1)=*address;  //两个存储单元交换数据（前者大于后者）
                    *address=temp;
                }
                else {flag=0;}              //无数据，交换标志位清 0
            }
            if(flag==0) { break;}           //内循环无数据交换，退出循环，结束冒泡
        }
    }
}
```

3. 设计循环程序时应注意的问题

① 循环程序是一个有始有终的整体，它的执行是有条件的，所以要避免从循环体外直接转到循环体内部。

② 多重循环程序是从外层向内层一层一层进入的，循环结束时，则由内层到外层一层一层退出。

③ 编写循环程序时，首先要确定程序结构，处理好逻辑关系。一般，循环体的设计可以从第一次的执行情况入手，然后加上循环控制和循环初始化部分，使其成为一个完整的循环程序。

④ 循环体是循环程序中重复执行的部分，应仔细推敲，合理安排，从改进算法、选择合适的指令入手对其进行优化，以达到缩短程序执行时间的目的。

2.5.5 查表程序设计

在有些情况下，通过计算可以解决的问题如果采用查表的方法解决，可以简化程序。因此，在实际的单片机应用中，常常需要编写查表程序以缩短程序的长度和提高程序的执行效率。查表程序主要应用于数码显示、打印字符转换、数据转换等场合。

查表是指根据存放在 ROM 中数据表格的项数查找与其对应的表中的值。MCS-51 单片机指令系统设置了两条专用查表指令。

（1）MOVC   A, @A+DPTR

程序设计步骤如下。

① 设自变量为 X，计算其相应的函数值 Y。

② 将函数值 Y 按自变量 X 从小（一般 0 开始）到大的顺序存放在起始（基）地址为 TABLE 的程序存储器中，建立相应的函数表。

③ 将 TABLE 送 DPTR，X 送 A，采用查表指令 MOVC   A, @A+DPTR 完成查表，即可得到与 X 对应的 Y 值。

（2）MOVC   A, @A+PC

程序设计步骤如下。

①、②步与 MOVC　A, @A+DPTR 指令的步骤相同。

③ 将 X 送 A，使用 ADD　A, #data 指令对累加器 A 的内容进行修正，data 由以下公式确定：

$$data = 函数数据表首地址 - PC - 1$$

即 data 值等于查表指令和函数表之间全部程序的字节数。

④ 采用查表指令 MOVC　A, @A+PC 完成查表，即可得到与 X 对应的 Y 值。

【例 2.77】　利用查表的方法编写计算 $Y = X^2$（设 $X = 0, 1, 2, \cdots, 9$）的程序。

解　设变量 X 的值存放在内存 30H 单元中，求得的 Y 值存放在内存 31H 单元中，平方表存放在首地址为 TABLE 的程序存储器中。

方法 1：采用 MOVC　A, @A+DPTR 指令实现，查表过程如图 2.23 所示。

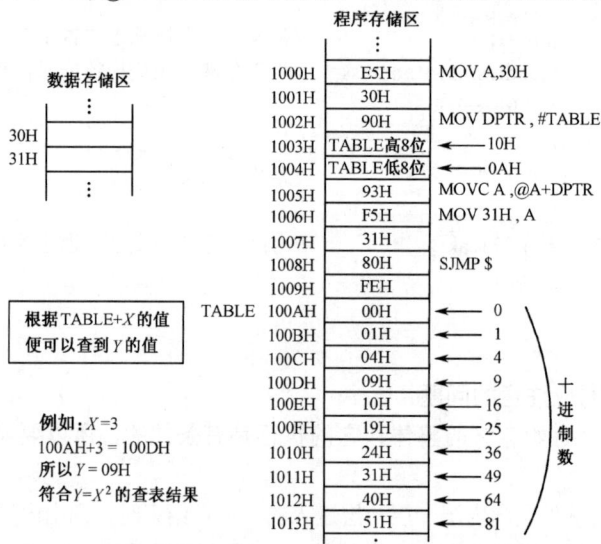

图 2.23　例 2.77 方法 1 的查表过程

程序如下：

```
            ORG     0000H
            LJMP    START
            ORG     1000H
START:      MOV     A, 30H          ;将查表的变量 X 送 A
            MOV     DPTR, #TABLE    ;将查表的 16 位基地址 TABLE 送 DPTR
            MOVC    A, @A+DPTR      ;将查表结果 Y 送 A
            MOV     31H, A          ;Y 值最后放到 31H 中
            SJMP    $               ;程序执行完，"原地踏步"
TABLE:      DB      0, 1, 4, 9, 16, 25, 36, 49, 64, 81
            END
```

方法 2：采用 MOVC　A, @A+PC 指令实现，查表过程如图 2.24 所示。

程序如下：

```
            ORG     0000H
            LJMP    START
            ORG     1000H
START:      MOV     A, 30H          ;将查表的变量 X 送 A
            ADD     A, #04H         ;定位修正，查表指令和表之间全部程序的字节数为 4
            MOVC    A, @A+PC        ;将查表结果 Y 送 A
```

· 78 ·

```
            MOV      31H, A              ;Y 值最后放到 31H 中
            SJMP     $                   ;程序执行完，"原地踏步"
TABLE:      DB 0, 1, 4, 9, 16, 25, 36, 49, 64, 81
            END
```

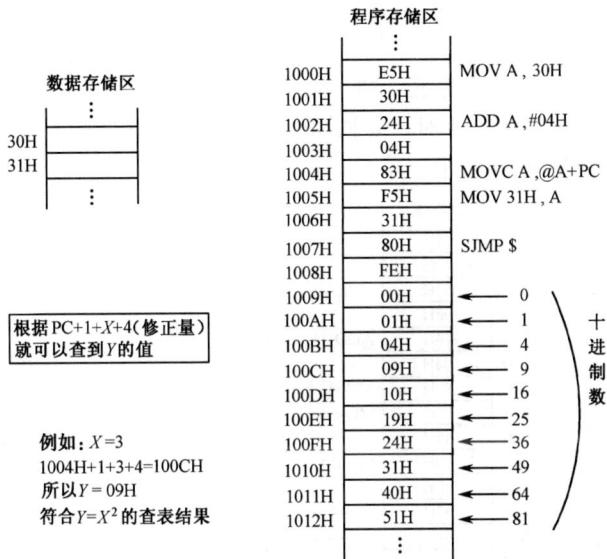

图 2.24　例 2.77 方法 2 的查表过程

利用查表的方法实现 $Y=X^2$（设 X=0, 1, 2,···, 9）的 C51 程序如下：

```
#include<reg52.h>            //包含特殊功能寄存器头文件
#include<absacc.h>           //包含绝对地址访问头文件
#define x DBYTE[0x30]        //定义内存单元 30H 为 x
#define y DBYTE[0x31]        //定义内存单元 31H 为 y
#define uchar unsigned char
void main()
{
    uchar a, result0,table[10]={0,1,4,9,16,25,36,49,64,81};
    a=x;
    result0=table[a];
    y=result0;
}
```

【例 2.78】　将 1 位十六进制数存放在 40H 单元中，并转换成相应的 ASCII 码。编写程序，分别用查表和计算法完成。

解　设转换后的 ASCII 码仍存放在 40H 单元中。

方法 1：查表求解。查表过程如图 2.25 所示。

程序如下：

```
            ORG      0000H
            LJMP     START
            ORG      0100H
START:      MOV      A, 40H             ;将要转换的十六进制数送 A
            ANL      A, #0FH            ;屏蔽 A 的高 4 位
            ADD      A, #04H            ;定位修正
            MOVC     A, @A+PC           ;查表结果送 A
```

```
        MOV      40H, A              ;转换后的 ASCII 码存到 40H 中
        SJMP     $                   ;程序执行完,"原地踏步"
        DB   '0', '1', '2', '3', '4', '5', '6', '7'
        DB   '8', '9', 'A', 'B', 'C', 'D', 'E', 'F'
        END
```

方法 2:计算求解。

十六进制数与 ASCII 码对照表见表 2.37,从表中可以看出,十六进制数转换为 ASCII 码的计算方法:当被转换的数小于或等于 9 时,要加 30H 进行修正;当被转换的数大于 9 时,要加 37H 进行修正。程序流程图如图 2.26 所示。

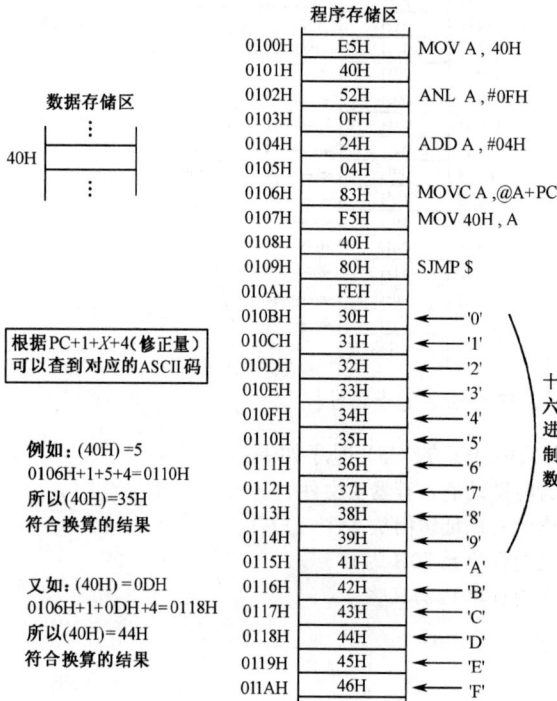

图 2.25 例 2.78 方法 1 的查表过程   图 2.26 例 2.78 方法 2 的程序流程图

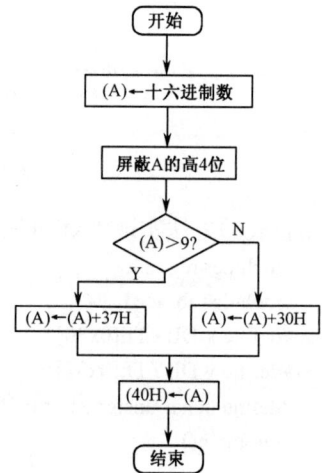

表 2.37 十六进制数与 ASCII 码对照表

十六进制数	0	1	2	3	4	5	6	7	8	9	A	B	C	D	E	F
ASCII 码	30H	31H	32H	33H	34H	35H	36H	37H	38H	39H	41H	42H	43H	44H	45H	46H

程序如下:

```
        ORG      0000H
        LJMP     START
        ORG      0030H
START:  MOV      A, 40H          ;将要转换的十六进制数送 A
        ANL      A, #0FH         ;屏蔽 A 的高 4 位
        CLR      C               ;Cy 清 0
        SUBB     A, #0AH         ;用 A 减 10,产生 Cy
        JC       LP1             ;若有借位,则转换数不大于 9,转 LP1
                                 ;否则转换数大于 9,程序往下顺序执行
        ADD      A, #0AH         ;恢复 A 中的转换数
        ADD      A, #37H         ;加 37H 修正
```

```
            SJMP      LP2              ;转 LP2
LP1:        ADD       A, #0AH          ;恢复 A 中的转换数
            ADD       A, #30H          ;加 30H 修正
LP2:        MOV       40H, A           ;转换后的 ASCII 码存到 40H 中
            SJMP      $                ;程序执行完，"原地踏步"
            END
```

C51 程序如下：

```
    #include<reg52.h>                //包含特殊功能寄存器头文件
    #include<absacc.h>               //包含绝对地址访问头文件
    #define ram40h DBYTE[0x40]       //定义内存单元 40H 为 ram40h
    void main()
    {
        unsigned char x,y;
        x=ram40h;
        if(x>9) {y=x+0x37;}
        else    {y=x+0x30;}
        ram40h=y;
    }
```

2.5.6 子程序设计

能够完成确定任务，并可以被其他程序反复调用的程序段称为子程序。子程序可以多次重复使用。

在一个程序中，往往有许多地方需要执行同样的操作，而该操作在执行过程中无地址单元变化，用循环程序实现不合理，此时，可以将这个操作单独编写成一个子程序。调用子程序的程序称为主程序或调用程序。在主程序中需要执行这种操作的地方执行一条调用指令（LCALL 或 ACALL），转去执行子程序，而完成规定的操作后，再在子程序的最后使用 RET 指令返回主程序断点处，继续执行。这样处理的优点是，可以避免重复性工作，缩短整个程序，节省程序存储空间，有效地简化程序的逻辑结构，便于程序调试。

1．子程序的调用与返回

（1）子程序的调用

① 子程序的入口地址。子程序的第一条指令地址称为子程序的入口地址，常用标号表示。

② 子程序的调用过程。单片机收到 ACALL 或 LCALL 指令后，首先将当前的 PC 值（调用指令的下一条指令的首地址，也称为断点地址）压入堆栈保存（低 8 位先进栈，高 8 位后进栈），然后将子程序的入口地址送 PC，转去执行子程序。

（2）子程序的返回

① 主程序的断点地址。子程序执行完毕后，要返回主程序，返回地址称为主程序的断点地址，它保存在堆栈中。

② 子程序的返回过程。子程序的最后一条指令为 RET，子程序执行到 RET 指令后，将压入堆栈的断点地址弹回给 PC（先弹回 PC 的高 8 位，后弹回 PC 的低 8 位），使程序回到原先被中断的主程序地址去继续执行。

中断服务程序的 RETI 与此类似，但 RETI 是从中断服务程序返回的。

2．保存与恢复寄存器内容

（1）保护现场

由于单片机中的寄存器为共享资源，因此，主程序转到子程序后，原来的信息必须保存才不

会在运行子程序时丢失。其保护过程称为保护现场。通常，在进入子程序的开始部分时，用堆栈来完成这项工作。

（2）恢复现场

从子程序返回时，必须将保存在堆栈中的信息还原，其还原过程称为恢复现场。通常，在从子程序返回之前将堆栈中保存的内容弹回各自的寄存器。注意：必须遵循堆栈存取原则"先进后出"来恢复现场。例如，子程序 ZX 中用到了 PSW, A, R6 指令，其保护现场、恢复现场程序如下。

```
ZX:  PUSH  PSW
     PUSH  ACC
     PUSH  06H
     …            ;具体子程序
     POP   06H
     POP   ACC
     POP   PSW
     RET
```

3．子程序的参数传递

主程序在调用子程序时，有一些参数要传递给子程序，并且在子程序结束后，也有一些结果参数要送回主程序，这些过程称为参数传递。

（1）入口参数

入口参数是指子程序需要的原始参数。主程序在调用子程序前将入口参数送到约定的存储器单元（或寄存器）中，然后子程序从其中获得这些入口参数。

（2）出口参数

出口参数是指子程序根据入口参数执行程序后获得的结果参数。子程序在结束前将出口参数送到约定的存储器单元（或寄存器）中，然后主程序从其中获得这些出口参数。

（3）传送子程序参数的方法

① 应用工作寄存器或累加器传递参数。将入口参数和出口参数放在工作寄存器或累加器中，其优点是程序简单，运算速度较快；缺点是工作寄存器有限，不能传递太多的数据。主程序必须先将数据送到工作寄存器或累加器中，参数个数固定，不能由主程序任意设定。

② 应用指针寄存器传递参数。由于数据一般存放于存储器中，可以用指针来指示数据的位置，这样能有效地节省传递数据的工作量，并可实现可变长度运算。数据如果在内部 RAM 中，可用 R0 或 R1 作为指针；数据如果在外部 RAM 中，可用 DPTR 作为指针。进行可变长度运算时，可用一个寄存器来指出数据的长度，也可以在数据中指出其长度（如使用结束标志等）。

③ 应用堆栈传递参数。应用堆栈来传递参数，其优点是简单，能传递的数据量取决于堆栈的大小，不必为特定的参数分配存储单元。

④ 利用位地址传送子程序参数。如果子程序的入口参数是字节中的某些位，则可利用位地址传送子程序参数，传送的过程与上述各方法类似。

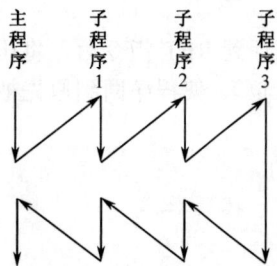

图 2.27　子程序的嵌套

4．子程序的嵌套

在子程序中再调用子程序，称为子程序的嵌套，如图 2.27 所示。MCS-51 单片机允许多重嵌套。

5．编写子程序时应注意的问题

① 子程序的第一条指令地址称为子程序的入口地址。该指令前必须有标号，标号习惯上以子程序的任务命名，以便一目了然。例如，延时子程序常以 DELAY 作为标号。

② 主程序调用子程序是通过主程序中的调用指令实现的，在

子程序返回主程序之前，必须执行子程序末尾的一条返回指令 RET。

③ 主程序调用子程序和从子程序返回主程序，计算机能自动保护和恢复主程序的断点地址。但对于各工作寄存器、特殊功能寄存器和内存单元中的内容，如果需要保护和恢复，则必须在子程序的开头和末尾（RET 指令前）安排一些能够保护和恢复它们（现场）的指令。

④ 为使所编子程序可以放在程序存储器 64KB 存储空间的任何位置并能为主程序所调用，子程序内部必须使用相对转移指令，而不能使用其他转移指令，以便汇编时生成浮动代码。

⑤ 子程序的参数传递方法同样适用于中断服务程序。

【例 2.79】 编写程序实现 $c=a^2+b^2$（a 和 b 均为 1 位十进制数）。

解 计算某数的平方可用子程序来实现，只要两次调用子程序，并求和就可得运算结果。设 a, b 分别存放于内部 RAM 的 30H 和 31H 两个单元中，结果 c 存放于内部 RAM 的 40H 单元中。程序流程图如图 2.28 所示。

参数传递：约定使用累加器 A。

子程序的入口参数：A 中存放的某数值。

子程序的出口参数：A 中存放的所求数的平方。

主程序如下：

```
            ORG    0000H
            LJMP   START
            ORG    0030H
    START:  MOV    A, 30H      ;将 30H 中的内容 a 送 A
            ACALL  SQR         ;转到求平方子程序 SQR 处执行
            MOV    R1, A       ;将 a 的平方送 R1
            MOV    A, 31H      ;将 31H 中的内容 b 送 A
            ACALL  SQR         ;转到求平方子程序 SQR 处执行
            ADD    A, R1       ;a 的平方加上 b 的平方，结果送 A
            MOV    40H, A      ;结果送 40H 单元
            SJMP   $           ;程序执行完，"原地踏步"
```

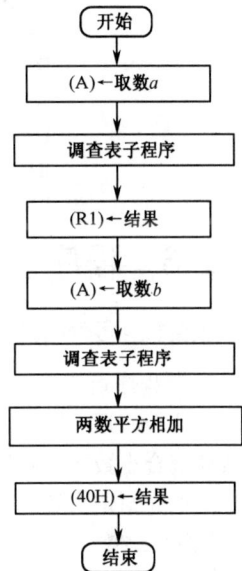

图 2.28　例 2.79 程序流程图

求平方子程序如下（采用查平方表的方法）：

```
    SQR:    INC    A           ;查表修正
            MOVC   A, @A+PC
            RET
    TABLE:  DB     0, 1, 4, 9, 16, 25, 36, 49, 64, 81
            END
```

C51 程序如下：

```
#include<reg52.h>            //包含特殊功能寄存器头文件
#include<absacc.h>           //包含绝对地址访问头文件
#define a DBYTE[0x30]
#define b DBYTE[0x31]
#define c DBYTE[0x40]
void main()
{
    c=(a*a)+(b*b);
}
```

【例 2.80】 编写子程序，将由 R0 和 R1 所指的内部 RAM 中的两个 3 字节无符号数相加，结果送到 R0 所指的内部 RAM 中。

解

入口参数：R0、R1 分别指向两个加数的低字节。

出口参数：R0 指向结果的高位字节。

利用 MCS-51 单片机的带进位加法指令，编写子程序如下（程序流程图略）：

```
        ORG   0100H
NADD:   MOV   R7, #03        ;置字节长度到 R7 中
        CLR   C              ;清 Cy，为加法做准备
NADD1:  MOV   A, @R0         ;取一个加数到 A 中
        ADDC  A, @R1         ;两个加数相加
        MOV   @R0, A         ;和送到 R0 中
        INC   R0             ;修改加数、和的地址
        INC   R1             ;修改被加数的地址
        DJNZ  R7, NADD1      ;3 字节没加完，转 NADD1 继续相加，之后继续执行
        DEC   R0             ;修改和的地址
        RET                  ;子程序结束的返回指令
        END
```

2.6 程序设计举例

2.6.1 多字节算术运算程序

运算程序可以分为浮点数运算程序和定点数运算程序两大类。浮点数是小数点不固定的数，其运算比较麻烦，常由阶码运算和数值运算两部分组成。定点数是小数点固定的数，通常包括整数、小数和混合小数等，其运算比较简单。在数位相同时，定点数表示的范围比浮点数的小。本节只以典型实例介绍定点数运算，读者如果需要学习其他运算程序，可查阅相关资料。

【例 2.81】 已知在内部 RAM 以 BLOCK1 和 BLOCK2 为起始的单元中分别存有 5 字节无符号被减数和减数（低位在前，高位在后）。编写程序求差值，并把差值结果存到以 BLOCK1 为起始地址的内部 RAM 存储单元中。

解 本程序只要用减法指令从低字节相减即可。程序如下（程序流程图略）：

```
        ORG   0000H
        LJMP  SYSUB
        ORG   0030H
SYSUB:  MOV   R0, # BLOCK1   ;被减数首地址送 R0
        MOV   R1, # BLOCK2   ;减数首地址送 R1
        MOV   R2, # 05H      ;字长送 R2
        CLR   C              ;Cy 清 0，为减法做准备
LOOP:   MOV   A, @R0         ;被减数送 A
        SUBB  A, @R1         ;相减，形成 Cy
        MOV   @R0, A         ;存差值结果
        INC   R0             ;修改被减数地址指针
        INC   R1             ;修改减数地址指针
        DJNZ  R2, LOOP       ;若未减完，则转 LOOP 继续做减法，否则继续执行
        SJMP  $
        END
```

C51 程序如下：

```
#include<reg52.h>              //包含特殊功能寄存器头文件
#include<absacc.h>             //包含绝对地址访问头文件
#define BLOCK1 DBYTE[0x30]
```

```
#define BLOCK2 DBYTE[0x40]
#define uchar unsigned char
void main()
{   uchar data i,CY0,temp,*p, *q;
    p=BLOCK1, q=BLOCK2
    CY0 =0;
    while(1)
    {
        for(i=0;i<=4;i++)
        {
          temp=*p-*q-CY0;
          *p=temp;
          p++, q++;
          if(temp<0x80) { CY0=0;}
          else { CY0=1;}
        }
    }
}
```

2.6.2　数制转换程序

【例 2.82】　将 4 位压缩 BCD 码（十进制数）转换成二进制数。

解　将 BCD 码转换成二进制数的计算方法如下：

$$a_3a_2a_1a_0=a_3\times1000+a_2\times100+a_1\times10+a_0=(a_3\times10+a_2)\times100+(a_1\times10+a_0)$$

上式各项都有一个公因式（$a_i\times10+a_j$），所以可以采用子程序的方法，将公因式用子程序来编写（a_i 为高 4 位，a_j 为低 4 位）。

程序流程图如图 2.29 所示。

设：4 位压缩 BCD 码的千位、百位存放在 R6 中，十位、个位存放在 R5 中。转换后的二进制数存放在 R6 和 R5 中。

公因式（$a_i\times10+a_j$）子程序的参数设置如下。

子程序入口参数：待转换的 2 位压缩 BCD 码存放在 R2 中。

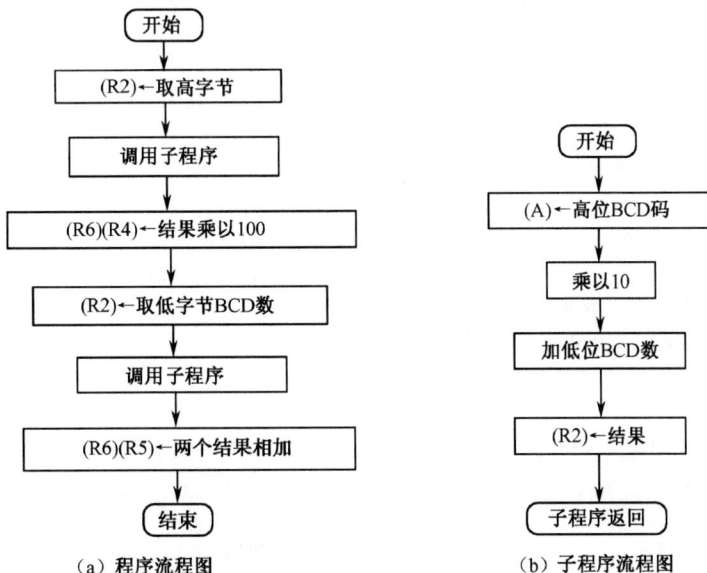

（a）程序流程图　　　　　（b）子程序流程图

图 2.29　例 2.82 程序流程图

子程序出口参数：转换后的二进制数存放在 R2 中。

程序如下：

```
                ORG    0000H
                LJMP   BCDBIN2
                ORG    0030H
BCDBIN2:        MOV    A, R6        ;取高位的 BCD 码 a3a2 送 A（外层子程序入口参数）
                MOV    R2, A        ;给内层子程序设置入口参数
                ACALL  BCDBIN1      ;调用内层子程序 BCDBIN1
                MOV    A, R2        ;将(a3*10+ a2)送 A
                MOV    B, #100      ;将 100 送 B
                MUL    AB           ;将(a3*10+ a2)乘以 100
                MOV    R6, B        ;高 8 位送 R6
                MOV    R4, A        ;低 8 位送 R4
                MOV    A, R5        ;取低位 BCD 码 a1a0 送 A
                MOV    R2, A        ;给内层子程序设置入口参数
                ACALL  BCDBIN1      ;调用内层子程序 BCDBIN1
                MOV    A, R2        ;将(a1*10+a0)送 A
                ADD    A, R4        ;与前面已转换的低 8 位相加，并产生 Cy
                MOV    R5, A        ;将低 8 位的结果送 R5
                MOV    A, R6        ;高 8 位送 A
                ADDC   A, #00H      ;将前面低 8 位相加时产生的进位标志位考虑进来
                MOV    R6, A        ;将高 8 位的结果送 R6
                SJMP   $
```

子程序如下：

```
BCDBIN1:        MOV    A, R2        ;取待转换 BCD 码的高 4 位
                ANL    A, #0F0H
                SWAP   A
                MOV    B, #10       ;将 10 送 B
                MUL    AB           ;将 ai 乘以 10
                MOV    R3, A        ;将 ai*10 送 R3 暂存
                MOV    A, R2        ;取待转换 BCD 码的低 4 位
                ANL    A, #0FH
                ADD    A, R3        ;完成公因式（ai*10+aj）的计算
                MOV    R2, A        ;结果送 R2（内层子程序出口参数）
                RET
                END
```

C51 程序如下：

```
#include<reg52.h>              //包含特殊功能寄存器头文件
#include<absacc.h>             //包含绝对地址访问头文件
#define R6 DBYTE[0x06]         //定义绝对地址
#define R5 DBYTE[0x05]         //定义绝对地址
void main()
{
    unsigned int x=0, y=0;
    while(1)
    {
        R6=0x12;               //向 R6 中写入数据 12H
        R5=0x34;               //向 R5 中写入数据 34H
```

```
        x=R6;                    //取 BCD 压缩码高位 a3 和 a2 送 x
        x=x>>4;                  //x 右移 4 位，取高 4 位 BCD 码 a3
        y=x*0x03E8;              //将 1000*a3 送 y
        x= R6&0x0f;              //取 BCD 压缩码高位 a2 送 x
        y=y+ x*0x0064;           //将 100*a2 加到 y 中
        x=R5;                    //取 BCD 压缩码低位 a1 和 a0 送 x
        x=x>>4;                  //x 右移 4 位，取高 4 位 BCD 码 a1
        y= y+x*0x0A;             //将 10*a1 加到 y 中
        x= R5&0x0f;              //取 BCD 压缩码高位 a2 送 x
        y=y+x;                   //将 a0 加到 y 中
    }
}
```

【例 2.83】 将双字节二进制数转换成 BCD 码（十进制数）。

解 将二进制数转换成 BCD 码的数学模型：

$$(a_{15}a_{14}\cdots a_1a_0)_2=(a_{15}\times2^{15}+a_{14}\times2^{14}+\cdots+a_1\times2^1+a_0\times2^0)_{10}$$

上式右侧即为欲求的 BCD 码，它可做如下变换：

$$(a_{15}\times2^{14}+a_{14}\times2^{13}+\cdots+a_1)\times2+a_0$$

上式括号里的内容可变为 $(a_{15}\times2^{13}+a_{14}\times2^{12}+a_{13}\times2^{11}+\cdots+a_2)\times2+a_1$

上式括号里的内容可变为 $(a_{15}\times2^{12}+a_{14}\times2^{11}+a_{13}\times2^{10}+\cdots+a_3)\times2+a_2$

$$\cdots\cdots$$

经过 16 次变换后，括号里的内容可变为

$$(0\times2+a_{15})\times2+a_{14}$$

所以括号里的内容的通式为 $a_{i+1}\times2+a_i$，即二进制数转换成 BCD 码的公因式。

在子程序设计中，可利用左移指令取 a_i 到 Cy 中，结果自身 BCD 码带进位标志位相加实现 $a_{i+1}\times2+a_i$，采用循环计算 16 次公因式的方法来完成二进制数转换成 BCD 码。

入口参数：16 位无符号数送 R3 和 R2。

出口参数：有 5 位 BCD 码，万位→R6，千位、百位→R5，十、个位→R4 位。

程序流程图如图 2.30 所示。

程序如下：

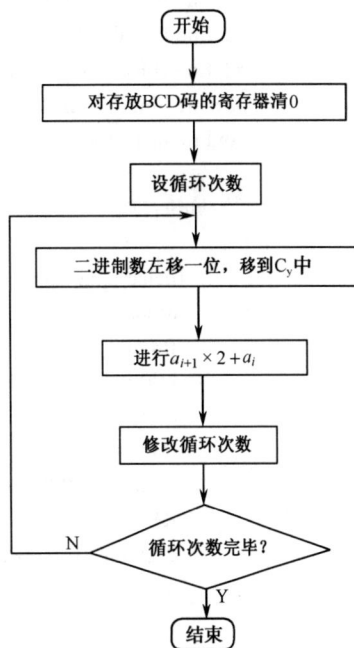

图 2.30　例 2.83 程序流程图

```
        ORG    0000H
        LJMP   BINBCD1
        ORG    0030H
BINBCD1: CLR   A          ;A 清 0
        MOV    R4, A
        MOV    R5, A
        MOV    R6, A      ;清 0 出口参数寄存器
        MOV    R7, #10H   ;设置循环次数为 16
LOOP:   CLR    C          ;Cy 清 0，为二进制数乘 2 做准备
        MOV    A, R2      ;a*(i+1)*2
        RLC    A
        MOV    R2, A
        MOV    A, R3
```

```
              RLC   A
              MOV   R3, A
              MOV   A, R4
              ADDC  A, R4          ;带进位自身相加，相当于乘 2
              DA    A
              MOV   R4, A
              MOV   A, R5
              ADDC  A, R5
              DA    A
              MOV   R5, A
              MOV   A, R6
              ADDC  A, R6
              MOV   R6, A          ;双字节十六进制数的万位数不超过 6，不用调整
              DJNZ  R7, LOOP       ;若 16 位未循环完，则转 LOOP 继续循环，否则程序继续执行
              SJMP  $
              END
```

C51 程序如下：

```
    #include<reg52.h>              //包含特殊功能寄存器头文件
    #include<absacc.h>             //包含绝对地址访问头文件
    #define num 0xFF84
    #define R6 DBYTE[0x0030]       //存放十进制数的万位
    #define R5 DBYTE[0x0031]       //高 4 位存放十进制数的千位，低 4 位存放十进制数的百位
    #define R4 DBYTE[0x0032]       //高 4 位存放十进制数的十位，低 4 位存放十进制数的个位
    #define uchar unsigned char
    #define uint unsigned int
    void main()
      {
        while(1)
          {
            uchar a,b,c,d,e;
            a=num%10;              //取个位
            R4=a;
            b=(num%100)/10;        //取十位
            b=b<<4;                //左移 4 位
            R4=R4|b;               //按位或，相加
            c=(num%1000)/100;      //取百位
            R5=c;
            d=(num%10000)/1000;    //取千位
            d=d<<4;
            R5=R5|d;
            e=num/10000;           //取万位
            R6=e;
          }
      }
```

2.6.3 散转程序

散转程序是一种并行分支程序（多分支程序），它根据某种输入或运算结果，分别转向各个处理程序。在 MCS-51 单片机中用 JMP   @A+DPTR 指令来实现程序的散转。

散转程序按照程序运行时计算出的地址执行间接转移指令。用 DPTR 存放散转地址表的首（基）地址，用累加器 A 存放转移地址序号（偏移量），因此转移的地址最多为 256 个。散转指令 JMP @A+DPTR 将 A 中的 8 位偏移量与 16 位数据指针 DPTR 中的内容相加后送到 PC 中，A 的内容不同，散转的入口地址也就不同。散转程序执行示意图如图 2.31 所示。

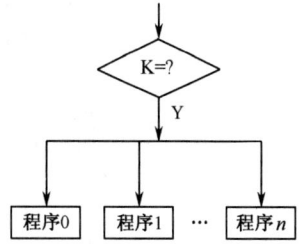

图 2.31　散转程序执行示意图

散转程序可采用转移指令表实现散转设计。根据某一单元的内容 0, 1, …, n，分别转向处理程序 0，处理程序 1，……，处理程序 n。可以直接用转移指令（AJMP 或 LJMP）组成一个转移表，然后将标志单元内容读到累加器 A 中，转移表首址送到 DPTR 中，再利用散转指令 JMP @A+DPTR 实现散转。

【例 2.84】　编写程序用单片机实现四则运算。

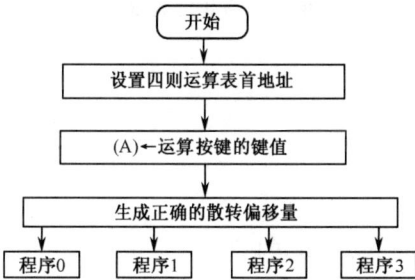

图 2.32　例 2.84 程序简化流程图

解　在单片机的键盘上设置"+、−、×、÷"4 个运算按键，其键值存放在寄存器 R2 中。当(R2)=00H 时，做加法运算；当(R2)=01H 时，做减法运算；当(R2)=02H 时，做乘法运算；当(R2)=03H 时，做除法运算。

P1 口输入被加数、被减数、被乘数、被除数，输出商或运算结果的低 8 位；P3 口输入加数、减数、乘数、除数，输出余数或运算结果的高 8 位。

程序简化流程图如图 2.32 所示。

程序如下：

```
        ORG    0000H
        LJMP   START
        ORG    0030H
START:  MOV    P1, #DATA1H      ;给 P1 口、P3 口送数据 DATA1、DATA2，用于计算
        MOV    P3, #DATA2H
        MOV    DPTR, #TABLE     ;将基址 TABLE 送 DPTR
        CLR    C                ;Cy 清 0
        MOV    A, R2            ;将运算按键的键值送 A
        SUBB   A, #04H          ;将键值与 04H 相减，用于产生 Cy
        JNC    ERROR            ;若输入按键不合理，则转 ERROR
                                ;否则，按键合理，程序继续执行
        ADD    A, #04H          ;还原键值
        CLR    C                ;Cy 清 0
        RLC    A                ;将 A 左移，即键值乘 2，形成正确的散转偏移量
        JMP    @A+DPTR          ;程序跳到(A)+(DPTR)形成的新地址
TABLE:  AJMP   PRG0             ;程序跳到 PRG0 处，将要进行加法运算
        AJMP   PRG1             ;程序跳到 PRG1 处，将要进行减法运算
        AJMP   PRG2             ;程序跳到 PRG2 处，将要进行乘法运算
        AJMP   PRG3             ;程序跳到 PRG3 处，将要进行除法运算
ERROR:  （按键错误的处理程序）（略）
        SJMP   $
PRG0:   MOV    A, P1            ;被加数送 A
        ADD    A, P3            ;进行加法运算，结果送 A，并影响 Cy（进位）
        MOV    P1, A            ;和的低 8 位结果送 P1
        CLR    A                ;A 清 0
```

```
                ADDC  A, #00H        ;将 Cy 送 A，作为和的高 8 位
                MOV   P3, A          ;和的高 8 位结果送 P3
                SJMP  START          ;返回开始程序
    PRG1:       MOV   A, P1          ;被减数送 A
                CLR   C              ;Cy 清 0
                SUBB  A, P3          ;进行减法运算，结果送 A，并影响 Cy（借位）
                MOV   P1, A          ;差的低 8 位结果送 P1
                CLR   A              ;A 清 0
                RLC   A              ;将 Cy 左移进 A，作为差的高 8 位（负号）
                MOV   P3, A          ;差的高 8 位（负号）结果送 P3
                SJMP  START          ;返回开始程序
    PRG2:       MOV   A, P1          ;第一个因数送 A
                MOV   B, P3          ;第二个因数送 B
                MUL   AB             ;进行乘法运算，积的低 8 位送 A，高 8 位送 B
                                     ;影响 Cy、OV 标志位
                MOV   P1, A          ;积的低 8 位结果送 P1
                MOV   P3, B          ;积的高 8 位结果送 P3
                SJMP  START          ;返回开始程序
    PRG3:       MOV   A, P1          ;被除数送 A
                MOV   B, P3          ;除数送 B
                DIV   AB             ;进行除法运算，商送 A，余数送 B
                MOV   P1, A          ;商送 P1
                MOV   P3, B          ;余数送 P3
                SJMP  START          ;返回主程序
                END
```

注意：

① AJMP   addr11 为双字节指令，所以散转偏移量要乘 2。

② 由于 A 中的内容乘 2 后又必须小于 255，因此程序最多可扩至 128 个分支。

③ 由 AJMP   addr11 指令可知，分支程序与该指令应在同一个 2KB 的地址空间内。

C51 程序如下：

```
#include<reg52.h>      //包含特殊功能寄存器头文件
#include<absacc.h>     //包含绝对地址访问头文件
#include<stdio.h>
#define R2 DBYTE[0x0012]
void main()
{ unsigned int a;
  unsigned char m,n;
  while(1)
  {
    scanf("%c%c",&m,&n);
    P1=m;
    P3=n;
    switch(R2)
    {
      case 0x00:
            a=(int)(P1+P3);
      case 0x01:
            a=(int)(P1-P3);
```

```
            case 0x02:
                a=(int)(P1*P3);
            case 0x03:
                a=(int)(P1/P3);
        }
        P1=(char)((a<<8)>>8);
        P3=(char)(a>>8);
    }
}
```

2.7　汇编语言的开发环境

在单片机系统设计的仿真调试阶段，为了能调试程序，检查硬件、软件的运行状态，必须借助于单片机开发系统进行模拟，并随时观察运行的中间过程而不改变运行中的原有数据，从而实现模拟现场的真实调试。优质的开发环境是单片机系统设计的前提。

2.7.1　单片机开发系统

单片机开发系统在单片机系统设计中占有重要的位置，是单片机系统设计中不可缺少的开发工具。

优质的开发系统，需要具备以下的功能：① 能方便地输入和修改用户的应用程序；② 能对用户系统硬件电路进行检查和诊断；③ 能将用户源程序编译成目标代码，并固化到相应的 ROM 中，而且能在线仿真；④ 能以单步、断点、连续等方式运行用户程序，能正确地反映用户程序执行的中间状态，即实现动态实时调试。

专用的 MCS-51 单片机开发工具一般可以和微机的 RS-232 串行口或并行 I/O 接口相连，利用微机的资源实现对 MCS-51 单片机的汇编、反汇编、编辑、在线仿真、动态实时调试及各种 ROM 的固化等功能。开发装置不占用 MCS-51 单片机的任何资源，具有高效率交叉汇编功能及方便的调试手段，所以借助专门的开发工具，可以大大提高编程调试的效率，缩短产品开发周期。

常用的 MCS-51 单片机的开发系统有以下几种。

① Keil C51 单片机仿真器。Keil C51 是众多的单片机应用开发软件中最优秀的软件之一，详见附录 C（二维码）。

② Proteus 仿真软件。它是电路仿真软件、PCB 设计软件和虚拟模型仿真软件三合一的设计平台，可以实现原理图设计、系统编程、系统仿真、PCB 设计等，详见附录 D（二维码）。

③ 广州周立功单片机发展有限公司的 TKS 系列仿真器，可以实时在线仿真 Philips、Atmel、Winbond 等公司的兼容 MCS-51 内核的标准 80C51 单片机。兼容 Keil 公司的硬件仿真环境。

④ Flyto Pemulator 单片机开发系统。Flyto 的 On Chip ICE 鞍式仿真器，体积小，功能强，具有仿真器和编程器双重功能，配套有 DIP、PLCC、QFP、TSSOP、QFN 等多种高品质精密仿真头供用户选择。

⑤ Medwin 单片机开发系统。具有 Microsoft Visual Studio 窗口风格的集成开发环境；提供对中断、定时器/计数器的模拟仿真和单片机外部设备状态分析设置、程序性能分析等功能。

⑥ E6000 系列仿真器。可在 Keil 环境或 Wave 集成调试环境下进行硬件仿真；内、外仿真频率通过跳线任意设置，噪声低，稳定性高；可仿真 MCS-51 单片机全系列等。

单片机开发系统的种类很多，设计者在应用时应根据实际情况选择符合自己的机型并且方便应用的开发系统。

2.7.2 汇编语言源程序的编辑与汇编

（1）汇编语言源程序的编辑

在应用系统设计的过程中，硬件设计和软件的开发一般可同步或分步进行。应用软件的开发，首先是编写源程序，并以文件的形式存于磁盘中，这一过程称为源程序的编辑。

在计算机中进行源程序的编辑，需要有相应的软件予以支持。编写汇编语言源程序有两种方法可选择：一种方法是利用计算机中常用的编辑软件，如记事本、屏幕编辑软件 PE 和 WS 等；另一种方法是利用开发系统中提供的编辑环境进行汇编语言源程序的编辑。

（2）汇编语言源程序的汇编

汇编语言源程序在上机调试前必须将其翻译成目标代码（机器代码）才能被 CPU 接受并执行。这种把汇编语言源程序翻译成目标代码的过程称为汇编。汇编语言源程序的汇编可分为人工汇编和机器汇编两大类。

人工汇编是指利用人脑直接把汇编语言源程序翻译成机器码的过程。人工汇编简单易行，但效率低、出错率高，常作为机器汇编的补充。在工程中应用的程序一般采用机器汇编。

机器汇编是一种用机器代替人脑的汇编，是通过执行"汇编程序"将汇编语言源程序翻译成目标代码的过程。"汇编程序"是一种系统软件，也称为工具软件，因机器而异，常由计算机厂家提供。一般的单片机开发系统都能实现汇编语言源程序的汇编。

通用的 MCS-51 单片机汇编程序是 MCS-51.exe，它能实现对汇编语言源程序的汇编。汇编语言源程序为"文件名.asm"，经汇编程序汇编后生成的目标文件为"文件名.obj"，生成可执行文件为"文件名.hex"（由于.exe 已被微机占用，因此一般单片机的可执行文件扩展名为.hex）。

2.7.3 汇编语言源程序的调试

单片机开发系统对单片机系统软、硬件的调试功能很强，可通过单片机开发系统对应用系统的汇编语言源程序进行调试。

1．单片机开发系统的调试功能

性能优良的单片机开发系统一般都具有以下功能。

① 运行控制功能。开发系统可以使用户有效地控制目标程序的运行，以便检查运行的结果。对存在的硬件和软件错误进行定位。在调试时可以利用开发系统设置（或清除）断点、单步运行、全速运行、启/停控制、跟踪、连续跟踪等多种功能。

② 对应用系统状态的读出功能。当 CPU 停止执行目标程序后，可以允许用户方便地读出或修改目标系统所有资源的状态，以便检查程序运行的结果，设置断点条件及设置程序的初始参数。可供用户读出/修改的目标系统资源有程序存储器、数据存储器和 I/O 接口，以及单片机的内部资源等。

③ 跟踪功能。开发系统一般具有逻辑分析仪功能，在目标程序运行的过程中，能跟踪存储器目标系统总线上的地址、数据和控制信号的状态变化，从而同步地记录总线上的信息，以便用户掌握总线上信息变化的过程，分析产生错误的原因，进而修改错误。

2．常见的软件错误

单片机系统的软件调试无规律可循，调试时更多的是凭经验。软件调试的主要任务是排查错误，软件错误大致可分为以下几类。

（1）逻辑错误

逻辑错误主要是语法错误。这类错误有些是显性的，有些则是隐性的。前者比较容易发现，通过仿真开发系统一般都能发现并改正；后者往往难以发现，必须在分析的基础上查找。

（2）功能错误

功能错误主要是指在无语法错误的基础上，由于设计思想或算法的问题导致不能实现软件功能的一类错误。开发系统一般不能发现这类错误，开发者必须借助于开发系统的寄存器内容和 RAM 数据的查看/设置及断点运行等调试功能，通过入口参数和出口参数的比较等方法才能定位。

（3）指令错误

指令错误是指在编辑应用指令时所产生的错误。一般有如下 4 种。

① 指令疏漏。例如，编写、调试减法程序时，由于 MCS-51 的减法指令只有 SUBB 带进位减法，故在减法指令开始前，如果不利用 CLR C 指令将进位清除，则可能会导致计算结果比实际结果小 1 的错误，这类错误不易被发现。

② 位置不妥。例如，指令的位置颠倒，高位、低位单元指针弄混等。

③ 指令不当。例如，指令应用有误，书写错误，指令应用超出允许的范围（如相对转移指令 SJMP 的范围为−128～+127）等。

④ 非法调用。按照子程序的说明，调用子程序并不难。但有时可能由于疏忽，没有按照要求传送参数，出现非法调用现象，导致出错。出现这种错误时，开发者首先应检查子程序的入口/出口参数，然后检查子程序。

（4）程序跳转错误

这种错误是指程序不能跳转到指定的地方执行，或发生死循环。这通常是由于用错指令、设错标号或偏移量计算有误造成的。

（5）子程序错误

每个子程序都需要经过反复测试后，才能验证其正确性。通常采用的方法是，设置子程序的入口参数，执行子程序，查看子程序执行结果的出口参数。如果入口参数、出口参数均正确，则说明子程序无错误，否则应利用设置单步、断点的方法检查子程序的错误。

（6）动态错误

用单步、断点仿真命令，一般只能测试目标系统的静态性能。目标系统的动态性能要用全速仿真命令来测试，这时应选中目标单片机中的晶振电路。

系统的动态性能范围很广，如控制系统的实时响应速度、显示器的亮度、定时器/计数器的精度等。若动态性能没有达到系统设计的指标，可能是由于元器件的速度不够造成的，也可能是由于多个任务之间的关系处理不当引起的。

（7）上电复位电路的错误

排除硬件和软件故障后，将程序存储器和 CPU 插上目标系统，若能正常运行，则表明应用系统的开发研制完成；若目标单片机工作不正常，则可能是上电复位电路出现故障造成的。例如，MCS-51 单片机没有被初始复位，则程序计数器（PC）不是从 0000H 开始运行等，此时须及时检查上电复位电路。

（8）中断程序错误

① 现场的保护与恢复。为了避免干扰或破坏其他程序的正常执行，在中断服务程序开始时，应把中断服务程序中用到的寄存器及其他资源保护起来（一般用堆栈），在中断服务程序返回之前再将其恢复，否则可能会出现错误。

② 触发方式错误。MCS-51 单片机的外部中断有两种触发方式（电平触发和边沿触发），为了设计正确的中断服务程序，必须十分清楚地了解这两种触发方式的差异。在采用电平触发方式时，如果外部中断源不能及时撤除它在中断输入引脚上的低电平，将会导致中断重入的错误。

③ 中断程序的调试。由于中断的不可控制性，因此中断服务程序的调试常常通过仿真器的断点功能来实现，一般采用如下方法。

● 检查是否能正常触发中断。为了查看是否能正常触发中断，可以简单地在中断服务程序的第一条指令处设置断点，然后联机全速运行。如果能进入断点，则说明硬件触发电路等基本正常，软件的中断初始化程序也基本正常。

● 检查结果是否正常。采用断点法，将断点设置在中断服务程序需要查看的位置。设置完断点后，仍联机全速运行。如果不能进入断点，则说明断点前的程序隐含错误，此时将断点逐步前移，一旦能正常进入断点，则可以断定，进入断点后的程序可能有错误。

调试中出现的问题、错误是各种各样的，此处只指出了几种常见的错误，读者在调试过程中如果出现错误，应该从原理、指令系统的具体规定、硬件要求等方面入手，通过仿真开发系统的各种调试方法寻找错误的原因，进而消除错误。

习题 2

1．指令格式由____和____组成，也可能仅由____组成。

2．在 MCS-51 单片机中，PC 和 DPTR 都用于提供地址，但 PC 为访问____存储器提供地址，而 DPTR 为访问____存储器提供地址。

3．在变址寻址方式中，以____作为变址寄存器，以____或____作为基址寄存器。

4．假定累加器 A 中的内容为 30H，执行指令 1000H:MOVC A, @A+PC 后，把程序存储器____单元的内容送到累加器 A 中。

5．MCS-51 单片机执行完指令 MOV A,#08H 后，PSW 的（　　）位被置位。

    A）C   B）F0   C）OV   D）P

6．指出下列指令中源操作数的寻址方式。

  （1）MOV R0, #30H   （2）MOV A, 30H

  （3）MOV A, @R0   （4）MOVX A, @DPTR

  （5）MOVC A, @A+DPTR   （6）MOV P1, P2

  （7）MOV C, 30H   （8）MUL AB

  （9）MOV DPTR, #1234H   （10）POP ACC

  （11）SJMP $

7．指出下列各指令在程序存储器中所占的字节数。

  （1）MOV DPTR, #1234H   （2）MOVX A, @DPTR

  （3）SJMP LOOP   （4）MOV R0, A

  （5）AJMP LOOP   （6）MOV A, 30H

  （7）LJMP LOOP   （8）MOV B, #30H

8．MCS-51 单片机指令系统按功能可分为几类？具有几种寻址方式？它们的寻址范围如何？

9．访问特殊功能寄存器和外部数据存储器应采用哪种寻址方式？

10．指令 DA A 的作用是什么？怎样使用？

11．内部 RAM 的 20H～2FH 单元中的 128 个位地址与直接地址 00H～7FH 形式完全相同，如何在指令中区分出位寻址操作和直接寻址操作？

12．SJMP、AJMP 和 LJMP 指令在功能上有何不同？

13．在指令 MOVC A, @A+DPTR 和 MOVC A, @A+PC 中，分别使用了 DPTR 和 PC 作为基地址，请问这两个基地址代表什么地址？使用中有何不同？

14．设内部 RAM 中的(40H)=50H，写出在执行下列程序段后累加器 A 和寄存器 R0 中，以及内部 RAM 的 50H 和 51H 单元中的内容为何值？

    MOV A, 40H

    MOV R0, A

    MOV A, #00

```
MOV    @R0, A
MOV    A, #30H
MOV    51H, A
```

15. 设堆栈指针(SP)=60H，内部 RAM 中的(30H)=24H，(31H)=10H，执行下列程序段后，61H、62H、30H、31H、DPTR 及 SP 中的内容将有何变化？

```
PUSH   30H
PUSH   31H
POP    DPL
POP    DPH
MOV    30H, #00H
MOV    31H, #0FFH
```

16. 在内部 RAM 中，已知(20H)=30H，(30H)=40H，(40H)=50H，(50H)=55H，分析下面各条指令，说明源操作数的寻址方式，并分析按顺序执行各条指令后的结果。

```
MOV    A, 40H
MOV    R0, A
MOV    P1, #0F0H
MOV    @R0, 20H
MOV    50H, R0
MOV    A, @R0
MOV    P2, P1
```

17. 完成以下的数据传送过程。

（1）R1 的内容送 R0。

（2）外部 RAM 的 20H 单元中的内容送 R0。

（3）外部 RAM 的 20H 单元中的内容送内部 RAM 的 20H 单元。

（4）外部 RAM 的 1000H 单元中的内容送内部 RAM 的 20H 单元。

（5）ROM 的 2000H 单元中的内容送 R0。

（6）ROM 的 2000H 单元中的内容送内部 RAM 的 20H 单元。

（7）ROM 的 2000H 单元中的内容送外部 RAM 的 20H 单元。

18. 设有两个 4 位 BCD 码，分别存放在内部 RAM 的 23H、22H 单元和 33H、32H 单元中，编写程序求它们的和，并送到 43H, 42H 单元中（以上均为低位在低字节，高位在高字节）。

19. 编写程序将内部 RAM 的 40H～60H 单元中的内容送到外部 RAM 的从 3000H 开始的单元中，并将原内部 RAM 数据块区域全部清 0。

20. 编写程序计算内部 RAM 的 30H～37H 这 8 个单元中存放的数的算术平均值，结果存放在 3AH 单元中。

21. 编写计算下式的程序，设乘积的结果均小于 255。A, B 值分别存放在外部 RAM 的 2001H 和 2002H 单元中，结果存放在 2000H 单元中。

$$Y = \begin{cases} (A+B)\times(A+B)+10 & 若(A+B)\times(A+B)<10 \\ (A+B)\times(A+B) & 若(A+B)\times(A+B)=10 \\ (A+B)\times(A+B)-10 & 若(A+B)\times(A+B)>10 \end{cases}$$

22. 设有两个长度均为 15 的数组，分别存放在外部 RAM 的从 2000H 和 2100H 开始的存储区中，试编写程序求其对应项之和，结果存放在以 2200H 为首地址的存储区中。

23. 设有 100 个有符号数，连续存放在外部 RAM 的以 2000H 为首地址的存储区中，试编写程序统计其中正数、负数、零的个数。

24. 试编写一个查找程序，从外部 RAM 首地址为 2000H、长度为 9FH 的数据块中找出第一个 ASCII

码'A'，将其地址送到外部 RAM 的 20A0H 和 20A1H 单元中。

25．编写程序把外部 RAM 的以 2040H 为首地址的连续 50 个单元中存放的无符号数按降序排列，结果存放到以 3000H 为首地址的存储区中。

26．在外部 RAM 的以 2000H 为首地址的存储区中，存放着 20 个用 ASCII 码表示的 0～9 之间的数，试编写程序将它们转换成 BCD 码，并以压缩 BCD 码（即一个单元中存放两位 BCD 码）的形式存放在从 3000H 开始的单元中。

27．编写程序将外部 RAM 的 2400H～2450H 单元中存放的数传送到 2500H～2550H 单元中。

28．在外部 RAM 的 2030H 和 2031H 单元中各有一个小于 16 的数，编写程序求这两个数的平方和，结果存放在 2040H 单元中。要求：用调用子程序的方法实现。

第 3 章 MCS-51 单片机的内部资源及应用

本章介绍 MCS-51 单片机内部各器件的具体结构、组成原理、工作方式的设置及典型应用，为后面学习单片机系统设计，充分利用单片机内部资源解决工程实际问题奠定基础。本章重点在于各器件工作方式的设置及灵活应用，难点在于中断系统和串行口的应用。

MCS-51 单片机由 CPU（运算器、控制器）、4 个并行 I/O 接口（P0、P1、P2 和 P3）、程序存储器（存放程序）、数据存储器（存放数据、结果）、定时器/计数器、串行 I/O 接口（一般简称为串行口）、中断系统及内部时钟电路组成。第 1 章已对 CPU、控制器、部分特殊功能寄存器及内部存储空间的分配等进行了介绍，本章将对 MCS-51 单片机内部的并行 I/O 接口、中断系统、定时器/计数器、串行 I/O 接口等内部硬件资源及其应用进行介绍。

3.1 MCS-51 单片机的并行 I/O 接口

输入/输出（I/O）接口是 CPU 与外设间交换信息的桥梁，它可以制成一块单独的大规模集成电路，也可以和 CPU 集成在同一块芯片上，单片机属于后一种结构。I/O 接口有并行和串行两种。本节介绍 MCS-51 单片机的并行 I/O 接口。

3.1.1 并行 I/O 接口的内部结构

MCS-51 单片机有 4 个 8 位并行 I/O 接口，分别命名为 P0、P1、P2 和 P3 口。其中，P0 口为双向三态输入/输出口，P1、P2 和 P3 为准双向口。MCS-51 单片机的 4 个并行 I/O 接口的内部结构如图 3.1 所示，每个接口均有 8 位（图中只画出了其中的 1 位）。其中，每位主要由输出锁存器、输出驱动器和输入缓冲器等电路组成。每个 I/O 接口都能独立用作输入或输出；用作输出时，数据可以锁存；用作输入时，数据可以缓冲。每个 I/O 接口的 8 位数据锁存器与接口号 P0、P1、P2 和 P3 同名，属于特殊功能寄存器（SFR），用于存放需要输出的数据；其 8 位数据缓冲器用于对引脚上的输入数据进行缓冲，但不能锁存。因此，各个引脚上输入的数据必须一直保持到 CPU 将其读完为止。P0～P3 口的结构和功能基本相同又各具特点，下面分别介绍。

1. P0 口

如图 3.1（a）所示为 P0 口的结构图，它由一个输出锁存器、两个三态缓冲器、一个输出驱动电路和一个输出控制电路组成。其中，输出驱动电路由一对场效应管组成，其工作状态受输出控制电路控制。

当从 P0 口输出地址/数据时，控制信号应为高电平 1，模拟转换开关（MUX）把地址/数据经反相器与下拉场效应管 VT2 接通，同时打开输出控制电路的与门。输出的地址/数据通过与门驱动上拉场效应管 VT1，又通过反相器驱动 VT2。例如，若地址/数据为 0，则该 0 信号一方面通过与门使 VT1 截止，另一方面经反相器使 VT2 导通，从而使引脚上输出相应的 0 信号；反之，若地址/数据为 1，将使 VT1 导通而 VT2 截止，引脚上将输出相应的 1 信号。

如果 P0 口作为通用 I/O 接口使用，那么，在 CPU 向接口输出数据时，对应的输出控制信号应为 0 信号，MUX 将把输出级与锁存器的 $\overline{Q}$ 端接通。同时，由于与门输出为 0，使上拉场效应管 VT1 处于截止状态，因此输出级是漏极开路电路。这样，当写脉冲加在锁存器的时钟端 CP 上时，与内部总线相连的 D 端数据取反后出现在锁存器的 $\overline{Q}$ 端，再经过场效应管反相，在 P0 引脚上出现的数据正好对应于 CPU 内部总线的数据。

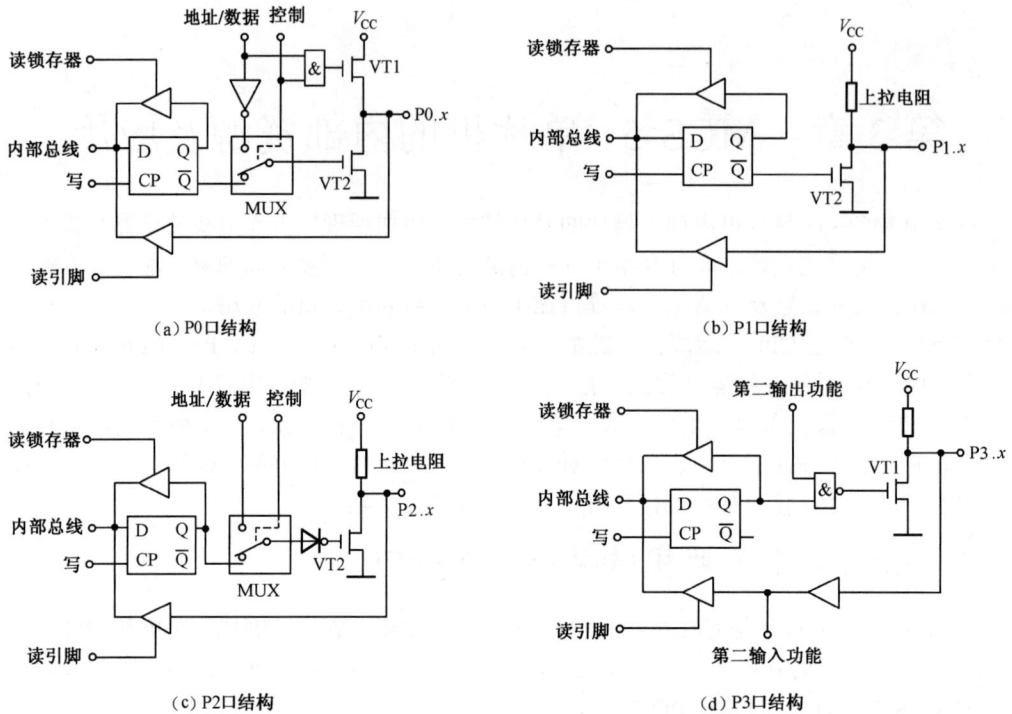

图 3.1　MCS-51 单片机并行 I/O 接口的内部结构

当 P0 口作为通用 I/O 接口使用时，如果从 P0 口输入数据，则此时上拉场效应管一直处于截止状态。引脚上的外部信号既加在下面一个三态缓冲器的输入端上，又加在下拉场效应管的漏极上，假定在此之前曾输出锁存数据 0，则下拉场效应管是导通的。这样 P0 口上的电位就始终被钳位在 0 电平，使输入高电平无法读入。因此，当 P0 口作为通用 I/O 接口使用时为准双向口，即输入数据时，应先向 P0 口写 1，使两个场效应管均截止，然后方可作为高阻抗输入。但当 P0 口作为地址/数据总线口连接外部存储器使用时，在访问外部存储器期间，CPU 会自动向 P0 口的锁存器中写入 0FFH。因此，对用户而言，P0 口作为地址/数据总线口使用时是一个真正的双向口。

综上所述，P0 口既可作为地址/数据总线口使用，又可作为通用 I/O 接口使用，可驱动 8 个 LS 型 TTL 负载。在访问外部存储器/外部设备时，P0 口作为地址/数据总线复用口，是双向口，并分时送出地址的低 8 位、发送/接收外部存储器或外部设备中的数据。作为通用 I/O 接口使用时，P0 口是漏极开路的准双向口，需要在外部引脚处接上拉电阻。

2. P1 口

如图 3.1（b）所示为 P1 口的结构图，它与 P0 口基本相同，只是少了一个模拟转换开关（MUX）及其地址/数据控制部分；输出部分略有不同，P1 口在输出的场效应管的漏极上接有上拉电阻，因此不必外接上拉电阻就可以驱动任何 MOS 负载，但是只能驱动 4 个 LS 型 TTL 负载。P1 口常作为通用 I/O 接口使用，是准双向 I/O 接口。作为输入口使用时必须先将锁存器置 1，使输出场效应管截止。

3. P2 口

如图 3.1（c）所示为 P2 的结构图，它与 P0 口基本相同，为了使逻辑上一致，将锁存器的 Q 端与输出场效应管相连。只是输出部分略有不同，P2 口在输出的场效应管的漏极上接有上拉电阻，其带负载能力与 P1 口相同，只能驱动 4 个 LS 型 TTL 负载。P2 口常用作外部存储器/外部设备的高 8 位地址接口。当不作为地址接口使用时，P2 口也可作为通用 I/O 接口使用，这时它是准双向 I/O 接口。

4. P3口

如图 3.1（d）所示为 P3 口的结构图，它是双功能口，其第一功能与 P1 口一样，可用作通用 I/O 接口，也是准双向 I/O 接口。另外，它还具有第二功能。其结构特点是不设模拟转换开关（MUX），增加了第二功能控制逻辑，增设一个与非门和缓冲器，内部具有上拉电阻。

P3 口作为通用输出口使用时，内部第二输出功能线应置为高电平 1，以保证与非门的畅通，维持从锁存器到输出口的数据输出通路畅通无阻，锁存器的内容经 Q 端输出。此时 P3 口的功能和带负载能力与 P1 口相同。P3 口作为第二功能输出口使用时，锁存器应置高电平 1，保证与非门对第二功能信号的输出是畅通的，从而实现内部第二功能输出的数据经与非门从引脚输出。

P3 口作为输入口使用时，对于第二功能为输入的引脚，在 I/O 接口上的输入通路增加了一个缓冲器，输入的第二功能信号即从这个缓冲器的输出端取得。而作为通用 I/O 接口输入端时，取自三态缓冲器的输出端。因此，无论通用 I/O 接口的输入，还是内部第二功能的输入，锁存器的输出端 Q 和内部第二功能线均应置为高电平 1，使与非门输出为 0，这样，驱动电路不会影响引脚上外部数据的正常输入。P3 口工作于第二功能时各引脚的定义见表 3.1。

表 3.1   P3 口工作于第二功能时各引脚的定义

引　脚	功　　能	引　脚	功　　能
P3.0	串行输入口（RXD）	P3.4	定时器/计数器 T0 的外部输入口（T0）
P3.1	串行输出口（TXD）	P3.5	定时器/计数器 T1 的外部输入口（T1）
P3.2	外部中断 0（$\overline{\text{INT0}}$）	P3.6	外部数据存储器写信号（$\overline{\text{WR}}$）
P3.3	外部中断 1（$\overline{\text{INT1}}$）	P3.7	外部数据存储器读信号（$\overline{\text{RD}}$）

3.1.2   MCS-51 单片机并行 I/O 接口的应用

MCS-51 单片机的 4 个并行 I/O 接口共有三种操作方式：数据输出方式、读接口数据方式和读接口引脚方式。

在数据输出方式下，CPU 通过一条数据传送指令就可以把输出数据写到 P0～P3 接口锁存器中，然后通过输出驱动器送到接口引脚线上。因此，凡是接口输出操作指令，都能实现从接口引脚线上输出数据的功能。例如，下面的指令均可在 P0 口输出数据：

```
MOV   P0, A
ANL   P0, #data
ORL   P0, A
```

读接口数据方式是一种仅对接口锁存器中的数据进行读入的操作方式。CPU 读入的这种数据并非接口引脚上的数据。因此，CPU 只要用一条指令就可以把接口锁存器中的数据读到累加器 A 或内部 RAM 中。例如，下面的指令均可以从 P1 口输入数据：

```
MOV   A, P1
MOV   20H, P1
MOV   @R0, P1
```

读接口引脚方式可以从接口引脚上读入信息。在这种方式下，CPU 首先必须使欲读接口引脚所对应的锁存器置 1，以便使输出场效应管截止，然后打开输入三态缓冲器（读接口引脚控制有效），使相应接口引脚上的信号输入 MCS-51 单片机内部数据总线上。因此，用户在读接口引脚时，必须先置位锁存器然后读，连续使用两条指令。例如，下面的指令可以读 P1 口引脚上的低 4 位信号：

```
MOV   P1, #0FH        ;置位 P1 口引脚的低 4 位锁存器
MOV   A, P1           ;读 P1 口引脚上的低 4 位信号送累加器 A
```

应当指出，MCS-51 单片机内部 4 个并行 I/O 接口，既可以进行字节寻址，也可以进行位寻址，每位既可以用作输入，也可以用作输出。下面举例说明它们的使用方法。

1. 并行 I/O 接口直接用于输入/输出

当并行 I/O 接口直接用作输入/输出时，CPU 既可以将其看作数据接口，也可以看作状态接口，这是由用户决定的。

【例 3.1】 将两个 BCD 拨码开关的数字和在 LED 数码管上显示出来(用 CD4511 驱动 LED)。

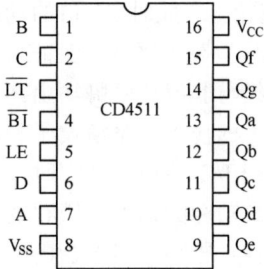

解 CD4511 是 BCD 锁存—段码译码—共阴 LED 驱动集成电路，其引脚如图 3.2 所示，各引脚功能说明如下。

V_{CC}：正电源。

V_{SS}：地。

A, B, C, D：BCD 码输入（A 为最低位，D 为最高位）。

Qa～Qg：段码输出，高电平有效，最大可输出 25mA 电流。

LE：锁存允许，高电平锁存（输出不会随 BCD 码的输入改变）。

$\overline{LT}$：点亮测试，低电平有效（Qa～Qg 全部输出高电平）。

$\overline{BI}$：熄灭，低电平有效（Qa～Qg 全部输出低电平）。

硬件电路如图 3.3 所示。

图 3.2　CD4511 引脚图

软件设计思想：读 P3 口引脚，得到输入数据，将数据分成两个 4 位 BCD 码，求 BCD 码和，输出到 P1 口，通过 CD4511 驱动 LED 显示。

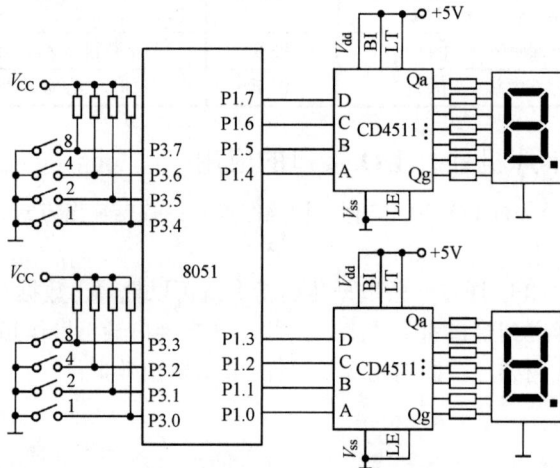

图 3.3　例 3.1 电路原理图

程序如下：

```
        ORG    0000H
        LJMP   START
        ORG    0100H
START:  MOV    P3, #0FFH    ;读引脚，先对其写 1
        MOV    A, P3        ;读引脚
        CPL    A            ;取反，用于与共阴极 LED 显示器电平匹配
        MOV    20H, A       ;A 中的数据送 20H 单元保存
        SWAP   A            ;A 中的内容半字节交换
        ANL    A, #0FH      ;A 中得到原高 4 位的反码
        ANL    20H, #0FH    ;20H 单元中得到原低 4 位的反码
        ADD    A, 20H       ;A 中为原高、低 4 位反码之和
        DA     A            ;BCD 码调整
        MOV    P1, A        ;输出到 P1 口
```

```
            SJMP   $              ;程序执行完,"原地踏步"
            END
```

C51 程序如下:

```
#include <reg51.h>
void main()
{
    unsigned char a,b;           //a 用来取 P3 口高 4 位, b 用来取 P3 口低 4 位
    P3=0xFF;                     //P3 口置 1, 作为输入
    while (1)
    {
        a=(!P3&0xf0)>>4;         //读 P1 口高 4 位并取反, 送临时变量 a
        b=!P3&0x0f;              //读 P1 口低 4 位并取反, 送临时变量 b
        P1=a+b;                  //a+b (即 P3 高 4 位加低 4 位) 送 P1 口输出
    }
}
```

2. 并行 I/O 接口扩展外部锁存器

MCS-51 单片机为了实现与外部设备之间的信息交换,常常需要使用其内部的并行 I/O 接口,通过外部锁存器与外部输入设备相连。如图 3.4 所示为 8051 通过 74LS373 与输入设备连接的电路图。输入设备在 IN0~IN7 上输出数据的同时使 $\overline{\text{STB}}$ 端变为低电平,该低电平一方面使 74LS373 锁存 D0~D7 上的输入数据输出,另一方面向 8051 的 $\overline{\text{INT0}}$ 发出中断请求。8051 响应该中断请求后在中断服务程序中通过下面的指令读取输入数据。

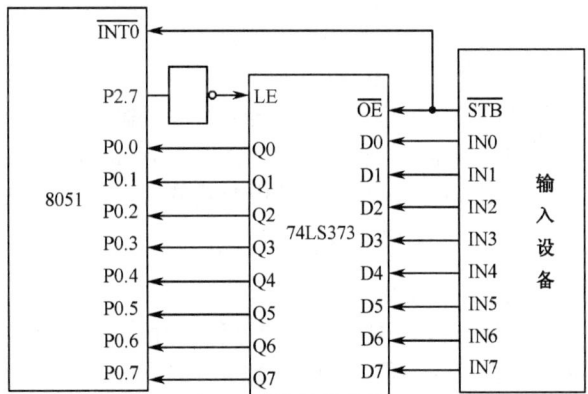

图 3.4 8051 通过 74LS373 与输入设备连接的电路图

```
MOV   DPTR, #7FFFH          ;DPTR 指向 74LS373 接口 (地址为 7FFFH)
MOVX  A, @DPTR              ;读数据到 A 中
```

应当注意,8051 也可以通过外部锁存器输出数据,但由于 8051 内部每个并行 I/O 接口都带有 8 位锁存器,因此只有扩展 I/O 接口和分时复用时,才需要利用外部锁存器来输出数据。

3.1.3 C51 语言中 MCS-51 单片机并行 I/O 接口的定义方法

在 C51 语言编程中,如果用到 MCS-51 单片机内部并行 I/O 接口,则需要进行定义,其方法如下。

(1) 通过头文件定义

统一编写在一个头文件中,定义 MCS-51 单片机内部的并行 I/O 接口与外部扩展的并行 I/O 接口,如 reg52.h、reg51.h 等。

(2) 按特殊功能寄存器方法定义内部 I/O 并行接口

MCS-51 单片机内部的并行 I/O 接口在程序中可按特殊功能寄存器方法定义,一般放在开始的位置。

格式:sfr 并行 I/O 接口名=并行 I/O 接口在内部 RAM 的地址

例如:

```
sfr P0=0x80;        //定义 P0 口, 地址为 80H
sfr P1=0x90;        //定义 P1 口, 地址为 90H
sbit P1_7=P1^7;     //定义 P1.7 口, 位地址为 90H.7
```

（3）按外部数据存储器定义外部扩展的并行 I/O 接口

在程序中，扩展外部并行 I/O 接口可按外部数据存储器的单元方法定义，使用#define 语句。例如：

```
#include <absacc.h>
#define PORTA XBYTE [0xFFC0]
```

其中，absacc.h 是 C51 语言中绝对地址访问函数的头文件，将 PORTA 定义为外部 I/O 接口，地址为 FFC0H，长度为 8 位。

一旦在头文件（如#include<reg52.h>）或程序中对外部的并行 I/O 接口进行定义后，在程序中就可以自由使用变量名访问其实际地址，以便用软件模拟 MCS-51 单片机的硬件操作。

3.2　MCS-51 单片机的中断系统

计算机是通过外部设备（也称为外设、输入/输出设备或 I/O 设备）与外界联系的。用户通过输入设备向计算机输入原始的程序和数据，计算机通过输出设备向外界输出运算结果。因此，外部设备是计算机的重要组成部分。

计算机与外设之间并不直接相连，而是通过不同的接口电路实现彼此间的信息传送。CPU 与外部之间的信息传送通常可分为程序控制方式（又可分成无条件传送和条件传送方式两种）、中断方式和存储器直接存取方式（Direct Memory Access，DMA）三种。其中，中断方式尤为重要。本节介绍 MCS-51 单片机的中断系统。

3.2.1　中断的基本概念

（1）中断的定义

中断是指 CPU 在正常运行程序时，由于内部/外部事件或由程序预先安排的事件，引起 CPU 中断正在执行的程序，而转到为内部/外部事件或程序预先安排的事件程序中，服务完毕后，再返回继续执行被暂时中断的程序的过程。

中断是一种信号，它告诉 CPU 已发生了某种需要特别注意的事件，需要去处理或为其服务。中断系统是指能够实现中断功能的硬件电路和软件程序。

计算机系统引入中断机制后，可以提高 CPU 的工作效率，使 CPU 与多个外设处于并行工作状态，并能对其进行统一管理；可以提高实时数据的处理速度，及时发现并处理报警和故障信息，提高产品的质量和系统的安全性，对问题做出应急处理；可以实现分时操作、同步操作、对硬件的控制等。因此，中断系统在计算机中占有重要的位置，是计算机中必不可少的。

中断与子程序的最主要区别是，子程序是预先安排好的，而中断是随机发生的。

中断涉及的环节包括中断源、中断申请、中断优先级、开放中断、响应中断、中断服务、中断返回等。

（2）中断源

引起 CPU 中断的原因或能发出中断请求的来源称为中断源。中断源通常分为外部设备中断源、控制对象中断源、故障中断源、定时脉冲中断源和程序中断源等几类。

（3）中断的分类

中断按功能不同通常可分为可屏蔽中断、非屏蔽中断和软件中断三类。可屏蔽中断是指 CPU 可以通过指令允许或屏蔽中断的请求。非屏蔽中断是指 CPU 对中断的请求是不可以屏蔽的，一旦出现，CPU 必须响应。软件中断则是指通过相应的中断指令使 CPU 响应中断。MCS-51 单片机中只能实现可屏蔽中断。

（4）中断优先级

一个 CPU 可能有若干个中断源，可以接收若干个中断源发出的中断请求，但在同一时刻，

CPU 只能响应其中的一个中断请求。CPU 为了保证系统内多个中断源能有序地工作，必须给每个中断源的中断请求赋予一个特定的中断优先级（也称为中断优先权），以便 CPU 按中断优先级的高低顺序响应中断请求。中断优先级就是按中断源的重要性和实时性，排列出响应中断的顺序。中断优先级直接反映每个中断源的中断请求被 CPU 响应的优先级别。

中断优先级问题不仅存在于多个中断同时产生的情况，还存在于一个中断正在被响应，而另一个中断又产生的情况。

（5）中断嵌套

当 CPU 运行中断服务程序时，又有新的更高优先级的中断申请进入，CPU 需要将正在处理的中断暂时挂起，先为高优先级中断服务，服务完后再返回较低优先级中断，称为中断嵌套。实现中断嵌套的先决条件是，首先要在中断服务程序开始时设置开放中断指令，其次是要有优先级更高的中断请求存在。

当系统中有多个中断源同时提出中断请求时，CPU 先响应优先级高的中断。CPU 正在进行中断服务时，高优先级的中断请求能中断低优先级的中断请求。

中断嵌套的过程与子程序嵌套过程类似，不同的是，子程序的返回指令是 RET，而中断服务程序的返回指令是 RETI。读者可自行分析中断嵌套的过程。

（6）中断响应及处理过程

CPU 响应中断请求后，立即转为执行中断服务程序。不同的中断源、不同的中断要求可能有不同的中断处理方法。中断的一般处理流程如下。

① 保护断点：断点即为当前指令的下一条指令地址，即中断返回后将要执行的指令地址。CPU 响应中断时，首先把断点压入堆栈保存，即把当前程序计数器 PC 的值入栈。

② 寻找中断源：根据中断标志，将相应的中断服务程序的入口地址送到 PC 中，程序转到中断服务程序入口处继续执行。

保护断点和寻找中断源都是由硬件自动完成的，用户不用考虑。

③ 中断处理：执行中断源所要求的中断服务程序。中断服务程序是中断处理的具体内容，由用户设计。

④ 中断返回：执行完中断服务程序后，必须返回。中断返回是通过一条专用的指令 RETI（中断服务程序的最后一条指令）实现的。执行 RETI 指令，栈顶内容自动弹出送到 PC（也称为恢复断点）中，程序返回断点处继续执行。

（7）中断系统的功能

中断系统应能够识别提出中断请求的中断源，并实现中断优先级排队、中断嵌套、自动响应中断、中断返回等功能。对于 MCS-51 单片机，大部分中断电路都是集成在芯片内部的，只有外部中断请求信号产生电路才分散在各中断源电路和接口电路中。

3.2.2 MCS-51 单片机中断系统简介

MCS-51 单片机提供的中断源均为可屏蔽中断，可实现两个中断优先级控制，实现两级中断嵌套。CPU 通过程序设置中断的允许或屏蔽、设置中断的优先级。只有开放中断控制位，方可接收相应的可屏蔽中断请求。

1. MCS-51 单片机的中断源

在 MCS-51 单片机中，不同型号的单片机中断源的数量也不同，例如，8031、8051、8751 有 5 个中断源，8032、8052、8752 有 6 个中断源，80C252、87C252 有 7 个中断源。现以 8051 为例进行介绍。

8051 有 5 个中断源，分别是两个外部中断 $\overline{\text{INT0}}$（P3.2）和 $\overline{\text{INT1}}$（P3.3）、两个内部定时器/

计数器溢出中断 TF0 和 TF1，一个内部串行口收发中断 TI 或 RI。这 5 个中断源由 IE、IP、TCON 和 SCON 共 4 个特殊功能寄存器进行控制，其中断结构如图 3.5 所示。

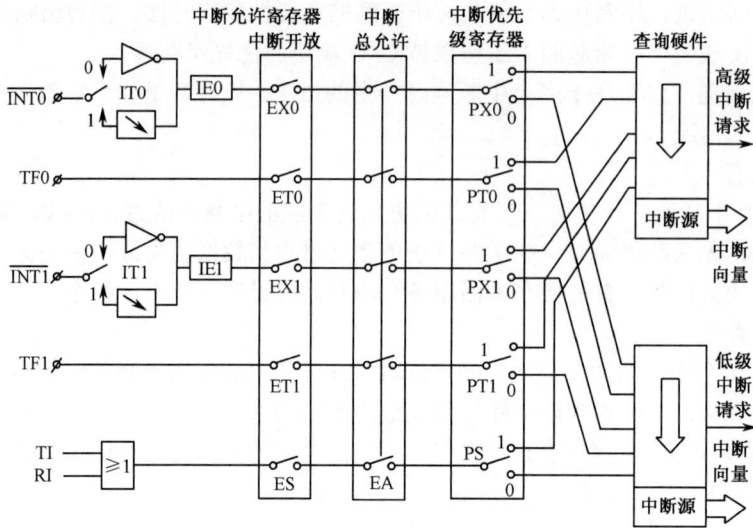

图 3.5　8051 的中断结构

（1）外部中断源（$\overline{INT0}$ 和 $\overline{INT1}$）

8051 有两个外部中断源，即外部中断 0 和 1，经由外部引脚（P3.2 和 P3.3）引入，名称分别为 $\overline{INT0}$ 和 $\overline{INT1}$。CPU 内部的 TCON 中有 4 位是与外部中断有关的。

8051 允许外部中断源以电平（低电平有效）或负边沿这两种触发方式之一引入中断请求信号，可由用户通过设置 TCON 中的 IT0 和 IT1 位的状态来实现。CPU 在每个机器周期的 S5P2 检测 $\overline{INT0}$ 和 $\overline{INT1}$ 上的信号。对于电平触发方式，只要检测到低电平，即为有效申请；对于负边沿触发方式，则需要比较两次检测的信号，才能确定中断请求信号是否有效，即只有当前一次检测为高电平且后一次检测为低电平时才为有效，要求中断请求信号高、低电平的状态都应至少保持一个机器周期，以确保电平变化能被单片机检测到。

（2）内部中断源（T0、T1 和串行口）

8051 的内部中断源包括两个定时器/计数器溢出中断和串行口收发中断。

当定时器/计数器计满回零产生溢出时，由硬件置位相应的中断标志；当 CPU 响应中断后，中断标志由硬件自动清 0。

当串行口发送完或接收到 1 帧数据后，由硬件置位相应的中断标志；当 CPU 响应中断后，中断标志需要由用户清 0。

2．中断控制

MCS-51 单片机设置了 4 个专用寄存器用于中断控制，用户通过设置其状态来管理中断系统。下面分别进行介绍。

表 3.2　TCON 的格式

TCON	D7	D6	D5	D4	D3	D2	D1	D0
	TF1	TR1	TF0	TR0	IE1	IT1	IE0	IT0
位地址	8FH	8EH	8DH	8CH	8BH	8AH	89H	88H

（1）定时器/计数器控制寄存器（TCON）

TCON 的格式见表 3.2。TCON 被分成两部分，高 4 位用于定时器/计数器的中断控制，低 4 位用于外部中断的控制。各位含义说明如下。

① IT0 与 IT1：IT0 为外部中断 $\overline{INT0}$ 触发方式控制位，用于控制外部中断的触发信号类型，通过软件设置或清除。IT0=1，负边沿触发方式；IT0=0，电平触发方式，低电平有效。IT1 为外

· 104 ·

部中断 $\overline{\text{INT1}}$ 触发方式控制位，其作用与设置同 IT0。

② IE0 与 IE1：IE0 为外部中断 $\overline{\text{INT0}}$ 的请求标志位。当 CPU 检测到 $\overline{\text{INT0}}$（P3.2）引脚有中断请求信号时，由硬件置位 IE0（IE0=1），请求中断。当中断响应并转向中断服务程序时，由硬件自动清 0（IE0=0）。IE1 为外部中断 $\overline{\text{INT1}}$ 的请求标志位，其作用与设置同 IE0。

③ TR0 与 TR1：定时器/计数器的启/停控制位，详见 3.3.1 节。

④ TF0 与 TF1：TF0 为定时器/计数器 T0 的溢出中断标志位。当 T0 产生溢出（由全 1 变成全 0）时，TF0 被硬件自动置位（TF0=1）；当 T0 的溢出中断被 CPU 响应后，TF0 被硬件自动复位。TF1 为定时器/计数器 T1 的溢出中断标志位，其作用与设置同 TF0。

（2）串行通信控制寄存器（SCON）

SCON 的格式见表 3.3，表中的 D2～D7 位用于串行口工作方式设置和串行口发送/接收控制，将在 3.4.2 节中介绍，其余两位的含义说明如下。

表 3.3 SCON 的格式

SCON	D7	D6	D5	D4	D3	D2	D1	D0
	SM0	SM1	SM2	REN	TB8	RB8	TI	RI
位地址							99H	98H

TI：串行口的发送中断标志位，在串行口发送完 1 帧串行数据时，串行口电路在向 CPU 发出串行口中断请求的同时，由硬件自动置位 TI。TI=1 表示串行发送器正向 CPU 发出中断请求。但是 CPU 响应中断请求后，TI 不能被硬件自动复位，TI 必须由用户在中断服务程序中通过指令 CLR TI 或 ANL　SCON,#0FDH 清 0，复位 TI。

RI：串行口的接收中断标志位。在串行口接收到 1 帧串行数据时，串行口电路在向 CPU 发出串行口中断请求的同时，RI 被硬件自动置 1。RI 为 1 表示串行口接收器正向 CPU 申请中断。同样，RI 标志也必须由用户通过软件清 0。

表 3.4 IE 的格式

IE	D7	D6	D5	D4	D3	D2	D1	D0
	EA	—	—	ES	ET1	EX1	ET0	EX0
位地址	AFH			ACH	ABH	AAH	A9H	A8H

（3）中断允许控制寄存器（IE）

在 MCS-51 单片机中断系统中，中断的允许或禁止是由内部可进行位寻址的 8 位中断允许寄存器（IE）来控制的，见表 3.4。表中，D5 和 D6 两位未用，其余各位含义说明如下。

① EA：中断允许总控制位。EA=0，CPU 禁止（屏蔽）所有中断；EA=1，CPU 开放所有中断，但每个中断是否真的开放，还取决于 IE 中相应中断的中断允许控制位的状态。EA 的状态可由用户通过软件设定。

② ES：串行口中断允许控制位。ES=0，屏蔽串行口中断；ES=1，允许串行口中断，但串行口中断是否真的开放，还取决于中断允许总控制位 EA 的状态。ES 的状态可由用户通过软件设定。

③ ET1 和 ET0：ET1 为定时器/计数器 T1 的溢出中断允许控制位。ET1=0，禁止 T1 溢出中断；ET1=1，允许 T1 溢出中断，但 T1 的溢出中断是否真的开放，还取决于中断允许总控制位 EA 的状态。ET1 的状态可由用户通过软件设定。ET0 为定时器/计数器 T0 的溢出中断允许控制位，其作用与设置同 ET1。

④ EX1 和 EX0：EX1 为外部中断 $\overline{\text{INT1}}$ 中断允许控制位。EX1=0，禁止外部中断 $\overline{\text{INT1}}$ 中断；EX1=1，允许外部中断 $\overline{\text{INT1}}$ 中断，但 $\overline{\text{INT1}}$ 的中断是否真的开放，还取决于中断允许总控制位 EA 的状态。EX1 的状态可由用户通过软件设定。EX0 为外部中断 $\overline{\text{INT0}}$ 的中断允许控制位，其作用与设置同 EX1。

【例 3.2】　在 8051 的 5 个中断源中，设置允许外部中断 $\overline{\text{INT1}}$、定时器/计数器 T1 溢出中断，其他不允许。

解 根据题意，IE 各位设置如下：

EA	X	X	ES	ET1	EX1	ET0	EX0
1	0	0	0	1	1	0	0

即 IE 的值为 8CH。

方法 1：通过数据传送指令设置。

    MOV IE, #8CH

方法 2：通过位操作指令实现。

    SETB EA

    SETB ET1

    SETB EX1

（4）中断优先级控制寄存器（IP）

8051 设置两级中断优先级，即高优先级和低优先级。每个中断源都可设置为高或低中断优先级，以便 CPU 对所有的中断都实现两级中断嵌套。高优先级的中断可以打断低优先级的中断。如果 CPU 正在处理一个高优先级的中断，此时，即便有低优先级的中断发出中断请求，CPU 也不会理会这个中断，而是继续执行正在执行的中断服务程序，一直到程序结束，执行最后一条返回指令返回主程序，然后再执行一条指令后，才会响应新的低优先级中断请求。

表 3.5　8051 内部各中断源中断优先级的顺序

中断源	中断标志	自然优先级
外部中断 $\overline{INT0}$	IE0	最高
定时器/计数器 T0	TF0	
外部中断 $\overline{INT1}$	IE1	↓
定时器/计数器 T1	TF1	
串行口中断	TI, RI	最低

8051 内部中断系统对各中断源的中断优先级有一个统一的规定，称为自然优先级（也称为系统默认优先级），见表 3.5。

8051 的中断优先级采用自然优先级和用户设置高或低优先级相结合的策略，也就是说，由用户设置中断源的高或低优先级，当处于同一级别时，由自然优先级确定。开机时，每个中断都处于低优先级，每个中断源的中断优先级都可以通过程序来设定，由中断优先级寄存器（IP）来统一管理。

IP 是用户对中断优先级进行控制的基础，可由用户通过软件设定。若 IP 中某位设为 1，则相应的中断源设置为高优先级，否则设置为低优先级。IP 的格式见表 3.6，表中，D7、D6、D5 这 3 位未用，其余各位含义说明如下。

① PS：串行口中断优先级控制位。PS=1，串行口被定义为高优先级中断；PS=0，串行口被定义为低优先级中断。

表 3.6　IP 的格式

IP	D7	D6	D5	D4	D3	D2	D1	D0
	—	—	—	PS	PT1	PX1	PT0	PX0
位地址				BCH	BBH	BAH	B9H	B8H

② PT1 和 PT0：PT1 为定时器/计数器 T1 优先级控制位。当 PT1=1 时，T1 被定义为高优先级中断；当 PT1=0 时，T1 被定义为低优先级中断。PT0 为定时器/计数器 T0 优先级控制位，其作用与设置同 PT1。

③ PX1 和 PX0：PX1 为外部中断 $\overline{INT1}$ 优先级控制位。PX1=1，外部中断 $\overline{INT1}$ 被定义为高优先级中断；PX1=0，外部中断 $\overline{INT1}$ 被定义为低优先级中断。PX0 为外部中断 $\overline{INT0}$ 优先级控制位，其作用与设置同 PX1。

【例 3.3】　设置 IP 的值，将 T0、$\overline{INT1}$ 设为高优先级，其他为低优先级。如果 5 个中断源请求同时发生中断请求，请写出中断响应的次序。

解　IP 的前 3 位没用，可任意取值，一般设置为 0，根据题意，IP 各位设置如下：

X	X	X	PS	PT1	PX1	PT0	PX0
0	0	0	0	0	0	1	1	0

因此，IP 的值为 06H。指令为

    MOV   IP, #06H

如果 5 个中断源同时发生中断请求，则响应次序为

    定时器/计数器 0→外部中断 1→外部中断 0→定时器/计数器 1→串行口中断

3．中断响应

（1）中断响应的条件

如果有中断源发出中断请求，MCS-51 单片机响应中断必须同时满足下列三个条件。

① 相应的中断是开放的，即中断允许总控制位和相应中断的中断允许控制位均开放。

② 没有更高优先级的中断正在处理。若 CPU 正处于响应某个中断请求的状态，又来了新的优先级更高的中断请求，则 CPU 在执行完当前指令后，便会立即响应而实现中断嵌套；若新来的中断优先级比正在服务的优先级低或者同级，则 CPU 必须等到现有中断服务完成后再执行一条指令，然后才会自动响应新来的中断请求。

③ 执行完当前指令。

此外，如果 CPU 正处于执行中断返回指令（RETI）或访问 IP、IE 寄存器的指令状态，则 CPU 必须等到执行完当前指令的下一条指令后，才响应其中断请求。

（2）中断响应的过程

MCS-51 单片机的 CPU 在每个机器周期的 S5P2 期间都会顺序采样各中断源，并置位相应的中断标志；CPU 在下一个机器周期的 S6 期间查询各中断标志，按优先级处理所有被激活的中断请求。此时，如果满足响应中断的条件，则 CPU 在下一个机器周期的 S1 期间将响应最高优先级中断源的中断请求。

CPU 响应中断时，首先保护断点，PC 值入栈（先低 8 位，后高 8 位），然后根据中断标志，将相应的中断服务程序的入口地址送到 PC 中，转去执行中断服务程序。这些工作都是由硬件自动完成的，用户不用考虑。

中断服务程序的最后一条指令一定是 RETI 指令，执行这条指令后，CPU 将把堆栈中保存的断点地址弹出，送回 PC，然后从主程序的中断处继续执行。

需要指出的是，CPU 自动进行的保护工作是很有限的，只保护了一个断点地址，而其他的所有信息都没有保护，用户可根据需要在中断服务程序中进行现场保护与恢复。在现场保护和恢复这方面，中断服务程序与子程序的规定是一样的，见 2.5.6 节。

（3）中断服务程序入口地址

CPU 响应中断时，由硬件自动生成一条长调用指令（LCALL   addr16）。CPU 执行这条长调用指令便响应中断，转到相应的中断服务程序中。其中，addr16 为程序存储器中相应的中断服务程序的入口地址。8051 的 5 个中断源的中断服务程序入口地址是固定的，见表 3.7。

从表 3.7 可以看出，5 个中断源的中断服务程序入口地址之间相差 8 个单元。但是，8 个单元用来存储中断服务程序一般来说是不够的。一般，用户常在中断服务程序入口地址处设置一条 3 字节的长转移指令，CPU 执行这条长转移指令便可转到实际的中断服务程序处执行。例如：

表 3.7　中断服务程序入口地址表

中断源	入口地址
外部中断 $\overline{INT0}$	0003H
定时器/计数器 T0	000BH
外部中断 $\overline{INT1}$	0013H
定时器/计数器 T1	001BH
串行口中断	0023H

```
ORG   0000H
LJMP  START          ;转主程序，START 为主程序地址标号
ORG   0003H
```

```
                LJMP   INT00              ;转外部中断/INT0 中断服务程序
                ORG    000BH
                LJMP   T00                 ;转 T0 中断服务程序
                ORG    0030H
        START:  …                          ;主程序开始
```

为了不占用中断源在程序存储器中所使用的中断服务程序入口地址，主程序一般从 0030H 单元以后开始存放。如果程序中没有用到中断，则理论上可以直接从 0000H 单元开始写程序，但在实际工作中，如果系统受到干扰，则会使程序出现错误，应尽量避免这样应用。

（4）中断响应时间

在实时控制系统中，为了满足控制速度的要求，常常需要弄清楚 CPU 响应中断所需要的时间。中断响应时间是指从查询中断请求标志位到转向中断服务程序入口地址所需要的机器周期数，一般为 3～8 个机器周期。响应中断的时间有最短和最长之分。

响应中断最短的时间：CPU 在执行指令的最后一个机器周期采样中断源，置位相应的中断标志，CPU 在下一个机器周期（占用 1 个机器周期）的 S6 期间查询各中断标志，如果查询到某个中断标志为 1，则不需要等待即可响应中断，保护断点，硬件自动生成并执行 LCALL 指令（需要 2 个机器周期），因此，总共需要 3 个机器周期。

响应中断最长的时间：CPU 查询中断请求标志位时，正好开始执行 RETI 指令或访问 IP、IE 寄存器的指令，此时，需要把当前指令执行完，再继续执行一条指令后，才能响应中断，执行前者最长需要 2 个机器周期，而执行后者，若是乘、除指令，则需要 4 个机器周期，再加上执行长调用指令 LCALL 所需的 2 个机器周期，总共需要 8 个机器周期。

以上中断响应时间是就一般情况而言的，如果有高优先级中断正在响应服务，或者中断服务中有循环等待的情况，则响应时间需要根据具体问题进行分析。通常，中断响应时间可以不予考虑，但在某些需要精确定时的场合，应进行调整。

4．中断请求的撤除

在中断请求被响应之前，中断源发出的中断请求保存在特殊功能寄存器 TCON 和 SCON 的相应中断标志位中。一旦某个中断请求得到响应，CPU 必须及时将其中断请求标志位撤除（清 0 或称为复位），否则中断请求标志位始终为 1，即中断请求仍然有效，出现重复响应同一中断请求的错误，从而造成中断系统的混乱。

8051 的 5 个中断源分属于三种类型，即外部中断、定时器/计数器溢出中断和串行口收发中断。三种类型的中断请求撤除的方法是不同的，下面分别介绍。

（1）定时器/计数器溢出中断请求的撤除

定时器/计数器溢出中断标志位 TF0 和 TF1 因定时器/计数器溢出中断源的中断请求的输入而置位，因定时器/计数器溢出中断得到响应而由硬件自动复位成 0 状态，用户不必考虑它们的撤除。

（2）串行口收发中断请求的撤除

串行口收发中断标志位 TI 和 RI 不能由硬件自动复位。因为 MCS-51 单片机进入串行口中断服务程序后，需要对它们进行检测，以测定串行口是在接收中断还是在发送中断。为了防止 CPU 再次重复响应这类中断，用户需要在中断服务程序的开始位置通过如下指令将它们撤除：

```
        CLR   TI      ;撤除发送中断标志位
        CLR   RI      ;撤除接收中断标志位
```

或采用指令：

```
        ANL   SCON, #0FCH
```

（3）外部中断请求的撤除

外部中断请求有两种触发方式：电平触发和负边沿触发。两种不同的触发方式，其中断请求撤除的方法是不同的。下面以外部中断 $\overline{\text{INT0}}$ 为例，$\overline{\text{INT1}}$ 同 $\overline{\text{INT0}}$。

在负边沿触发方式下，外部中断标志位 IE0 是依靠 CPU 两次检测 $\overline{\text{INT0}}$ 上的负边沿触发电平状态而置位的。CPU 在响应中断时，由硬件自动复位 IE0，用户也不必考虑它们的撤除。另外，外部中断源在得到 CPU 中断服务时，不可能再在 $\overline{\text{INT0}}$ 上产生负边沿而使相应的中断标志位置位。

在电平触发方式下，外部中断标志位 IE0 是依靠 CPU 检测 $\overline{\text{INT0}}$ 上的低电平而置位的。尽管 CPU 在响应中断时能由硬件自动复位 IE0，但若外部中断源不能及时撤除它在 $\overline{\text{INT0}}$ 上的低电平，则会使已经复位的 IE0 再次置位，产生二次中断错误。因此，电平触发型外部中断请求的撤除必须使 $\overline{\text{INT0}}$ 上的低电平随着其中断被响应而变为高电平。一种电平触发型外部中断请求撤除的电路如图 3.6 所示。其中，D 触发器的作用是锁存外部中断请求的低电平信号，并由 Q 端输出至 $\overline{\text{INT0}}$ 端，供 CPU 检测。D 触发器的异步置 1 端接 8051 的一根 I/O 接口线（如 P1.0），此接口线平时输出 1，对 D 触发器的输出状态无影响。当中断响应后，为了撤除中断请求，只要在 P1.0 口输出一个负脉冲，使触发器置 1，即可撤除低电平的中断请求。

P1.0 口输出负脉冲信号可以在中断服务程序中用如下指令来实现：

```
CLR   P1.0（或 ANL   P1, #0FEH）
SETB  P1.0（或 ORL   P1, #01H）
```

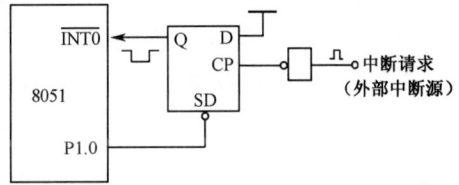

图 3.6　电平触发型外部中断请求撤除的电路

3.2.3　中断的软件设计

（1）中断系统的初始化

MCS-51 单片机中断系统的功能可以通过特殊功能寄存器进行统一管理。中断系统的初始化是指用户对这些特殊功能寄存器中的各控制位进行赋值。

中断系统初始化的步骤：开放相应中断源的中断，包括总中断和各相应中断；设定所用中断的优先级，若不设定，则系统使用自然优先级；若为外部中断，则应设置中断触发方式。

【例 3.4】　设 8051 外部中断源接 $\overline{\text{INT0}}$ 引脚，中断触发方式为电平触发，中断优先级为高。试编写 8051 中断系统的初始化程序。

解　方法 1：采用位操作指令实现。

```
SETB   EA            ;开放总中断
SETB   EX0           ;开放/INT0 中断
SETB   PX0           ;设置/INT0 为高优先级
CLR    IT0           ;设置/INT0 为电平触发方式
```

方法 2：采用传送指令实现。

```
MOV    IE, #81H      ;开放总中断，开放/INT0 中断
ORL    IP, #01H      ;设置/INT0 为高优先级
ANL    TCON, #0FEH   ;设置/INT0 为电平触发方式
```

显然，采用位操作指令进行中断系统初始化比较简单，因为用户不必记住各控制位在特殊功能寄存器中的位置，而各控制位的名称是比较容易记忆的。

（2）中断服务程序的编写

中断服务程序的结构包括 4 部分：保护现场、处理中断的程序、恢复现场和中断返回指令 RETI，其中保护现场和恢复现场可根据需要进行取舍。

编写中断服务程序应注意：中断服务程序入口处的处理；在程序中可以禁止高优先级中断；在保护和恢复现场时，可关闭 CPU 中断，以免造成混乱；中断服务程序的最后一条指令必须是中断返回指令 RETI。

（3）中断应用的 C51 语言编程

C51 语言编译器支持在 C51 源程序中直接开发中断服务程序。中断服务程序是一个按规定的语法格式定义的函数。

中断服务程序的函数定义语法格式如下：

返回值　函数名([参数])　interrupt n[using m]
{
　　函数体；
}

其中，函数的返回值和参数类型为 void（无类型）。

n 为常数，取值为 0～31，表示中断向量的编号。对于 MCS-51 单片机，n 取值为 0～5，其中 0 代表外部中断 0；1 代表定时器/计数器 T0 溢出中断；2 代表外部中断 1；3 代表定时器/计数器 T1 溢出中断；4 代表串行口收发中断；5 代表定时器/计数器 T2 溢出中断。

m 为常数，取值为 0～3，表示内部 RAM 中的工作寄存器组号。

3.2.4　MCS-51 单片机扩展外部中断请求输入口

MCS-51 单片机只提供了两个外部中断请求输入端。在实际应用中，如果需要使用多于两个的外部中断源，需要扩展外部中断请求输入口。下面简单介绍几种扩展外部中断请求输入口的方法。

1. 定时器/计数器用于扩展外部中断请求输入口

8051 有两个定时器/计数器，当它们作为计数器使用时，计数输入端 T0（或 T1）发生负跳变将使计数器加 1。利用此特性，适当设置计数初值，就可以把计数输入端 T0（或 T1）作为外部中断请求输入口。例如，定时器/计数器 T0 设置为工作方式 2，计数模式，计数初值为 0FFH，允许计数，其初始化程序如下：

```
MOV   TMOD, #06H      ;设置 T0 为工作方式 2
MOV   TH0, #0FFH      ;设置计数初值
MOV   TL0, #0FFH
SETB  ET0             ;允许 T0 中断
SETB  EA              ;CPU 开中断
SETB  TR0             ;启动 T0 计数
```

以上程序执行后，当 T0（P3.4）的信号发生负跳变时，TL0 加 1，产生溢出，溢出标志位 TF0 置 1，向 CPU 发出中断申请，同时，TH0 的值重新送 TL0。这样，T0（P3.4）端就相当于负边沿触发方式的外部中断请求输入口。同理，T1（P3.5）也可以实现外部中断请求输入口的扩展。

用定时器/计数器扩展外部中断请求输入口，其特点是以占用内部定时中断为代价。中断服务程序的入口地址仍然为 000BH 或 001BH。

2. 查询方式扩展外部中断请求输入口

当外部中断源较多时，可以用查询方式扩展外部中断请求输入口，把多个中断源通过硬件（如与非门）引入外部中断输入端（$\overline{INT0}$ 或 $\overline{INT1}$），同时又连到某个 I/O 接口。这样，每个中断源都可能引起中断，并在中断服务程序中通过软件查询方式便可确定哪个是正在申请的中断源，其查询的次序可由中断优先级决定。这样可实现多个外部中断请求输入口的扩展，其特点是中断响应速度较慢。

【例 3.5】　设系统有 4 个故障源，通过查询方式扩展外部中断请求输入口，使 8051 单片机通过中断方式处理故障，有故障时要进行光报警。

解　电路硬件连接图如图 3.7 所示。产生故障时的光报警采用发光二极管实现。当系统各部分正常工作时，4 个故障源输出全为低电平，发光二极管全灭。当某部分出现故障时，对应的输入线由低电平变为高电平，从而引起中断，在中断服务程序中通过查询 P1 口输入数据即可判定

故障源，并进行相应的光报警。

程序如下：

```
                ORG   0000H
                LJMP   START        ;转主程序
                ORG   0003H
                LJMP   PINT         ;转中断服务程序
                ORG   0030H
START:   MOV   P1, #55H      ;使 P1 口输入置 1，以便读引脚，其余输出全为 0
                SETB   IT0          ;设置外部中断 0 为负边沿触发方式
                SETB   EX0          ;开外部中断 0
                SETB   EA           ;开 CPU 中断
LOOP:    MOV   A, P1         ;读 P1 口输入状态供查询
                ANL   A, #55H
                JNZ   LOOP          ;若有外部中断请求，则转 LOOP
                ANL   P1, #55H      ;若无外部中断请求，则清 P1 口输出，使指示灯全灭
                SJMP   LOOP         ;转 LOOP 等待中断
```

中断服务程序如下：

```
PINT:    JNB   P1.0, LP1      ;查询中断源，若此中断源无中断，则转 LP1
                SETB   P1.1         ;若此中断源有中断，则 P1.1 输出 1，点亮相应的灯
                SJMP   LP2          ;继续查询下一个中断源
LP1:     CLR   P1.1           ;若此中断源无中断，则 P1.1 输出 0，使相应的灯灭
LP2:     JNB   P1.2, LP3      ;查询中断源，若此中断源无中断，则转 LP3
                SETB   P1.3         ;若此中断源有中断，则 P1.3 输出 1，点亮相应的灯
                SJMP   LP4
LP3:     CLR   P1.3
LP4:     JNB   P1.4, LP5
                SETB   P1.5
                SJMP   LP6
LP5:     CLR   P1.5
LP6:     JNB   P1.6, LP7
                SETB   P1.7
                SJMP   LP8
LP7:     CLR   P1.7
LP8:     RETI                 ;中断返回
                END
```

C51 程序如下：

```
#include <reg51.h>
sbit P1_0=P1^0;
sbit P1_1=P1^1;
sbit P1_2=P1^2;
sbit P1_3=P1^3;
sbit P1_4=P1^4;
sbit P1_5=P1^5;
sbit P1_6=P1^6;
sbit P1_7=P1^7;
void main()
{   sfr   P1=0x55;        //P1 口相应位输入置 1，以便读引脚
```

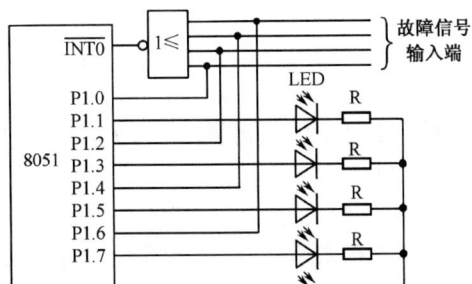

图 3.7　例 3.5 的电路原理图

```
                EA=1;
                EX0=1;                              //INT0 开中断，CPU 开中断
                IT0=1;
                while(1)
                {
                    if ((P1&0x55)=0x00)   { P1=( P1&0x55);}
                }
            }
        void service_int1( ) interrupt 0 using 2  //INT0 中断服务程序，使用工作寄存器 2 组
        {  if (P1_0=1)   { P1_1=1;}
            else { P1_1=0;}
            if (P1_2=1)   { P1_3=1;}
            else { P1_3=0;}
            if (P1_4=1)   { P1_5=1;}
            else { P1_5=0;}
            if (P1_6=1)   { P1_7=1;}
            else { P1_7=0;}
        }
```

3．使用专用芯片扩展外部中断请求输入口

当外部中断源较多，同时又要求中断响应速度很高时，采用查询方式扩展外部中断请求输入口的方法很难满足要求。这时，可以使用专用芯片进行外部中断请求输入口的扩展。74LS148 优先级编码器和可编程中断控制器 8259 均可以完成该任务。

74LS148 最多可以扩展 8 个外部中断请求输入口。当 8 个外部中断源同时产生中断请求时，能够保证 CPU 只响应优先级最高的那个中断请求。

1 片 8259 最多可以扩展 8 个外部中断请求输入口（当多片 8259 级联时，最多可以扩展 64 个外部中断请求输入口），并可以实现 8 级优先权中断管理。当 8 个中断源中有一个以上提出中断请求时，8259 就会向 CPU 发出中断请求信号，并能确定哪个中断源的中断请求具有最高优先级，然后将相应中断源的中断服务程序入口地址送到 PC 中。

74LS148 和 8259 的扩展方法请参考相关资料。

3.3　MCS-51 单片机的定时器/计数器

3.3.1　定时器/计数器

1．基本概念

（1）计数

计数是指对外部事件的个数进行计量。例如，家用电度表、汽车里程表等都是计数器。在计算机中，外部事件的发生是以输入脉冲表示的，所以计数的实质就是对外部输入脉冲的个数进行计量。实现计数功能的器件称为计数器。MCS-51 单片机中有两个计数器 T0 和 T1。

（2）定时

MCS-51 单片机中的定时器和计数器是一个部件，只不过计数器记录的是外界发生的事件，而定时器则由单片机内部提供一个非常稳定的计数源进行定时。这个计数源是由单片机的晶振经过 12 分频后获得的一个脉冲源。因为晶振的频率很准，所以这个计数脉冲的时间间隔也很精确，因此定时器计数脉冲的时间间隔与晶振频率有关。

（3）定时的种类

在计算机中，可以选择软件定时、硬件定时或者使用可编程定时器。

软件定时是指通过执行一个循环程序来实现延时。其特点是定时时间精确,不需要外加硬件电路,但占用 CPU 时间。因此,软件定时的时间不宜过长。

硬件定时是指利用硬件电路实现定时。其特点是,不占用 CPU 时间,通过改变电路元器件参数来调节定时,但使用不够灵活、方便。对于时间较长的定时,常用硬件电路来实现。

可编程定时器通过专用的定时器/计数器芯片实现。其特点是,通过对系统时钟脉冲进行计数实现定时,定时时间可通过程序设定,使用灵活、方便,也可实现对外部脉冲的计数功能。例如,Intel 公司的可编程定时器/计数器 8253/8254。

2. MCS-51 单片机内部定时器/计数器

MCS-51 单片机内部有两个 16 位二进制加法可编程定时器/计数器,当计数器计满回零时,能自动产生溢出中断请求,表示定时时间已到或计数已终止。两个定时器/计数器均可编程设定为定时模式或计数模式,在这两种模式下又均可设定 4 种工作方式。其控制字和状态均在相应的特殊功能寄存器中,通过对控制寄存器的编程,可方便地选择适当的工作方式。定时模式下的定时时间和计数模式下的计数初值均可通过程序设定。下面介绍其特性。

（1）定时器/计数器的结构

MCS-51 单片机内部定时器/计数器的结构如图 3.8 所示,其主要由 16 位加法计数器、定时器/计数器工作方式寄存器（TMOD）和定时器/计数器控制寄存器（TCON）组成。定时器/计数器 T0 由特殊功能寄存器 TL0（低 8 位）和 TH0（高 8 位）构成。定时器/计数器 T1 由特殊功能寄存器 TL1（低 8 位）和 TH1（高 8 位）构成。TMOD 用于设定 T0/T1 的工作方式,TCON 则用于控制 T0/T1 计数的启动/停止,管理 T0/T1 的中断溢出标志位等。程序执行时,需要对 TMOD 和 TCON 进行初始化编程,以定义 T0/T1 的工作方式及控制 T0/T1

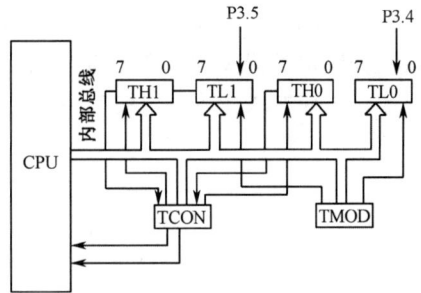

图 3.8　MCS-51 单片机内部
定时器/计数器的结构

计数的启动/停止。在应用定时器/计数器时,需要通过程序设置 TL0、TH0、TL1 和 TH1,即设置初值。

（2）TCON

TCON 在 3.2.2 节中断控制中已详细介绍过,这里只介绍用于定时器/计数器的启/停控制、中断控制的高 4 位。

TR0 和 TR1：TR0 为 T0 的启/停控制位,TR0 的状态可由用户通过软件设置。若设定 TR0=1,则启动 T0 立即开始计数;若设定 TR0=0,则 T0 停止计数。可用 SETB　TR0 指令置位 TR0 以启动 T0 运行,用指令 CLR　TR0 停止 T0 的工作,也可以用字节指令 MOV/ORL/ANL 设置。TR1 为 T1 的启/停控制位,其作用与设置同 TR0。

TF0 和 TF1：定时器/计数器的溢出中断标志位,详见 3.2.2 节。

（3）TMOD

TMOD 的功能是控制定时器/计数器 T0 和 T1 的工作方式。TMOD 的字节地址为 89H,不能进行位寻址,只能用字节指令 MOV/ORL/ANL 设置其内容,其格式见表 3.8。

表 3.8　TMOD 的格式

D7	D6	D5	D4	D3	D2	D1	D0
GATE	C/$\overline{\text{T}}$	M1	M0	GATE	C/$\overline{\text{T}}$	M1	M0
T1 工作方式字段				T0 工作方式字段			

从表 3.8 可以看出,TMOD 分成两部分,每部分都有 4 位,高 4 位和低 4 位分别用于控制 T1 和 T0。此处以 T0 为例,各位含义说明如下。

①　M1M0：工作方式选择位。定时器/计数器共有 4 种工作方式：

M1M0=00——工作方式 0，13 位定时器/计数器；

M1M0=01——工作方式 1，16 位定时器/计数器；

M1M0=10——工作方式 2，自动重新装入计数初值的 8 位定时器/计数器；

M1M0=11——工作方式 3，两个 8 位定时器，或一个 8 位计数器和一个 8 位定时器（仅适用于 T0）。

② C/$\overline{T}$：定时模式/计数模式选择位。定时器/计数器既可以作为定时器用，也可以作为计数器用，可由用户根据需要通过软件自行设定，如图 3.9 所示。若设定 C/$\overline{T}$=0，则选择定时器工作方式，此时多路开关接通系统晶振振荡脉冲的 12 分频输出，内部计数器进行计数；若设定 C/$\overline{T}$=1，则选择计数器工作方式，此时多路开关接通计数引脚（T0），外部计数脉冲由 T0（P3.4）引脚输入，当计数脉冲发生负跳变时，内部计数器加 1。注意，一个定时器/计数器同一时刻或者用于定时，或者用于计数，不能同时既用于定时又用于计数。

③ GATE：门控位。门控位 GATE 的状态决定了定时器/计数器的启/停控制是取决于 TR0（也称为软件控制），还是取决于 TR0 和 $\overline{INT0}$ 引脚两个条件的组合（也称为软/硬件控制），如图 3.9 所示。

若 GATE=0，图 3.9 中或门输出为 1，使 $\overline{INT0}$ 信号作用无效，则只由 TCON 中的启/停控制位 TR0 控制定时器/计数器的启动/停止。此时，如果 TR0=1，则接通模拟开关，定时器/计数器启动工作，进行加法计数；如果 TR0=0，则断开模拟开关，定时器/计数器停止工作。

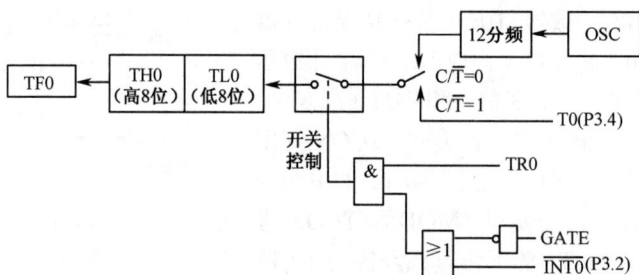

图 3.9　定时器/计数器 T0 工作方式控制逻辑结构图

若 GATE=1，图 3.9 中或门输出只取决于 $\overline{INT0}$，则与门的输出由 TR0 和 $\overline{INT0}$ 电平的状态确定，即由外部中断请求信号 $\overline{INT0}$ 和 TCON 中的启/停控制位 TR0 组合状态控制定时器/计数器的启动/停止。只有当 TR0=1，且 $\overline{INT0}$ 引脚也是高电平时，才能启动定时器/计数器工作；否则，定时器/计数器停止工作。

3.3.2　定时器/计数器的工作方式

MCS-51 单片机的定时器/计数器共有 4 种工作方式，现以定时器/计数器 T0 为例进行介绍。T1 与 T0 的工作原理相同，但采用工作方式 3 时，T1 停止计数。

（1）工作方式 0

当 M1M0=00 时，定时器/计数器采用工作方式 0（也称为 13 位定时器/计数器工作方式）。工作方式 0 由 TH0 的全部 8 位和 TL0 的低 5 位构成 13 位加 1 计数器，此时 TL0 的高 3 位未用。有关控制状态字（GATE，C/$\overline{T}$，TF0，TR0）的功能与设置同 3.3.1 节的介绍。

无论是定时模式，还是计数模式，在计数过程中，当 TL0 的低 5 位溢出时，都会向 TH0 进位；而当全部 13 位计数器溢出时，计数器中断溢出标志位 TF0 置位。

（2）工作方式 1

当 M1M0=01 时，定时器/计数器采用工作方式 1（也称为 16 位定时器/计数器工作方式），其他特性与工作方式 0 相同。工作方式 0 与工作方式 1 的区别仅在于计数器的位数不同，工作方式 0 为 13 位，而工作方式 1 则为 16 位，TH0 作为高 8 位，TL0 作为低 8 位。

（3）工作方式 2

当 M1M0=10 时，定时器/计数器采用工作方式 2（也称为自动重新装入计数初值的 8 位定时器/计数器工作方式）。工作方式 2 的 16 位定时器/计数器被拆成两个 8 位寄存器 TH0 和 TL0，CPU 在对它们进行初始化时必须装入相同的定时器/计数器初值。定时器/计数器启动后，TL0 按 8 位加 1 计数器计数。当 TL0 计数溢出时，在置位 TF0 的同时，又从预置寄存器 TH0 中重新获得计数初值，并启动计数。如此反复，既可省去程序不断给计数器赋值的麻烦，又可提高计数准确度。其缺点是只有 8 位，最大计数值是 2^8=256，计数值有限。所以这种工作方式适合于需要重复计数的应用场合。例如，可以通过工作方式 2 产生中断，从而产生一个固定频率的脉冲，也可以作为串行通信的波特率发生器使用。

（4）工作方式 3

当 M1M0=11 时，定时器/计数器 T0 采用工作方式 3，此时，T1 与 T0 的工作方式不同。

采用工作方式 3 的 T0 被拆分成两个独立的 8 位计数器 TL0 和 TH0。其中，TL0 既可以作为计数器使用，也可以作为定时器使用，T0 的各控制位和引脚信号全归它使用。其功能和操作与工作方式 0 或工作方式 1 完全相同。TH0 只能作为简单的定时器使用，而且由于 T0 的控制位已被 TL0 占用，因此只能借用 T1 的控制位 TR1 和 TF1，也就是以计数溢出去置位 TF1，TR1 则负责控制 TH0 定时的启动和停止。由于 TL0 既能作为定时器也能作为计数器使用，而 TH0 只能作为定时器使用而不能作为计数器使用，因此采用工作方式 3 时，T0 可以构成两个定时器或者一个定时器和一个计数器。

如果 T0 采用工作方式 3，则 T1 的工作方式不可避免地会受到一定的限制，因为它的一些控制位已被 T0 借用。一般，只有在 T1 以工作方式 2 运行（作为波特率发生器使用）时，T0 才可以设置为工作方式 3。在这种情况下，T1 通常作为串行口的波特率发生器使用，以确定串行通信的速率，因为 TF1 已被 T0 借用，所以只能把 T1 计数溢出中断直接送给串行口。此时，T1 作为波特率发生器使用，只需设置好工作方式，即可自动运行。要停止它的工作，只需要把 T1 设置为工作方式 3 的方式控制字即可，这是因为 T1 本身不能工作在工作方式 3 下，如果强行把它设置为工作方式 3，自然会停止工作。

3.3.3 定时器/计数器的应用

定时器/计数器在应用时，其工作方式和工作过程均可通过程序进行设定和控制，因此，定时器/计数器在工作前必须先进行初始化，设置其工作方式，计算并设置初值。

1. 定时器/计数器初始化的步骤

① 根据任务要求，通过工作方式寄存器（TMOD）设置定时器/计数器的工作方式。

② 根据任务要求计算并设置定时器/计数器的初值。

③ 根据需要设置中断允许寄存器（IE）和中断优先级寄存器（IP），以开放相应的中断和设定中断优先级。通过设置 TCON 启动计数。

2. 定时器/计数器的定时器/计数器范围

① 工作方式 0：13 位定时器/计数器工作方式，因此，最多可计到 2^{13}，即 8192 次。

② 工作方式 1：16 位定时器/计数器工作方式，因此，最多可计到 2^{16}，即 65536 次。

③ 工作方式 2 和工作方式 3：都是 8 位的定时器/计数器工作方式，因此，最多可计到 2^8，即 256 次。

3. 计数器初值的计算

定时器/计数器在计数模式下工作时，必须给计数器预置初值，并通过程序送到 TH0/TH1 和 TL0/TL1 中。预置初值的计算方法是用最大计数量减去需要的计数次数，即

$$TC=M-C \tag{3.1}$$

式中，TC——计数器需要预置的初值。

M——计数器的模值（最大计数值）。工作方式 0，$M=2^{13}$；工作方式 1，$M=2^{16}$；工作方式 2 和工作方式 3，$M=2^8$。

C——计数器计满回零所需的计数值，即设计任务要求的计数值。

例如，在流水线上，一个包装是 12 盒，要求每到 12 盒就产生一个动作，用单片机定时器/计数器的工作方式 0 来控制，则应当预置的初值为 $2^{13}-12=8180$。

4. 定时器初值的计算

定时器/计数器在定时模式下工作时，计数器的计数脉冲是由单片机系统主频经 12 分频后提供的。因此，定时器的定时时间计算公式为

$$TC=M-T/T_0 \tag{3.2}$$

式中，TC——定时器需要预置的初值。

M——计数器的模值，含义同式（3.1）。

T——定时器的定时时间，即设计任务要求的定时时间。

T_0——计数器计数脉冲的周期，即单片机系统时钟周期的 12 倍（机器周期）。

若设 TC=0，则定时器定时时间为最大。由于 M 的值与定时器的工作方式有关，因此，不同的工作方式，定时器的最大定时时间 T_{max} 也不一样。若单片机系统主频为 12MHz，计数器计数脉冲的周期 T_0 为 1μs，则各种工作方式定时器的最大定时时间如下。

工作方式 0：$T_{max}=2^{13}\times1\mu s=8.192ms$

工作方式 1：$T_{max}=2^{16}\times1\mu s=65.536ms$

工作方式 2 和工作方式 3：$T_{max}=2^8\times1\mu s=0.256ms$

5. 定时器/计数器的 C51 程序初始化步骤

① 设置定时器工作方式，例如：

```
TMOD=0x01;                    //设置定时器 0 为工作方式 1
```

② 计算初值，例如，需要的计数次数为 x，定时器/计数器 T0 为工作方式 1，则

```
TH0= (65536-x ) /256;         //装载计数器初值
TL0= (65536-x ) %256;
```

③ 根据需要设置 IE、IP。

④ 启动计数，设置 TR0/TR1，例如：

```
TR0=1;
```

6. 定时器/计数器的应用举例

【例 3.6】 设一只发光二极管 LED 和 8051 的 P1.0 脚相连。当 P1.0 脚为高电平时，LED 熄灭；当 P1.0 脚为低电平时，LED 点亮。编写程序用定时器来实现发光二极管 LED 的闪烁功能。已知单片机系统主频为 12MHz。

解 （电路略）

（1）设置 LED 每隔 60ms 闪烁一次

采用定时器/计数器 T0 的工作方式 1，单片机系统主频为 12MHz，所以

$$T_0=单片机的时钟周期\times12=[1/(12\times10^6)]\times12=1\mu s$$

因为 60ms 定时需要计数 60000μs/1μs=60000 次，所以定时初值为

$$TC = M - T/T_0 = 2^{16} - 60\text{ms}/1\mu\text{s} = 65536 - 60000 = 5536 = 15\text{A0H}$$

方法 1：利用查询方式实现。

```
            ORG    0000H
            AJMP   START              ;转主程序
            ORG    0030H
   START:   MOV    SP, #60H           ;设置堆栈指针
            MOV    P1, #0FFH          ;关 LED（使其灭）
            MOV    TMOD, #01H         ;定时器/计数器 T0 工作方式 1
   LP1:     MOV    TH0, #15H          ;设置定时初值
            MOV    TL0, #0A0H
            SETB   TR0                ;启动定时器/计数器 T0
   LP2:     JNB    TF0, LP2           ;如果 TF0≠1，则循环等待，否则继续执行
            CLR    TF0                ;清 TF0
            CPL    P1.0               ;若 LED 原来为灭，则 P1.0 取反后为亮
                                      ;若 LED 原来为亮，则 P1.0 取反后为灭
            SJMP   LP1                ;返回 LP1，重新开始下一次的定时
            END
```

C51 程序如下：

```
    #include<reg51.h>
    sbit P1_0=P1^0;
    void main()
    {
        TMOD=0x01;                    //设置 T0 为工作方式 1
        TR0=1;                        //启动
        for( ;;)
        {
            TH0= (65536-60000) /256;  //装载计数初值
            TL0= (65536-60000) %256;
            do { } while (!TF0);      //查询等待 TF0 置位
            P1_0=!P1_0;               //定时时间到，P1.0 反相
            TF0=0;                    //软件清 TF0
        }
    }
```

方法 2：利用中断方式实现。

```
            ORG    0000H
            AJMP   START              ;转主程序
            ORG    000BH              ;定时器/计数器 T0 的中断服务程序入口地址
            AJMP   TIME0              ;转到真正的定时器中断服务程序处
            ORG    0030H
   START:   MOV    SP, #60H           ;设置堆栈指针
            MOV    P1, #0FFH          ;关 LED（使其灭）
            MOV    TMOD, #01H         ;定时器/计数器 T0 工作方式 1
            MOV    TH0, #15H          ;设置定时初值
            MOV    TL0, #0A0H
            SETB   EA                 ;开放总中断允许
            SETB   ET0                ;开放定时器/计数器 T0 中断允许
            SETB   TR0                ;启动定时器/计数器 T0
   LOOP:    SJMP   LOOP               ;循环等待
```

（真正工作时，这里可写任意其他程序）

定时器/计数器 T0 的中断服务程序：

```
        TIME0:  PUSH ACC                ;将 PSW 和 ACC 压入堆栈保护
                PUSH PSW
                CPL   P1.0              ;若 LED 原来为灭，则 P1.0 取反后为亮
                                        ;反之，P1.0 取反后为灭
                MOV   TH0, #15H         ;重置定时器/计数器的初值
                MOV   TL0, #0A0H
                SETB  TR0
                POP   PSW               ;恢复 PSW 和 ACC
                POP   ACC
                RETI                    ;中断返回
                END
```

C51 程序如下：

```c
#include<reg51.h>
sbit P1_0=P1^0;
void main()
{
    TMOD=0x01;                  //T0 为工作方式 1
    P1_0=0;
    TH0= (65536-6000 ) /256;    //装载计数初值
    TL0= (65536-6000 ) %256;
    EA=1;                       //总中断开放
    ET0= 1;                     //T0 中断开放
    TR0=1;                      //启动 T0 开始定时
    while(1);                   //等待中断
}
void time (void) interrupt 1 using 1    //T0 中断服务程序入口
{
    P1_0=!P1_0;                 //P1.0 取反
    TH0= (65536-6000 ) /256;    //重新装载计数初值
    TL0= (65536-6000 ) %256;
}
```

（2）设置 LED 每隔 1s 闪烁一次

由于 LED 闪烁时间设定为 60ms，因此，上面的两个程序运行后，灯的闪烁非常快，人眼只能感到灯有些闪动。为了使灯的闪烁慢一些，让人眼能更清楚地观察到灯的闪烁，需要实现一个 1s 的定时。但在 12MHz 主频下，定时器/计数器的最长定时是 65.536ms，无法实现 1s 的定时。

一般采用软件计数器来实现，设计思想：定义一个软件计数器单元 R7，先用 T0 实现一个 50ms 的定时器，定时时间到了之后并不是立即执行闪烁变换（取反 P1.0），而是将软件计数器 R7 中的值加 1，如果软件计数器计到了 20，则取反 P1.0，并清除软件计数器中的值，否则直接返回。这样，20 次定时中断后才取反一次 P1.0，定时时间为 20×50=1000ms=1s。

T0 采用工作方式 1，其初值为

$$2^{16}-50\text{ms}\div 1\mu\text{s}=65536-50000=15536=3\text{CB0H}$$

程序如下：

```
        ORG   0000H
        AJMP   START           ;转主程序
        ORG   000BH            ;T0 的中断服务程序入口地址
        AJMP   TIME0           ;转到真正的定时器中断服务程序处
```

```
            ORG    0030H
START:  MOV    SP, #60H            ;设置堆栈指针
        MOV    P1, #0FFH           ;关 LED（使其灭）
        MOV    R7, #00H            ;软件计数器预清 0
        MOV    TMOD, # 01H         ;T0 采用工作方式 1
        MOV    TH0, #3CH           ;设置 T0 的初值
        MOV    TL0, #0B0H
        SETB   EA                  ;开放总中断允许
        SETB   ET0                 ;开放 T0 中断允许
        SETB   TR0                 ;启动 T0
LOOP:   SJMP   LOOP                ;循环等待
        （真正工作时，这里可写任意其他程序）
```

定时器/计数器 T0 的中断服务程序：

```
TIME0:  PUSH   PSW                 ;将 PSW 压入堆栈保护
        INC    R7                  ;软件计数器加 1
        CJNE   R7, #20, T_LP2      ;软件计数器中的值是否为 20？若是，则继续执行
                                   ;否则，转 T_LP2
T_LP1:  CPL    P1.0                ;P1.0 取反
        MOV    R7, #00H            ;清软件计数器
T_LP2:  MOV    TH0, #3CH           ;重置计数初值
        MOV    TL0, #0B0H
        SETB   TR0
        POP    PSW                 ;恢复 PSW
        RETI                       ;中断返回
        END
```

C51 程序如下（采用工作方式 0，5ms×200=1000ms=1s）：

```
#include<reg51.h>
#define uchar unsigned char
#define uint unsigned int
sbit LED=P1^0;
uchar count=0;
void main()
{
    TMOD=0x00;                  //T0 工作方式 0
    TH0=(8192-5000)/32;         //5ms 定时
    TL0=(8192-5000)%32;
    IE=0x82;                    //允许 T0 中断
    TR0=1;
    while(1);
}
void LED_Flash() interrupt 1    //T0 中断函数
{   TH0=(8192-5000)/32;         //恢复初值
    TL0=(8192-5000)%32;
    if(++count==200)            //1s 开关一次 LED
    { LED=~LED;
      count=0;
    }
}
```

【例 3.7】 设外部有一个计数源，编写程序，对外部计数源进行计数并显示。

解 将外部计数源连到定时器/计数器 T1 的外部引脚 T1 上，可用 LED 将计数的值显示出来，这里用 P1 口连接的 8 个 LED 灯显示计数值。LED 对 P1 口电平要求同例 3.6（电路略）。

程序如下：

```
            ORG    0000H
            AJMP   START              ;转主程序
            ORG    0030H
    START:  MOV    SP, #60H           ;设置堆栈指针
            MOV    TMOD, #60H         ;T1 用于计数
            SETB   TR1                ;启动 T1 开始运行
    LOOP:   MOV    A, TL1             ;读 T1 的计数值送 A
            MOV    P1, A              ;将计数值输出到 P1 口，驱动 LED 显示
            SJMP   LOOP               ;转 LOOP
            END
```

C51 程序如下：

```c
#include<reg51.h>
void main()
{
    P1=0x00;
    TMOD=0x60;              //T1 为计数器，工作方式 2，最大计数值为 256
    TR1=1;
    while(1)
    {
        P1=TL1;
    }
}
```

3.4 MCS-51 单片机的串行通信

3.4.1 概述

1. 通信

单片机与外界进行信息交换统称为通信。MCS-51 单片机的通信方式有以下两种。

并行通信：数据的各位同时发送或接收。特点是传送速度快、效率高，但成本高，适用于短距离传送数据。计算机内部的数据传送一般均采用并行方式。

串行通信：数据一位一位地顺序发送或接收。特点是传送速度慢，但成本低，适用于较长距离传送数据。计算机与外界的数据传送一般均采用串行方式。

2. 数据通信的制式

串行通信按数据通信的传输方向可分为单工、半双工、全双工和多工这 4 种方式。

单工方式：数据仅按一个固定方向传送。这种传输方式的用途有限，常用于串行口的打印数据传输和简单系统的数据采集。

半双工方式：数据可实现双向传送，但不能同时进行，实际的应用采用某种协议实现收/发开关转换。

全双工方式：允许双方同时进行数据双向传送，但一般全双工传输方式的线路和设备较复杂。

多工方式：为了充分利用线路资源，可通过多路复用器或多路集线器，采用频分、时分或码分复用技术，实现在同一线路上资源共享功能，称为多工方式。

3．串行通信的分类

串行通信按数据传送方式又可分为异步通信和同步通信两种形式。

（1）异步通信（Asynchronous Communication）

在异步通信方式中，接收器和发送器有各自的时钟。不发送数据时，数据信号线总是呈现高电平，称其为空闲态。异步通信用 1 帧来表示 1 个字符，其字符帧的数据格式：1 个起始位 0（低电平），5～8 个数据位（规定低位在前，高位在后），1 个奇偶校验位（可以省略），1～2 个停止位 1（高电平）。MCS-51 单片机异步通信方式的数据格式如图 3.10 所示，包括 1 个起始位 0、8 个数据位、1 个奇偶校验位和 1 个停止位 1。

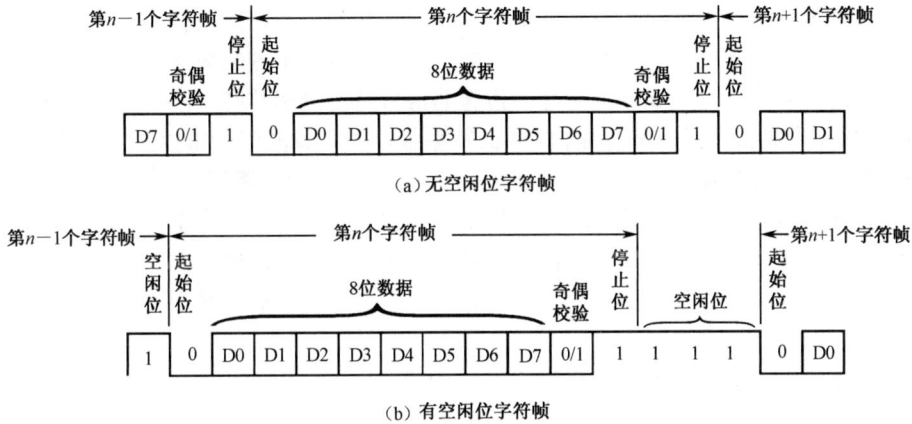

（a）无空闲位字符帧

（b）有空闲位字符帧

图 3.10　异步通信方式的数据格式

在异步通信中，CPU 与外设之间必须有两项规定，即字符格式和波特率。字符格式的规定是双方能够对同一种 0 和 1 的串理解成同一种含义。原则上字符格式可以由通信的双方自由制定，但从通用、方便的角度出发，一般还是使用标准格式。

异步通信的优点是，不需要传送同步脉冲，可靠性高，所需设备简单；缺点是字符帧中因包含起始位、校验位和停止位而降低了有效数据的传输速率。

（2）同步通信（Synchronous Communication）

同步通信是一种连续串行传送数据的通信方式，一次通信只传送 1 帧信息。这里的信息帧和异步通信中的字符帧不同，通常含有若干个数据字符，如图 3.11 所示。它们均由同步字符、数据字符和校验字符 CRC（Cyclic Redundancy Check，循环冗余校验）三部分组成。其中，同步字符位于帧结构开头，用于确认数据字符的开始。接收时，接收端不断对传输线进行采样，并把采样到的字符与双方约定的同步字符进行比较，只有比较成功后才会把后面接收到的字符加以存储。数据字符在同步字符之后，个数不受限制，由所需传输的数据块长度决定。校验字符有 1～2 个，位于帧结构末尾，用于接收端对接收到的数据字符的正确性校验。

（a）单同步字符帧结构

（b）双同步字符帧结构

图 3.11　同步通信方式的数据格式

在同步通信中，同步字符可以采用统一标准格式，也可由用户约定。在单同步字符帧结构中，同步字符一般采用 ASCII 码中规定的 SYN 代码 16H。在双同步字符帧结构中，同步字符一般采用国际通用标准代码 EB90H。

同步通信的数据传输速率较高，通常可达 56Mbit/s 或更高。同步通信的缺点是，要求发送时钟和接收时钟保持严格同步，因此，发送时钟除应和发送波特率保持一致外，还要求把它同时传送到接收端去。

MCS-51 单片机的串行口不能实现同步通信。

4．串行通信的波特率（Baud Rate）

波特率是指每秒传送信号的数量，单位为 bit/s。波特率用于衡量串行通信的速度。

在串行通信中，传送的信号可能是二进制数、八进制数或十进制数等。把每秒传送二进制数的位数定义为比特率，单位是 bit/s。只有在传送的信号是二进制数时，波特率才与比特率在数值上相等。而在采用调制技术进行串行通信时，波特率描述的是载波信号每秒变化的信号的数量（又称为调制速率）。在这种情况下，波特率与比特率在数值上可能不相等。

本书中所描述的串行通信，其传送的信号不需要调制，并且信号均采用二进制数传输，所以比特率与波特率相等。本书统一使用波特率描述串行通信的速度，单位采用 bit/s。

例如，每秒传输 120 个字符，而每个字符如上述规定包含 10 位二进制数，则数据传输的波特率为 1200bit/s。

3.4.2 MCS-51 单片机的串行口

MCS-51 单片机内部有一个全双工的可编程串行口，它只能工作在异步通信方式下，与串行传送信息的外部设备相连接，或用于通过标准异步通信协议进行全双工通信的 8051 多机系统，也可以通过外接移位寄存器扩展并行 I/O 接口。

1．串行口寄存器结构

MCS-51 单片机串行口寄存器结构如图 3.12 所示。SBUF 为串行口的收发缓冲寄存器，它是可寻址的专用寄存器，其中包含了 SBUF（发送）和 SBUF（接收），可以实现全双工通信。这两个寄存器具有相同的名字和地址（99H），但不会出现冲突，因为它们其中一个只能被 CPU 读出数据，另一个只能被 CPU 写入数据。CPU 通过执行不同的指令对它们进行存取。CPU 执行 MOV SBUF, A 指令，产生"写 SBUF"脉冲，把累加器 A 中欲发送的字符送到 SBUF（发送）中。CPU 执行 MOV A, SBUF 指令，产生"读 SBUF"脉冲，把 SBUF（接收）中已接收到的字符送到累加器 A 中。

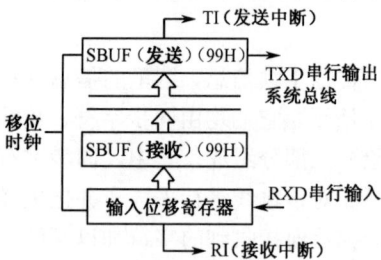

图 3.12 串行口寄存器结构

从图 3.12 中可以看出，接收缓冲器前还有一级输入位移寄存器。MCS-51 单片机采用这种结构的目的是，在接收数据时避免发生数据帧重叠现象，以免出错，部分文献称这种结构为双缓冲器结构。而发送数据时就不需要这样的设置，因为发送时，CPU 是主动的，不可能出现这种现象。

2．串行口控制寄存器（SCON）

SCON 是一个可位寻址的专用寄存器，它用于定义串行口的工作方式，并实施接收和发送控制，单元地址是 98H，其格式见表 3.9。

各位含义说明如下。

表 3.9 SCON 的格式

SCON	D7	D6	D5	D4	D3	D2	D1	D0
	SM0	SM1	SM2	REN	TB8	RB8	TI	RI
位地址	9FH	9EH	9DH	9CH	9BH	9AH	99H	98H

① SM0 和 SM1：串行口工作方式控制位。

SM0, SM1=00，工作方式 0，8 位同步移位寄存器，其波特率为 $f_{osc}/12$；

SM0, SM1=01，工作方式 1，10 位异步接收/发送，其波特率为可变，由定时器控制；

SM0, SM1=10，工作方式 2，11 位异步接收/发送，其波特率为 $f_{osc}/64$ 或 $f_{osc}/32$；

SM0, SM1=11，工作方式 3，11 位异步接收/发送，其波特率为可变，由定时器控制。

其中，f_{osc} 为系统时钟频率。

② TI：发送中断标志位。用于指示 1 帧信息发送是否完成，可寻址标志位。若为工作方式 0，则发送完第 8 位数据后，由硬件置位；若为其他工作方式，则在开始发送停止位时由硬件置位。TI 置位表示 1 帧信息发送结束，同时申请中断。可根据需要，用软件查询的方法获得数据已发送完毕的信息，或用中断的方式来发送下一个数据。TI 在发送数据前必须由软件清 0。

③ RI：接收中断标志位。用于指示 1 帧信息是否接收完，可寻址标志位。若为工作方式 0，则接收完第 8 位数据后，该位由硬件置位。若为其他工作方式，则在接收到停止位的中间时刻由硬件置位（例外情况见关于 SM2 的说明）。RI 置位表示 1 帧数据接收完毕，RI 可供软件查询，或者用中断的方法获知，以决定 CPU 是否需要从 SBUF（接收）中读取接收到的数据。RI 也必须用软件清 0。

④ TB8：发送数据位 8。采用工作方式 2 和工作方式 3 时，TB8 为要发送的第 9 位数据。此时，TB8 可根据需要由软件置 1 或清 0。在双机通信中，TB8 一般作为奇偶校验位使用。在多机通信中，当 TB8=0 时，传输的是数据；当 TB8=1 时，传输的是地址。

⑤ RB8：接收数据位 8。采用工作方式 2 和工作方式 3 时，RB8 用于存放接收到的第 9 位数据，以识别接收到的数据特征：可能是奇偶校验位，也可能是地址/数据的标志位，规定同 TB8。采用工作方式 0 时，不使用 RB8。采用工作方式 1 时，若 SM2=0，则 RB8 用于存放接收到的停止位。

⑥ REN：允许接收控制位。REN 用于控制数据接收的允许和禁止。REN=1 时，允许接收；REN=0 时，禁止接收。该位可由软件置位以允许接收，又可由软件清 0 来禁止接收。

⑦ SM2：多机通信控制位。SM2 主要用于工作方式 2 和工作方式 3。采用工作方式 0 时，SM2 不用，一定要设置为 0。采用工作方式 1 时，SM2 也应设置为 0，当 SM2=1 时，只有接收到有效停止位时，RI 才置 1。串行口采用工作方式 2 或工作方式 3，若 SM2=1，则只有当接收到的第 9 位数据（RB8）为 1 时，才把接收到的前 8 位数据送到 SBUF 中，且置位 RI 发出中断申请，否则会将接收到的数据放弃。当 SM2=0 时，不管第 9 位数据是 0 还是 1，都将接收到的前 8 位数据送到 SBUF（接收）中，并发出中断申请。

3．中断允许寄存器（IE）

IE 在 3.2.2 节中已介绍，格式见表 3.4。这里重述一下对串行口有影响的 ES 位。ES 为串行中断允许控制位，当 ES=1 时，允许串行中断；当 ES=0 时，禁止串行中断。

4．电源管理寄存器（PCON）

PCON 主要是为了在 CHMOS 型单片机上实现电源控制而设置的专用寄存器，单元地址是 87H，不可进行位寻址，其格式见表 3.10。

表 3.10　PCON 的格式

PCON	D7	D6	D5	D4	D3	D2	D1	D0
位符号	SMOD	—	—	—	GF1	GF0	PD	IDL

SMOD 是串行口波特率倍增位，当 SMOD=1 时，串行口波特率加倍；当系统复位时，默认为 SMOD=0。PCON 中的其余各位用于 MCS-51 单片机的电源控制，已在 1.2.3 节中介绍过。

3.4.3　串行口的工作方式

8051 的全双工串行口有 4 种工作方式，现分述如下。

1．工作方式 0

工作方式 0 为 8 位同步移位寄存器输入/输出方式，用于通过外接移位寄存器扩展并行 I/O 接口。8 位串行数据从 RXD 输入或输出，低位在前，高位在后。TXD 用来输出同步脉冲。

输出：发送操作是在 TI=0 时进行的，此时发送缓冲寄存器 SBUF（发送）相当于一个并入串出的移位寄存器。发送时，从 RXD 引脚输出串行数据，从 TXD 引脚输出移位脉冲。CPU 通过指令 MOV　SBUF, A，将数据写入 SBUF（发送）中，立即启动发送，将 8 位数据以 $f_{osc}/12$ 的固定波特率从 RXD 输出，低位在前，高位在后。发送完 1 帧数据后，发送中断标志 TI 由硬件置位，并可向 CPU 发出中断请求。若中断开放，则 CPU 响应中断，在中断服务程序中，需用指令 CLR TI 先将 TI 清 0，然后向 SBUF（发送）送下一个欲发送的数据，以重复上述过程。

输入：接收过程是在 RI=0 且 REN=1 条件下启动的，此时接收缓冲寄存器 SBUF（接收）相当于一个串入并出的移位寄存器。接收时，先置位允许接收控制位 REN。此时，RXD 为串行数据输入端，TXD 仍为同步脉冲移位输出端。当 RI=0 和 REN=1 条件同时满足时，开始接收。当接收到第 8 位数据时，将数据移到接收缓冲寄存器 SBUF（接收）中，并由硬件置位 RI，同时向 CPU 发出中断请求。CPU 查到 RI=1 或响应中断后，通过指令 MOV　A, SBUF，将 SBUF（接收）接收到的数据读到累加器 A 中。RI 也必须用软件清 0。

工作方式 0 扩展输出和输入的电路如图 3.13 所示。

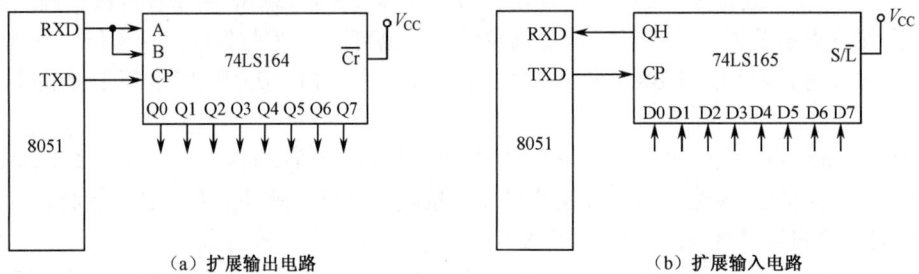

（a）扩展输出电路　　　　　　　　　　（b）扩展输入电路

图 3.13　8051 串行口工作方式 0 扩展并行 I/O 接口电路

需要指出的是，串行口采用工作方式 0 并非是一种同步通信方式，它的主要用途是与外部同步移位寄存器连接，以达到扩展一个并行 I/O 接口的目的。

2．工作方式 1

在工作方式 1 下，串行口被设定为波特率可变的 10 位异步通信方式。发送或接收的 1 帧信息包括 1 个起始位 0、8 个数据位和 1 个停止位 1。

输出：发送操作也是在 TI=0 条件下进行的。当 CPU 执行指令 MOV　SBUF, A，将数据写到 SBUF（发送）中时，启动发送。发送电路自动在 8 位发送数据前、后分别添加 1 位起始位和 1 位停止位。串行数据从 TXD 引脚输出，发送完 1 帧数据后，TXD 引脚自动维持高电平，且 TI 在发送停止位时由硬件自动置位，并可向 CPU 发出中断请求。TI 也必须用软件复位。

输入：接收过程也是在 RI=0 且 REN=1 条件下启动的。平时，接收电路对高电平的 RXD 进行采样，当采样到 RXD 由 1 向 0 跳变时，确认是起始位 0，开始接收 1 帧数据。只有当 RI=0 且停止位为 1（接收到的第 9 位数据）或者 SM2=0 时，停止位才会进入 RB8，8 位数据才能进入 SBUF（接收），并由硬件置位中断标志 RI；否则信息丢失，这是不允许的，因为这意味着丢失了一组数据。所以在工作方式 1 下接收时，应先用软件对 RI 和 SM2 标志清 0。

在工作方式 1 下，发送时钟、接收时钟和通信波特率均由定时器 1 溢出信号经过 32 分频，并由 SMOD 倍频得到。因此，工作方式 1 的波特率是可变的，这点同样适用于工作方式 3。

3. 工作方式 2 和工作方式 3

工作方式 2 为固定波特率的 11 位异步接收/发送方式，工作方式 3 为波特率可变的 11 位异步接收/发送方式，它们都是 11 位异步接收/发送方式，两者的差异仅在于通信波特率有所不同。工作方式 2 的波特率由 MCS-51 单片机主频 f_{osc} 经过 32 分频或 64 分频后提供；而工作方式 3 的波特率由定时器 1 溢出信号经过 32 分频，并由 SMOD 倍频得到，因此其波特率是可变的。

工作方式 2 和工作方式 3 的接收、发送过程类似于工作方式 1，所不同的是，它们比工作方式 1 增加了"第 9 位"数据。发送时，除了要把发送数据装到 SBUF（发送）中，还要预先用指令 SETB TB8（或 CLR TB8）把第 9 位数据装到 SCON 的 TB8 中。第 9 位数据可由用户设置，它可作为多机通信中地址/数据的标志位，也可以作为双机通信的奇偶校验位，还可作为其他控制位。

输出：发送的串行数据由 TXD 端输出，1 帧信息为 11 位，附加的第 9 位来自 SCON 寄存器的 TB8 位，用软件置位或复位。当 CPU 执行数据写入 SUBF（发送）的指令时，就启动发送器发送。发送 1 帧数据后，置位中断标志 TI。CPU 便可通过查询 TI 或中断方式来以同样的方法发送下一帧数据。

输入：在 REN=1 时，串行口采样 RXD 引脚，当采样到由 1 至 0 的跳变时，确认是起始位 0，开始接收 1 帧数据。在接收到附加的第 9 位数据后，只有当 RI=0 且接收到的第 9 位数据为 1 或者 SM2=0 时，第 9 位数据才会进入 RB8，8 位数据才能进入接收寄存器 SUBF（接收），并由硬件置位中断标志 RI；否则信息丢失，且不置位 RI。再过一段时间后，不管上述条件是否满足，接收电路都复位，并重新检测 RXD 上由 1 到 0 的跳变。

3.4.4 串行口的通信波特率

在串行通信中，收发双方的数据传输速率要有一定的约定。串行口的通信波特率恰到好处地反映了串行传输数据的速率。通信波特率的选用，不仅与所选通信设备、传输距离和调制解调器（Modem）型号有关，还受传输线状况制约。用户应根据实际需要正确选择。

在 8051 串行口的 4 种工作方式中，工作方式 0 和工作方式 2 的波特率是固定的，而工作方式 1 和工作方式 3 的波特率是可变的，由定时器/计数器 T1 的溢出率（T1 溢出信号的频率）控制。各种工作方式的通信波特率说明如下。

① 工作方式 0 的波特率固定为系统时钟（晶振）频率的 1/12，其值为 $f_{osc}/12$。其中，f_{osc} 为系统主机晶振频率。

② 工作方式 2 的波特率由 PCON 中的选择位 SMOD 来决定，可由下式表示：

$$波特率 = (2^{SMOD}/64) \times f_{osc} \tag{3.3}$$

当 SMOD=1 时，波特率为 $f_{osc}/32$；当 SMOD=0 时，波特率为 $f_{osc}/64$。

③ 工作方式 1 和工作方式 3 的波特率由定时器/计数器 T1 的溢出率控制，因此，波特率是可变的。

定时器/计数器 T1 作为波特率发生器，相应的公式如下：

$$波特率 = (2^{SMOD}/32) \times T1 的溢出率 \tag{3.4}$$

$$T1 的溢出率 = T1 的计数率/产生溢出所需的周期数$$
$$= (f_{osc}/12) / (2^K - TC) \tag{3.5}$$

式中，K——T1 的位数；TC——T1 的预置初值。

需要指出的是，式（3.5）中 T1 的计数率取决于它是工作在定时器状态下还是在计数器状态下。在定时器状态下时，T1 的计数率为 $f_{osc}/12$；在计数器状态下时，T1 的计数率为外部输入频率，此频率应小于 $f_{osc}/24$。产生溢出所需周期与 T1 的工作方式和 T1 的预置初值有关。

T1 工作方式 0：溢出所需周期$=2^{13}-TC=8192-TC$

T1 工作方式 1：溢出所需周期$=2^{16}-TC=65536-TC$

T1 工作方式 2：溢出所需周期$=2^{8}-TC=256-TC$

串行口的波特率发生器就是利用定时器提供一个时间基准。定时器计数溢出后只需要做一件事情，就是重新装入定时初值，再开始计数，而且中间不要任何延时。因为 MCS-51 单片机定时器/计数器的工作方式 2 就是自动重装入初值的 8 位定时/计数器模式，所以用它来作为波特率发生器最恰当。当时钟频率选用晶振频率 11.0592MHz 时，容易获得标准的波特率，所以很多单片机系统都选用这个看起来很"怪"的晶振频率。

表 3.11 列出了 T1 工作方式 2 的常用波特率及初值。

表 3.11　T1 工作方式 2 的常用波特率及初值

常用波特率/（bit/s）	f_{osc}/MHz	SMOD	TH1 初值
19200	11.0592	1	0FDH
9600	11.0592	0	0FDH
4800	11.0592	0	0FAH
2400	11.0592	0	0F4H
1200	11.0592	0	0E8H

3.4.5　串行口的初始化

（1）串行口的汇编语言初始化编程

在使用 MCS-51 单片机的串行口之前，应先对其进行初始化，初始化编程步骤如下。

① 通过 SCON 设置工作方式及发送/接收控制；

② 通过 PCON 设置 SMOD；

③ 设置波特率。

一般，将定时器/计数器 T1 设置为工作方式 2 作为波特率发生器使用时，需要设置 TMOD、TL1、TH1、TR1。例如，以 9600bit/s 波特率（11.0592MHz 时钟频率）初始化串行口的语句如下：

```
MOV    SCON, #50H          ;设定串行口工作方式 1，且准备接收应答信号
MOV    PCON, #00H          ;设定 SMOD=0
MOV    TMOD, #20H          ;设置 T1 为工作方式 2
MOV    TH1, #0FDH          ;装载定时器初值，波特率为 9600bit/s
MOV    TL1, #0FDH
SETB   TR1                 ;启动定时器
```

（2）串行口的 C51 语言初始化编程

串行口的 C51 语言初始化编程步骤与汇编语言类似。例如，以 2400bit/s 波特率（11.0592MHz 时钟频率）初始化串行口的语句如下：

```
SCON=0x50;              //通过 SCON 设置工作方式及其他控制
PCON=0x00;              //通过 PCON 设置 SMOD
TMOD=0x20;              //通过 TMOD 设置 T1 为工作方式 2
TL1=0xf4;
TH1=0xf4;              //T1 置初值
TR1=1;                //启动 T1
```

3.4.6　串行口的应用

1. 串行口工作方式 0 应用编程

8051 的串行口工作方式 0 为 8 位同步移位寄存器输入/输出方式，只要外接串入并出或并入

串出的移位寄存器，就可以扩展一个并行 I/O 接口。

【例 3.8】　用 8051 串行口外接 CD4094 扩展 8 位并行输出口，如图 3.14 所示，8 位并行 I/O 接口的各位都接一个发光二极管，要求发光二极管呈流水灯状态（轮流点亮）。

解　串行口工作方式 0 的数据传送可采用中断方式，也可采用查询方式。无论采用哪种方式，都要借助于 TI 或 RI 标志。串行发送完 1 帧数据后，可以由 TI 置位申请中断，在中断服务程序中发送下 1 帧数据；或者查询 TI 的状态，只要 TI 为 0 就继续查询，若 TI 为 1 则结束查询，发送下 1 帧数据。在串行接收时，则由 RI 引起中断或对 RI 查询来确定何时接收下 1 帧数据。采用查询方式，程序如下：

```
            ORG   0000H
            AJMP   START        ;转主程序
            ORG   0030H
START:   MOV   SP, #60H        ;设置堆栈指针
            MOV   SCON, #00H    ;设置串行口工作方式 0
            MOV   A, #80H       ;最高位灯先亮，其余灭
            CLR   P1.0           ;关闭并行输出
OUT0:    MOV   SBUF, A         ;开始串行输出
OUT1:    JNB   TI, OUT1        ;输出完否？未完，等待；完了，继续执行
            CLR   TI             ;输出完成，清 TI 标志，以备下次发送
            SETB   P1.0          ;打开并行 I/O 接口输出
            ACALL   DELAY       ;延迟一段时间
            RR   A               ;循环右移，设置流水灯
            CLR   P1.0          ;关闭并行输出
            SJMP   OUT0         ;循环
DELAY:   …                      ;延时子程序（略）
            RET
            END
```

C51 程序如下：

```
#include <reg51.h>
#include <intrins.h>
#include<absacc.h>
#define uint unsigned int
#define uchar unsigned char
sbit P1_0= P1^0;
void delay(uint count)               //延时 ms 子程序
{
    uchar i;
    while(count--!= 0)
    for(i=0;i<110;i++);
}
void main()
{
    SCON=0x00;
    P1_0=0;
    ACC=0x80;
    while(1)
    {
        SBUF=ACC;
        if(TI==0) _nop_;
        else TI=0;
        P1_0=1;
```

```
        delay(500);
        ACC=ACC>>1;              //A 右移 1 位
        P1_0=0;
    }
}
```

2. 双机通信

双机通信的硬件连接图如图 3.15 所示。

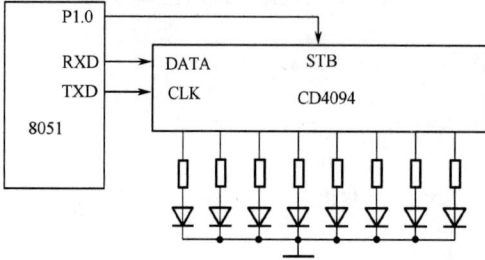

图 3.14   8051 串行口外接 CD4094 扩展电路

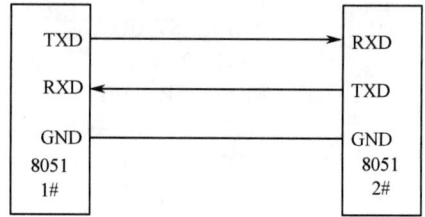

图 3.15   双机通信的硬件连接图

程序流程图如图 3.16 所示。

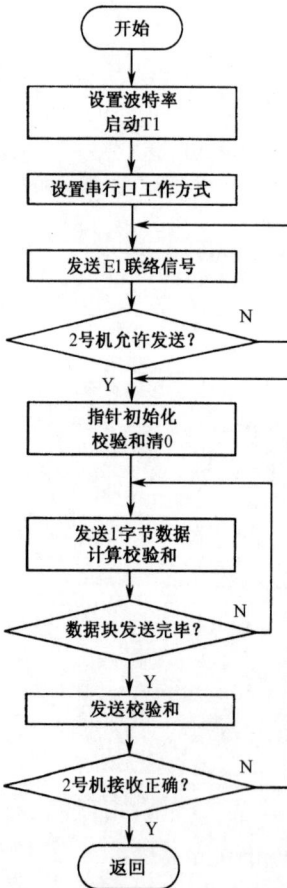

（a）发送程序流程图

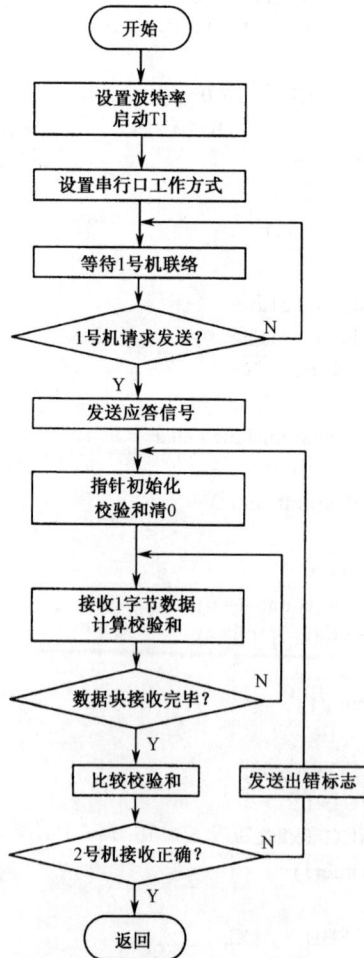

（b）接收程序流程图

图 3.16   双机通信程序流程图

设 1 号机是发送方，2 号机是接收方。当 1 号机发送时，先发送一个 E1 联络信号，2 号机收到后回答一个 E2 应答信号，表示同意接收。当 1 号机收到应答信号 E2 后，开始发送数据。每发送 1 字节数据都要计算校验和。假定数据块长度为 16 字节，起始地址为 40H，一个数据块发送完毕后立即发送校验和。2 号机接收数据并转存到数据缓冲区中，起始地址也为 40H，每接收到 1 字节数据便计算一次校验和。当收到一个数据块后，再接收 1 号机发来的校验和，并将它与 2 号机计算出的校验和进行比较。若两者相等，则说明接收正确，2 号机回答 00H；若两者不相等，则说明接收不正确，2 号机回答 0FFH，请求重发。1 号机接到 00H 后结束发送。若收到的答复非零，则重新发送数据一次。双方约定采用串行口工作方式 1 进行通信，1 帧信息为 10 位，其中有 1 个起始位、8 个数据位和 1 个停止位；波特率为 2400bit/s，T1 工作于定时器工作方式 2，单片机时钟振荡频率选择 11.0592MHz，查表 3.11 可得 TH1=TL1=0F4H，PCON 的 SMOD 位为 0。

发送程序如下：

```
                ORG    0000H
                LJMP   ASTART          ;转主程序
                ORG    0030H
ASTART:         MOV    SP, #60H         ;设置堆栈指针
                SETB   EA
                SETB   ET1
                CLR    ES
                MOV    TMOD, #20H       ;T1 置为工作方式 2
                MOV    TH1, #0F4H       ;装载定时器初值，波特率为 2400bit/s
                MOV    TL1, #0F4H
                MOV    PCON, #00H
                SETB   TR1              ;启动定时器
                MOV    SCON, #50H       ;设定串行口工作方式 1，且准备接收应答信号
ALOOP1:         MOV    SBUF, #0E1H      ;发联络信号
                JNB    TI, $            ;等待 1 帧发送完毕
                CLR    TI               ;允许再发送
                JNB    RI, $            ;等待 2 号机的应答信号
                CLR    RI               ;允许再接收
                MOV    A, SBUF          ;2 号机应答后，读到 A 中
                XRL    A, #0E2H         ;判断 2 号机是否准备完毕
                JNZ    ALOOP1           ;2 号机未准备好，继续联络
ALOOP2:         MOV    R0, #40H         ;2 号机准备好，设定数据块地址指针初值
                MOV    R7, #10H         ;设定数据块长度初值
                MOV    R6, #00H         ;清校验和单元，假设 16 个数据之和不多于 8 位
ALOOP3:         MOV    SBUF, @R0        ;发送 1 字节数据
                MOV    A, R6
                ADD    A, @R0           ;求校验和
                MOV    R6, A            ;保存校验和
                INC    R0
                JNB    TI, $
                CLR    TI
                DJNZ   R7, ALOOP3       ;整个数据块是否发送完毕
                MOV    SBUF, R6         ;发送校验和
                JNB    TI, $
                CLR    TI
                JNB    RI, $            ;等待 2 号机的应答信号
```

```
              CLR    RI
              MOV    A, SBUF          ;2 号机应答，读到 A 中
              JNZ    ALOOP2           ;2 号机应答"错误"，转 ALOOP2 重新发送
              SJMP   $                ;2 号机应答"正确"，结束
              END
```

C51 程序如下：

```
#include <reg51.h>
#include <intrins.h>
#include<absacc.h>
#define uchar unsigned char
uchar data *Tx;
uchar SUM=0;
uchar Rx;
void serial_init (void)        //串行口初始化程序
{
    SCON=0x50;          //串行口工作方式 1，10 位异步接收/发送，波特率可变
    TMOD=0X20;          //T1 的自动重装模式，用于波特率发生器
    PCON=0X00;          //设置 SMOD=0
    TH1=0xf4;           //将宏计算的 T1 初值放到 TH1 中
    TL1=0xf4;
    TR1=1;              //启动 T1 来产生串行口工作所需要的波特率
    EA=1;
    ET1=1;
    ES =0;              //禁止串行口中断
}
void Txput( uchar Tb)          //利用串行口工作方式 1 发送 1 字节数据的函数
{
    SBUF= Tb;           //要发送的数据送到发送缓冲器中，发送
    while(TI==0);       //查询是否发送结束，当 TI=1 时，发送结束
    TI=0;               //清发送标志位，准备下一次发送
}
void Rxput(uchar Rb)           //利用串行口工作方式 1 接收 1 字节数据的函数
{
    ACC= SBUF;
    Rb = ACC;           //将接收到的数据送到 Rb 中
    while(RI==0);       //查询接收是否结束，当 RI=1 时，接收结束
    RI=0;               //清接收标志位，准备下一次接收
}
void main()
{
    uchar i;
    serial_init();
    do
    {
        Txput( 0xe1);   //利用串行口工作方式 1 发送 1 字节数据 0E1H
        Rxput(Rx);
    }
    while(Rx!==0xe2);
```

```
        do
        {
            Tx=0x40;
            for(i=0;i<16;i++)
            {
                ACC=*Tx;
                SUM= SUM+ ACC;
                Txput(ACC);
                Tx++;
            }
            Txput(SUM);
            TI=0;
            Rxput(Rx);
            RI=0;
        }
        while(Rx==0xFF);
    }
```

接收程序如下：

```
            ORG   0000H
            LJMP  BSTART          ;转主程序
            ORG   0030H
BSTART:     MOV   SP, #60H        ;设置堆栈指针
            SETB  EA
            SETB  ET1
            CLR   ES
            MOV   TMOD, #20H
            MOV   TH1, #0F4H
            MO V  TL1, #0F4H
            MOV   PCON, #00H
            SETB  TR1
            MOV   SCON, #50H      ;设定串行口工作方式1，且准备接收
BLOOP1:     JNB   RI, $           ;等待1号机的联络信号
            CLR   RI
            MOV   A, SBUF         ;收到1号机信号
            XRL   A, #0E1H        ;判断是否为1号机联络信号
            JNZ   BLOOP1          ;不是1号机联络信号，再等待
            MOV   SBUF, #0E2H     ;是1号机联络信号，发应答信号
            JNB   TI, $
            CLR   TI
            MOV   R0, #40H        ;设定数据块地址指针初值
            MOV   R7, #10H        ;设定数据块长度初值
            MOV   R6, #00H        ;清校验和单元
BLOOP2:     JNB   RI, $
            CLR   RI
            MOV   A, SBUF
            MOV   @R0, A          ;接收数据转储
            INC   R0
            ADD   A, R6           ;求校验和
```

```
              MOV    R6, A
              DJNZ   R7, BLOOP2        ;判断数据块是否接收完毕
              JNB    RI, $             ;完毕，接收 1 号机发来的校验和
              CLR    RI
              MOV    A, SBUF
              XRL    A, R6             ;比较校验和
              JZ     END1              ;校验和相等，跳转，发正确标志
              MOV    SBUF, #0FFH       ;校验和不相等，发错误标志
              JNB    TI, $             ;转重新接收
              CLR    TI
              SJMP   BLOOP2            ;转重新接收
    END1:     MOV    SBUF, #00H
              SJMP $
              END
```

接收程序 C51 程序参考发送程序（略）。

注意：双机通信在调试时，应先启动接收方工作，然后再启动发送方工作，以避免发送的命令与数据丢失。

3．多机通信

（1）硬件连接

单片机构成的多机系统常采用总线型主从式结构。所谓主从式，是指在多块单片机中，有一块是主机，其余的是从机，从机要服从主机的调度、管理。8051 的串行口工作方式 2 和工作方式 3 适合这种主从式的通信结构。当然，采用不同的通信标准时，还需要进行相应的电平转换，有时还要对信号进行光电隔离。在实际的多机应用系统中，常采用 RS-485 串行标准总线进行数据传输。简单的硬件连接如图 3.17 所示（图中没有画出 RS-485 接口）。

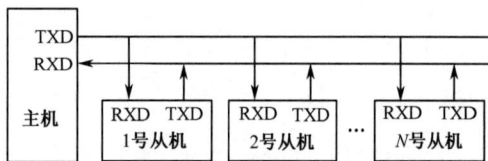

图 3.17　多机通信的硬件连接图

（2）通信协议

① 主机的 SM2 位置为 0，所有从机的 SM2 位置为 1，处于接收地址帧状态。

② 主机发送一个地址帧，其中，8 位是地址，第 9 位为地址/数据的区分标志，该位置为 1，表示该帧为地址帧。

③ 所有从机收到地址帧后，都将接收的地址与本机地址进行比较。对于地址相符的从机，把自己的 SM2 位置为 0（以接收主机随后发来的数据帧），并把本机地址发回主机作为应答；对于地址不符的从机，仍保持 SM2=1，对主机随后发来的数据帧不予理睬。

④ 主机收到从机应答地址后，确认地址是否相符，如果地址不符，则发复位信号（数据帧中 TB8=1）；如果地址相符，则清 TB8。然后判断是主发从收，还是从发主收。

⑤ 如果是从发主收，则允许从机开始发送数据，主机接收。从机开始发送数据，发送数据结束后，要发送 1 帧校验和，并置第 9 位（TB8）为 1，作为从机数据传送结束的标志。

⑥ 主机接收数据时先判断数据接收标志（RB8）。若接收帧的 RB8=0，则存储数据到缓冲区中，并准备接收下一帧信息。若 RB8=1，则表示数据传送结束，并比较此帧校验和，若正确，则回送正确信号 00H，此信号命令该从机复位（即重新等待地址帧）；若校验和出错，则发送 0FFH，命令该从机重发数据。

⑦ 如果是主发从收，则主机开始发送数据，并发送校验和，若正确，则从机回送正确信号 00H，此信号命令该从机复位（即重新等待地址帧）；若校验和出错，则从机发送 0FFH，主机重新发送数据。

⑧ 从机收到复位命令后回到监听地址状态（SM2=1），否则开始接收数据和命令。

（3）应用程序

① 设主机发送的地址联络信号为00H，01H，02H，…（即从机设备地址），地址FFH为各从机复位命令，即恢复SM2=1。

② 主机命令编码：01H 表示主机命令从机接收数据，02H 表示主机命令从机发送数据，其他都按02H对待。

③ 程序分为主机程序和从机程序。以地址为01H的从机为例，约定从机从内部RAM的30H单元开始一次传递16字节数据，主机接收后存放在内部RAM从30H开始的单元中。

主机子程序（设从机地址号存于40H单元中，命令存于41H单元中）如下：

```
            ORG    0000H
            LJMP   MAIN
            ORG    0030H
   MAIN:    MOV    SP, #60H
            MOV    TMOD, #20H      ;T1 工作方式 2
            MOV    TH1, #0FDH      ;初始化波特率为 9600bit/s
            MOV    TL1, #0FDH
            MOV    PCON, #00H
            SETB   TR1
            MOV    SCON, #0F0H     ;串行口工作方式 3，多机，准备接收应答
   LOOP1:   SETB   TB8
            MOV    SBUF, 40H       ;发送预通信的从机地址
            JNB    TI, $
            CLR    TI
            JNB    RI, $           ;等待从机对联络信号应答
            CLR    RI
            MOV    A, SBUF         ;接收应答，读至 A 中
            XRL    A, 40H          ;判断应答的地址是否正确
            JZ     AD_OK
   AD_ERR:  MOV    SBUF, #0FFH     ;应答错误，发命令 FFH
            JNB    TI, $
            CLR    TI
            SJMP   LOOP1           ;返回重新发送联络信号
   AD_OK:   CLR    TB8             ;应答正确
            MOV    SBUF, 41H       ;发送命令字
            JNB    TI, $
            CLR    TI
            JNB    RI, $           ;等待从机对命令应答
            CLR    RI
            MOV    A, SBUF         ;接收应答，读至 A 中
            XRL    A, #80H         ;判断应答是否正确
            JNZ    CO_OK
            SETB   TB8
            SJMP   AD_ERR          ;错误处理
   CO_OK:   MOV    A, SBUF         ;应答正确，判断是发送还是接收命令
            XRL    A, #01H
            JZ     SE_DATA         ;从机准备好接收，可以发送
            MOV    A, SBUF
```

```
                    XRL    A, #02H
                    JZ     RE_DATA           ;从机准备好发送，可以接收
                    LJMP   SE_DATA
        RE_DATA: MOV    R6, #00H            ;清校验和，接收 16 字节数据
                    MOV    R0, #30H
                    MOV    R7, #10H
        LOOP2:    JNB    RI, $
                    CLR    RI
                    MOV    A, SBUF
                    MOV    @R0, A
                    INC    R0
                    ADD    A, R6
                    MOV    R6, A
                    DJNZ   R7, LOOP2
                    JNB    RI, $
                    CLR    RI
                    MOV    A, SBUF           ;接收校验和并判断
                    XRL    A, R6
                    JZ     XYOK              ;校验正确
                    MOV    SBUF, #0FFH       ;校验错误
                    JNB    TI, $
                    CLR    TI
                    LJMP   RE_DATA
        XYOK :     MOV    SBUF, #00H         ;校验和正确，发 00H
                    JNB    TI, $
                    CLR    TI
                    SETB   TB8               ;置地址标志
                    LJMP   RET_END
        SE_DATA: MOV    R6, #00H            ;发送 16 字节数据
                    MOV    R0, #30H
                    MOV    R7, #10H
        LOOP3 :    MOV    A, @R0
                    MOV    SBUF, A
                    JNB    TI, $
                    CLR    TI
                    INC    R0
                    ADD    A, R6
                    MOV    R6, A
                    DJNZ   R7, LOOP3
                    MOV    A, R6
                    MOV    SBUF, A           ;发校验和
                    JNB    TI, $
                    CLR    TI
                    JNB    RI, $
                    CLR    RI
                    MOV    A, SBUF
                    XRL    A, #00H
                    JZ     RET_END           ;从机接收正确
```

```
        SJMP   SE_DATA          ;从机接收不正确，重新发送
RET_END: SJMP $
        END
```

从机程序（设本机号存于 40H 单元中，41H 单元用于存放发送命令，42H 单元用于存放接收命令）见二维码。

4．单片机与微机的通信

在工控系统（尤其是多点现场工控系统）设计实践中，单片机与微机组合构成分布式控制系统是一个重要的发展方向。分布式系统采用主从管理方式，层层控制。主控计算机监督管理各子系统分机的运行状况。子系统与子系统可以平等地交换信息，也可以有主从关系。分布式系统最明显的特点是可靠性高，某子系统的故障不会影响其他子系统的正常工作。简单硬件连接图如图 3.18 所示。

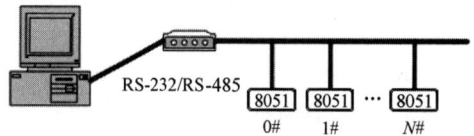

图 3.18　单片机与微机通信的硬件连接

一台微机既可以与一个单片机系统通信，也可以与多个单片机系统通信；可以近距离通信，也可以远距离通信。单片机与微机通信时，其硬件接口技术主要有电平转换、控制接口设计和通信距离不同的接口等处理技术。

在 DOS 操作环境下，要实现单片机与微机的通信，只要直接对微机接口的通信芯片 8250 进行口地址操作即可。在 Windows 操作环境下，由于系统硬件的无关性，因此不再允许用户直接操作串行口地址。如果用户要进行串行通信，可以调用 Windows 的 API（应用程序接口）函数，但其使用较为复杂，而使用 VB 通信控件（MSComm）可以很容易地解决这一问题。

VB 是 Windows 图形工作环境与 BASIC 语言编程简便性的完美结合。它简明易用，实用性强。VB 提供一个名为 MSComm32.OCX 的通信控件，它具备基本的串行通信能力，可通过串行口发送和接收数据，为应用程序提供串行通信功能。

习题 3

1．MCS-51 单片机的 P0 口作为输出口时，每位能驱动____个 TTL 负载。

2．MCS-51 单片机有____个 8 位并行 I/O 接口，在作为通用 I/O 接口使用时，P0～P3 是准双向口，所以由输出转输入时必须先写入____。

3．8051 有____个中断源，有____个中断优先级，优先级由软件填写特殊功能寄存器____加以选择。

4．MCS-51 单片机外部中断 1 对应的中断入口地址为____H。

5．在 MCS-51 单片机中，当定时器/计数器 T0 采用工作方式____时，要占定时器/计数器 T1 的 TR1 和 TF1 两个控制位。

6．设(TMOD)=0A5H，则定时器/计数器 T0 的状态是____，定时器/计数器 T1 的状态是____。

7．定时器/计数器 T0 溢出标志位是____，定时器/计数器 T1 溢出标志位是____。

8．在串行数据通信中，按数据传送的方向可分为____、____、____、____4 种。

9．在 MCS-51 单片机中，设置串行口为 10 位 UART，则其工作方式应选用____。

10．MCS-51 单片机串行通信时，要发送数据，必须将要发送的数据送至____发送寄存器中；要接收数据，也要到同名的接收寄存器中取数据。

11．异步串行数据通信的帧格式由____位、____位、____位和____位组成。

12．在中断服务程序中，至少应有一条（　　）。

　　A）传送指令　　　　B）转移指令　　　　　　C）加法指令　　　　　　　D）中断返回指令

13．8051 中断查询确认后，在下列运行情况下，能立即进行响应的是（　　）。

A）当前正在执行高优先级中断处理

B）当前正在执行 RETI 指令

C）当前指令是 DIV 指令，且正处于取指令的机器周期

D）当前指令是 MOV　A, R3

14. 要使 MCS-51 单片机能够响应定时器/计数器 T1 中断、串行口中断，它的中断允许寄存器 IE 的内容应是（　　）。

    A）98H   B）84H   C）42   D）22H

15. 在 MCS-51 单片机中，使用定时器/计数器 T1 时，有（　　）种工作方式。

    A）1   B）2   C）3   D）4

16. 在 MCS-51 单片机中，当定时器设置为工作方式 1，系统采用 6MHz 晶振时，若要使定时器定时 0.5ms，则定时器的初值为（　　）。

    A）FF06H   B）F006H   C）0006H   D）06FFH

17. 在 MCS-51 单片机中，定时器 T1 的溢出标志为 TF1，采用中断方式，当定时器溢出时，CPU 响应中断后，该标志（　　）。

    A）由软件清 0   B）由硬件清 0   C）随机状态   D）AB 都可以

18. 在异步通信中每个字符由 9 位组成，串行口每分钟传送 25000 个字符，则对应的波特率为（　　）bit/s。

    A）2500   B）2750   C）3000   D）3750

19. 在 MCS-51 单片机中，控制串行口工作方式的寄存器是（　　）。

    A）TCON   B）PCON   C）SCON   D）TMOD

20. 什么是中断和中断系统？其主要功能是什么？

21. 什么是中断优先级？中断优先处理的原则是什么？

22. 8051 有哪些中断源？如何对各中断请求进行控制？

23. 简述 MCS-51 单片机中断系统的初始化步骤。

24. 简述 MCS-51 单片机的中断响应过程。

25. 8051 单片机怎样管理中断？怎样开放和禁止中断？怎样设置优先级？

26. 8051 在什么条件下可响应中断？

27. 请写出 MCS-51 单片机 $\overline{\text{INT1}}$ 引脚为低电平触发的中断系统初始化程序。

28. 8051 响应中断后，写出各中断源中断服务程序的入口地址。

29. 8051 在执行某个中断源的中断服务程序时，如果有新的中断请求出现，试问在什么情况下可以响应新的中断请求？在什么情况下不能响应新的中断请求？

30. 8051 单片机外部中断源有几种触发中断请求的方法？如何实现中断请求？

31. MCS-51 单片机的中断服务程序能否存放在 64KB 程序存储器的任意区域？如何实现？

32. 8051 单片机内部有几个定时器/计数器？它们由哪些特殊功能寄存器组成？

33. 8051 单片机定时器/计数器作为定时和计数使用时，其计数脉冲分别由谁提供？

34. 定时器/计数器作为定时器使用时，其定时时间与哪些因素有关？作为计数器使用时，对外界计数频率有何限制？

35. MCS-51 单片机定时器/计数器的 4 种工作方式各有何特点？如何选择、设定？

36. 使用一个定时器，如何通过软/硬件结合的方法实现较长时间的定时？

37. 利用 MCS-51 单片机定时器/计数器从 P1.0 引脚输出周期为 2ms 的方波，设单片机晶振频率为 6MHz，试编程实现之。

38. 已知 8051 单片机系统时钟频率为 6MHz，请利用定时器/计数器 T0 和 P1.2 引脚输出占空比为 1:8

的矩形脉冲，其波形如图 3.19 所示，试编程实现之。

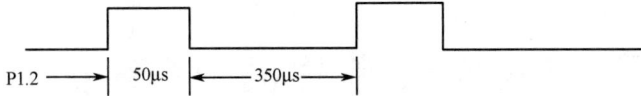

图 3.19　波形图

39．在 8051 单片机中，已知时钟频率为 12MHz，编程使 P1.0 和 P1.1 引脚分别输出周期为 2ms 和 500μs 的方波。

40．利用 8051 单片机定时器/计数器测量某正脉冲宽度，已知此脉冲宽度小于 10ms，主机频率为 12MHz。编程测量脉冲宽度，并把结果转换为 BCD 码，顺序存放在内部 RAM 从 50H 单元开始的内存单元中（50H 单元中存放个位）。

41．波特率、比特率和数据传输速率的含义是什么？

42．什么是串行异步通信？它有哪些特征？

43．MCS-51 单片机的串行口由哪些功能部件组成？各有什么作用？

44．简述 MCS-51 单片机串行口接收和发送数据的过程。

45．MCS-51 单片机串行口有几种工作方式？有几种帧格式？各种工作方式的波特率应如何确定？

46．简述 MCS-51 单片机多机通信的原理。

47．在微机与单片机构成的测控网络中，提高通信的可靠性要注意哪些问题？

48．MCS-51 单片机串行口按工作方式 3 传送，已知其每分钟传送 3600 个字符，计算其传送波特率。

49．利用 8051 单片机串行口控制 8 个发光二极管工作，要求 8 个发光二极管全部亮 1s 后，再全部灭 1s，循环进行。画出电路图并编写程序。

50．试编写一个 8051 单片机的串行通信的数据发送程序，发送内部 RAM 的 40H～4FH 单元中的 16 字节数据。串行口设定为工作方式 2，采用偶校验方式，晶振频率为 11.0592MHz。

51．试编写一个 8051 单片机的串行通信的数据接收程序，将接收到的 16 字节数据送到内部 RAM 的 30H～3FH 单元中。串行口设定为工作方式 3，波特率为 1200bit/s，晶振频率为 11.0592MHz。

第4章 MCS-51单片机的系统扩展技术

本章从工程应用角度介绍 MCS-51 单片机系统扩展的基本原理和方法，介绍常用器件的选择和应用，介绍常用总线标准和典型接口电路，要求掌握单片机系统扩展的原理、方法，并能根据工程要求进行系统扩展。重点在于常用器件的选择和应用，典型接口电路和常用总线标准，单片机系统扩展的基本原理和方法。难点在于存储器地址重叠，灵活运用所学知识，根据实际需要进行系统扩展。本章涉及的有关器件工作原理及软/硬件设计方法对其他系列的单片机也适用，读者可以举一反三。

由于 MCS-51 单片机内部资源是有限的，经常会出现内部资源不够用的情况。因此，系统扩展是单片机系统设计中经常遇到的问题。

4.1 MCS-51 单片机系统扩展概述

系统扩展是指为加强单片机某方面功能，在最小应用系统基础上，增加一些外围功能部件而进行的资源扩充。

4.1.1 MCS-51 单片机外部扩展原理

1．MCS-51 单片机的外部总线结构

MCS-51 单片机具有很强的外部扩展功能。其外部引脚可构成三总线结构，即地址总线、数据总线和控制总线。单片机所有的外部扩展都是通过三总线进行的。

（1）地址总线（AB）

地址总线用于传送单片机输出的地址信号，宽度为 16 位，可寻址的地址范围为 2^{16}=64KB。地址总线是单向的，只能由单片机向外发出。P0 口提供低 8 位地址，P2 口提供高 8 位地址。由于 P0 口既用于地址总线又用于数据总线，分时复用，所以，P0 口提供的低 8 位地址由 P0 口经锁存器提供。锁存信号由 CPU 的 ALE 引脚提供。

（2）数据总线（DB）

数据总线由 P0 口提供，宽度为 8 位。P0 口是双向三态口，是单片机系统中使用最频繁的通道。P0 口提供的数据总线上要连接多块扩展的外围芯片，而某一时刻只能有一个有效的数据传输通道。具体哪块芯片的数据通道有效，由各芯片的片选信号控制。欲使 CPU 与某块外部芯片交换数据，CPU 必须先通过地址总线发出该芯片的地址，使该芯片的片选信号有效，此时 P0 口提供的数据总线上的数据只能在 CPU 和该芯片之间进行传送。

（3）控制总线（CB）

控制总线实际上是 CPU 输出的一组控制信号。每个控制信号都是单向的，但是由多个不同的控制信号组合而成的控制总线则是双向的。MCS-51 单片机中用于系统扩展的控制信号有 $\overline{RD}$、$\overline{WR}$、$\overline{PSEN}$、ALE 和 $\overline{EA}$ 等。

MCS-51 单片机通过三总线扩展外部设备的总体结构图如图 4.1 所示。

2．MCS-51 单片机系统的扩展能力

根据 MCS-51 单片机外部地址总线的宽度可知，外部可扩展存储器的最大容量为 2^{16}=64KB，地址范围为 0000H～FFFFH。由于 MCS-51 单片机对外部程序存储器和数据存储器的操作指令和控制信号不同，因此允许外部程序存储器和数据存储器的地址重叠，即外部程序存储器和数据存

储器可分别扩展至 64KB。

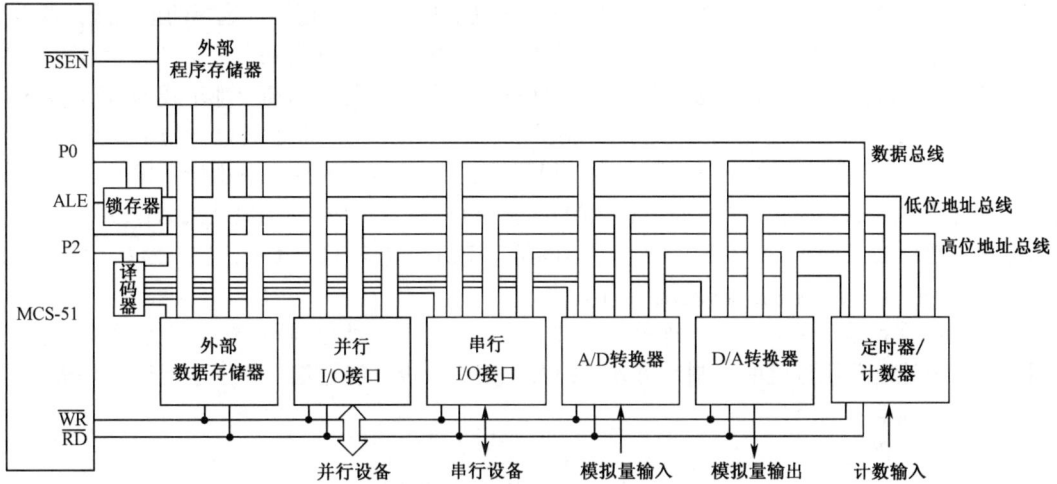

图 4.1　MCS-51 扩展外部设备的总体结构图

因为内部、外部数据存储器的操作指令不同（内部 RAM 用 MOV，外部 RAM 用 MOVX），所以允许两者的地址重叠，即内部、外部数据存储器的地址均可以从 0000H 单元开始。

对于程序存储器的操作，内部、外部使用相同的指令，通过 $\overline{EA}$ 信号控制选择。当 $\overline{EA}$ =0 时，无论内部有无程序存储器，均从外部开始寻址程序存储器。当 $\overline{EA}$ =1 时，程序存储器先寻址内部，内部寻址完后再转向外部，但总的容量不能超过 64KB。例如，对于内部有 4KB 程序存储器的芯片（如 8051、AT89S51、8751），当 $\overline{EA}$ =1 时，前 4KB（0000H～0FFFH）在内部程序存储器寻址，而外部程序存储器的地址只能从 1000H 单元开始设置。

在计算机系统中，凡需要进行读/写操作的部件都存在编址的问题。存储器的每个单元均有自己的地址，对于 I/O 接口，则需要对接口中的每个端口进行编址。通常采取两种编址方法：一种是独立编址，另一种是统一编址。MCS-51 单片机采用了统一编址方式，即 I/O 接口地址与外部数据存储单元地址共同使用 64KB（0000H～FFFFH）的地址空间。因此，MCS-51 单片机系统扩展较多外部设备和 I/O 接口时，要占用大量的数据存储器的地址空间。

4.1.2　MCS-51 单片机系统地址空间的分配

MCS-51 单片机系统是通过三总线扩展各种外部设备的。CPU 根据地址访问外部扩展芯片，即由系统地址总线上送出的地址信息选中某一芯片的某一单元进行读/写。要使应用系统有条不紊地工作，使任意时刻总线上只有一个有效的数据传输通道，就必须正确设置各工作芯片的片选/使能信号。系统空间分配就是通过地址总线的适当连接产生各外部扩展芯片的片选/使能等信号，达到选择外部设备的目的。

所谓编址，就是利用系统提供的地址总线，通过适当的连接，最终达到一个编址唯一地对应系统中的一个外部芯片的目的，实现与外部芯片的一一对应过程。编址就是研究外部芯片片选/使能信号的产生问题，即系统地址空间的分配问题，实现外部芯片的选择。若某外部芯片内部还有多个可寻址单元，则称为片内寻址。在逻辑上，外部芯片的选择是由系统未用到的高位地址线通过译码实现的；片内寻址直接由系统低位地址信息确定，把芯片的地址引线按位号与相应的地址线直接连接即可实现片内寻址。

一般，产生外部芯片片选信号的方法有三种：线选法、全地址译码法和部分地址译码法。

（1）线选法

线选法是指直接以系统未用到的空闲高位地址线作为外部芯片的片选信号，即将地址线与芯片的片选端直接连接使用。

一般，芯片的片选端用 $\overline{CS}$、$\overline{CE}$ 等符号表示，低电平有效，只要连接片选端的地址线为低电平，就选中了该芯片，CPU 可对该芯片进行读/写操作。在 CPU 外扩的全部芯片中，若容量最大的是 2^n 字节，则所用的低位地址线最多为 n 根（A0～A(n-1)），可用于片选的高位地址线为 A15～An。

线选法中芯片的地址范围确定方法是，将扩展该芯片未用到的地址线设置为 1 或 0（对于 I/O 接口，一般为 1，且在同一个应用系统中应有相同的选择），用到的地址线由所访问的芯片和单元确定，片选信号为 0。例如，一块外部芯片的 $\overline{CS}$ 接 A15，芯片内部单元地址线 A1A0 接系统地址线的低 2 位地址线 A1A0，则该芯片的地址范围是 7FFCH～7FFFH（其中，A15 为 0，A1A0 的取值范围为 00～11，其余未用到的地址线为 1）。

线选法的优点是简单明了，无须另外增加电路；缺点是寻址范围不唯一，地址空间未被充分利用，受系统地址总线宽度的限制，可外扩的芯片数量较少。线选法适用于小规模单片机系统中外部芯片的片选信号的产生。

（2）全地址译码法

全地址译码法是指利用译码器对系统地址总线中未被外部芯片用到的高位地址线进行译码，以译码器的输出作为外部芯片的片选信号。常用的译码器有双 2-4 译码器 74LS139、3-8 译码器 74LS138、4-16 译码器 74LS154 等。

全地址译码法以外部扩展的全部芯片未用到的地址线作为地址译码器的输入，译码器的输出作为片选信号接到外部芯片上。例如，设外部扩展的全部芯片中所用地址线最多为 A0～A12，则可将 A15、A14、A13 作为地址译码器 74LS138 的输入，74LS138 译码器的 8 个输出端可分别接到 8 块外部芯片的片选端上。不管 8 块外部芯片内各有多少个单元，其所占的地址空间都是一样的，均为 8KB。具体地址由所访问芯片和用到的地址线来决定。

全地址译码法的优点是，存储器的每个存储单元只有唯一的系统空间地址，不存在地址重叠现象；对存储空间的使用是连续的，能有效地利用系统的存储空间；利用同样的高位地址线，全地址译码法编址产生的片选线比线选法的多，为系统扩展提供了更多的冗余条件。其缺点是，所需地址译码电路较多，尤其在单片机寻址能力较大和所采用的存储器容量较小时更为严重。全地址译码法是单片机系统设计中经常采用的方法。

（3）部分地址译码法

部分地址译码法是指单片机的未被外部扩展芯片用到的高位地址线中，只有一部分参与地址译码，其余部分是悬空的。采用部分地址译码方式，无论 CPU 使悬空的高位地址线上的电平如何变化，都不会影响它对外部存储单元的选址，故存储器每个存储单元的地址不是唯一的，存在地址重叠现象。因此，采用部分地址译码法时，必须把程序和数据存放在基本地址范围内（即悬空的高位地址线全为低电平时存储芯片的地址范围），以避免因地址重叠引起程序运行的错误。部分地址译码法的优点是可以减少所用地址译码器的复杂程度。

4.2 存储器的扩展

存储器是计算机系统中的记忆装置，用来存放要运行的程序和程序运行时所需的数据。从不同角度出发，存储器有不同的分类，按存储元件材料不同可分为半导体存储器、磁存储器及光存储器；按读/写工作方式不同可分为随机存取存储器（Random Access Memory，RAM）和只读存储器（Read-Only Memory，ROM）。单片机系统扩展的存储器通常使用半导体存储器，根据用途不同可以分为程序存储器（一般采用 ROM）和数据存储器（一般采用 RAM）两种类型。

MCS-51 单片机对外部存储器的扩展应考虑如下的问题。

（1）选取存储器芯片的原则

只读存储器常用于固化程序和常数，以便系统一开机就可按预定的程序工作。只读存储器可分为掩模（ROM）、可编程（PROM）、紫外线可擦除（EPROM）、电可擦除（E²PROM）和闪存（Flash ROM）几种。若所设计的系统是小批量生产或开发产品，则建议使用 EPROM、E²PROM 和 Flash ROM；若为成熟的大批量产品，则应采用 PROM 或掩模 ROM，以降低生产成本和提高系统的可靠性。

随机存取存储器可分为静态 RAM（SRAM）和动态 RAM（DRAM）两类，常用来存取实时数据、变量和运算结果。若所用的 RAM 容量较小或要求较高的存取速度，则宜采用 SRAM；若所用的 RAM 容量较大或要求低功耗，则应采用 DRAM，以降低成本。

除以上类型存储器外，还有一次性编程存储器（OTP ROM）、非易失性铁电存储器（FRAM）、新型非易失性静态读/写存储器（NVSRAM）、用于多处理器系统的双端口 RAM（DPRAM）等。读者在实际应用中应注意选择与利用。

（2）工作速度的匹配

MCS-51 单片机的工作速度一般用访存时间来表示。MCS-51 单片机对外部存储器进行读/写所需要的时间称为访存时间，是指 CPU 向外部存储器发出地址信号，并在 P0 口读/写完数据所需要的时间（见 1.3.3 节）。存储器的最大存取时间是存储器固有的时间（可查阅相关的手册）。为了使 MCS-51 单片机和外部存储器同步而可靠地工作，MCS-51 单片机的访存时间必须大于所用外部存储器的最大存取时间。

（3）MCS-51 单片机对存储容量的要求

MCS-51 单片机所需的存储容量与存储器芯片本身的存储容量是两个概念。MCS-51 单片机所需的存储容量是由实际应用系统的应用程序和实时数据的数量决定的，而存储器芯片的存储容量是存储器固有的参数，不同型号的存储器，其存储容量也不同。一般来说，在 MCS-51 单片机系统所需存储容量不变的前提下，所选存储器本身的存储容量越大，所用存储器芯片数量就越少，所需的地址译码电路就越简单。

（4）MCS-51 单片机对存储器地址空间的分配

存储器地址空间的分配是给每块芯片划定一个地址范围，因为不同译码器的输出引脚与存储器的片选引脚相连时，存储器的地址范围也不同。无论怎样划定存储器的地址范围，都必须满足存储器本身的存储容量要求，否则会造成存储器硬件资源的浪费。

（5）合理地选择地址译码方式

可根据实际应用系统的具体情况，按 4.1.2 节介绍的线选法、全地址译码法、部分地址译码法的优缺点选择合理的地址译码方式。

4.2.1　程序存储器的扩展

程序存储器是用来存储程序代码、常数和表格的。单片机的程序存储器一般由半导体存储器 ROM 构成。对于无 ROM 型单片机，或者当单片机内部程序存储器容量不够用时，需要在外部扩展程序存储器。半导体存储器 EPROM、E²PROM 和 Flash ROM 等都可以用作单片机的外部程序存储器。本节以常用的 EPROM 芯片为例介绍程序存储器的扩展。

1. 常用程序存储器

EPROM 主要为 27 系列芯片，即 2716、2732、2764、27128、27256、27512、27040 等型号，其容量分别是 2K×8bit、4K×8bit、8K×8bit、16K×8bit、32K×8bit、64K×8bit 和 512K×8bit。其中，2716、2732 为 24 脚，且容量较小，性价比低；而 2764、27128、27256 和 27512 为 28 脚，其引脚排列基本向下兼容，容量升级较为方便，使用较多。由于价格相差不大，大容量的 EPROM 速

度快，且扩展时，程序存储器应留有一定的程序功能扩充空间，因此一般选择 8KB 以上的芯片作为外部程序存储器。

2764、27128、27256 和 27512 的引脚图如图 4.2 所示。各引脚的含义和功能说明如下。

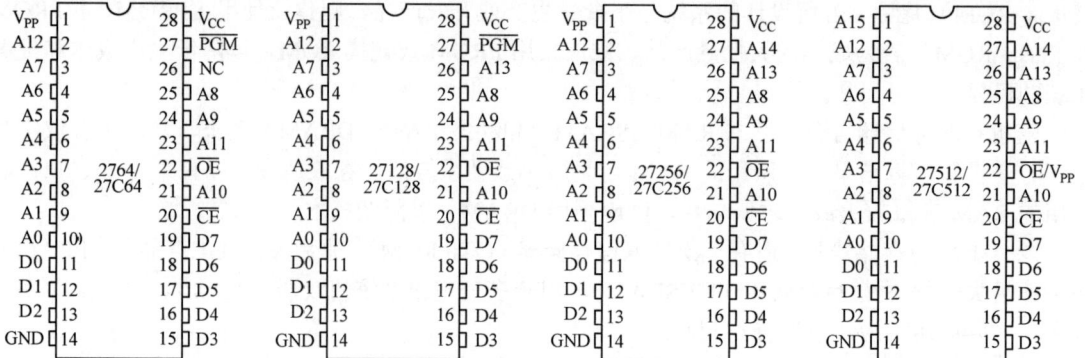

图 4.2　常用 EPROM 芯片引脚图

① D7～D0：三态数据总线。读或编程校验时，用于数据输出；编程固化时，用于数据输入；维持或编程禁止时，D7～D0 呈高阻抗。

② A0～An：地址总线，n=12～15。2764 的地址总线为 13 位，n=12；27512 的地址总线为 16 位，n=15。

③ $\overline{CE}$：片选，该引脚输入为低电平时，芯片被选中，处于工作状态；输入为高电平时，芯片处于数据高阻态。

④ $\overline{OE}$：输出允许，低电平有效。当该引脚为低电平，且 $\overline{CE}$、地址总线有效时，数据从 D7～D0 输出到数据总线上。

⑤ V_{PP}：编程电源。输入电压值因制造厂商和芯片型号不同而异。

⑥ $\overline{PGM}$：编程脉冲信号。

⑦ V_{CC} 与 GND：电源与地。

⑧ NC：空引脚。

在单片机应用中，EPROM 主要工作在读和维持两种方式下，其他工作方式为芯片的编程状态。由于现在编程器使用较多，大多数的编程与编程校验均在编程器上自动完成，故本书对上述与编程有关的方式不过多叙述。表 4.1 中列出了 2764、27512 在读、维持工作方式下各引脚的状态。27128、27256 与之类似。

表 4.1　EPROM 芯片的引脚状态

芯片	方式	引 脚 状 态					
		$\overline{CE}$	$\overline{OE}$	$\overline{PGM}$	V_{PP}	V_{CC}	D0～D7
2764	读	L	L	H	V_{CC}	+5V	数据输出
	维持	H	X	X	V_{CC}	+5V	高阻
27512	读	L	L	H	V_{CC}	+5V	数据输出
	维持	H	X	X	V_{CC}	+5V	高阻

注：表中，L 表示低电平，H 表示高电平，X 表示任意。

2. 地址锁存器

程序存储器扩展时，除要选择 EPROM 芯片外，还必须选择地址锁存器。通常选择 74LS373 和 74LS273，引脚如图 4.3 所示。在使用时，应注意两者的区别。74LS373 是透明的带有三态输出的 8D 锁存器，如图 4.4 所示。当三态门的使能 $\overline{OE}$ 端为低电平时，三态门处于导通状态，允许 Q 端输出；当 $\overline{OE}$ 端为高电平时，输出三态门断开，输出端对外电路呈高阻状态。因此，74LS373 用作地址锁存器时，应使三态门的 $\overline{OE}$ 端为低电平。这样，当锁存控制 LE 端为高电平时，锁存器处于透明状态，Q 端输出等于 D 端输入；当 LE 端从高电平下降到低电平时（下降沿），D 端的输入数据锁入锁存器中，在 LE 端为低电平期间，无论 D 端的输入如何变化，Q 端保持原输出不变。

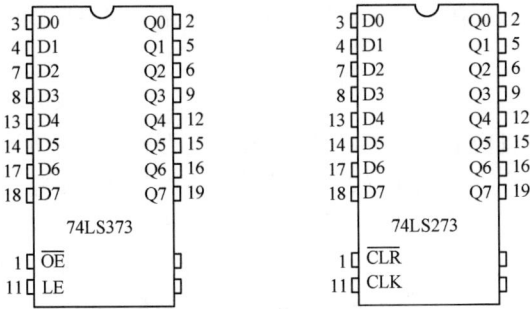

图 4.3　锁存器的引脚图

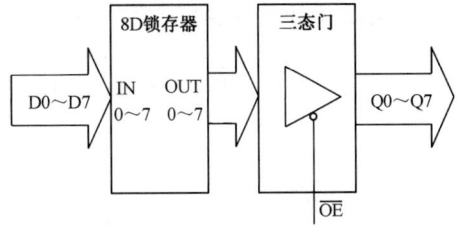

图 4.4　74LS373 原理结构

74LS273 是带有清除端的 8D 触发器，只有在清除端保持高电平时，才具有锁存功能，锁存控制端为 11 脚 CLK。应注意的是，74LS273 采用上升沿锁存，而 74LS373 采用下降沿锁存，所以二者在用作地址锁存时，与 CPU 的连接方式有所不同，其连接图如图 4.5 所示。

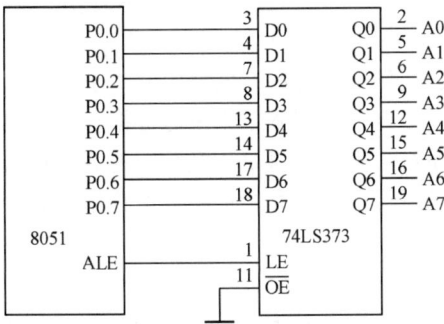

（a）74LS373 与单片机的连接

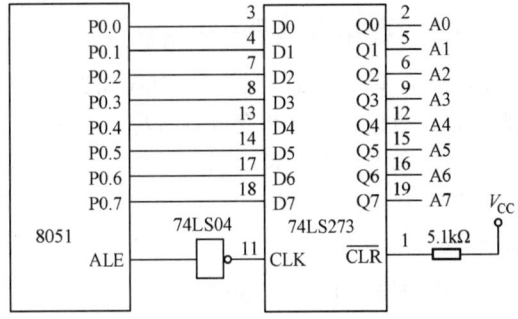

（b）74LS273 与单片机的连接

图 4.5　单片机与锁存器的连接

74LS373 的锁存控制信号 LE 可以直接与 CPU 的地址锁存控制信号 ALE 相连，在其下降沿锁存低 8 位地址。74LS273 的 CLK 在上升沿锁存，为了满足单片机的时序要求，ALE 输出的信号必须经过反相器反相后才能与 CLK 端相连。由于使用 74LS273 作为锁存器需要比 74LS373 多用一个非门，因此在实际应用中，MCS-51 单片机的地址锁存器一般采用 74LS373。

3．典型扩展电路

随着 EPROM 容量越来越大，在使用 EPROM 作为外部程序存储器时，通常只需要一块或两块 EPROM 芯片，这样大大简化了扩展电路。程序存储器扩展时，EPROM 内部地址总线除需由 P0 口提供外，还需由 P2 口提供。例如，扩展 2764 所需地址总线为 13 根（2^{13}=8K），由 P0 口提供低 8 位地址，由 P2.0～P2.4 提供高 5 位地址。当系统只扩展一块 EPROM（2764）时，片选可采用线选法，通过 P2.5 连接 $\overline{CE}$ 实现；若要扩展多块，则可以采用全地址译码法或部分地址译码法实现。

如图 4.6 所示为 8031 扩展 8KB EPROM 电路。2764 的地址范围为 0000H～1FFFH。

注意：① 当 MCS-51 单片机内部有程序

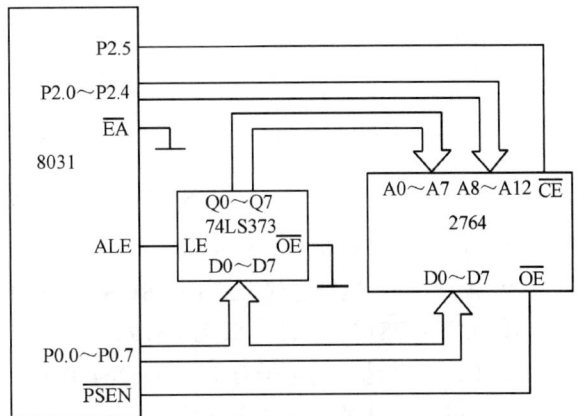

图 4.6　8031 扩展 8KB EPROM 电路

存储器时，应使内、外部程序存储器的地址连续。② 在本书中，单片机系统电路均省略了复位电路和时钟电路，在实际应用中必须设计。

4．超出 64KB 容量程序存储器的扩展

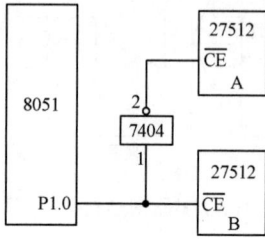

图 4.7　系统扩展为 128KB 程序存储器

MCS-51 单片机由 P2 口、P0 口提供 16 位地址总线，可直接访问的程序存储器空间为 64KB（2^{16}）。若系统的程序总容量需求超过 64KB，则可以采用区选法来实现。单片机系统的程序存储器每个区为 64KB，由系统直接访问，区与区之间的转换通过控制线的方式来实现。如图 4.7 所示为系统扩展为 128KB 程序存储空间（2×64KB）示意图。当系统复位后，P1.0 为高电平，选中 A 芯片；若 P1.0 输出低电平，则访问 B 芯片。存储器分区后跨区操作，尤其是跨区的子程序、中断服务程序设计，会带来一系列的问题，非常复杂，通常，A 芯片用来存放程序代码，B 芯片用来存放程序数据，以简化程序设计。

4.2.2　数据存储器的扩展

MCS-51 单片机内部已具有 128B 或 256B 的 RAM 数据存储器，这些存储器主要用于工作寄存器、堆栈、数据缓冲器和存放各种标志，对于一般的应用场合，能够满足系统对数据存储器的需求。但对于需要保存大量数据的系统，例如，数据采集系统，则需要对单片机系统的数据存储器进行扩展。根据应用系统的具体需求，对数据存储器的扩展可以采用并行扩展数据存储器或者串行扩展数据存储器的方法。本节仅介绍并行扩展数据存储器。

1．常用静态 RAM（SRAM）

常用的 SRAM 芯片有 6116（2K×8bit）、6264（8K×8bit）、62128（16K×8bit）、62256（32K×8bit）、628128（128K×8bit）等。由于价格相差不大，而大容量的 RAM 速度快，且扩展时数据存储器应留有一定的空间余量，因此一般选择 8KB 以上的芯片作为外部数据存储器。该系列的不同型号只是地址线的数量和个别引脚有差别，其引脚排列如图 4.8 所示。各引脚的含义和功能说明如下。

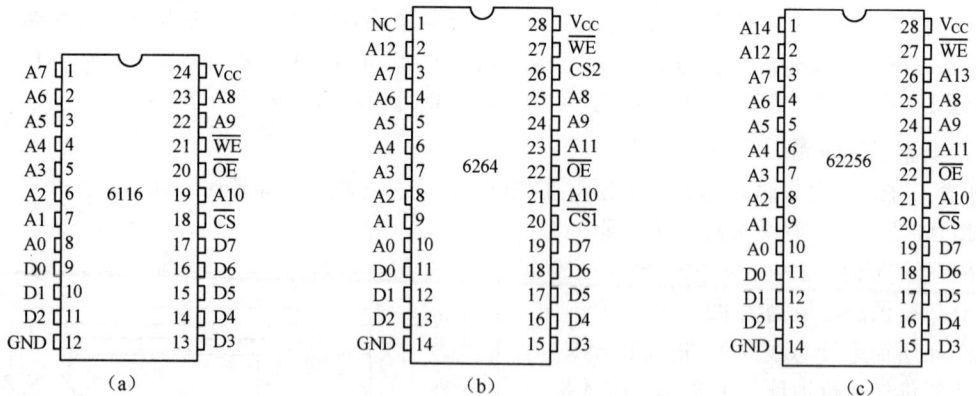

图 4.8　常用静态 RAM 芯片引脚图

① D7～D0：双向三态数据总线。

② A0～An：地址总线，n=10（6116），n=12（6264），n=14（62256）。

③ $\overline{CS}$（$\overline{CS1}$）：片选，低电平有效。

④ CS2：片选，高电平有效（仅 6264 有）。

⑤ $\overline{OE}$：读选通，低电平有效。

⑥ $\overline{\text{WE}}$：写选通，低电平有效。

⑦ V_{CC}：电源+5V。

⑧ GND：接地。

静态 RAM 存储器在使用时，主要有三种工作方式：数据的读出、写入和维持，这些工作方式的操作控制见表 4.2。

2. 数据存储器的典型扩展电路

数据存储器扩展与程序存储器扩展电路相似，所用的地址总线、数据总线完全相同。与程序存储器扩展不同的是，数据存储器的读、写控制线由 CPU 的 $\overline{\text{RD}}$、$\overline{\text{WR}}$ 分别控制存储器芯片的 $\overline{\text{OE}}$ 和 $\overline{\text{WE}}$，而程序存储器的读选通信号由 $\overline{\text{PSEN}}$ 控制。两种存储器虽然共处一地址空间，但由于访问指令与控制信号不同，因此不会发生冲突。由于 I/O 接口与外部数据存储器共同使用 64KB 的地址空间，因此，数据存储器扩展涉及的问题远比程序存储器扩展多。

扩展一块数据存储器 6264 的电路如图 4.9 所示。6264 容量为 8KB=2^{13}，有 13 根地址总线，高 5 位与低 8 位。由 P0 口提供低 8 位地址，P2.0～P2.4 提供高 5 位地址；片选采用线选法，通过 P2.5 连接 $\overline{\text{CS}}$ 实现，6264 地址范围为 0000H～1FFFH。可根据系统扩展数据存储器容量、芯片数量及 I/O 接口和外部设备的数量选择线选法、全地址译码法或部分地址译码法进行地址空间编址。

表 4.2　6116、6264、62256 的操作控制

方式		$\overline{\text{CS}}$（$\overline{\text{CS1}}$）	CS2	$\overline{\text{OE}}$	$\overline{\text{WE}}$	D0～D7
	读	L	H	L	H	数据输出
	写	L	H	H	L	数据输入
	维持	L	H	H	H	高阻态
	维持	H	X	X	X	高阻态
	维持	X	L	X	X	高阻态

注：L 表示低电平，H 表示高电平，X 表示无关。

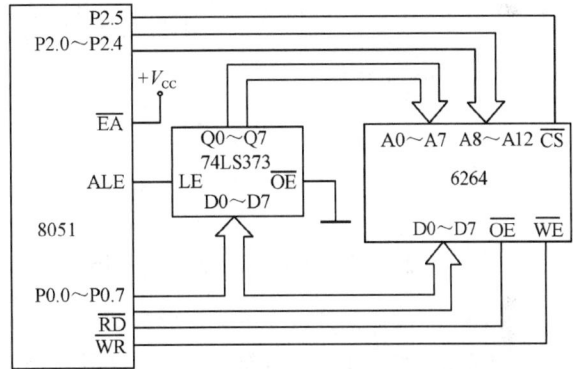

图 4.9　扩展 8KB 数据存储器电路

【例 4.1】　以图 4.9 所示数据存储器扩展电路为例，将内部 RAM 中从地址为 50H 的单元开始的 16 个数据送到外部数据存储器从 0000H 开始的单元中。

解　程序参考例 2.75。

Proteus 仿真图如图 4.10 所示。

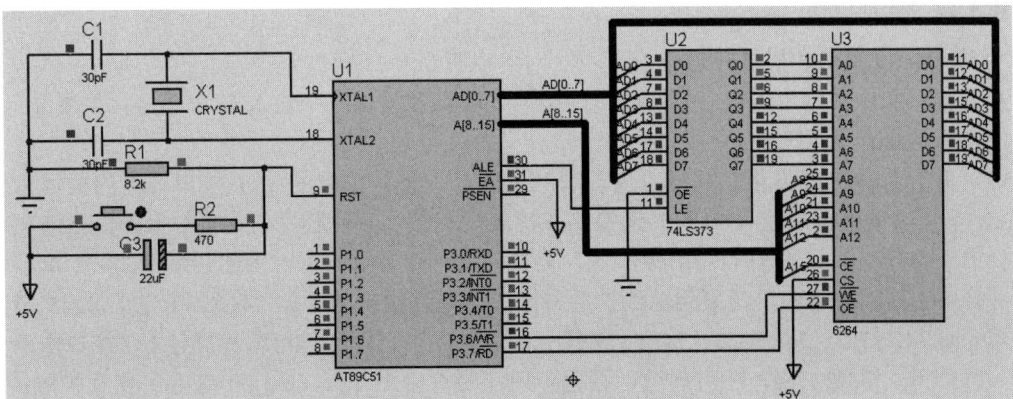

图 4.10　MCS-51 单片机扩展 8KB 数据存储器 6264 的 Proteus 仿真图

4.2.3　MCS-51 单片机对外部存储器的扩展

在存储器扩展中，程序存储器的扩展和数据存储器的扩展在很多情况下是同时存在的，这时就不能孤立地看待这两部分扩展电路了，要将它们有机地结合起来。

在如图 4.11 所示的 8031 扩展系统中，外扩了 16KB 程序存储器（使用 2 块 2764 芯片）和 8KB 数据存储器（使用 1 块 6264 芯片）。通过 74LS138 译码器，采用全地址译码法，P2.7、P2.6 和 P2.5 连接译码器的输入，74LS138 的控制端 G、$\overline{G_{2A}}$、$\overline{G_{2B}}$ 都直接接入有效电平，无悬空地址线，无地址重叠现象。其中，1# 2764、2# 2764、3# 6264 的地址范围分别为 0000H～1FFFH、2000H～3FFFH、4000H～5FFFH。

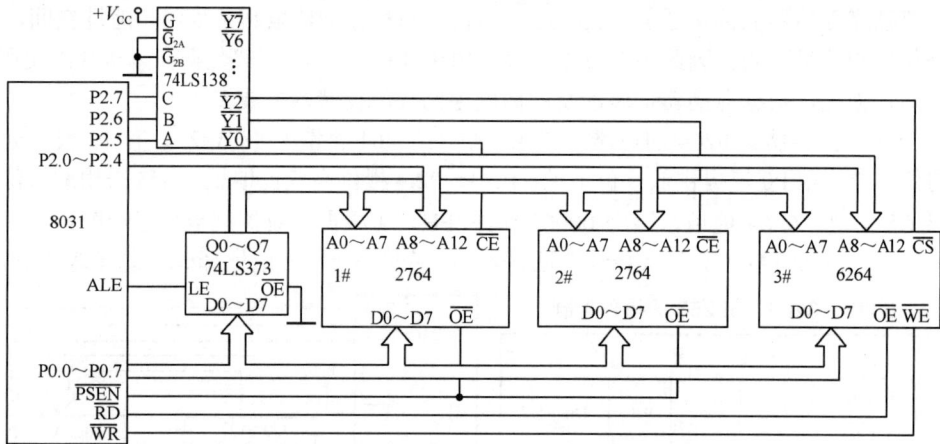

图 4.11　8031 外扩 ROM、RAM 电路原理图

4.3　并行 I/O 接口的扩展

MCS-51 单片机具有 4 个 8 位并行 I/O 接口（即 P0、P1、P2、P3），从原理上看，这 4 个 I/O 接口均可用作双向并行 I/O 接口，但在实际应用中，P0 口常被用作数据总线和低 8 位地址总线，P2 口常被用作高 8 位地址总线，P3 口又常使用它的第二功能。所以，只针对内部有程序存储器而又不再需要外部扩展存储器的单片机系统，即只有在单片机的最小应用系统下，才允许这 4 个 I/O 接口作为用户的 I/O 接口使用。MCS-51 单片机需要进行外部扩展时，可提供给用户使用的 I/O 接口只有 P1 口和部分 P3 口及作为数据总线使用的 P0 口。因此，在大多数 MCS-51 单片机系统设计中都不可避免地要进行并行 I/O 接口的扩展。

4.3.1　概述

1．并行 I/O 接口的扩展方法

单片机系统中并行 I/O 接口扩展的目的是为外部设备提供一个输入/输出通道。扩展并行 I/O 接口的方法主要有以下三种。

（1）并行总线扩展方法。并行总线扩展的方法是，将待扩展的 I/O 接口芯片的数据总线与 MCS-51 单片机的数据总线（P0 口）连接。其特点是不影响其他芯片的连接与操作，不造成单片机硬件的额外开支，只是分时占用 P0 口，仅需要使用一个片选信号。因此，在 MCS-51 单片机系统的并行 I/O 接口扩展中广泛采用总线扩展方法。可通过缓冲器（如 74LS244、74LS245 等）和锁存器（如 74LS373、74LS273、74LS377 等）实现扩展，也可通过可编程并行 I/O 接口电路（如 8255、8155 等）实现扩展，还可通过可编程阵列（如 GAL16V8、GAL20V8 等）实现扩展。

（2）串行口扩展方法。MCS-51 单片机串行口的工作方式 0 为移位寄存器工作方式，通过

MCS-51 单片机的串行口外扩串入并出移位寄存器（如 74LS164、74LS165），可以扩展并行输入/输出口。对于不使用串行口的 MCS-51 单片机系统，利用串行口资源扩展并行 I/O 接口是一种可选的方法。而且，通过移位寄存器的级联，可扩展大量的并行 I/O 接口线。其缺点是数据传输速度较慢。

（3）I/O 接口模拟串行方法。串行外围扩展总线接口常用标准有 I²C、SPI 等，这是一种芯片间的总线。MCS-51 单片机没有集成串行外围扩展总线接口，但可以用普通输入/输出线来模拟。这种扩展方法与单片机串行口的扩展方法相似，二者的区别在于，串行口扩展的串、并转换由硬件完成，输入/输出固定为 RXD（P3.0）和 TXD（P3.1）引脚；模拟串行方法的串、并转换由软件编程来完成，输入/输出的引脚由普通输入/输出线模拟完成。

在本节中，只介绍并行总线扩展方法。串行口扩展方法已在 3.4.6 节中介绍过，I²C 总线技术将在 4.5.3 节中介绍。

2. 并行 I/O 接口的扩展性能

（1）访问扩展 I/O 接口的方法与访问数据存储器完全相同，使用相同的指令，单片机可以像访问外部 RAM 一样访问外部扩展的 I/O 接口芯片，对其进行读/写操作。所有扩展的 I/O 接口与外部数据存储器统一编址，分配给 I/O 接口的地址不能再分配给外部数据存储单元。

（2）利用串行口扩展方法扩展的外部并行 I/O 接口不占用外部 RAM 地址空间。

（3）利用并行总线扩展方法扩展外部并行 I/O 接口时，P0 口必须分时复用，P2 口需要提供较多的片选信号，还必须通过 P3 口的第二功能提供读/写控制线等，因此，必须注意 P0、P2、P3 口的负载问题。若负载能力不够，则必须进行总线驱动能力扩展。

（4）扩展外部并行 I/O 接口对外设的硬件具有依赖性。在扩展 I/O 接口时，必须考虑与之相连的外设硬件电路特性、操作方式等。也就是说，设计接口电路时，必须考虑诸如驱动功率、电平匹配、干扰抑制、隔离等与具体外设有关的问题；设计软件时，I/O 接口的初始状态设置、工作方式选择要与外接设备相匹配。

4.3.2 普通并行 I/O 接口的扩展

采用 TTL 或 CMOS 电路的锁存器、寄存器、缓冲器、三态门等电路通过 P0 口可以构成各种类型的输入/输出口。由于这些电路具有数据缓冲或锁存功能，但自身仅有数据的输入或输出及选通端或时钟信号端，没有地址总线和读/写控制总线，因此，其扩展方法与扩展数据存储器有所不同。它们的选通端或时钟信号端应与地址总线和控制总线的逻辑组合输出端相连，数据总线与单片机的数据总线（P0 口）直接相连。这类 I/O 接口具有电路简单、成本低、配置灵活方便等特点，在单片机系统中被广泛应用。

1. 扩展并行输出口

CPU 发出的数据或命令通过 P0 口扩展输出口时，通常使用寄存器、锁存器等进行暂存，它们的接口地址被视为外部 RAM 的地址单元，使用 MOVX @DPTR, A 指令输出数据，输出控制信号为 $\overline{WR}$。在对外部 RAM 及其他外围设备输出数据时，为防止单片机对扩展器件中的数据产生影响，应选择带有使能控制的锁存器。

下面以常用的有输出允许端的 8D 锁存器 74LS377 为例进行并行输出口扩展。引脚图略，简单说明如下：① 8 个输入口 D0～D7；② 8 个输出口 Q0～Q7；③ 1 个时钟信号输入端 CLK（上升沿有效）；④ 1 个允许控制端 $\overline{E}$。

其功能表见表 4.3，在 $\overline{E}$=0 时，通过 CLK 信号上升沿将数据从 D 端输入，存到锁存器中，Q 端输出 D 端的 8 位数据，当 CLK 变成低电平时，Q 端保持 CLK 端变低电平前的数据不变。所以在与单片机相连时，D 端与 P0 相连，$\overline{WR}$ 与 CLK 相连，允许控制端 $\overline{E}$ 作为片选控制端与单片机地址相连。电路连接如图 4.12 所示，由于 $\overline{E}$ 与 P2.7 相连，因此，74LS377 的地址为 7FFFH。若 $\overline{E}$ 与 P2.0 相连，则地址相应为 0FEFFH。

表 4.3　74LS377 功能表

输　　入			输　　出
$\overline{E}$	CLK	D	Q
H	X	X	Q0
L	↑	H	H
L	↑	L	L
X	L	X	Q0

注：H—高电平；L—低电平；

↑—低电平到高电平跳变；

X—任意；Q0—保持前一状态。

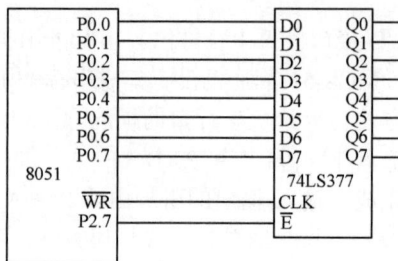

图 4.12　74LS377 扩展并行输出口电路

【例 4.2】　在如图 4.12 所示电路中，编写程序，将内部 RAM 的 60H 单元中的数据通过该电路输出。

解　程序如下：

```
MOV   DPTR, #7FFFH      ;数据指针指向 74LS377
MOV   A, 60H           ;输出的 60H 单元数据送累加器 A
MOVX  @DPTR, A         ;P0 口将数据通过 74LS377 输出
```

2．扩展并行输入口

并行输入口扩展比较简单，只需采用 8 位缓冲器即可。常用的缓冲器有 74LS244，其功能见表 4.4。74LS244 为单向总线缓冲器，只能一个方向传输数据。并行输入口与单片机连接电路如图 4.13 所示。图中，P2.7 引脚与 $\overline{RD}$ 共同控制 74LS244 的 $\overline{G}$ 端，当两者均为低电平时，数据输入单片机中，74LS244 的地址为 7FFFH。

表 4.4　74LS244 功能表

输　入		输　　出
$\overline{G}$	A	Y
L	L	L
L	H	H
H	X	高阻

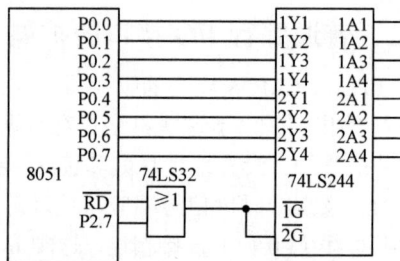

图 4.13　74LS244 扩展并行输入口电路

【例 4.3】　电路如图 4.13 所示，扩展并行输入口，编写程序，将输入口中的 8 位数据送到内部 RAM 的 61H 单元中。

解　程序如下：

```
MOV   DPTR, #7FFFH      ;数据指针指向 74LS244
MOVX  A, @DPTR          ;外部数据经过 74LS244 送累加器 A
MOV   61H, A            ;数据送 61H 单元保存
```

4.3.3　可编程并行 I/O 接口芯片的扩展

通过编程方法设定工作方式的接口芯片称为可编程 I/O 接口芯片。它具有适应多种功能需求，使用灵活，可扩展多个并行 I/O 接口，可以编程设定为输入口或输出口等特点，应用非常广泛。下面以最常用的 8255A、8155 为例，介绍通过可编程 I/O 接口芯片扩展并行 I/O 接口的方法。

1. 可编程并行 I/O 接口芯片 8255A

（1）8255A 的结构及引脚功能

8255A 是 Intel 公司生产的通用可编程并行 I/O 接口芯片，广泛应用于单片机扩展并行 I/O 接口的系统中。它具有三个 8 位并行 I/O 接口 PA、PB 和 PC 或 2 个 8 位并行 I/O 接口（PA、PB）、2 个 4 位并行 I/O 接口（PC4～PC7、PC0～PC3）。8255A 的内部逻辑结构如图 4.14 所示，引脚如图 4.15 所示。

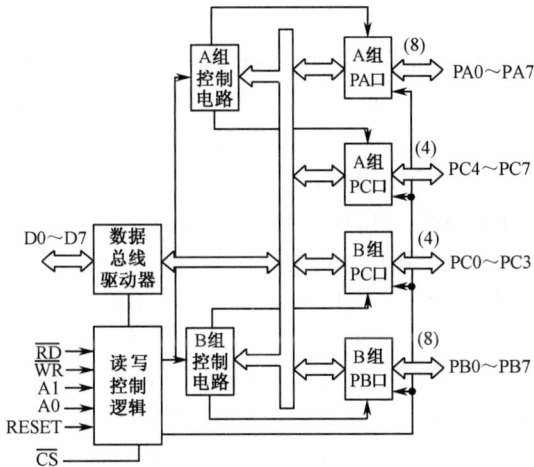

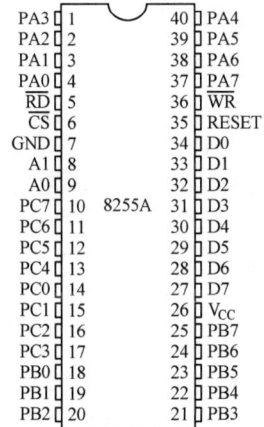

图 4.14 8255A 的内部逻辑结构   图 4.15 8255A 引脚图

8255A 的引脚功能说明如下。

① D0～D7：双向三态数据总线，通常与 CPU 数据总线相连。

② PA、PB、PC：三个 8 位 I/O 接口。PC 口还可分为高 4 位（PC4～PC7）和低 4 位（PC0～PC3），其中，高 4 位可与 PA 口组成 A 组，低 4 位可与 PB 口组成 B 组。PC 口可按位置位/复位。

③ $\overline{CS}$：片选，低电平有效。

④ $\overline{RD}$：读选通，低电平有效。

⑤ $\overline{WR}$：写选通，低电平有效。

⑥ RESET：复位输入，高电平有效，复位后，PA、PB、PC 口均为输入。

⑦ A0、A1：地址总线，通过地址组合选择 8255A 内部寄存器。

⑧ V_{CC}、GND：电源+5V、接地。

8255A 的内部组成说明如下。

① 三个数据口 PA、PB、PC 均可看作 I/O 接口，但它们的结构和功能略有不同。

PA 口：独立的 8 位 I/O 接口，对数据输入/输出具有锁存功能，可编程实现 8 位输入、输出或双向传送。

PB 口：独立的 8 位 I/O 接口，仅对输出数据具有锁存功能，可编程实现 8 位输入、输出，但不能实现双向传送。

PC 口：可以看作一个独立的 8 位 I/O 接口，也可以看作两个独立的 4 位 I/O 接口（PC4～PC7、PC0～PC3），用于输入、输出；仅对输出数据具有锁存功能；可按位置位/复位，也可作为 PA 口（PC 口的高 5 位）、PB 口（PC 口的低 3 位）选通或双向传送的状态、控制信号。

② A 组和 B 组控制电路是两组根据 CPU 命令控制 8255A 工作方式的电路。这些控制电路内部设有控制寄存器，可以根据 CPU 送来的编程命令控制 8255A 的工作方式，也可以根据编程命令来对 PC 口的指定位进行置位/复位的操作。A 组控制电路用来控制 PA 及 PC 口的高 4 位，B

组控制电路用来控制 PB 口及 PC 口的低 4 位。

③ 数据总线驱动器。这是 8 位双向三态缓冲器。作为 8255A 与系统总线输入/输出数据的接口，CPU 的编程命令，以及外设通过 8255A 传送的工作状态等信息，都是通过它来传输的。

④ 读/写控制逻辑。负责管理 8255A 的数据传输过程。它接收片选信号及系统读、写、复位（RESET）等信号，以及来自系统地址总线的端口地址选择信号 A0 和 A1。

（2）8255A 的工作方式

8255A 的工作方式是通过读/写控制逻辑的组合状态来实现的。

8255A 的逻辑操作主要通过单片机输出的地址总线 A1、A0 选择端口，$\overline{CS}$ 选中芯片，$\overline{WR}$ 与 $\overline{RD}$ 选择数据流向。8255A 的 $\overline{CS}$、A1、A0、$\overline{WR}$、$\overline{RD}$ 信号组合所实现的操作状态见表 4.5。

8255A 有三种工作方式，工作方式 0、工作方式 1 和工作方式 2。用户可以通过编程向控制端口（即控制寄存器）写入控制字来设置它。下面分别介绍。

① 工作方式 0（基本输入/输出方式），PA、PB、PC 这三个口均有。这种工作方式不需要任何选通信号，没有规定固定的应答联络信号；PA、PB 口可作为 8 位 I/O 接口，PC 口可以看作一个 8 位 I/O 接口，也可以看作两个独立的 4 位 I/O 接口；可用 PA、PB、PC 这三个口的任意位充当查询信号，其余 I/O 接口仍可作为独立的接口与外设相连；数据输出有锁存，输入有缓冲（无锁存）。这种方式可应用于同步传送、查询传送，适用于不需要用应答信号的简单 I/O 设备。

② 工作方式 1（选通输入/输出方式），PA、PB 两个口均有。采用这种工作方式，PA 口和 PB 口仍作为两个独立的 8 位 I/O 接口，可单独连接外设，通过编程分别设置它们为输入或输出。而 PC 口则有 6 位（分成两个 3 位）分别作为 PA 和 PB 口的应答联络线，其余 2 位仍可在工作方式 0 下工作，可通过编程设置为输入或输出。

③ 工作方式 2（双向选通 I/O 接口方式），仅 PA 口有这种工作方式，PB 和 PC 口无此工作方式。采用此工作方式，PA 口为 8 位双向 I/O 接口，PC 口的 PC7～PC3 用作 PA 口输入/输出的控制和应答信号；其余 3 根线 PC2～PC0 可用于工作方式 0，也可用作 PB 口工作方式 1 的应答联络线。此时，PB 口采用工作方式 0 或工作方式 1。

工作方式 2 就是 PA 口工作方式 1 的输入与输出方式的组合，各应答信号的功能也相同。

8255A 采用不同工作方式时各接口的功能见表 4.6。

表 4.5 8255A 的操作状态

$\overline{CS}$	A1	A0	$\overline{RD}$	$\overline{WR}$	操作	说明
0	0	0	0	1	PA 口→数据总线	输入操作（读）
0	0	1	0	1	PB 口→数据总线	
0	1	0	0	1	PC 口→数据总线	
0	0	0	1	0	数据总线→PA 口	输出操作（写）
0	0	1	1	0	数据总线→PB 口	
0	1	0	1	0	数据总线→PC 口	
0	1	1	1	0	数据总线→控制端口	
0	1	1	0	1	非法条件（读控制端口）	禁止操作
0	x	x	1	1	数据总线三态	
1	x	x	x	x	数据总线三态	

表 4.6 8255A 采用不同工作方式时各接口的功能

端口	工作方式 0		工作方式 1		工作方式 2
	输入	输出	输入	输出	输入/输出
PA 口	IN	OUT	IN	OUT	双向
PB 口	IN	OUT	IN	OUT	无
PC0	IN	OUT	INTRB	INTRB	无
PC1	IN	OUT	IBFB	$\overline{OBFB}$	无
PC2	IN	OUT	$\overline{STBB}$	$\overline{ACKB}$	无
PC3	IN	OUT	INTRA	INTRA	INTRA
PC4	IN	OUT	$\overline{STBA}$	I/O	$\overline{STBA}$
PC5	IN	OUT	IBFA	I/O	IBFA
PC6	IN	OUT	I/O	$\overline{ACKA}$	$\overline{ACKA}$
PC7	IN	OUT	I/O	$\overline{OBFA}$	$\overline{OBFA}$

采用不同工作方式时，PC 口引脚的含义说明如下。

$\overline{STB}$（Strobe Input）：设备选通，低电平有效。外部设备将数据送 8255A 的输入口时，发 $\overline{STB}$ 信号，在 $\overline{STB}$ 信号的下降沿将端口数据送 8255A 端口输入缓冲器。

IBF（Input Buffer Full）：输入缓冲器满状态标志，与设备相连。IBF 为高电平，表示设备已将数据送到端口输入缓冲器中，但 CPU 尚未读取；当 CPU 读取端口数据后，IBF 变成低电平，表示端口输入缓冲器已为空。

INTR（Interrupt Request）：中断请求，高电平有效，送 CPU 申请中断。对于 MCS-51 单片机，应使该信号反相后接 CPU 的外部中断输入端。

$\overline{OBF}$（Output Buffer Full）：输出缓冲器满状态标志。$\overline{OBF}$ 为低电平，表示 CPU 已将数据写到端口中。设备从端口中取走数据后，发来的应答信号 $\overline{ACK}$ 使 $\overline{OBF}$ 变为高电平。

$\overline{ACK}$（Acknowledge）：设备响应。设备通过此引脚发 $\overline{ACK}$ 信号通知 CPU，端口数据已被外设取走。

注意：$\overline{STB}$、$\overline{ACK}$ 为握手信号。

在输入时，外设通过 $\overline{STB}$ 将数据送到 8255A 的端口输入缓冲器中，同时 IBF 变为高电平，表示端口输入缓冲器已接收到外设送来的数据，且当 INTR 变为高电平时，向 CPU 申请中断，等待 CPU 取走数据。CPU 取走数据后，8255A 的 IBF 自动变低，INTR 随 IBF 变低而自动无效。

在输出时，CPU 向 8255A 写数据，8255A 的 $\overline{OBF}$ =0，输出缓冲器满，数据出现在 8255A 的相应口；当外设接收数据后，向 8255A 发 $\overline{ACK}$ =0，8255A 的 $\overline{OBF}$ =1，输出缓冲器空。INTR=1，8255A 向 CPU 提出中断申请，CPU 在允许时响应中断，CPU 向 8255A 写下一个数据。

（3）8255A 的控制字

8255A 的初始化编程是通过对控制端口写入控制字的方式实现的。控制字包括方式控制字和 PC 口按位置位/复位控制字。这两个命令均写到控制端口（A1A0=11）中，用特征位 D7 区分，D7=1，为工作方式控制字，D7=0，为 PC 口的按位置位/复位控制字。

① 工作方式控制字。工作方式控制字控制 8255A 三个接口的工作方式。只有在写入工作方式控制字之后，8255A 才能按指定的工作方式工作。设置时，若某一位为 1，则表示输入；若某一位为 0，则表示输出。其特征是，最高位 D7 为 1，工作方式控制字格式如图 4.16 所示。例如，将 0B1H（1011 0001B）写到 8255A 控制寄存器中后，8255A 被编程设定：PA 口为工作方式 1 输入，PB 口为工作方式 0 输出，PC7～PC4 为输出，PC3～PC0 为输入。

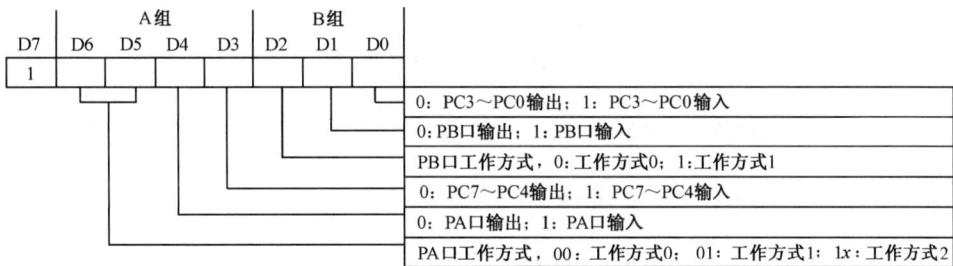

图 4.16　8255A 工作方式控制字格式

② PC 口的按位置位/复位控制字。PC 口具有位操作能力，其每一位都可以通过软件置位（1）或复位（0）。将按位置位/复位控制字写到 8255A 芯片的控制端口中，就可以使 PC 口的某一位置 1 或清 0 而不影响其他位的状态。其特征是，最高位 D7 为 0。其格式如图 4.17 所示。若将控制字 0DH（0000 1101B）写到 8255A 控制寄存器中，则将 PC6 置 1。PC 口的这个功能可用于设置工作方式 1 的中断允许、外设的启/停等，也可以用于产生矩形波或方波。

（4）8255A 的状态字

8255A 采用工作方式 1 和工作方式 2，PC 口用作联络信号，CPU 通过对 PC 口执行输入操作就可以确定 PC 口的状态，即状态字，通过读取状态字可以检测外设状态。

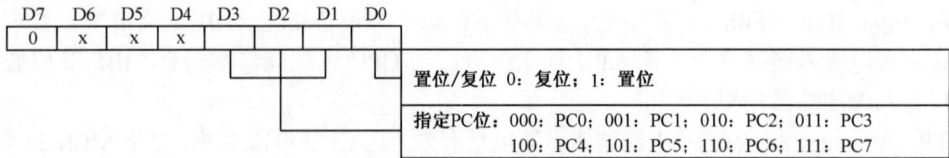

D7	D6	D5	D4	D3	D2	D1	D0
0	x	x	x				

置位/复位 0: 复位; 1: 置位

指定PC位: 000: PC0; 001: PC1; 010: PC2; 011: PC3
100: PC4; 101: PC5; 110: PC6; 111: PC7

图 4.17　PC 口按位置位/复位控制字格式

（5）接口电路设计与编程方法

由于 8255A 内部已有数据总线驱动器，因此可以直接与 MCS-51 单片机总线相连接。例如，MCS-51 单片机外扩 8255A，通过 PB 口扩展 8 个开关，通过 PA 口扩展 8 个 LED 状态指示灯。其电路原理图如图 4.18 所示。

图 4.18 中，8255A 的 $\overline{RD}$、$\overline{WR}$ 分别与 MCS-51 单片机的 $\overline{RD}$、$\overline{WR}$ 相连，$\overline{CS}$ 接 P2.7，单片机地址总线最低两位分别接 8255A 的 A1 和 A0，P0 口接 D0～D7。PA 口、PB 口、PC 口及控制端口的地址分别是 7FFCH、7FFDH、7FFEH 和 7FFFH。具体应用时，8255A 的复位应与 MCS-51 单片机系统复位保持同步。

【例 4.4】　如图 4.18 所示，编程实现将开关闭合的状态输入内部 RAM 40H 单元中保存，并输出到 LED 指示灯显示。通过 Proteus 仿真实现。

解　通过分析可知，8255A 的 PA 口、PB 口均为基本输入/输出方式，即 PA 口以工作方式 0 输出，PB 口以工作方式 0 输入，则 8255A 的方式控制字为 82H（1000 0010B）。

初始化过程及输入/输出的程序如下：

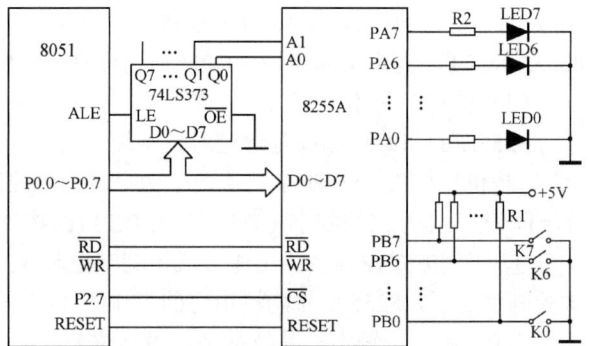

图 4.18　MCS-51 单片机通过 8255A 扩展
开关指示灯的电路原理图

```
            ORG    0000H
            LJMP   START
            ORG    0030H
START:      MOV    SP, #60H
DSP8255:    MOV    DPTR, #7FFFH    ;数据指针指向 8255A 控制口
            MOV    A, #82H
            MOVX   @DPTR, A        ;工作方式字送 8255A 控制口
DS1:        MOV    DPTR, #7FFDH    ;数据指针指向 8255A 的 PB 口
            MOVX   A, @DPTR
            MOV    40H, A          ;将 PA 口开关状态送 40H 单元
            MOV    DPTR, #7FFCII   ;数据指针指向 8255A 的 PA 口
            MOVX   @DPTR, A        ;将开关的状态送 PB 口指示灯显示
            SJMP   DS1             ;程序执行完，"原地踏步"
            END
```

C51 程序如下：

```
#include<reg51.h>
#include<absacc.h>
#define COM8255 XBYTE[0x7FFF]      //8255A 的命令口地址
#define PA8255 XBYTE[0x7FFC]       //PA 口的地址
#define PB8255 XBYTE[0x7FFD]       //PB 口的地址
#define ram40h DBYTE[0x40]         //内部 RAM 的 40H 存储单元
main()
```

```
        {
            COM8255=0x82;                    //8255A 初始化，PA 口输出，PB 口输入
            ACC=PB8255;                      //读 8255A 的 PB 口状态
            ram40h=ACC;                      //PB 口状态存到 40H 单元中
            PA8255=ACC;                      //将开关状态输出到 PA 口并经 LED 显示
        }
```

Proteus 仿真图如图 4.19 所示。

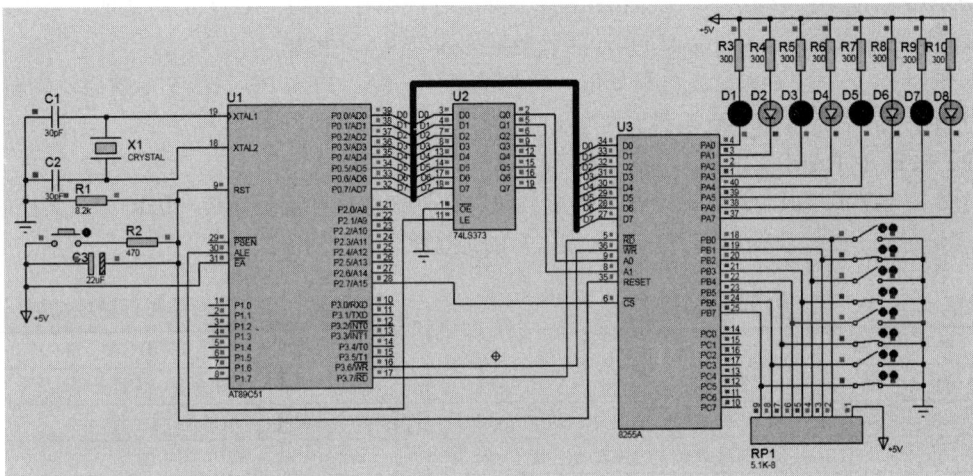

图 4.19　MCS-51 单片机通过 8255A 扩展开关指示灯的 Proteus 仿真图

2．可编程 RAM/IO 扩展芯片 8155

8155 内有两个 8 位可编程并行 I/O 接口 PA、PB，一个 6 位可编程并行 I/O 接口 PC，一个 14 位计数器，以及一个 256B 的静态 RAM。它具有与 MCS-51 单片机接口简单、内部资源丰富等优点，是单片机系统中广泛使用的可编程多功能接口芯片。

（1）8155 的结构及引脚功能

8155 的内部逻辑结构如图 4.20（a）所示，其引脚图如图 4.21（b）所示。其中，各引脚的含义和功能说明如下。

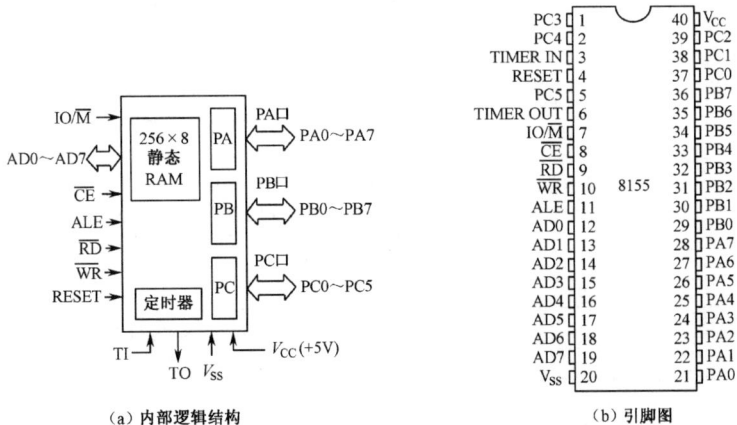

（a）内部逻辑结构　　　　　　　　　（b）引脚图

图 4.20　8155 的内部逻辑结构及引脚图

① AD0～AD7：地址/数据总线。

② IO/$\overline{\text{M}}$：I/O 操作与 RAM 选择，输入高电平选择 I/O 操作，输入低电平选择访问内部 RAM。

③ $\overline{CE}$：片选，低电平有效。

④ $\overline{RD}$、$\overline{WR}$：读、写选通，低电平有效。

⑤ TI（TIMER IN）：计数器计数脉冲输入。

⑥ TO（TIMER OUT）：计数器输出，输出波形由内部工作方式决定。

⑦ PA0~PA7，PB0~PB7：两个 8 位并行 I/O 接口。

⑧ PC0~PC5：6 位并行 I/O 接口。

⑨ ALE：地址锁存控制，在 ALE 信号下降沿时，锁存 AD0~AD7 上的地址。当 IO/$\overline{M}$=1时，该地址为端口地址；当 IO/$\overline{M}$=0 时，该地址为内部 RAM 地址。

⑩ RESET：复位输入，高电平复位。复位结束后，PA、PB、PC 口的初始状态均为输入。

⑪ V_{CC} 与 V_{SS}：电源+5V 与地。

（2）8155 的 RAM 地址和 I/O 地址编码

8155 的 I/O 地址及 RAM 地址在单片机系统中与外部数据存储器是统一编码的，其控制操作见表 4.7，对应 I/O 操作的内部寄存器（端口）的地址编码见表 4.8。

表 4.7　8155 控制操作

控 制 信 号				操　作
$\overline{CE}$	IO/$\overline{M}$	$\overline{RD}$	$\overline{WR}$	
0	0	0	1	读 RAM 单元（地址为 xx00H~xxFFH）
0	0	1	0	写 RAM 单元（地址为 xx00H~xxFFH）
0	1	0	1	读内部寄存器
0	1	1	0	写内部寄存器
1	x	x	x	无操作

表 4.8　8155 内部寄存器地址编码

地　址	寄　存　器
xxxx x000B	写命令字、读状态字
xxxx x001B	PA 口寄存器
xxxx x010B	PB 口寄存器
xxxx x011B	PC 口寄存器
xxxx x100B	定时器/计数器低 8 位寄存器
xxxx x101B	定时器/计数器高 8 位寄存器

（3）命令字/状态字寄存器

8155 的命令字/状态字寄存器在物理上公用一个端口地址（见表 4.8），通过读/写信号加以区分，命令字寄存器只能写、不能读，状态字寄存器只能读、不能写。8155 所提供的每个 I/O 接口和定时器/计数器都是可编程的。I/O 接口的工作方式选择、定时器/计数器的工作控制都是通过对8155 内部命令寄存器设定命令字方式实现的，通过对状态字的读取判别它们的工作状态。

8155 的命令字格式如图 4.21 所示。8155 的状态字格式如图 4.22 所示。

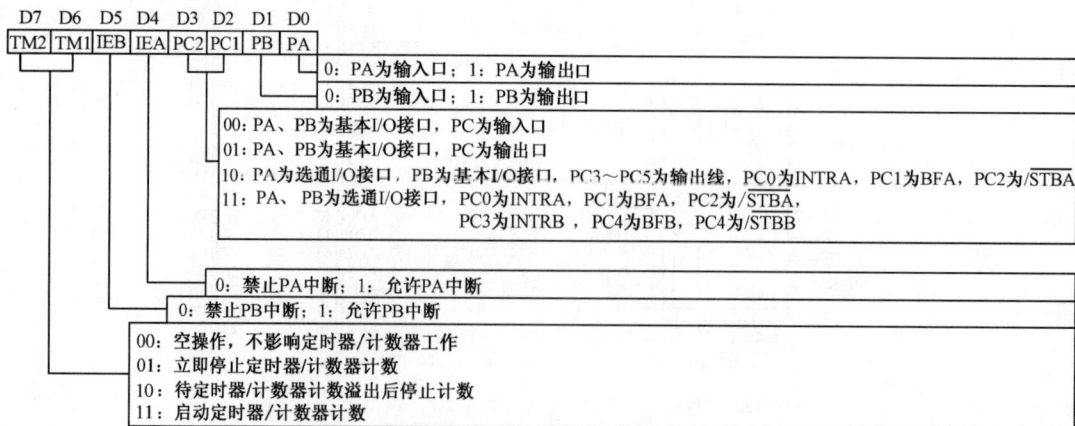

图 4.21　8155 的命令字格式

D7 D6 D5 D4 D3 D2 D1 D0

| X | TIMER | INTEB | BFB | INTRB | INTEA | BFA | INTRA |

PA口中断请求标志

PA口缓冲器满标志

PA口中断允许标志

PB口中断请求标志

PB口缓冲器满标志

PB口中断允许标志

定时器/计数器中断请求标志。硬件置位/复位：定时器/计数器计数溢出时置1
CPU读8155状态字后清0

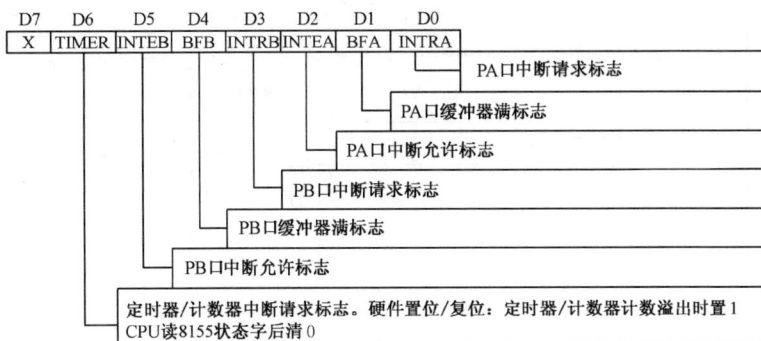

图 4.22　8155 的状态字格式

（4）定时器/计数器

8155 内部有一个 14 位的减法计数器，可对输入脉冲进行减法计数，它可以在 0002H～3FFFH 之间选择计数器初值。8155 外部有两个定时器/计数器引脚 TIMER OUT 和 TIMER IN，其中，TIMER IN 为定时器/计数器时钟输入，由外部输入时钟脉冲，其频率最高可达 4MHz；TIMER OUT 为定时器/计数器输出，输出各种信号脉冲波形。定时器/计数器的计数单元和工作方式由 8155 内部两个寄存器确定。这两个寄存器格式如图 4.23 所示。其中，高字节寄存器的最高两位 M2、M1 用于设定定时器/计数器的工作方式，见表 4.9。

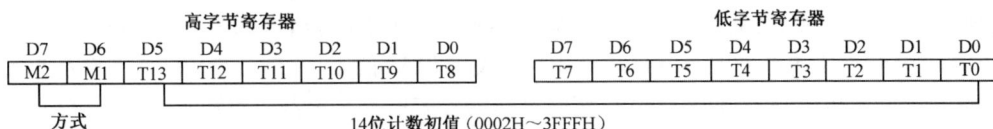

高字节寄存器

D7 D6 D5 D4 D3 D2 D1 D0

| M2 | M1 | T13 | T12 | T11 | T10 | T9 | T8 |

低字节寄存器

D7 D6 D5 D4 D3 D2 D1 D0

| T7 | T6 | T5 | T4 | T3 | T2 | T1 | T0 |

方式　　　　14位计数初值（0002H～3FFFH）

图 4.23　8155 内部定时器/计数器寄存器格式

表 4.9　8155 定时器/计数器工作方式

M2	M1	方　　式	TIMER OUT 的输出波形	说　　　明
0	0	单负方波		低电平宽为 $n/2$ 个 TI 时钟周期（n 为偶数）或$(n-1)/2$ 个 TI 时钟周期（n 为奇数）
0	1	连续方波		低电平宽为 $n/2$ 个（n 为偶数）或$(n-1)/2$ 个（n 为奇数）时钟周期，高电平宽为 $n/2$ 个（n 为偶数）或$(n+1)/2$ 个（n 为奇数）时钟周期，自动恢复初值
1	0	单负脉冲		溢出时输出一个宽为 TI 时钟周期的负脉冲
1	1	连续脉冲		每次计数溢出时，输出一个宽为 TI 时钟周期的负脉冲，自动恢复初值

对定时器/计数器进行编程时，首先将计数初值及工作方式送到定时器/计数器的高、低字节寄存器中，计数初值不要超过范围，计数器的启/停由命令字的最高两位控制，任何时刻都可以设置定时器/计数器的初值和工作方式，然后必须将启动命令写到命令寄存器中。即使计数器已经开始计数，在写入启动命令后仍可改变定时器/计数器的工作方式，8155 复位后不预置定时器/计数器工作方式和计数初值。

（5）接口设计与编程方法

8155 可以直接与 MCS-51 单片机连接，不需要任何外加逻辑。扩展一个 8155，可以增加 256B 外部 RAM、22 位 I/O 接口线及一个 14 位减法计数器。MCS-51 单片机与 8155 的连接方法如图 4.24 所示。

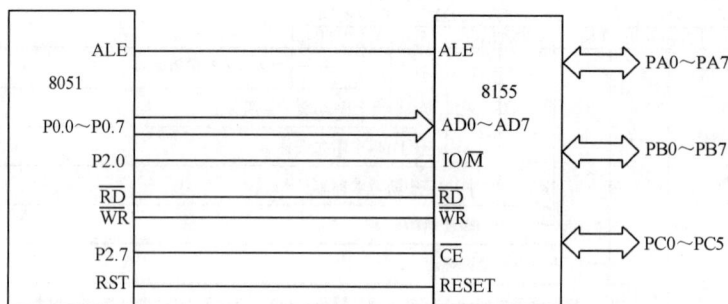

图 4.24　MCS-51 单片机与 8155 的连接方法

MCS-51 单片机的 P0 口不需要加锁存器，可以直接与 8155 的 AD0～AD7 相连，它既是低 8 位地址总线，也是 8 位数据总线，分时复用。8155 的地址锁存控制信号 ALE 直接引自 MCS-51 单片机的 ALE，用以在内部锁存地址。$\overline{CE}$ 及 IO/$\overline{M}$ 与 MCS-51 单片机的连接方法决定了 8155 的地址范围，按图 4.24 中的电路连接方法，其内部 RAM 和各端口（寄存器）的地址如下。

256B 的 RAM 字节地址范围：7E00H～7EFFH。

命令/状态寄存器：7F00H。

I/O 端口地址：PA 口为 7F01H，PB 口为 7F02H，PC 口为 7F03H。

定时器寄存器地址：定时器低 8 位寄存器为 7F04H，定时器高 8 位寄存器为 7F05H。

【例 4.5】　在如图 4.24 所示的接口电路中，编程实现将单片机内部 RAM 的 40H～4FH 单元中的内容，传送到 8155 的 00H～0FH 单元中，并设定 8155 的工作方式：PA 口基本输入方式、PB 口基本输出方式、PC 口基本输入方式，定时器作为方波信号发生器，对输入脉冲 4 分频。

解　程序如下：

```
            ORG    0000H
            LJMP   START
            ORG    0030H
    START:  MOV    SP, #60H
            MOV    R0, #40H          ;CPU 内部 RAM 的 40H 单元地址指针送 R0
            MOV    DPTR, #7F00H
            MOV    A, #02H
            MOVX   @DPTR, A          ;8155 初始化
            MOV    DPTR, #7E00H      ;数据指针指向 8155 内部 RAM 单元
    LP:     MOV    A, @R0            ;数据送累加器 A
            MOVX   @DPTR, A          ;数据从累加器 A 送 8155 内部 RAM 单元
            INC    DPTR             ;指向下一个 8155 内部 RAM 单元
            INC    R0               ;指向下一个 CPU 内部 RAM 单元
            CJNE   R0, #50H, LP      ;数据未传送完返回
            MOV    DPTR, #7F04H      ;指向定时器低 8 位
            MOV    A, #04H           ;分频系数 4
            MOVX   @DPTR, A          ;低 8 位初值装入
            INC    DPTR             ;指向定时器高 8 位
            MOV    A, #40H           ;设定时器工作方式为连续方波（40H=0100 0000B）
            MOVX   @DPTR, A          ;定时器/计数器工作方式及高 6 位初值装入
            MOV    DPTR, #7F00H      ;数据指针指向控制字寄存器
            MOV    A, #0C2H          ;设定 PA、PB、PC 口工作方式
            MOVX   @DPTR, A          ;启动定时器（0C2H=1100 0010B）
            SJMP   $
            END
```

C51 程序如下：

```
#include<reg51.h>
#include<absacc.h>
#define COM8155 XBYTE[0x7F00]        //8155 的命令口地址
#define TL8155 XBYTE[0x7F04]         //8155 定时器低 8 位的地址
#define TH8155 XBYTE[0x7F05]         //8155 定时器高 8 位的地址
#define RAM8155 XBYTE[0x7E00]        //8155 内部 RAM 的首地址
#define ram40h DBYTE[0x40]           //内部 RAM 的 40H 存储单元
#define uchar unsigned char
void main()
{
    uchar i;
    uchar *address1, *address2;
    COM8155=0x02;                    //设置 8155 的 PA、PB、PC 口工作方式
    while(1)
    {
        address1=&ram40h;            //取待传送数据首地址
        address2=&RAM8155;           //取目的存储区首地址
        for(i=0;i<16;i++)            //16 次循环传送
        {
            *address2=*address1;     //传送数据
            address1++;              //源地址和目的地址累加
            address2++;
        }
    }
    TL8155=0x04;                     //设置 8155 定时器低 8 位
    TH8155=0x40;                     //设置 8155 定时器高 8 位
    COM8155=0xC2;                    //设置 8155 的 PA、PB、PC 口工作方式，启动定时器
}
```

Proteus 仿真图如图 4.25 所示。

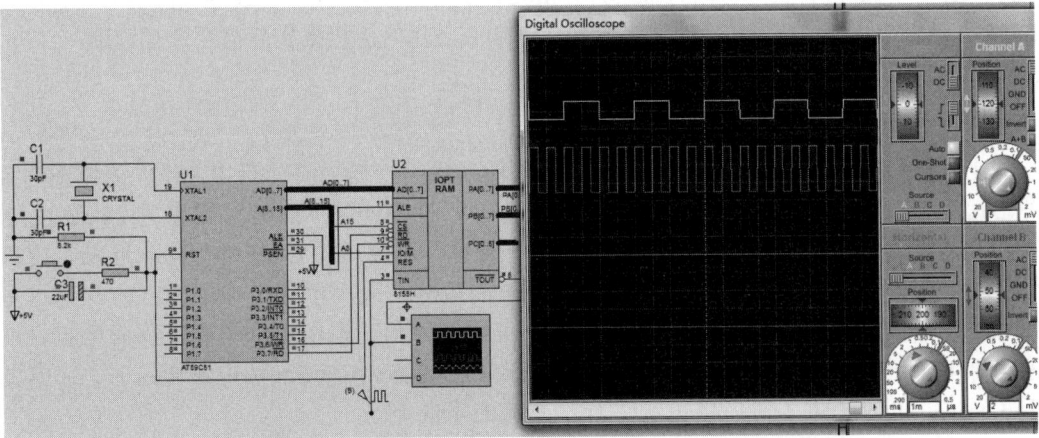

图 4.25　MCS-51 单片机扩展 8155 的 Proteus 仿真图

4.4　时钟芯片的扩展

在 MCS-51 单片机系统中，往往需要走时准确的实时时钟为多通道数据采集、定时及实时控

制提供精确的时间基准和同步信号。目前，实现实时时钟的方法主要有软件时钟（由软件计时实现）、硬件时钟（由硬件时钟芯片实现）、北斗卫星导航系统与 GPS（Global Positioning System，全球卫星定位系统）等。软件时钟具有硬件开销小、成本低、外围电路简单等优点，但由于时钟是靠软件延时实现的，在运行过程中占用大量的 CPU 时间，计时精度低，因此在一般的单片机系统中很少采用。卫星导航系统提供的实时时钟信号具有相当高的精度，但由于产品成本高，因此在普通自动控制系统和智能化仪器仪表中也很少采用。单片机系统硬件实时时钟具有计时精确、不占用 CPU 资源、扩展电路简单等优点，在单片机系统中使用较为广泛。

4.4.1 时钟芯片概述

时钟芯片的种类繁多，这里只介绍几种常用的时钟芯片。

1. MC146818

MC146818 是 Motorola 公司生产的时钟芯片，是计算机中常用的时钟芯片。它支持时间（时、分、秒）、日期（世纪、年、月、日、星期）及闰年的自动调整；其工作电流小，约几μA；电池供电可以维持 3～5 年；其内部有 64B 的 RAM，其中，48B 可用于在断电时通过电池保存数据；内部具有时钟振荡电路，可使用三种振荡频率（4.194304MHz、1.048576MHz 和 32.768kHz）；可设定报警时间（日、时、分、秒），并在报警时间到时产生中断。

2. DS12C887

DS12C887 是美国 Dallas 公司生产的实时日历时钟芯片，与 MC146818B 和 DS1287 引脚兼容，可直接替换；内含一个锂电池，在断电情况下，运行 10 年以上不丢失数据；具有秒、分、时、星期、日、月、年及闰年等计数功能。有 12 小时制和 24 小时制两种模式，时间可选择二进制数和 BCD 码表示方法。内部有 128B 的 RAM，其数据具有掉电保护功能；可以选择 Motorola 和 Intel 总线时序；可对 DS12C887 进行编程，以实现多种方波输出，并可对其内部的三路中断通过软件进行屏蔽；工作电压为 4.5～5.5 V，工作电流为 7～15mA。DS12C887 具有功耗低、外围接口简单、精度高、工作稳定可靠等优点，可广泛用于各种需要较高精度的实时时钟场合。

此外，DS1302 是实时时钟芯片，X1203 是可使用不可充电的电源作为备用电源的时钟芯片，M41T50/60/65 是通过 I²C 串行总线连接的低电压、低功耗的时钟芯片，DS1644-120 是非易失性时钟芯片，DS1387 是带有看门狗的时钟芯片，M6242B 是直接与 CPU 总线连接的定时时钟芯片，PCF8563P 是宽电压 I²C 接口实时时钟芯片等。读者在使用时应根据实际需要进行选用。

本节以 DS1302 为例介绍时钟芯片的应用。

4.4.2 DS1302 的工作原理及应用

DS1302 是美国 Dallas 半导体公司推出的一种高性能、低功耗、带 RAM 的涓流充电实时时钟芯片。它可以对年、月、日、星期、时、分、秒进行计时，时钟可设置为 24 或 12 小时格式，且具有闰年自动调整功能；采用三线串行数据传输接口与 CPU 进行同步通信，内部有一个 31B 的高速静态 RAM；读/写时钟或 RAM 的数据可采用单字节或突发（一次传送多字节）两种模式传送；采用普通 32.768kHz 晶振；可通过外部充电电池加电长期保存数据，增加了主电源/后备电源双电源引脚，工作电压范围为 2.5～5.5V，在 2.5 V 电源电压时，工作电流小于 320nA，同时提供了对后备电源进行小电流充电的能力。

1. DS1302 的基本组成及引脚

DS1302 是 8 脚 DIP（双列直插封装）或可选的 8 脚 SOIC 芯片，其引脚如图 4.26 所示，内部结构如图 4.27 所示。

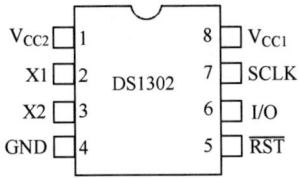

图 4.26　DS1302 引脚图

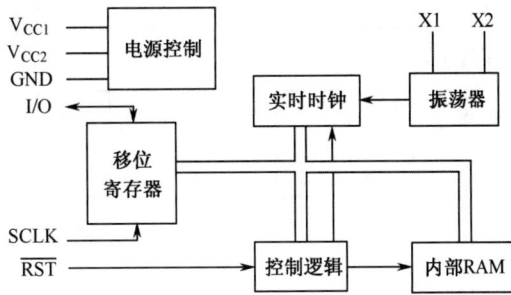

图 4.27　DS1302 内部结构图

DS1302 引脚功能说明如下。

① X1 和 X2：振荡源，外接 32.768kHz 晶振，规定负载电容为 6pF。

② $\overline{RST}$：复位/片选。

③ I/O：串行数据输入/输出（双向）。

④ SCLK：串行时钟输入。

⑤ V_{CC1} 和 V_{CC2}：电源。其中，V_{CC2} 为主电源，V_{CC1} 可提供单电源控制，也可作为备用电源，在主电源关闭的情况下，也能保持时钟的连续运行。DS1302 由 V_{CC1} 和 V_{CC2} 两者中较大者供电。

⑥ GND：地。

DS1302 由移位寄存器、控制逻辑、振荡器、实时时钟、内部 RAM 和电源控制组成。

2．DS1302 的控制寄存器

在单片机与 DS1302 进行数据传输时，都必须由单片机先向 DS1302 写入控制字开始，控制字格式如图 4.28 所示。如果控制字选择的是单字节模式，则连续的 8 个 SCLK 脉冲可进行 1B 数据的输入或输出。如果控制字选择的是突发模式，则通过连续的 SCLK 脉冲可一次性读/写 7B 的时钟/日历寄存器（也称为时标寄存器），也可一次性读/写 1～31B 的 RAM 数据。控制字节总是从最低位开始输出。需要注意的是，读/写时钟/日历寄存器时，必须一次全部读/写完；而读/写数据可根据需要进行，不必全部读/写完。

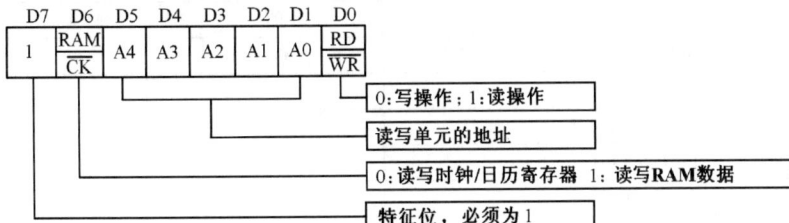

图 4.28　DS1302 控制字格式

3．DS1302 的读/写时序

单片机与 DS1302 之间无数据传输时，SCLK 应保持低电平；当 $\overline{RST}$ 为低电平时，禁止数据传输。只有在 SCLK 为低电平时，才能将 $\overline{RST}$ 置为高电平。当 $\overline{RST}$ 由低电平变为高电平时，启动数据传输，在控制字指令输入后的下一个 SCLK 脉冲上升沿将数据写到 DS1302 中；而在控制字指令输入后的下一个 SCLK 脉冲下降沿从 DS1302 中读出数据。一次只能读（或写）1 位，通过 8 个 SCLK 脉冲可以读（或写）1 字节，从而实现串行输入或输出。数据传输时，低位在前，高位在后。DS1302 读/写时序如图 4.29 所示。

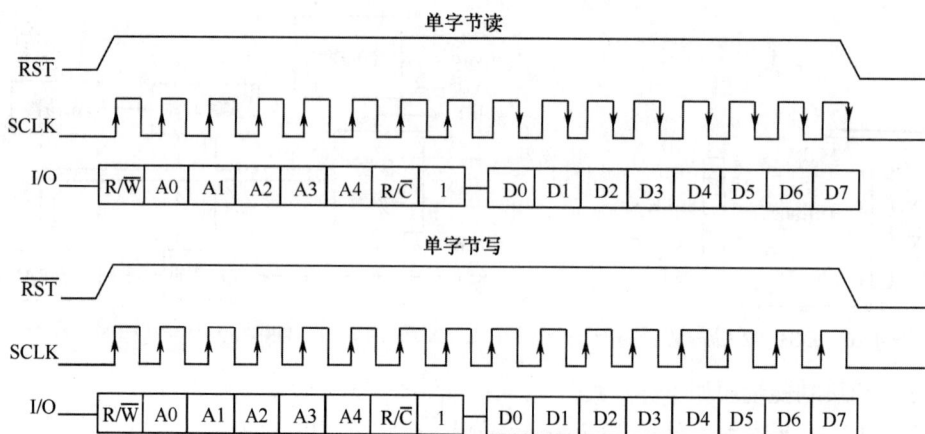

图 4.29　DS1302 读/写时序图

4．DS1302 的内部寄存器

DS1302 内部寄存器的功能表见表 4.10。其中，7 个寄存器与日历、时钟相关，它们"取值范围"列中存放的数据均为 BCD 码形式。此外，DS1302 还有写保护寄存器、控制寄存器、充电寄存器、时钟突发寄存器，以及与 RAM 相关的寄存器等。

表 4.10　DS1302 内部寄存器的功能表

寄存器名	控制字		取值范围	各位内容							
	写	读		D7	D6	D5	D4	D3	D2	D1	D0
秒	80H	81H	00～59	CH	秒的十位			秒的个位			
分	82H	83H	00～59	0	分的十位			分的个位			
（小）时	84H	85H	01～12 或 00～23	12/24	0	AP	HR	（小）时的个位			
日	86H	87H	01～28, 29, 30, 31	0	0	日的十位		日的个位			
月	88H	89H	01～12	0	0	0	0/1	月的个位			
星期	8AH	8BH	01～07	0	0	0	0	0	星期的个位		
年	8CH	8DH	01～99	年的十位				年的个位			
写保护	8EH	8FH	01H～80H	WP	0	0	0	0	0	0	0
涓流充电	90H	91H		TCS				DS		RS	
时钟突发	BEH	BFH									
RAM 突发	FEH	FFH									
RAM0	C0H	C1H									
...	...	...									
RAM30	FCH	FDH									

DS1302 与 RAM 相关的寄存器分为两类：一类是单个 RAM 单元，共 31 个字节单元，其控制字为 C0H～FDH，其中奇数为读操作，偶数为写操作；另一类为突发模式下的 RAM 寄存器，在此模式下，可一次性读/写 RAM 的所有 31 个字节单元，控制字为 FEH（写）、FFH（读）。

通过向寄存器中写入控制字实现对 DS1302 的操作。例如，如果要设置秒寄存器的初值，需要先写入控制字 80H，然后再向秒寄存器中写入初值；同理，如果要读出某时刻的秒值，需要先写入控制字 81H，然后再从秒寄存器中读出秒值。

表 4.10 中寄存器各特殊位的含义说明如下。

CH：时钟暂停位。置 1 表示振荡器停振，进入低功耗状态；清 0 表示时钟工作。

12/24：12、24 小时方式选择位。置 1 表示 12 小时制，清 0 表示 24 小时制。

AP（与 HR）：（小）时格式设置位。12 小时制时，AP 置 1 表示上午（AM），清 0 表示下午（PM），HR 为（小）时的十位；24 小时制时，AP 与 HR 组成（小）时的十位（00H、01H、10H）。

WP：写保护位。在对时钟/日历寄存器、RAM 单元进行写操作前，WP 必须为 0，即允许写入；当 WP 为 1 时，用于其寄存器的写保护，防止对其进行写操作。

TCS：只有当 TCS=1010B 时，才允许使用涓流充电寄存器，其他状态均禁止涓流充电寄存器。涓流充电寄存器即慢充电寄存器，用于管理备用电源和充电。

DS：用于选择连接在 V_{CC1} 和 V_{CC2} 引脚之间的二极管的数目。DS=01 表示选择 1 个二极管，DS=10 表示选择 2 个二极管，DS=00 或 11 表示涓流充电被禁止。

RS：用于选择在 V_{CC1} 和 V_{CC2} 引脚之间连接的电阻。RS=01 表示选择 R1（2kΩ），RS=10 表示选择 R2（4kΩ），RS=11 表示选择 R3（8kΩ），RS=00 表示不选择任何电阻。

5. DS1302 的初始化

DS1302 初始化程序设计步骤如下。

（1）$\overline{RST}$=0，SCLK=0，初始设置为禁止读/写，串行时钟输入为低电平。

（2）向 DS1302 中写入允许写命令（控制字为 8EH，数据为 00H），禁止写保护。

（3）向 DS1302 中写入时标寄存器的初值，其控制字分别为年（8CH）、月（88H）、日（86H）、星期（8AH）、时（84H）、分（82H）、秒（80H）。

（4）设置写保护（控制字为 8EH，数据为 80H），禁止对 DS1302 写入。读/写操作完毕，必须设置写保护，禁止对 DS1302 写入。

注意：

① 对 DS1302 的读/写操作必须在 $\overline{RST}$ 为 1 时才允许操作。

② 采用单字节读/写操作。

- 写操作：先写控制字（R/$\overline{W}$=0，允许写数据的控制字），然后写数据（R/$\overline{W}$=0）。
- 读操作：先写控制字（R/$\overline{W}$=0，允许读数据的控制字），然后读数据（R/$\overline{W}$=1）。

③ 采用突发模式读/写操作：时钟/日历特殊寄存器必须一次读/写 8 个寄存器（写入的顺序为秒、分、时、日、月、星期、年、写保护字节）；RAM 普通寄存器可一次读/写 1～31 个寄存器。

- 写操作：先写地址 0xBE（时钟）/0xFE（RAM），然后写多个数据，8 个（时钟）/1～31（RAM）。
- 读操作：先写地址 0xBF（时钟）/0xFF（RAM），然后读多个数据，8 个（时钟）/1～31（RAM）。

（4）判断是否需要对备用电池进行充电操作（对备用电池充电控制字为 90H，数据为 ABH）。

DS1302 初始化及读时间子程序如下：

```
        SCLK BIT P1.0          ;串行时钟输入
        RST BIT P1.1           ;复位
        IO_DATA BIT P1.2       ;串行数据输入/输出
        INIT: CLR   RST        ;DS1302 初始化子程序，DS1302 复位，写入时间初值
              CLR   SCLK
              MOV   R1,#8EH     ;允许写命令
              MOV   R2,#00H
              LCALL WR_CZ
              MOV   R1,#8CH     ;写年寄存器（写入时间初值为 23-03-16, 08:29:37）
              MOV   R2,#23H
              LCALL WR_CZ
              MOV   R1,#88H     ;写月寄存器
```

```
              MOV   R2,#03H
              LCALL  WR_CZ
              MOV   R1,#86H        ;写日寄存器
              MOV   R0,#16H
              LCALL  WR_CZ
              MOV   R1,#8AH        ;写星期寄存器
              MOV   R2,#04H
              LCALL  WR_CZ
              MOV   R1,#84H        ;写（小）时寄存器
              MOV   R2,#08H
              LCALL  WR_CZ
              MOV   R1,#82H        ;写分寄存器
              MOV   R2,#29H
              LCALL  WR_CZ
              MOV   R1,#80H        ;写秒寄存器
              MOV   R2,#37H
              LCALL  WR_CZ
              MOV   R1,#90H        ;写充电寄存器
              MOV   R2,#0ABH
              LCALL  WR_CZ
              MOV   R1,#8EH        ;禁止写
              MOV   R2,#80H
              LCALL  WR_CZ
              RET
WR_CZ: CLR   RST        ;写控制字、写数据（(R2)=数据，(R1)=控制字）的子程序
              MOV   A,R1
              LCALL  WRITE
              MOV   A,R2
              LCALL  WRITE
              CLR   RST
              RET
WRITE: CLR   SCLK        ;写 1 字节的子程序
              NOP
              NOP
              SETB  RST
              NOP
              MOV   R7,#08H
WR01:RRC   A           ;传输数据到 DS1302 中
              NOP
              NOP
              CLR   SCLK
              NOP
              NOP
              MOV   IO_DATA,C
              NOP
              NOP
              SETB  SCLK
              NOP
```

```
                NOP
                DJNZ   R7,WR01
                CLR   SCLK
                RET
RD_TIME: CLR   RST          ;读日期、星期、时间数据的子程序，存放单元为 56H～50H
                CLR   SCLK
                SETB   RST
                MOV   A,#81H       ;秒命令写入，读秒数据到 50H 单元中
                LCALL   WRITE
                LCALL   READ
                MOV   50H,R3
                MOV   A,#83H       ;分命令写入，读分（钟）数据到 51H 单元中
                LCALL   WRITE
                LCALL   READ
                MOV   51H,R3
                MOV   A,#85H       ;（小）时命令写入，读（小）时数据到 52H 单元中
                LCALL   WRITE
                LCALL   READ
                MOV   52H,R3
                MOV   A,#8BH       ;星期命令写入，读星期数据到 53H 单元中
                LCALL   WRITE
                LCALL   READ
                MOV   53H,R3
                MOV   A,#87H       ;日期命令写入，读日期数据到 54H 单元中
                LCALL   WRITE
                LCALL   READ
                MOV   54H,R3
                MOV   A,#89H       ;月命令写入，读月（份）数据到 55H 单元中
                LCALL   WRITE
                LCALL   READ
                MOV   55H,R3
                MOV   A,#8DH       ;年命令写入，读年（份）数据到 56H 单元中
                LCALL   WRITE
                LCALL   READ
                MOV   56H,R3
                SETB   SCLK
                CLR   RST
                RET
READ: SETB   RST                  ;读 DS1302 数据子程序，(R3)=读入的数据
        NOP
        NOP
        MOV   R7,#08H
READ01: CLR   SCLK                ;设置读 DS1302 数据的 SCLK 下降沿
        NOP
        NOP
        MOV   C, IO_DATA
        NOP
        NOP
```

```
    RRC    A                        ;从 DS1302 接收数据
    NOP
    NOP
    SETB   SCLK
    NOP
    NOP
    DJNZ   R7,READ01
    MOV    R3,A
    CLR    RST
    SETB   IO_DATA
    RET
```

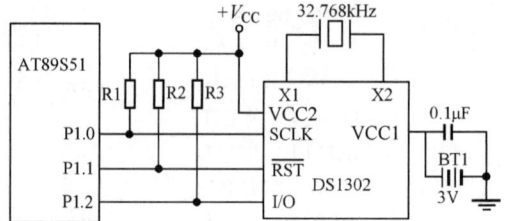

6. DS1302 的应用

单片机外扩 DS1302 电路如图 4.30 所示。

图 4.30　单片机外扩 DS1302 电路

【例 4.6】制作一个利用 DS1302 实现的日历时钟。

解　利用单片机外扩 DS1302 实现日历时钟，通过 LCD1602 显示日历时钟。Proteus 仿真图如图 4.31 所示。由于 Proteus 中没有 LCD 1602，因此用同一类型的 LM016L 替代，结果一样。

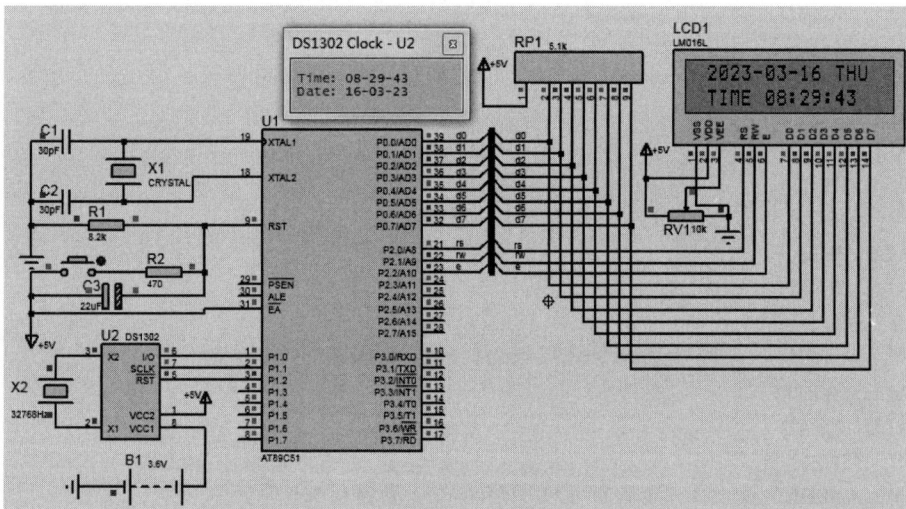

例 4.6_仿真演示

图 4.31　单片机外扩 DS1302 实现的日历时钟仿真图

LCD1602 相关内容参考 6.2.3 节。

汇编程序和 C51 程序见二维码。

例 4.6_汇编程序　　例 4.6_C51 程序

4.5　总线接口的扩展

总线种类繁多，可分为局部总线、系统总线和通信总线。通信总线是系统之间或 CPU 与外设之间进行通信的一组信号线。通信总线接口按电气标准及协议分类，包括 RS-232、RS-422、RS-485、Modem、USB、I²C、IEEE 1394、Internet 等，它们在不同的领域得到了广泛的应用。

数字信号的传输随着距离的增加和信号传输速率的提高，其传输线上的反射、串扰、衰减和共地噪声等影响将会引起信号的畸变，从而限制了通信距离。普通的 TTL 电路，由于驱动能力差、输入电阻小，灵敏度不高，以及抗干扰能力差，因而信号传输的距离短。借助通信接口电路，可以进行较长距离的数据传输。

本节主要介绍 MCS-51 单片机系统中常用的通信总线标准及接口。其他总线的知识可参阅相关书籍。

4.5.1 RS-232C 总线标准与接口电路

RS-232C 是异步串行通信中应用最广泛的总线标准，是美国 EIA（Electronic Industries Association，电子工业联合会）与 Bell 等公司于 1969 年一起公布的串行通信协议，RS 是英文"推荐标准"的缩写，232 为标识号，C 表示修改次数。它最初是为远程通信连接数据终端设备（Data Terminal Equipment，DTE）和数据通信设备（Data Communication Equipment，DCE）制定的。因此，这个标准的制定，并未考虑计算机系统的应用要求。但目前它已被广泛用于计算机与终端或外设之间的近端连接。因此，它的有些规定与计算机系统是不一致的。RS-232C 标准中所提到的"发送"和"接收"，都是站在 DTE 立场上，而不是站在 DCE 的立场来定义的。由于在计算机系统中，往往是在 CPU 和 I/O 设备之间传送信息的，两者都是 DTE，因此双方都能发送和接收。该协议适合数据传输速率在 0～20kbit/s 范围内的通信，包括按位串行传输的电气和机械方面的规定，在微机通信接口中被广泛采用。

1. 电气特性

RS-232C 采取不平衡传输方式，是为点对点（即只用一对收、发设备）通信而设计的。RS-232C 标准采用 EIA 电平，为负逻辑，规定 1 的逻辑电平在 -3～-15V 之间，0 的逻辑电平在 +3～+15V 之间。

RS-232C 总线标准设有 25 根信号线，包括主通道、辅助通道和 20mA 电流环接口，在多数情况下使用主通道。对于一般双工通信，仅需几根信号线即可实现，如一根发送线、一根接收线及一根地线。RS-232C 标准规定的数据传输速率（单位：bit/s）为 50、75、100、150、300、600、1200、2400、4800、9600、19200。其驱动器负载为 3～7kΩ，驱动器允许有 2500pF 的电容负载，通信距离将受此电容限制。例如，采用 150pF/m 的通信电缆时，最大通信距离为 15m；若每米电缆的电容量减小，则通信距离可以增加。传输距离短的另一个原因是，RS-232 属于单端信号传送，存在共地噪声和不能抑制共模干扰等问题。

2. 连接器

由于 RS-232C 并未定义连接器的物理特性，因此，出现了 DB-25、DB-9 等类型的连接器，目前，DB-9 应用较多。其引脚的定义也各不相同，下面分别介绍。

① DB-25 连接器的外形及信号线分配如图 4.32（a）所示。25 芯 RS-232C 接口包括主通道、辅助通道和 20mA 电流环接口。

② DB-9 连接器只提供异步串行通信的 9 个信号，其外形及信号线分配如图 4.32（b）所示。DB-25 与 DB-9 连接器的引脚分配信号完全不同，因此，对于要配接 DB-9、DB-25 连接器的数据通信设备，必须使用各自专门的电缆线。

3. RS-232C 的接口信号

RS-232C 标准接口信号有 25 个，其中常用的有如下几个。

图 4.32　RS-232C 连接器的外形及信号线分配

① 数据终端就绪（Data Terminal Ready，DTR）：有效时，表明 DTE 已准备好，处于可使用状态。

② 数据装置就绪（Data Set Ready，DSR）：有效时，表明 DCE 已准备好，处于可使用状态。

③ 请求发送（Request To Send，RTS）：表示 DTE 请求 DCE 发送数据。

④ 允许发送（Clear To Send，CTS）：表示 DCE 已准备好接收 DTE 发来的数据。这是对请求发送信号 RTS 的响应信号。

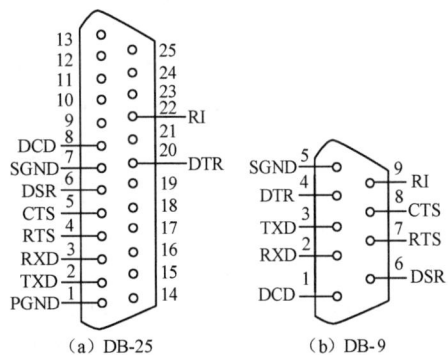

RTS/CTS 请求应答联络信号用于半双工系统中发送和接收方式之间的切换。在全双工系统中，因为配置双向通道，所以一般不需要 RTS/CTS 联络信号。当不用这组信号时，CTS 必须接地。

⑤ 数据载波检测（Data Carrier Detection，DCD）：表示 DCE 已接通通信链路，告知 DTE 准备接收数据。

⑥ 振铃指示（Ringing，缩写为 RI）：当 DTE 收到 DCE 送来的振铃呼叫信号时，使该信号有效，通知终端，已被呼叫。

⑦ 发送数据（Transmitted Data，缩写为 TXD）：DTE 通过 TXD 终端将串行数据发送给 DCE（DTE→DCE）。

⑧ 接收数据（Received Data，缩写为 RXD）：DTE 通过 RXD 终端接收从 DCE 发送来的串行数据（DCE→DTE）。

⑨ 接地 SGND 和 PGND：有两个接地引脚 SGND（信号地）和 PGND（保护地）。

其中：①～⑥为联络控制信号，⑦和⑧为数据发送与接收信号。

表 4.11　9 芯 RS-232C 接口的引脚功能

引脚号	名称（缩写名）	功能说明
1	数据载波检测（DCD）	当 DCE 从数据总线上收到信号时，发出此信号
2	接收数据（RXD）	从 DCE 到 DTE 传送数据
3	发出数据（TXD）	从 DTE 到 DCE 传送数据
4	数据终端就绪（DTR）	由 DTE 发出，表示 DTE 可以和调制器传送数据
5	信号地（SGND）	用于接口的逻辑地
6	数据装置就绪（DSR）	由 DCE 发出，表示数据已被接收
7	请求发送（RTS）	由 DTE 发出，DCE 根据情况决定是否响应
8	允许发送（CTS）	由 DCE 发出，控制发送端发送数据
9	振铃指示（RI）	由 DCE 发出，表示正在进行通信

上述控制信号有效与无效的顺序表示了接口信号的传送过程。例如，只有当 DSR 和 DTR 都处于有效状态时，才能在 DTE 和 DCE 之间进行传送操作。若 DTE 要发送数据，则预先将 DTR 置成有效状态，并且在 CTS 上收到有效状态的回答后，才能在 TXD 上发送串行数据。9 芯 RS-232C 接口的引脚功能见表 4.11，25 芯 RS-232C 接口的引脚功能可参考相关资料。

4．电平转换

RS-232C 标准采用 EIA 电平。由于 EIA 电平与 TTL 电平完全不同，必须进行相应的电平转换。目前使用较为广泛的集成电路转换器件主要有：MC1488、SN75150 可实现 TTL 电平到 EIA 电平的转换，而 MC1489、SN75154 可实现 EIA 电平到 TTL 电平的转换，MAX232/ MAX233 可实现 TTL 到 EIA 的双向电平转换。

MAX232 是 Maxim 公司生产的低功耗、单电源、双 RS-232 发送/接收器，可实现 TTL/CMOS 电平到 EIA 电平的双向电平转换。MAX232 内部有一个电源电压变换器，可以把输入的 TTL/CMOS 电平变换成 RS-232C 输出电平所需的 ±12V 电压，所以采用此芯片接口的串行通信系统只需要单的 +5V 电源即可。

MAX232 的引脚如图 4.33 所示，功能说明如下。

① R1IN、R1OUT、T1IN、T1OUT 为第一数据通道引脚，R2IN、R2OUT、T2IN、T2OUT 为第二数据通道引脚。TTL/CMOS 电平从 T1IN、T2IN 输入，转换成 RS-232 电平后，从 T1OUT、T2OUT 输出；RS-232 电平从 R1IN、R2IN 输入，转换成 TTL/CMOS 电平后，从 R1OUT、R2OUT 输出。

② V_{CC} 为电源引脚（+5V），GND 为接地引脚。

MAX233 的功能与 MAX232 基本相同，但 MAX232 需外接 5 个电容，MAX233 不需要外接电容，MAX233 的价格要略高一点。

5．RS-232C 与单片机系统的接口

RS-232C 与单片机系统的接口电路如图 4.34 所示。MAX232 外围需要接 5 个电容，其中 C1～

C4 是内部电源转换所需电容，其取值均为 1μF/25V，宜选用钽电容，并且安装位置应尽量靠近芯片，C5 为 0.1μF 的去耦电容。MAX232 的 T1IN、T2IN、R1OUT、R2OUT 引脚接 TTL 电平，T1OUT、T2OUT、R1IN、R2IN 引脚接 RS-232C 电平。因此，T1IN、T2IN 引脚应与 MCS-51 单片机的串行发送数据引脚 TXD 相连接，R1OUT、R2OUT 引脚应与 MCS-51 单片机的串行接收数据引脚 RXD 相连接，T1OUT、T2OUT 引脚应与微机的接收端 RD 相连接，R1IN、R2IN 引脚应与微机的发送端 TD 相连接。

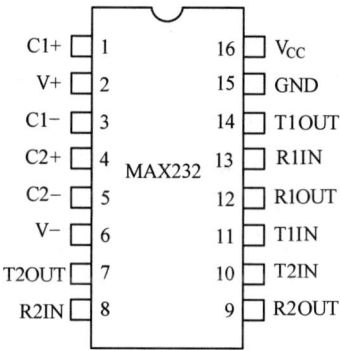

图 4.33　MAX232 的引脚图　　　　图 4.34　RS-232C 与单片机系统的接口电路

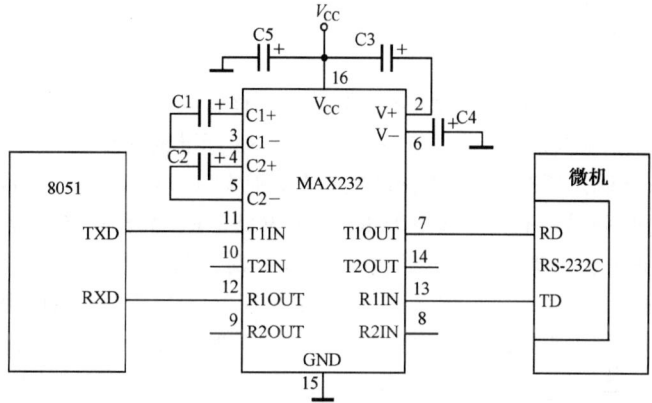

4.5.2　RS-422/RS-485 总线标准与接口电路

在测量与控制系统中，通常采用微机作为上位机、单片机作为下位机的分布式结构，对地理上分散的测控系统完成数据采集、测量、控制和管理等任务。这些系统在设计时要充分考虑数据的传送方式，保证数据在较长线路上传输的正确性。如果采用前面介绍过的 RS-232C 标准进行通信，负载能力差，通信范围小，传送距离不超过 15m，难以满足远距离数据传输和控制的需要。在进行远距离数据传输时，目前广泛采用的是 RS-485 总线标准。

1．RS-422 串行总线标准

RS-422 标准由 RS-232 标准发展而来，是为弥补 RS-232 标准之不足而提出的。为改进 RS-232 标准通信距离短、速率低的缺点，RS-422 标准定义了一种平衡通信接口，将数据传输速率提高到 10Mbit/s，传输距离延长到 1220m（速率低于 100kbit/s 时），并允许在一根平衡总线上最多连接 10 个接收器。RS-422 标准是一种单机发送、多机接收的单向、平衡的串行通信总线标准。

2．RS-485 串行总线标准

为扩展应用范围，EIA 在 RS-422 标准的基础上制定了 RS-485 标准，增加了多点、双向通信能力，在要求通信距离为几十米至上千米时，广泛采用 RS-485 标准。它采用平衡发送和差分接收方式，在发送端，驱动器将 TTL 电平信号转换成差分信号输出；在接收端，接收器将差分信号变成 TTL 电平信号。具有较高的灵敏度，能检测出低至 200mV 的电压，具有抑制共模干扰的能力，数据传输距离可达千米以上。

3．平衡传输

RS-422/RS-485 与 RS-232 标准不一样，数据信号采用差分传输方式，也称为平衡传输。这种方式使用一对双绞线，将其中一根线定义为 A，另一根线定义为 B。

在通常情况下，发送驱动器 A、B 之间的逻辑 1 电平在+1.5～+6V 之间，逻辑 0 电平在-6～-1.5V 之间，在 RS-485 标准中有"使能"端，而在 RS-422 标准中可用可不用。使能端用于控制发送驱动器与传输线的切断与连接。当使能端无效时，发送驱动器处于高阻状态。

接收端与发送端的规定相同，收、发端通过平衡双绞线将 AA 与 BB 对应相连，当在接收端 A、B 之间有高于+200mV 的电平时，输出逻辑 1；当电平低于−200mV 时，输出逻辑 0。接收器接收平衡线上的电平范围通常为±200mV～±6V。

4．RS-422 标准与 RS-485 标准的异同

RS-485 标准的许多电气规定与 RS-422 标准的相仿。例如，它们都采用平衡传输方式，都需要在传输线上接终接电阻等。RS-485 标准可以采用二线制与四线制方式，二线制可实现真正的多点双向通信，而采用四线制连接时，与 RS-422 标准一样，只能实现点对多（只能有一个主设备，其余为从设备）的通信。

RS-485 标准与 RS-422 标准的共模输出电压是不同的。RS-485 标准共模输出电压范围为−7～+12V，RS-422 标准为−7～+7V；RS-485 标准的最小输入阻抗为 12kΩ，RS-422 标准为 4kΩ；RS-485 标准满足所有 RS-422 标准的规范，所以 RS-485 的驱动器可以在 RS-422 网络中应用，但 RS-422 的驱动器并不完全适用于 RS-485 网络。RS-485 标准与 RS-422 标准一样，最大传输数据速率为 10Mbit/s。当数据传输率为 1200bit/s 时，最大传输距离理论上可达 1.5km。平衡双绞线的长度与数据传输速率成反比，在 100kbit/s 速率以下，才可能使用规定的最大电缆长度。RS-485 需要两个终接电阻，接在传输总线的两端，其阻值要等于传输电缆的特性阻抗。在短距离传输时（300m 以下），可不用终接电阻。

表 4.12　RS-485 标准电气参数

项　　目	参　　数
工作模式	差动
传输介质	双绞线
允许的收发器数	32～256 个节点
最高数据传输速率	10Mbit/s
最远通信距离	1200m
最小驱动输出电压	±1.5V
最大驱动输出电压	±5V
最大输出短路电流	250mA
驱动器输出阻抗	54Ω
接收器输入灵敏度	±200mV
接收器最小输入阻抗	12kΩ
接收器输入电压范围	−7～+12V
接收器输出逻辑 1	>200mV
接收器输出逻辑 0	<−200mV

5．RS-485 串行总线标准的特点

① 机械特性：采用 RS-232/RS-485 转换器（如 ADAM4520）将微机串行口 RS-232 信号转换成 RS-485 信号，或接入 TTL/RS-485 转换器（如 MAX485），将 I/O 接口芯片 TTL 电平信号转换成 RS-485 信号，进行远距离高速双向串行通信。

② 电气特性：RS-485 标准采用正逻辑，+1.5～+6V 表示 1，−6～−1.5V 表示 0，二线双端半双工差分电平发送与接收，无公共地线，能有效克服共模干扰、抑制线路噪声，传输距离为 1.2km，最高数据传输速率可达 10Mbit/s。RS-485 标准有关电气参数见表 4.12。

③ 功能与规程特性：网络采用双绞线、同轴电缆或光纤连接，安装简易，电缆、连接器、中继器、滤波器使用数量较少（每个中继器可延长线路 1.2km），网络成本低廉。

④ 数据帧格式：由于国内许多电子产品都含有通用异步串行传输（Universal Asynchronous Receive and Transfer，UART）接口，而 RS-232 接口也是微机的标准配置，因此，开发 RS-485 总线数据链路协议较好的方案是以字节式异步通信为基础，相应的帧格式如下：

帧起始	地址域	控制域	帧长度	数据	帧校验

⑤ 节点数：所谓节点数，是指每个 RS-485 接口芯片的驱动器能驱动多少个标准 RS-485 负载。表 4.13 中列出了一些常见 RS-485 接口芯片的节点数。

⑥ 两种通信方式：RS-485 接口可连接成半双工（如 SN75176、MAX485 等芯片）和全双工两种通信方式（如 SN75179、MAX488 等芯片），如图 4.35 所示。

表 4.13　一些常见 RS-485 接口芯片的节点数

节点数	型号
32	SN75176，SN75276，SN75179，SN75180，MAX485，MAX488，MAX490
64	SN75LBC184
128	MAX487，MAX1487
256	MAX1482，MAX1483，MAX3080～MAX3089

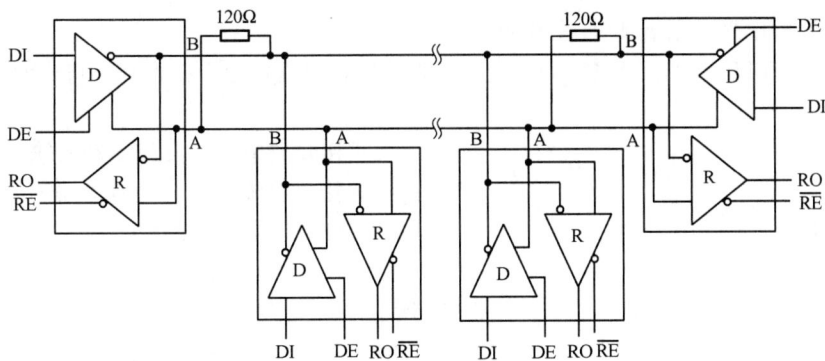

（a）半双工通信电路

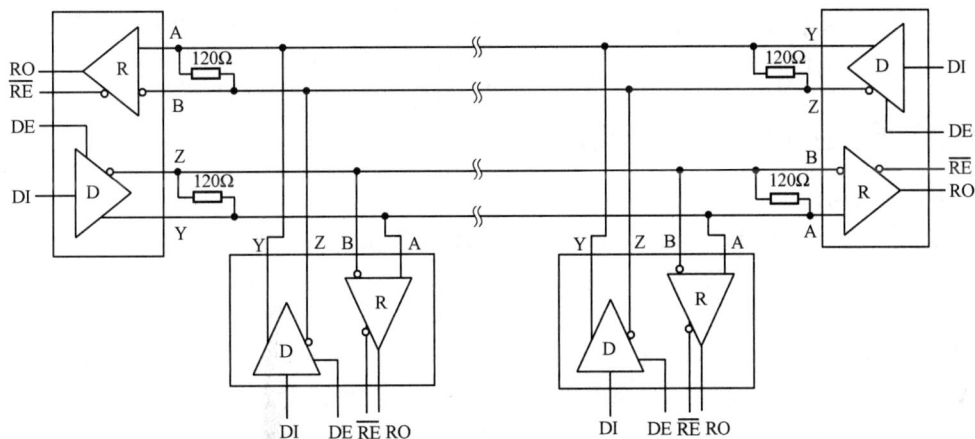

（b）全双工通信电路

图 4.35　RS-485 接口的两种通信方式

6．终端匹配

对于 RS-422 与 RS-485 总线网络，一般要使用终接电阻进行匹配。但在短距离（300m 以下）与低速率时可以不考虑终端匹配。一般，终端匹配采用终接电阻方法，RS-422 网络在总线电缆的远端并接电阻，RS-485 网络则应在总线电缆的开始和末端都并接终接电阻。RS-422 网络中的终接电阻一般取 100Ω，而 RS-485 网络中一般取 120Ω。它相当于电缆特性阻抗的电阻（一般双绞线电缆特性阻抗在 100～120Ω之间）。这种匹配方法简单有效，缺点是匹配电阻要消耗较大功率，对于功耗限制比较严格的系统不太适用。

7．RS-485 接口与单片机的连接

RS-485 接口的电平标准与 TTL 完全不同，单片机与 RS-485 接口之间连接时必须进行电平转换，可以采用集成电路专用芯片实现，见表 4.13。下面以 MAX485 为例介绍单片机与 RS-485 接口的连接方法。

MAX485 是 MAXIM 公司生产的电平转换芯片，其引脚如图 4.36 所示，各引脚含义说明如下。

RO：接收器输出，TTL 电平。若 A 端电平高于 B 端电平 200mV 以上，则 RO 为高电平；否则 RO 为低电平。

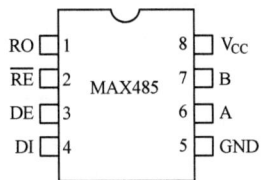

图 4.36　MAX485 引脚图

$\overline{RE}$：接收器输出使能。当 $\overline{RE}$ 为低电平时，RO 有效；否则 RO 呈高阻态。

DE：驱动器输出使能。若 DE 为高电平，则驱动器输出 A 和 B 有效，器件作为线驱动器使

用（发送）；若 DE 为低电平，则 A 和 B 呈高阻态。

DI：驱动器输入，TTL 电平。若 DI 为低电平，将迫使输出为低电平；否则，将迫使输出为高电平。

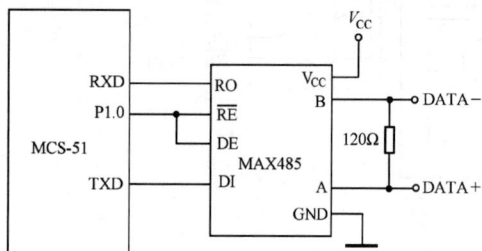

图 4.37　MCS-51 单片机与 MAX485
的连接电路

B：反相接收器输入和反相驱动器输出。

A：同相接收器输入和同相驱动器输出。

V_{CC} 和 GND：电源和地。

MCS-51 单片机与 MAX485 的连接电路如图 4.37 所示。RO 与 DI 是标准的 TTL 电平，与 MCS-51 单片机的 RXD 和 TXD 直接连接即可。由于 RS-485 接口工作于半双工方式下，P1.0 引脚可控制 MAX485 工作于收数据状态或发数据状态下，其为低电平时工作于收数据状态下。A、B 端为 RS-485 总线的数据传输线路。

4.5.3　I²C 总线标准与接口电路

1．I²C 总线简介

I²C 总线（Inter Integrated Circuit Bus）是 Philips 公司推出的二线制串行总线标准，是具备总线仲裁和高低速设备同步等功能的高性能多主机总线。

I²C 总线由串行数据线（SDA）和串行时钟线（SCL）构成，可发送和接收数据。它允许若干兼容器件共享总线，所有挂接在 I²C 总线上的器件和接口电路都应具有 I²C 总线接口，并且所有的 SDA/SCL 同名端相连。总线上，所有器件通过总线依靠 SDA 发送的地址信号寻址，通信时无须片选信号；直接用导线连接设备，无须专门的母板和插座，占用的空间小，降低了互连成本；价格比较便宜，应用比较广泛。

I²C 总线的最大总线长度为 7.6m，最大数据传输速率为 400kbit/s，标准数据传输速率为 100kbit/s。I²C 总线理论上可以允许的最大设备数只受总线的最大电容 400pF 限制（其中包括连线本身的电容和与它连接的引出电容）；实际应用时，能够以 10kbit/s 的最大数据传输速率支持 40 个组件及多个主器件。任何能够进行发送和接收的设备都可以成为主器件。主器件能够控制信号的传输和时钟频率，而在某时刻只能有一个主器件。I²C 总线的 SDA 与 SCL 为双向 I/O 接口线，输出级是漏极开路电路。因此，I²C 总线上所有设备的 SDA、SCL 引脚都要外接上拉电阻。

2．I²C 总线结构

一个典型的 I²C 总线结构如图 4.38 所示。其中，所有的器件均有 I²C 总线接口，所有器件都通过 SDA 和 SCL 连接到 I²C 总线上，并通过总线寻址识别。R1 和 R2 为上拉电阻。

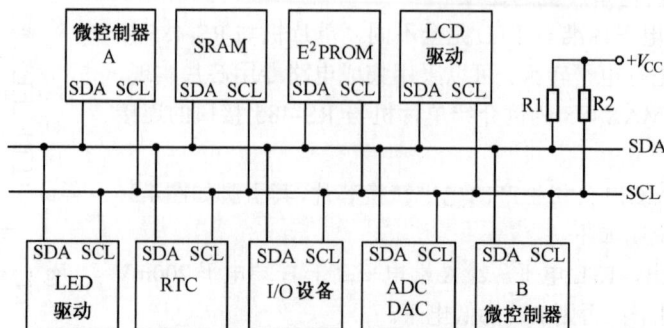

图 4.38　典型的 I²C 总线结构图

I^2C 总线中的器件既可以作为主器件，也可以作为被寻址器件，既可以是发送器，也可以是接收器。主器件的功能是，在总线上启动数据传送，并产生时钟脉冲。被寻址器件又称为从器件。系统中的每个器件均具有唯一的地址，主器件通过寻址确定数据交换方。

连接在 I^2C 总线上的器件一般均能成为从器件，只有微处理器才能成为主器件。在 I^2C 总线上允许出现多个微处理器。任何时刻，总线上只能有一个主器件，各从器件在总线空闲时启动数据传送。先控制总线的将成为主器件，如果存在几个微处理器同时企图控制总线成为主器件，则随之产生总线竞争协议，竞争成功的器件成为主器件，其他则退出。在竞争过程中，数据不会丢失、破坏。数据的传输只能在主、从器件间进行。在每次数据交换开始时，主器件需要通过总线竞争获得主控权，并启动一次数据交换，结束后释放总线。各控制电路虽然挂在同一根总线上，却彼此独立，互不相关。

3. I^2C 总线协议

开始信号：在 SCL 保持高电平的状态下，SDA 出现下降沿，确定为开始信号。出现开始信号以后，总线被认为"忙"。

停止信号：在 SCL 保持高电平的状态下，SDA 出现上升沿，确定为结束信号。出现停止信号以后，总线被认为"空闲"。

应答信号：接收数据的器件在接收到 8 位数据后，向发送数据的器件发出特定的低电平脉冲，确定为应答信号，表示已收到数据。CPU 向受控单元发出一个信号后，等待受控单元发回一个应答信号，CPU 接收到应答信号后，根据实际情况判断是否继续传递信号。若未收到应答信号，则判断为受控单元出现故障。

总线忙：在数据传送开始后，当 SCL 为高电平时，SDA 的数据必须保持稳定；只有当 SCL 为低电平时，才允许 SDA 上的数据改变，否则会被误认为开始/结束信号。

总线空闲：SCL 和 SDA 都保持高电平，确定为总线空闲状态。

4. I^2C 总线的基本操作

I^2C 总线可以实现主从双向通信。若器件发送数据到总线上，则定义为发送器；若器件接收数据，则定义为接收器。主器件和从器件都可以工作于接收和发送状态下。总线必须由主器件控制，主器件产生串行时钟（SCL），控制总线的传输方向，并产生起始条件和停止条件。SDA 线上的数据状态仅在 SCL 为低电平的期间才能改变；在 SCL 为高电平的期间，SDA 状态的改变被用来表示起始条件和停止条件。数据传送时，每个字节必须为 8 位，先传送高位（MSB），每个被传送的字节后面都必须跟随 1 位应答信号。I^2C 总线上的串行数据传送时序如图 4.39 所示。

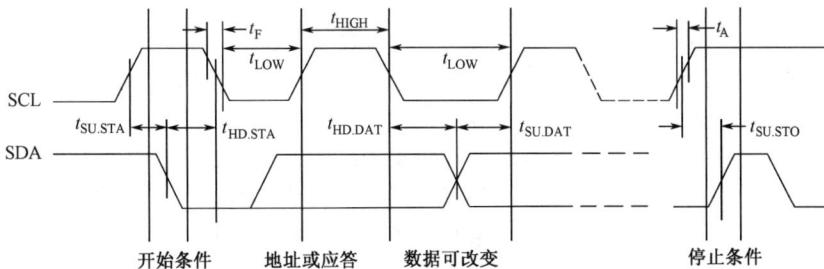

图 4.39　I^2C 总线上的串行数据传送时序图

（1）控制字节。在起始条件之后，必须是器件的控制字节，其中，高 4 位为器件类型识别符（不同的芯片类型有不同的定义，如 E^2PROM 为 1010），接着 3 位为器件片选地址，最低位为读/写控制位 $R/\overline{W}$，当 $R/\overline{W}=1$ 时进行读操作，当 $R/\overline{W}=0$ 时进行写操作。控制字节配置如图 4.40 所示。

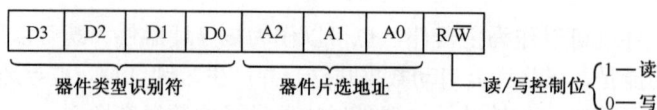

图 4.40 控制字节配置

（2）写操作。写操作分为字节写和页面写两种操作。对于页面写，根据芯片一次装载的字节数不同而有所不同。字节写操作的时序如图 4.41 所示。

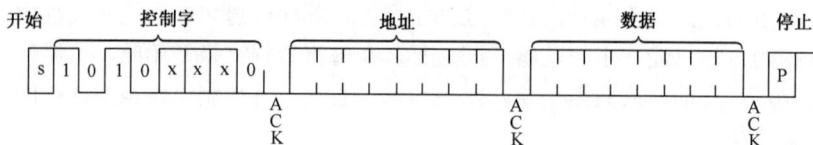

图 4.41 字节写操作的时序图

（3）读操作。读操作有三种基本操作：当前地址读、随机读和顺序读。顺序读操作的时序图如图 4.42 所示。注意，为了结束读操作，主机必须在传送 8 位数据后的第 9 个时钟周期内发出停止条件，或者在第 9 个时钟周期内保持 SDA 为高电平，然后发出停止条件。

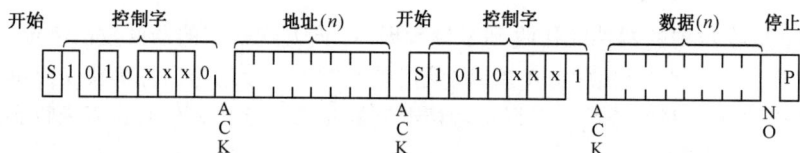

图 4.42 顺序读操作的时序图

5. I^{2}C 总线的传送格式

I^{2}C 总线的传送格式为主从式，可实现主发送/从接收、从发送/主接收两种组合工作方式。

（1）主发送/从接收。主器件产生开始信号以后，发送的第一个字节为控制字节，然后，发送一个选择从器件内部地址的字节，用于决定开始读/写数据的起始地址。接着再发送数据字节，可以是单字节数据，也可以是一组数据，由主器件来决定。从器件每接收到一个字节后，都要返回一个应答信号（ACK=0）。主器件在应答时钟周期高电平期间释放 SDA 线，转由从器件控制，从器件在这个时钟周期的高电平期间必须拉低 SDA 线，并使之变为稳定的低电平，从而作为有效的应答信号。其时序参考图 4.41。

（2）从发送/主接收。在主器件产生开始信号以后，主器件向从器件发送控制字节。如果从器件接收到的主器件发送来的控制字节中的从地址片选信号与该器件的相对应，并且发送方向位为高电平（R/$\overline{\text{W}}$=1），则表示要求从器件发送数据。从器件先发送一个应答信号（ACK=0）回应主器件，接着由从器件发送数据到主器件中。主器件可以控制从器件从什么地址开始发送，发送多少字节。如果在这个过程之前，主器件发给从器件一个内部地址选择信号，从器件发送的数据就从该地址开始发送；如果在从器件接收到请求发送的控制信号以前，没有收到这个地址选择信号，就从最后一次发送数据的地址开始发送数据。在发送数据过程中，主器件每接收到一个字节都要返回一个应答信号 ACK。若 ACK=0（有效应答信号），则从器件继续发送；若 ACK=1（停止应答信号），则从器件停止发送。其时序参考图 4.42。

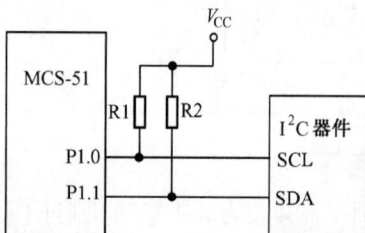

图 4.43 MCS-51 单片机实现 I^{2}C 总线接口电路

6. 单片机的 I^{2}C 总线接口

在单片机控制系统中，广泛使用 I^{2}C 器件。如果单片机自带 I²C 总线接口，则将所有 I²C 器件对应连接到该总线上即可；若无 I²C 总线接口，则可以使用 I/O 接口模拟 I²C 总线。

使用单片机 I/O 接口模拟 I²C 总线时，硬件连接非常简单，只需两根 I/O 接口线，在软件中分别定义成 SCL 和 SDA 即可。MCS-51 单片机实现 I²C 总线接口电路如图 4.43 所示。其中，单片机的 P1.0 引脚作为串行时钟线（SCL），P1.1 引脚作为串行数据线（SDA），通过程序模拟 I²C 串行总线的通信方式。I²C 总线适用于通信速度要求不高而体积要求较小的应用系统。

7．I²C 总线的典型应用

Microchip 公司生产的 24xx 系列串行 E²PROM 存储器，其容量范围从 128（16×8）位至 256K（32K×8）位，采用 I²C 总线结构。24xx 系列产品包括 24Cxxx、24LCxxx、24FCxxx、24AAxxx 子系列等。其中，24LCxxx 为通用系列；24Cxxx 系列的特点是工作温度范围宽，写入时间短；24AAxxx 系列适合低工作电压（1.8～5.5V）系统；24FCxxx 系列的特点是高数据传输速率。

下面以 MCS-51 单片机扩展 X24C04 为例介绍 I²C 总线的应用。X24C04 是 Xicor 公司生产的 CMOS 4096（512×8）位串行 E²PROM，支持 16 字节页面写。其与 MCS-51 单片机接口如图 4.44 所示。其中，

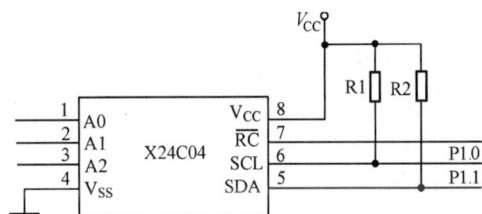

图 4.44　X24C04 与 MCS-51 单片机接口

SDA 是漏极开路输出，可以与任何数目的漏极开路或集电极开路输出"线或"连接。上拉电阻的选择可参考 X24C04 的手册。

MCS-51 单片机通过 I²C 总线接口对 X24C04 进行单字节写操作的程序流程图如图 4.45 所示。

参考子程序如下：

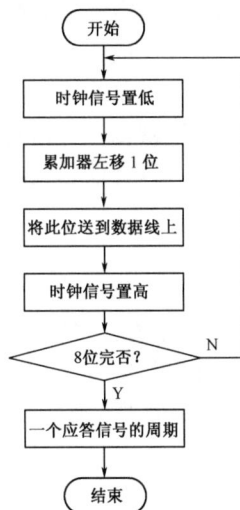

图 4.45　程序流程图

```
        ORG   0100H
BSEND:  MOV   R2, #08H      ;1 字节 8 位
SENDA:  CLR   P1.0          ;SCL 置低
        RLC   A             ;左移 1 位
        MOV   P1.1, C       ;写 1 位
        SETB  P1.0          ;SCL 置高
        DJNZ  R2, SENDA     ;写完 1 字节后
        CLR   P1.1          ;应答信号
        SETB  P1.1          ;SDA 置高
        SETB  P1.0          ;SCL 置高
        RET
        END
```

4.5.4　其他常用总线标准

串行总线标准有很多种，各自的使用场合也不同，单片机系统可以根据实际的应用需求选择不同的器件和总线标准。除上述介绍的串行总线标准外，常用的还有 USB、Modem、单总线、SPI 总线、IEEE 1394 等。

（1）通用串行总线

通用串行总线（Universal Serial Bus，USB）是在 1994 年底由 Compaq、IBM 及 Microsoft 等多家公司联合提出的，但是直到 1999 年，USB 标准才真正被广泛应用。其特点如下。

① 数据传输速率高。USB 标准接口的数据传输速率为 12Mbit/s。USB 2.0 标准支持最高数据传输速率为 480Mbit/s，半双工串行模式。2008 年 11 月颁布的 USB 3.0 标准，实际数据传输速率

高达 3.2Gbit/s（理论上高达 5Gbit/s），全双工串行模式。

② 数据传输可靠。USB 总线控制协议要求在数据发送时含有三个描述数据类型、发送方向和终止标志、USB 设备地址的数据包，并支持数据检错和纠错功能。

③ 可通过菊花链的形式同时挂接多个 USB 设备，理论上可达 127 个。

④ 能为设备供电。USB 线缆中包含两根电源线及两根数据线。耗电比较少的设备可以通过 USB 接口直接取电。USB 3.0 标准供电能力为 1A，而 USB 2.0 标准供电能力为 0.5A。

⑤ 支持热插拔。在开机情况下，可以安全地连接或断开设备，达到真正的即插即用。

USB 接口还具有实时性（可以实现和一个设备之间有效的实时通信）、动态性（可以实现接口间的动态切换）、联合性（不同而又有相近特性的接口可以联合起来）、多能性（各个不同的接口可以使用不同的供电模式）等特性。

USB 接口数据传输距离不大于 5m。总线上的数据传输方式有控制传输、同步传输、中断传输、块数据传输等几种。USB Host 根据外部 USB 设备的速度及使用特点采取不同的数据传输方式。例如，通过控制传输更改键盘、鼠标属性，通过中断传输要求键盘、鼠标输入数据，通过控制传输改变显示器属性，通过块数据传输将要显示的数据传送给显示器。目前，USB 接口主要应用于计算机与外部设备的连接，包括电话、Modem、键盘、鼠标、U 盘、光驱、摇杆、磁带机、扫描仪、打印机、数码相机/摄像机等。

（2）单总线

单总线（1-Wire）是 Dallas 公司推出的外围串行扩展总线，主从结构。它只有一根数据输出线 DQ，总线上所有器件都挂在 DQ 上，系统中的数据交换、控制都由这根线完成。单总线通常要求外接一个上拉电阻。主机和从机之间的通信可通过初始化单总线器件、识别单总线器件和交换数据三个步骤完成。Dallas 公司为单总线寻址及数据传送提供了严格的时序规范。单总线适用于单主机系统，能够控制一个或多个从机设备。主机可以是微控制器，从机可以是单总线器件，它们之间的数据交换只通过一根信号线进行。

（3）串行外设总线

串行外设总线（Serial Peripheral Interface，SPI）是 Motorola 公司推出的。它以主从方式工作，通常有一个主设备和一个或多个从设备，需要至少 4 根线：时钟线 SCK（由主设备产生）、数据输入线 SDI（主设备数据输入，从设备数据输出），数据输出线 SDO（主设备数据输出，从设备数据输入）和片选信号线 $\overline{\text{CS}}$（从设备使能，由主设备控制）。单片机与外围扩展器件在时钟线 SCK 及数据线 SDI、SDO 上都是同名端相连。

SPI 是一种高速、全双工、同步的通信总线，主机的数据传输速率最高可达 3Mbit/s。SPI 硬件扩展比较简单，软件实现方便，并可在软件的控制下构成单主单从、单主多从、互为主从等多种结构的系统。在多数应用场合，SPI 使用一个 MCU 作为主设备控制数据传送，主设备可向一个或多个外围器件中传送数据，或者控制多个外围器件向主设备中传送数据。

（4）高性能的串行总线标准 IEEE 1394

IEEE 1394 是 Apple 公司开发的高速、实时串行总线标准，Apple 公司称之为火线（Fire Wire），Sony 公司称之为 i.Link，Texas Instruments 公司称之为 Lynx。IEEE 1394 无须集线器，每个总线最多可以支持 63 个设备。理论上，配备 Fire Wire 接口的数码照相机可以直接连接到 IEEE 1394 硬盘上，并且可以直接将文件保存到硬盘中。IEEE 1394 标准定义了两种总线模式，即 Backplane 模式和 Cable 模式。其中，Backplane 模式的最低数据传输速率为 50Mbit/s，可以适合多数的高带宽应用。Cable 模式是速度非常快的模式，分为 100Mbit/s、200Mbit/s 和 400Mbit/s 几种，在 200Mbit/s 下可以传输不经压缩的高质量数字电影。IEEE 1394B 目前最高数据传输速率可达到 800Mbit/s，将来会推出 1Gbit/s 的 IEEE 1394 技术。

IEEE 1394 串行总线标准适合视频数据传输，支持外设热插拔、同步数据传输，同时可为外设提供电源。

习题 4

1. 三态缓冲寄存器输出端的"三态"是指（　　）态、（　　）态和（　　）态。

2. 扩展外围芯片时，片选信号的三种产生方法为（　　）、（　　）和（　　）。

3. 当 MCS-51 单片机访问外部存储器时，利用（　　）信号锁存来自（　　）口的低 8 位地址信号。

4. 74LS138 是具有三个输入口的译码器芯片，当其输出作为片选信号时，最多可以选中（　　）块芯片。

5. MCS-51 单片机外扩 ROM、RAM 和 I/O 接口时，它的数据总线是（　　）。

　　A）P0 口　　　　　　　B）P1 口　　　　　　　C）P2 口　　　　　　　D）P3 口

6. 使用 8255 可以扩展出的 I/O 接口线是（　　）。

　　A）16 根　　　　　　　B）22 根　　　　　　　C）24 根　　　　　　　D）32 根

7. 当 8031 外扩程序存储器 8KB 时，需要使用 EPROM 2716（　　）。

　　A）2 块　　　　　　　B）3 块　　　　　　　C）4 块　　　　　　　D）5 块

8. 访问外部数据存储器时，不起作用的信号是（　　）。

　　A）$\overline{RD}$　　　　　　　B）$\overline{WR}$　　　　　　　C）ALE　　　　　　　D）$\overline{PSEN}$

9. 扩展外部存储器时要加锁存器 74LS373，其作用是（　　）。

　　A）锁存寻址单元的低 8 位地址　　　　　　B）锁存寻址单元的数据

　　C）锁存寻址单元的高 8 位地址　　　　　　D）锁存相关的控制和选择信号

10. 若某存储器芯片地址总线为 12 根，则它的存储容量为（　　）。

　　A）1KB　　　　　　　B）2KB　　　　　　　C）4KB　　　　　　　D）8KB

11. 解释三总线的概念。

12. I/O 接口的作用是什么？

13. I/O 接口数据有几种传送方式？它们各有什么特点？

14. 外设接口有几种编址方法？它们各有什么特点？

15. 什么是全地址译码法？什么是部分地址译码法？它们各有什么特点？

16. 在 MCS-51 单片机系统中，外部程序存储器和外部数据存储器公用 16 位地址总线和 8 位数据总线，为何不会产生冲突？

17. 某单片机系统，需扩展一块 4KB 的 EPROM 和一块 2KB 的 RAM，还需外扩一块 8255 并行 I/O 接口芯片，采用线选法，画出硬件连接图，并指出各芯片的地址范围。

18. 某单片机系统，需扩展两块 8KB 的 EPROM 和两块 8KB 的 RAM，采用地址译码法，画出硬件连接图，并指出各芯片的地址范围。

19. 并行 I/O 接口扩展方法有哪几种？

20. 8255A 有几种工作方式？如何选择工作方式？PA 口和 PB 口的工作方式是否完全相同？

21. 8255A 的端口地址为 7F00H～7F03H，试编程对 8255A 进行初始化，使 PA 口按工作方式 0 输入，PB 口按工作方式 1 输出。

22. 如果将 8255A 的方式控制字和 PC 口按位置位/复位控制字均写到 8255A 的控制寄存器中，则 8255A 该如何区分这两个控制字？

23. 试编程对 8155 进行初始化，使 PA 为选通方式输出，PB 口为基本输入，PC 口作为控制联络信号，启动定时器/计数器，采用工作方式 1，输出方波，频率为 50Hz，输入时钟频率为 500kHz。

24. 假设 8155 的 TIMER IN 引脚输入的脉冲频率为 1MHz，编写程序在 8155 的 TIMER OUT 引脚输出周期为 20ms 的方波。

25. 使用 8255A 或者 8155 的 PB 口驱动红色和绿色发光二极管各 4 个，且红色、绿色发光二极管轮流发光各 1 秒，不断循环，试画出包括地址译码器、8255A 或 8155 与发光管部分的接口电路图，并编写控制程序。

26. 简述 RS-232C、RS-422A 及 RS-485 串行通信接口的特点，并画出在双机通信情况下，这三个串行通信接口的接口电路。

27. 利用 DS1302 实现实时时钟，设计硬件电路，编写相应的软件。

28. 说明 I^2C 总线的特点以及在单片机中实现该总线的方法。

第 5 章　MCS-51 单片机的输入/输出通道设计

本章简单介绍输入/输出通道的组成与配置，着重介绍 A/D 转换器、D/A 转换器及其接口技术。通过本章的学习，使读者了解输入/输出通道设计的基本原理和方法，掌握常用 A/D 转换器、D/A 转换器及其与 MCS-51 单片机的接口电路和程序设计方法。本章重点在于典型 A/D 转换器、D/A 转换器的性能指标、结构与应用，从工程应用角度强化 CPU 外扩 A/D 转换器、D/A 转换器的硬件和软件设计方法。本章难点在于 A/D 转换器、D/A 转换器的灵活应用。

5.1　输入/输出通道概述

单片机用于测量和控制（测控）系统时，需要设计与被测对象联系的输入通道（前向通道）和与被控对象联系的输出通道（后向通道）。设计输入通道时，要考虑传感器的选择、通道的结构、信号的处理、A/D 转换、电源的配置、抗干扰等问题；设计输出通道时，要考虑功率驱动、干扰的抑制、D/A 转换等问题。本节将简单介绍有关输入/输出通道的基本知识。

5.1.1　传感器

微处理器在测控系统中得到了广泛的应用，需要对外部信息随时做出判断和响应。作为信息采集的前端单元——传感器已成为测控系统中的关键部件，其作用越来越重要。

国际电工委员会 IEC 对传感器的定义：传感器是测量系统中的一种前端部件，它将各种输入变量转换成可供测量的信号。传感器是由敏感元器件和转换元器件组成的。

传感器的种类非常丰富，可以按传感器的转换原理（即传感器工作的基本物理或化学效应）、用途、输出信号类型及制作它们的材料和工艺等分类。

按传感器的用途不同可以将传感器分为压敏传感器、力敏传感器、位置传感器、液位传感器、能耗传感器、速度传感器、热敏传感器、加速度传感器、射线辐射传感器、振动传感器、湿敏传感器、磁敏传感器、气敏传感器、真空度传感器和生物传感器等。

按传感器输出信号标准不同可将传感器分为模拟传感器、数字传感器、开关传感器。

随着信息技术的发展，传感器在工业、农业、航空航天、军事国防等领域得到了日益广泛的应用。

5.1.2　单片机系统的输入/输出通道

单片机系统和被控对象之间的信息交互分为输入和输出两种类型，前者在单片机系统采集数据时，将被控对象的信息经输入通道送到单片机系统中；后者在单片机系统控制输出时，将单片机系统决策的控制信息经输出通道作用于被控对象。上述两类信息交互的通道称为过程 I/O 通道，过程 I/O 通道的一般结构如图 5.1 所示。

1. 输入通道

在单片机检测、控制系统中，被测对象的信息通过传感器采集，经过输入通道送到单片机中进行处理。将传感器的输出信号转换成统一的标准信号的器件称为变送器。在输入通道中，传感器及变送器、信号处理电路等占有重要地位。

（1）输入通道的特点

① 输入通道应靠近拾取对象采集信息，以减少传输损耗，防止干扰。

② 输入通道的工作环境会严重影响通道的方案设计，没有选择的余地。

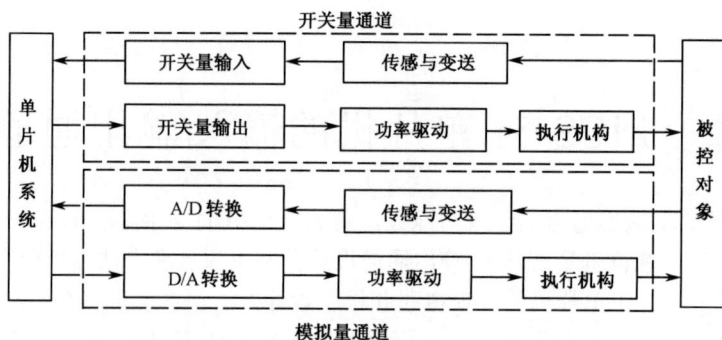

图 5.1　过程 I/O 通道的一般结构

③ 传感器、变送器的输出信号可以是模拟信号（数字传感器输出数字信号），在转换为单片机要求的信号形式时，需要采用模拟、数字、A/D 转换等电路。因此，输入通道通常是模拟、数字等混杂电路。

④ 传感器输出信号一般比较微弱，为便于计算机拾取，常常需要放大电路，这是单片机系统中最容易引入干扰的渠道，需要进行抗干扰设计。

（2）输入通道的结构

输入通道的结构取决于被测对象的环境，以及信号的类型、数量、大小等。如果配置的传感器输出信号为模拟电压大信号，则可以将其直接送到 A/D 转换器中，经 A/D 转换后再送到单片机中；也可以通过 V/F 转换（电压/频率转换）后送到单片机中。V/F 转换的优点是抗干扰能力强，适合远距离传输，缺点是频率测量速度慢。如果传感器输出的是模拟电压小信号，应该首先将信号电压放大到能够满足 A/D 转换或 V/F 转换要求的输入电压。

对以电流为输出的传感器、变送器，应该先将其电流信号通过 I/V 电路转换成电压信号，然后可以直接获得满足 A/D 转换或 V/F 转换要求的输入电压。

对频率信号，如果能够满足 TTL 电平要求，可直接输入单片机系统中；如果是频率小信号，则需要进行放大和整形，变换成 TTL 电平频率信号后，再送到单片机中。对开关信号，一般需要进行防抖和整形，然后送入单片机 I/O 接口。输入通道的结构如图 5.2 所示。

2．输出通道

在工业控制系统中，单片机通过输出通道实现对被控对象的控制操作。输出通道是单片机系统的重要组成部分，其结构和特点影响着控制任务的实现。

（1）输出通道的特点

① 小信号输出，大功率控制。

② 输出伺服驱动控制信号。在伺服驱动系统中，其状态反馈信号一般作为检测信号送至输入通道中。

③ 输出通道接近被控对象，环境复杂恶劣，电磁和机械干扰较为严重。

（2）输出通道的结构

在输出通道中，单片机完成控制处理后的输出信号一般为数字信号，通过 I/O 接口或者数据总线传送给被控对象。输出信号的形式主要有开关量、（二进制）数字量或频率量，可直接用于开关量、数字量系统及频率调制系统。但是对于一些模拟量控制系统，则应该通过 D/A 转换器变换成模拟量控制信号。输出通道的结构如图 5.3 所示。

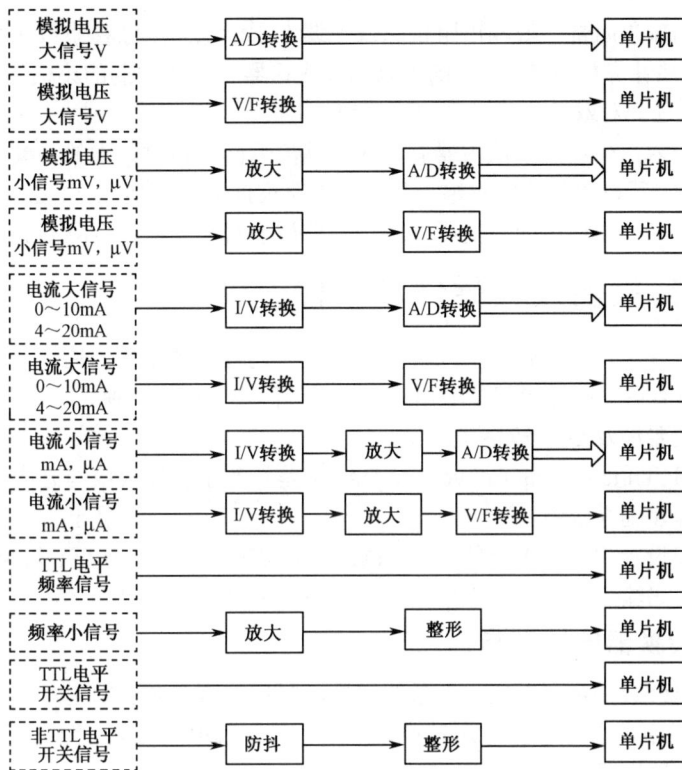

图 5.2　输入通道的结构

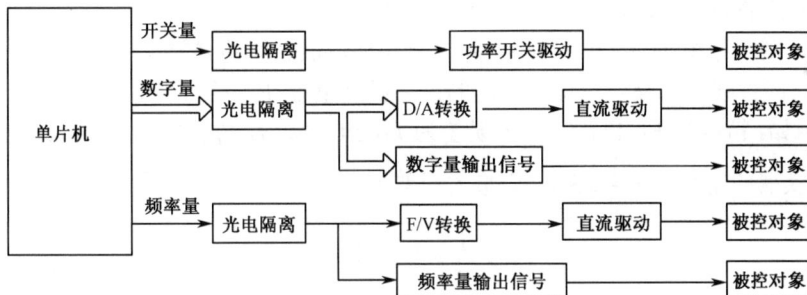

图 5.3　输出通道的结构

3．信号处理电路

在输入通道中，信号处理的任务是将传感器或变送器输出的电信号转换成能够满足单片机或A/D 转换器输入要求的标准电信号，要求能够完成小信号放大、滤波、零点校正、线性化处理、温度补偿、误差修正和量程切换等任务。在单片机系统中，许多依靠硬件实现的信号处理任务也可以由软件实现，这样就大大简化了系统中输入通道的结构。例如，对于一些常规信号的修正和变换，如滤波、零点校正、线性化、误差修正、补偿和变换等信号处理，可以借助单片机由软件完成。

（1）开关量输入。被控对象的一些开关状态可以通过开关量输入通道输入单片机系统中，如电器的启动和停止、电磁铁的吸合和断开、光路的通和断等。但是，控制现场的开关状态一般不能直接送到单片机中，要经过电平匹配、电气隔离等处理后再输入单片机中。

（2）小信号放大技术。在输入通道中，为满足小信号的各种状况下的放大调节，可选用各种形式的测量放大器、可编程增益放大器及带有放大器的小信号双线发送器等。对于小信号选择的测量放大器应具有高输入阻抗、低输出阻抗、低失调电压、低温度漂移系数和稳定的放大倍数等特性。如果传感器距离计算机系统较远，则可以选择变送器将现场微弱的小信号转换成标准的 4～20mA 电流输出，通过一对双绞线传送到应用系统中。

（3）隔离放大技术。使用测量放大器有输入的偏流返回通路时，大的共模电压可能会损坏测量放大器的输入电路，所以在某些要求输入和输出电路彼此隔离的情况下，必须使用隔离放大器。隔离放大器的种类较多，常使用的有变压器耦合隔离放大器和光电耦合隔离放大器两种。

5.2 D/A 转换器及其硬件和软件设计

单片机系统的控制输出，一部分（与开关量有关）通过开关量输出通道，作用于执行机构；另一部分（与模拟量有关）则经模拟量输出通道，通过隔离、D/A 转换、驱动，作用于执行机构。模拟量输出通道中主要涉及 D/A 转换器。

D/A 转换器（Digital to Analog Converter，DAC）是将数字量转换成与之成比例的模拟量的器件，广泛应用于过程控制系统中。

D/A 转换器接口设计中主要考虑的问题：D/A 转换芯片的选择、精度、转换时间、与 CPU 的接口方式、数字量的码输入类型、输出模拟量的类型与范围、功耗等。

5.2.1 D/A 转换器的性能指标

（1）分辨率。单位数字量所对应模拟量的增量，即相邻两个二进制码对应的输出电压之差称为 D/A 转换器的分辨率。它确定了 D/A 转换器产生的最小模拟量变化，也可用最低位（LSB）表示。例如，n 位 D/A 转换器的分辨率为 $1/2^n$。

由于分辨率与转换器的位数 n 之间具有固定的对应关系，因此，也可用位数 n 来表示分辨率，例如，D/A 转换器的分辨率可以是 8、10、12、16 位。

（2）精度。精度是指 D/A 转换器的实际输出与理论值之间的误差，是由 D/A 转换的增益误差、零点误差、线性误差和噪声等综合引起的，它以满量程 V_{FS} 的百分数或最低有效位（LSB）的形式表示。例如，精度为 ±0.1%，其最大误差为 $V_{FS} \pm 0.1\%$，若 $V_{FS}=10V$，则最大误差为 ±10mV。若 n 位 D/A 转换器的精度为 $\pm \frac{1}{2}$ LSB，则最大误差为

$$\pm \frac{1}{2} \times \frac{1}{2^n} V_{FS} = \frac{1}{2^{n+1}} V_{FS}$$

（3）线性误差。线性误差是指 D/A 转换器的实际转换特性（各数字输入值所对应的各模拟输出值之间的连线）与理想的转换特性（始、终点连线）之间的偏差，即两个相邻的数字码所对应的模拟输出值（之差）与一个 LSB 所对应的模拟值之差，常以 LSB 的形式表示。

（4）转换时间 T_S（建立时间）。从 D/A 转换器输入的数字量发生变化开始，到其输出模拟量达到相应的稳定值所需要的时间，称为转换时间。

（5）其他指标。除以上性能指标外，D/A 转换器还有电源抑制比、温度系数、馈送误差等性能指标。

5.2.2 D/A 转换器的分类

（1）按输出信号的形式分类。按输出信号的形式不同可将 D/A 转换器分为电压输出型和电流输出型两类。电压输出型 D/A 转换器可以直接从电阻阵列输出电压，由于无输出放大器部分的延迟，一般仅用于高阻抗负载，因此常作为高速 D/A 转换器使用。电流输出型 D/A 转换器输出的电流很少被直接利用，一般需要经电流-电压转换电路将电流输出转换成电压输出。常用转换方法有两种：一种通过直接连接负载电阻实现，另一种通过运算放大器实现，后者比较常用。

（2）按能否进行乘法运算分类。根据能否进行乘法运算可将 D/A 转换器分为乘算型和非乘算型两类。D/A 转换器中使用恒定基准电压的称为非乘算型 D/A 转换器；在基准电压输入端加上交流信号，能够得到数字输入和基准电压输入相乘的结果，称为乘算型 D/A 转换器，该类 D/A 转换器不仅可以进行乘法运算，而且可以作为使输入信号数字化衰减的衰减器，或对输入信号进行调制的调制器使用。

（3）按与 CPU 相连的总线类型分类。根据与 CPU 相连的总线类型不同，可将 D/A 转换器分为并行 D/A 转换器和串行 D/A 转换器两类。串行 D/A 转换器可以通过 I²C 总线、SPI 总线等串行总线接收来自 CPU 的数据，并行 D/A 转换器则通过并行总线接收来自 CPU 的数据。

（4）按转换时间分类。按转换时间 T_S 不同，可将 D/A 转换器分为超高速 D/A 转换器（$T_S < 100 \text{ns}$）、较高速 D/A 转换器（T_S 为 100ns～1μs）、高速 D/A 转换器（T_S 为 1～10μs）、中速 D/A 转换器（T_S 为 10～100μs）和低速 D/A 转换器（$T_S > 100 \text{μs}$）5 种。

5.2.3 D/A 转换器的硬件和软件设计

由于使用的情况不同，D/A 转换器的位数、精度、价格及要求也不相同。AD 公司、Motorola 公司、NS 公司、RCA 公司等均生产 D/A 转换器。D/A 转换器的位数有 8、10、12、16、24 位等。与 CPU 相连的总线类型有并行和串行两种。

1．并行 D/A 转换器 DAC0832

（1）DAC0832 的性能指标与结构

DAC0832 是 NS（National Semiconductor，美国国家半导体）公司生产的 DAC0830 系列（DAC0830/32）产品中的一种，其性能指标如下。

① 8 位并行 D/A 转换器。

② 内部二级数据锁存，提供数据输入双缓冲、单缓冲和直通三种工作方式。

③ 电流输出型芯片，通过外接运算放大器，可以很方便地提供电压输出。

④ 20 脚双列直插封装（DIP20）、单电源（+5～+15V，典型值+5V）供电；采用 CMOS 工艺，数据总线与 TTL 电平兼容；低功耗 20mW。

⑤ 转换时间为 1μs。

⑥ 与 MCS-51 单片机连接方便。

DAC0832 的内部结构如图 5.4 所示。

DAC0832 的引脚如图 5.5 所示。各引脚功能说明如下。

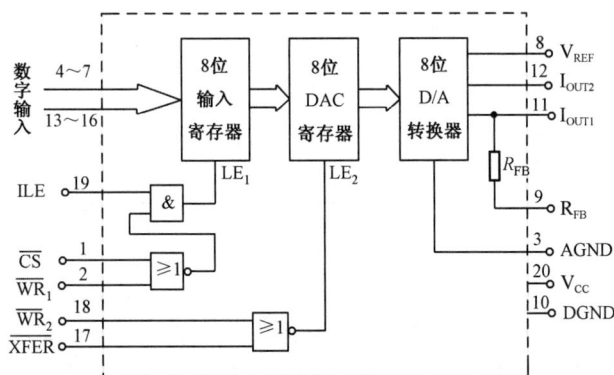

图 5.4 DAC0832 的内部结构

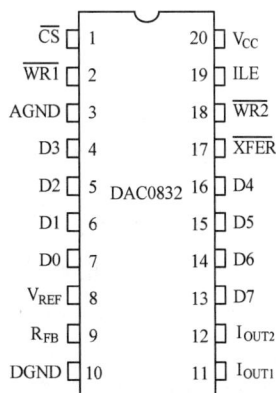

图 5.5 DAC0832 引脚图

V_{CC}：电源（+5～+15V），典型值为+5V。

V_{REF}：基准电压（-10～+10V），典型值为-5V。

AGND：模拟地。

DGND：数字地。

$\overline{\text{CS}}$：片选，低电平有效。

ILE：数据锁存允许输入，高电平有效。

$\overline{\text{WR1}}$：写 1 信号输入，低电平有效。当 $\overline{\text{CS}}$、ILE、$\overline{\text{WR1}}$ 分别为 0、1、0 时，数据写到 DAC0832 的第 1 级锁存中。

$\overline{\text{WR2}}$：写 2 信号输入，低电平有效。

$\overline{\text{XFER}}$：数据传输控制，当 $\overline{\text{WR2}}$、$\overline{\text{XFER}}$ 分别为 0、0 时，数据由第 1 级锁存进入第 2 级锁存，并开始进行 D/A 转换。

R_{FB}：内备的反馈电阻（其值为 15kΩ）。

I_{OUT1}：电流输出 1。DAC 输入的数据位为 1 的位电流均由此引脚流出。当 DAC 输入各位全为 1 时，输出电流最大；当全为 0 时，输出电流为 0。$I_{OUT1} = \dfrac{V_{REF}}{R_{BF}} \times \dfrac{D_{IN}}{256}$，其中，$D_{IN}$ 为输入的数字量，R_{FB} 为 15kΩ。

I_{OUT2}：电流输出 2，DAC 输入的数据位为 0 的位电流均由此引脚流出。I_{OUT2} 与 I_{OUT1} 互补，$I_{OUT1} + I_{OUT2} =$ 常数。$I_{OUT2} = \dfrac{V_{REF}}{R_{BF}} \times \dfrac{255 - D_{IN}}{256}$。

D0～D7：并行数据输入。其中，D0（LSB）为低位，D7（MSB）为高位。

（2）电压输出方法

DAC0832 需要电压输出时，可以通过一个运算放大器设计实现单极性输出，I_{OUT1} 外接运算放大器的负（-）端，I_{OUT2} 接运算放大器的正（+）端，并且接地，R_{FB} 接运放的输出端，如图 5.6 所示。输出电压为 $V_{OUT} = -I_{OUT1} \times R_{BF} = -\dfrac{V_{REF}}{R_{BF}} \times \dfrac{D_{IN}}{256} \times R_{BF} = -V_{REF} \times \dfrac{D_{IN}}{256}$。

当 $V_{REF} = -5V$ 时，V_{OUT} 输出范围为 0～5V。根据需要也可外接反馈电阻。

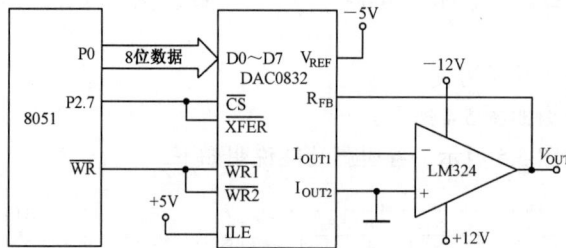

图 5.6　DAC0832 单缓冲方式单极性输出的接口电路

采用二级运算放大器可以设计实现双极性输出，如图 5.7 所示。其输出电压为

$$V_{OUT} = -\left(\dfrac{2R}{R} \times V_{01} + \dfrac{2R}{2R} \times V_{REF} \right) = -(2 \times (-I_{OUT1} \times R_{BF}) + V_{REF}) = 2V_{REF} \times \dfrac{D_{IN}}{256} - V_{REF} = \left(2 \times \dfrac{D_{IN}}{256} - 1 \right) \times V_{REF}$$

（3）单缓冲方式的硬件和软件设计

单缓冲方式是指 DAC0832 内部的两个数据缓冲器第 2 级处于直通方式，第 1 级处于受单片机控制的方式。在应用系统中，如果只有一路 D/A 转换，或者有多路 D/A 转换，但不要求同步输出，则可以采用单缓冲方式接口，如图 5.6 所示。图 5.6 中，ILE 接 +5V，$\overline{\text{CS}}$ 及 $\overline{\text{XFER}}$ 都与地址选择线相连（图中为 P2.7，地址为 7FFFH），两级寄存器的写信号都由 CPU 的 $\overline{\text{WR}}$ 信号控制。当地址选择线选择好 DAC0832 后，只要输出 $\overline{\text{WR}}$ 信号，DAC0832 就能一次完成数字量的输入锁存和 D/A 转换输出操作。由于 DAC0832 具有数字量的输入锁存功能，因此，数字量可以直接从 8051

单片机的 P0 口送到 DAC0832 中。

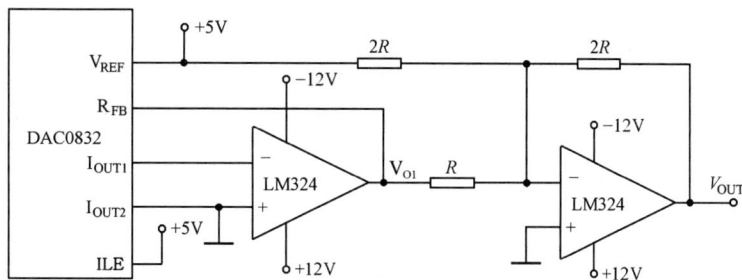

图 5.7　DAC0832 双极性输出电路

执行下列几条指令就可以完成一次 D/A 转换：

```
MOV    DPTR, #7FFFH    ;地址指向 DAC0832
MOV    A, #DATA        ;待转换的数字量 DATA 送累加器 A
MOVX   @DPTR, A        ;数字量送 P2.7 指向的地址，/WR 有效时完成一次输入和 D/A 转换
```

【例 5.1】　电路如图 5.6 所示，使用 DAC0832 作为波形信号发生器产生三角波。

解　在图 5.6 中，LM324 的输出 V_{OUT} 直接反馈到 DAC0832 的 R_{FB} 端，所以该电路只能产生单极性的模拟电压。产生三角波的参考程序如下：

```
        ORG    0000H
        LJMP   START
        ORG    0030H
START:  MOV    SP, #60H
        MOV    DPTR, #7FFFH    ;地址指向 DAC0832
        CLR    A              ;三角波起始电压为 0
UP:     MOVX   @DPTR, A        ;数字量送 DAC0832 转换
        INC    A              ;三角波上升边
        JNZ    UP             ;未到最高点 0FFH，返回 UP 继续
        DEC    A              ;由 00H 回到 0FFH 点
DOWN:   DEC    A              ;到三角波最高值，开始下降边
        MOVX   @DPTR, A        ;数字量送 DAC0832 转换
        JNZ    DOWN           ;未到最低点 00H，返回 DOWN 继续
        INC    A              ;去掉最低点 00H，避免重复
        SJMP   UP             ;返回上升边
        END
```

数字量从 0 开始逐次加 1，模拟量与之成正比，当(A)=0FFH 时，逐次减 1，减至(A)=0 后，再从 0 开始加 1，如此重复上述过程，输出就是一个三角波。每个三角波的输出周期点数为 511，其中，上升边为 256 点，下降边为 255 点。如果需要延长三角波的周期，可以在每条 MOVX 指令之后插入 NOP 指令来实现。读者可以在上述程序的基础上进行修改以实现锯齿波、方波等波形的输出。

C51 程序如下：

```
#include<reg51.h>
#include<absacc.h>
#define CS0832 XBYTE[0x7fff]        //DAC0832 地址 7FFFH
void delayMS(unsigned int ms)       //延时
{   unsigned char i,j;
    for(i=ms;i>0;i− −)
        for(j=110;j>0;j− −);
```

```
        }
    void main()
    {   unsigned char a,m,n;
        a=0;                              //三角波起始电压为 0
        CS0832=a;
        while(1)
        {   for(m=0;m<255;m++)            //三角波上升边
            {   a++;
                CS0832=a;
                delayMS(10);             //延长周期，易于显示
            }
            a=0xFF;
            for(n=0;n<255;n++)           //三角波下降边
            {   a– –;
                CS0832=a;
                delayMS(10);
            }
        }
    }
```

Proteus 仿真图如图 5.8 所示。

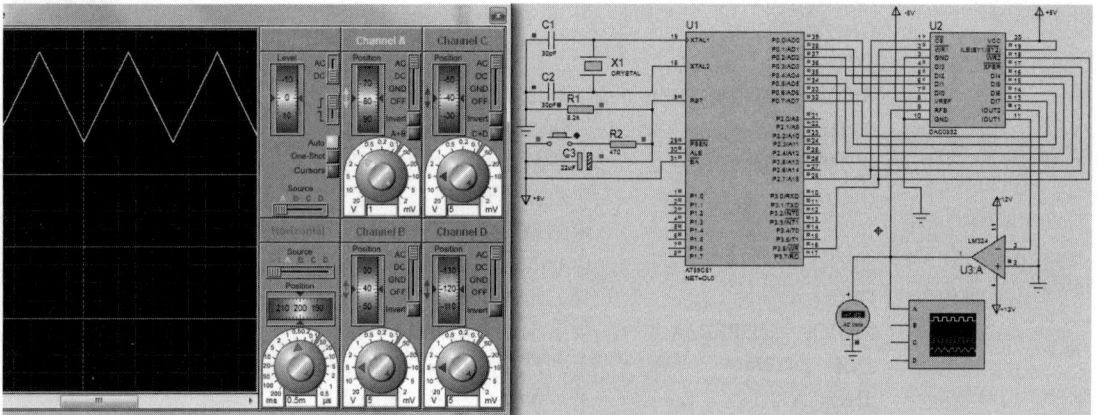

图 5.8　单片机外扩 DAC0832 产生三角波 Proteus 仿真图

（4）双缓冲方式的硬件和软件设计

对于多路 D/A 转换，若要求同步进行 D/A 转换输出，则必须采用双缓冲方式，此时，数字量的输入锁存和 D/A 转换是分两步完成的。

【例 5.2】　假设某个分时控制系统，由一台单片机控制两台并行设备，两台设备的模拟控制信号分别由两块 DAC0832 输出，要求两块 DAC0832 同步输出。

解　连接电路如图 5.9 所示，利用 DAC0832 双缓冲的原理，对不同端口地址的访问具有不同的操作功能，具体功能见表 5.1。

实现同步输出的操作步骤如下。

① 将待转换的 0#数据由数据总线送 0#DAC0832 的第 1 级锁存器（写 7FFFH 口）。

② 将待转换的 1#数据由数据总线送 1#DAC0832 的第 1 级锁存器（写 0DFFFH 口）。

③ 将 0#、1#DAC0832 的第 1 级锁存器中的数据送各自的第 2 级锁存器，同时开始 D/A 转换（写 0BFFFH），周而复始。

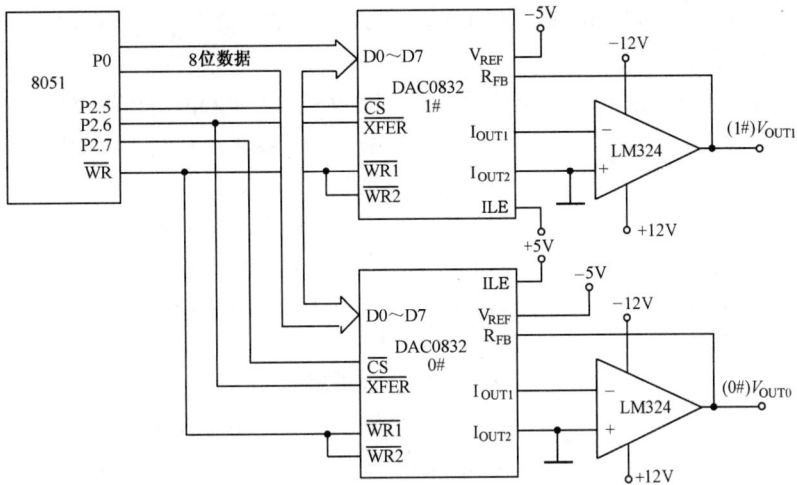

图 5.9 DAC0832 双缓冲连接电路

表 5.1 双缓冲 DAC0832 端口地址

P2.7	P2.6	P2.5	功　　能	端口地址
0	1	1	0#数据由 DB 送第 1 级锁存器	7FFFH
1	1	0	1#数据由 DB 送第 1 级锁存器	0DFFFH
1	0	1	0#及 1#数据同时由第 1 级锁存器送第 2 级锁存器	0BFFFH

上述步骤可以简单地理解为，前两步是在做准备，并未开始转换，等到所有数据准备好之后，CPU 才发出统一的指令，"同时"开始各自的 8 位 D/A 转换。子程序如下：

```
        ORG    0100H
START:  MOV    DPTR, #7FFFH    ;数据指针指向 0#的第 1 级锁存器
        MOV    A, #DATA0       ;取 0#待转换数据 DATA0
        MOVX   @DPTR, A        ;送第 1 级锁存器
        MOV    DPTR, #0DFFFH   ;数据指针指向 1#的第 1 级锁存器
        MOV    A, #DATA1       ;取 1#待转换数据 DATA1
        MOVX   @DPTR, A        ;送第 1 级锁存器
        MOV    DPTR, #0BFFFH   ;数据指针指向两个转换器的第 2 级锁存器地址
        MOVX   @DPTR, A        ;1#和 0#数据同时由第 1 级锁存器送第 2 级锁存器，并开始转换
        RET
        END
```

2．串行 D/A 转换器

D/A 转换器在工业测控系统和智能仪器仪表中得到了广泛应用。为满足各种不同检测和控制任务的需要，大量结构不同、性能各异的 D/A 转换芯片应运而生。串行 D/A 转换器具有与 CPU 的接口简单、占用接口线少、易于远程操作、功耗低、价格低廉等优点，特别适合对速度要求不高、低功耗的场合。串行 D/A 转换器的基本功能相似，本节以 MAX521 为例进行介绍。

（1）MAX521 特点及功能

MAX521 是由美国 Maxim 公司研制的 8 路 8 位串行 D/A 转换器接口芯片，具有二总线接口通信方式，其总线与 I^2C 串行总线标准兼容，数据传输速率可达 400kbit/s。

MAX521 采用单一+5V 电源工作，适用于偏置和增益的数字调整；由于其内部采用了精密的缓冲放大器，因此 8 个电压输出的摆幅可达满电压值；具有 5 个独立的基准电压输入引脚，并允许每个输出设定为不同的满电压值；具有 10μA 的关断方式，上电复位可清除所有的锁存器输出。

另外，还有商用（0～70℃）和扩展工业用（-40～85℃）温度范围下的两种产品。

（2）MAX521 引脚及功能

MAX521 具有 20 脚 DIP 和节省空间的 24 脚 SOP/ SSOP（SSOP 是 8 路 DAC 中可供使用的最小封装）两种封装形式，DIP 形式的引脚如图 5.10 所示。

各引脚的功能说明如下。

OUT0～OUT7：8 路 DAC0～DAC7 的电压输出。

REF0～REF3：DAC0～DAC3 的基准电压输入。

REF4：DAC4、DAC5、DAC6 和 DAC7 的基准电压输入。

SCL：串行时钟输入。

SDA：串行数据输入。

AD0：地址输入 0 位，用于设置芯片的从机地址。

AD1：地址输入 1 位，用于设置芯片的从机地址。

V_{DD}：工作电源，+5V。

DGND、AGND：数字地、模拟地。

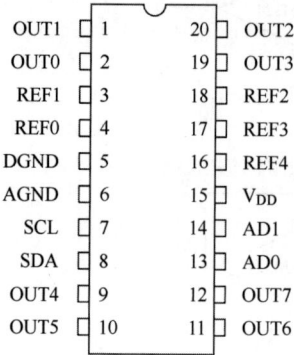

图 5.10   MAX521 引脚图

（3）二总线串行口

MAX521 使用简单的二总线串行口，仅需两个标准的微处理器 I/O 接口即可。二总线上除连接 MAX521 外，还可连接一些其他类似的器件。当二总线 SDA 和 SCL 处于"不用"状态时，必须保持其为高电平；当其处于"使用"状态时，接口可按一定的顺序发出适当的信息给 SDA 和 SCL。

MAX521 的总线与 I^2C 串行总线标准兼容，此时 SDA 和 SCL 需要接上拉电阻。

MAX521 仅接收二总线上的数据，而且必须由总线控制器进行控制操作。主控制器通过总线发送从机地址字节、命令字节和数据字节（包含传送的信息）及启动、停止命令。SDA 上发送数据的顺序为"启动"→"从机地址字节"→一组或几组"命令字节"和"数据字节"→"停止"。SDA 上的数据除启动和停止状态外，只能在 SCL 处于低电平期间才能改变。因此，SDA 在 SCL 处于高电平期间必须保持稳定。

① 启动、停止状态。SDA 和 SCL 通常为高电平，在 SCL 为高电平期间，由主控制器发出的信息通过 SDA 上的数据改变表示"启动"或"停止"两种状态：SDA 由高电平转向低电平时表示"启动"状态，由低电平转向高电平时表示"停止"状态，如图 5.11 所示。在"停止"后，总线又处于待命状态，准备下一次的发送。

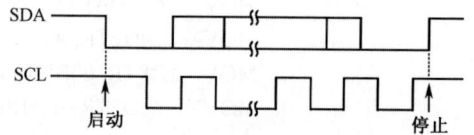

图 5.11   启动、停止状态波形图

② 从机地址字节。MAX521 的从机地址字节格式为 0 1 0 1 0 AD1 AD0 X，其中，前 5 位是芯片出厂时设置的，固定为 01010。由 MAX521 的地址输入引脚 AD0、AD1 决定 AD1AD0 位中的值。这两个地址输入引脚可连接 V_{DD} 或数字地或其他 TTL、CMOS 逻辑电平。MAX521 有 4 种可能的从机地址，因此总线上同时最多可连接 4 块 MAX521。当向 MAX521 写数据时，从机地址字节中的第 8 位（最低位）X 必须为低电平，从机地址字节的时序如图 5.12 所示。

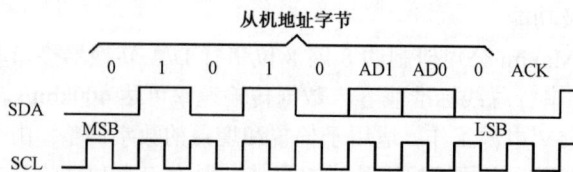

图 5.12   从机地址字节的时序图

③ 命令字节。MAX521 的命令字节格式为 R2 R1 R0 RST PD A2 A1 A0，时序图如图 5.13 所示。

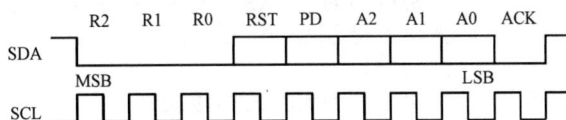

图 5.13　命令字节的时序图

R2、R1、R0：保留位，一般为 0。

RST：复位位，当 RST=1 时，复位全部 DAC 寄存器。

PD：电源关断位。当 PD=1 时，MAX521 处于 10μA 关断模式下；当 PD=0 时，MAX521 处于正常工作状态下。

A2、A1、A0：地址位，DAC0～DAC7 的数字地址，决定哪一路 DAC 的输入锁存器接收随后的 8 位数据。

ACK：应答位。在每传送完一个地址字节或一个数据字节之后的第 9 个时钟脉冲期间，接收方 SDA 上产生一个低电平的应答信号 ACK，以通知发送方，数据已接收到，可以继续发送。当所有数据传送完毕后，单片机向 SDA 发送一个停止信号，结束本次数据传送。

命令字节和数据字节总是成对出现的，用于控制其后的数据输出的组号 DAC0～DAC7。当 RST 为高电平时，清除全部 DAC 的输入锁存器，DAC 的输出保持不变直至"停止"状态被检测到为止。"复位"信号发送后，其后的本组数据字节被忽略，其他组的命令字节和数据字节被重新输入锁存器中。

（4）输出缓冲与转换

MAX521 电压输出端 OUT0～OUT7 均带有内部精密缓冲跟随器，输出电压变化范围为 0～V_{DD}。当输出负载电阻为 10kΩ，负载电容为 100pF 时，输出误差约为 1/2LSB。当输出负载电阻大于 2kΩ 时，负载电容小于 300pF，线性稳定性较好。

参考电压 V_{REF} 的精度也决定了转换的精度。

MAX521 的 D/A 转换换算公式为 $V_{OUT}=N\times V_{REF}\div 256$，其中，$N$ 为 DAC 的二进制输入代码值。例如，当 N 为 0FFH 时，$V_{OUT}=V_{REF}\times 255\div 256$；当 N 为 80H 时，$V_{OUT}=V_{REF}\times 128\div 256=V_{REF}\div 2$；当 N 为 00H 时，$V_{OUT}=0V$。

（5）接口与编程

MAX521 与 8051 单片机的连接电路如图 5.14 所示。其中，P1.0 接 SCL，P1.1 接 SDA。通过程序模拟 I^2C 串行总线的通信方式。

对 MAX521 的写操作访问流程为启动→从机地址字节→ACK→命令字节→ACK→数据字节→ACK→停止。

MAX521 的写操作子程序如下（设单片机主频为 6MHz）：

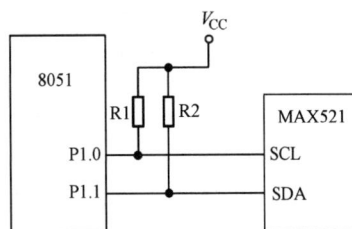

图 5.14　MAX521 与 8051 单片机的
连接电路

```
        ORG  0100H
XE: LCALL KS          ;调用开始信号子程序
    MOV A，R2          ;R2 寄存器中为设备寻址字节
    LCALL BOUT         ;发送设备寻址字节
    MOV A，R3          ;R3 中为数据地址字节或命令字节
    LCALL BOUT         ;发送数据地址字节或命令字节
    MOV A，R1          ;R1 中为要发送的数据
    LCALL BOUT         ;发送数据
    LCALL  TZ          ;调用停止信号子程序
```

```
        RET                    ;返回
   KS: SETB P1.1               ;把 SDA 为高，KS 为发送开始信号子程序
        SETB P1.0              ;把 SCL 置为高
        NOP                    ;延迟 2μs
        CLR P1.1               ;把 SDA 置为低，形成开始信号
        NOP                    ;根据 I²C 标准，信号保持 6μs
        NOP
        NOP
        CLR P1.0               ;把 SCL 置为低，结束开始信号
        NOP                    ;延迟 6μs
        NOP
        NOP
        RET
   TZ: CLR P1.1                ;把 SDA 置为低，TZ 为发送结束信号子程序
        SETB P1.0              ;把 SCL 置为高
        NOP                    ;延迟 6μs
        NOP
        NOP
        SETB P1.1              ;把 SDA 置为高，形成停止信号
        NOP                    ;根据 I²C 标准，信号保持 6μs
        NOP
        NOP
        RET
 BOUT: MOV R7，#8              ;发送 1 字节的循环次数，BOUT 为输出子程序，A 中为输出数据字节
  UT1: RLC A                   ;累加器 A 左移一位，最高位值送 C
        MOV P1.1，C            ;把 C 的值送 SDA 上输出
        SETB P1.0             ;把 SCL 置为高
        NOP                    ;根据 I²C 标准，信号保持 6μs
        NOP
        NOP
        CLR P1.0               ;把 SCL 置为低，准备发送下一位
        NOP
        NOP
        DJNZ R7，UT1           ;判断 8 位数据是否都已输出
        SETB P1.1             ;把 SDA 置为高，等待确认信号
        SETB P1.0             ;把 SCL 置为高，形成第 9 个脉冲
        JB P1.1，$             ;判断确认信号是否到来
        CLR P1.0               ;把 SCL 置为低
        RET                    ;返回
        END
```

5.3 A/D 转换器及接口技术

A/D 转换器（Analog to Digital Converter，ADC）是一种将模拟量转换为与之成比例的数字量的器件。随着超大规模集成电路技术的飞速发展，各种用途与类型的 ADC 芯片也应运而生。

5.3.1 A/D 转换器的性能指标

（1）分辨率。指输出数字量变化一个相邻数码所需的输入模拟电压的变化量，也可用最低位（LSB）表示。例如，n 位 A/D 转换器的分辨率为 $1/2^n$。

（2）精度。指 A/D 转换器的实际输出与理论值之间的误差，是由 A/D 转换的增益误差、量化误差、偏移误差（当输入信号为零时，输出信号不为零的值）、满量程误差（当满量程输出时，对应的输入信号与理想输入信号值之差）、线性误差和噪声等综合引起的。它以满量程 V_{FS} 的百分数的形式表示。例如，具有 12 位分辨率的 A/D 转换器精度为 $\frac{1}{2^{12}} \times 100\% = 0.0245\%$，其能分辨满量程的 $\frac{1}{2^{12}}$ 或满量程的 0.0245%，若量程范围为 0～10V，则其能分辨的输入电压变化的最小值为 2.45mV。而 $3\frac{1}{2}$ 位的 A/D 转换器（满量程为 1999），其精度为满量程的 $\frac{1}{1999} \times 100\% = 0.05\%$。

（3）转换时间与转换速率。完成一次从模拟量到数字量转换所需的时间（包括稳定时间）称为转换时间。转换速率是完成一次 A/D 转换所需的时间的倒数，即每秒转换的次数。转换速率是转换时间的倒数。

（4）量化误差。指由 A/D 转换器的有限分辨率而引起的误差，即有限分辨率 A/D 转换器的阶梯状转移特性曲线与理想无限分辨率 A/D 转换器的转移特性曲线（直线）之间的最大偏差。其通常是 1 个或半个最小数字量的模拟变化量，分别表示为 1LSB、1/2LSB。

（5）线性误差。指实际 A/D 转换器的转移函数曲线与理想直线的最大偏差，不包括量化误差、偏移误差和满刻度误差这三种误差。

（6）量程。指 A/D 能够转换的模拟电压范围，如 0～5V、-10～+10V 等。

（7）其他指标。除以上性能指标外，A/D 转换器还有内部/外部电压基准、失调（零点）温度系数、增益温度系数，以及电源电压变化抑制比等性能指标。

5.3.2 A/D 转换器的分类

根据 A/D 转换原理的不同可将 A/D 转换器分成两大类：直接型 A/D 转换器和间接型 A/D 转换器。直接型 A/D 转换器的输入模拟电压被直接转换成数字代码；而间接型 A/D 转换器先把输入的模拟电压转换成某种中间变量（时间、频率、脉冲宽度等），然后再把这个中间变量转换成数字代码输出。A/D 转换器的分类如图 5.15 所示。

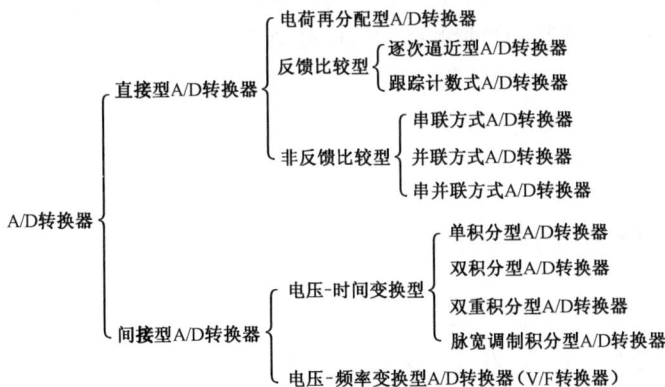

图 5.15　A/D 转换器的分类

根据输出数字量的方式不同，A/D 转换器可以分为并行转换器和串行转换器两种。并行 A/D 转换器的特点是，占用较多的数据总线，但转换速度快，在转换位数较少时，有较高的性价比。串行 A/D 转换器具有输出占用的数据总线少，转换后的数据逐位输出，输出速度较慢的特点。

根据输出数字量表示形式不同，A/D 转换器可分为二进制数输出格式和 BCD 码输出格式两类。BCD 码输出格式采用分时输出万位、千位、百位、十位、个位的方法，可以很方便地驱动

LCD 显示。二进制数输出格式一般要将转换数据送单片机处理后使用。

目前，应用较为广泛的主要有逐次逼近型 A/D 转换器、双积分型 A/D 转换器、V/F 转换器和串行 A/D 转换器等几种类型。逐次逼近型 A/D 转换器在精度、速度和价格上均比较适中，是最常用的 A/D 转换器件之一。双积分型 A/D 转换器具有精度高、抗干扰性好、价格低廉等优点，但其转换速度慢。串行 A/D 转换器便于信号隔离，性价比较高，芯片小，引脚少。

5.3.3 A/D 转换器的硬件和软件设计

1. 逐次逼近型 A/D 转换器

逐次逼近型 A/D 转换器由逐次逼近寄存器（Successive Approximation Register，SAR）、数模转换器（DAC）和比较器等部分组成。它采用逐位比较的方法逐次逼近，将其内部的 DAC 数字输入从最高位开始逐位置 1，DAC 输出的模拟量与待转换的模拟量进行比较，若小于该量，则 DAC 的该位置 1，若大于该量，则该位清 0；逐位比较，最后得到的数字量即为 A/D 转换的结果。如图 5.16 所示。

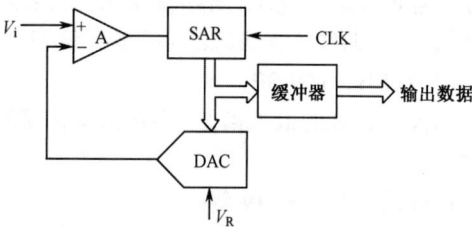

图 5.16 逐次逼近型 A/D 转换器原理图

N 位逐次逼近型 A/D 转换器只需进行 N 次 D/A 转换、比较判断，就可以完成 A/D 转换。因此，逐次逼近型 A/D 转换速度较快。本节以典型的 8 位逐次逼近型 A/D 转换器 ADC0809 为例进行介绍。

（1）ADC0809 的性能指标

ADC0809 是 NS 公司生产的逐次逼近型 A/D 转换器。ADC0809 性能指标如下。

① 分辨率为 8 位，误差为±1LSB。
② 带有锁存控制逻辑的 8 通道多路转换开关，便于选择 8 路中的任意一路进行转换。
③ 带锁存器的三态数据输出。
④ 转换时间典型值为 100μs（当外部时钟输入频率 f_c=640kHz 时）。
⑤ 时钟频率范围为 10～1280kHz，典型值为 640kHz。
⑥ 单一+5V 电源，采用单一+5V 电源供电时，量程为 0～5V。
⑦ 使用+5V 或采用经调整的模拟间距的电压基准工作。
⑧ DIP28，无须零位或满量程调整。
⑨ 转换结果的读取可采取延时法、查询法和中断法等。
⑩ 与微处理器连接方便。

（2）ADC0809 引脚功能

ADC0809 采用 DIP28，引脚排列如图 5.17 所示。各引脚的功能说明如下。

V_{CC}：工作电源输入。典型值+5V，极限值 6.5V。

V_{REF}（+）：参考电压（+）输入，一般与 V_{CC} 相连。

V_{REF}（−）：参考电压（−）输入，一般与 GND 相连。

GND：模拟地和数字地。

START：A/D 转换启动输入，正脉冲有效。脉冲上升沿清除逐次逼近寄存器，下降沿启动 A/D 转换。

ALE：地址锁存控制，在时钟上升沿锁存 C、B、A 引脚上的信号，并据此选通转换 IN0～IN7 中的一路。

EOC：转换结束。启动转换后自动变为低电平，转换结束后跳变为高电平，可供单片机查询。

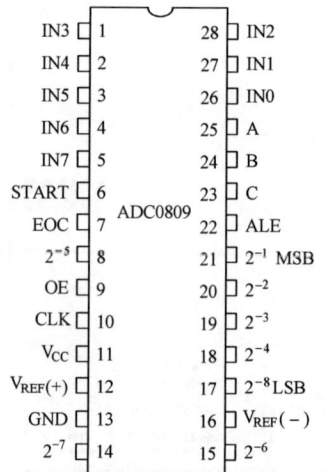

图 5.17 ADC0809 引脚图

如果采用中断法，则该引脚需要经反相器后接单片机的中断 $\overline{INT0}$ 或 $\overline{INT1}$ 引脚。

OE：输出允许，高电平有效。高电平时，允许转换结果从 A/D 转换器的三态输出锁存器中输出数据。

CLK：时钟，时钟频率允许范围为 10～1280kHz，典型值为 640kHz。当时钟频率为 640kHz 时，转换速度为 100μs（当时钟频率为 500kHz 时，转换速度为 128μs）。

C、B、A：选通地址，选通 IN0～IN7 中的一路模拟量。其中，C 为高位。

2^{-8}～2^{-1}：8 位数据输出。其中，2^{-1} 为数据最高位，2^{-8} 为数据最低位。

IN0～IN7：8 路模拟量。ADC0809 一次只能选通 IN0～IN7 中的一路进行转换，选通的通道由 ALE 上升沿时送入的 C、B、A 信号决定。C、B、A 与选通的通道之间的关系见表 5.2。

（3）CPU 读取 ADC0809 转换结果的方法

① 延时等待法：CPU 按 ADC0809 占用的口地址执行一条输出指令启动 A/D 转换，然后执行延时程序（延迟时间比转换时间稍长些，对于 ADC0809，典型值在 150μs 以上），延时结束后，CPU 对 ADC0809 占用的口地址执行一条输入指令读取转换结果数据。其转换结束输出 EOC 是无用的。如果要求连续采集数据，则可用同一个信号，读取上次转换的结果数据，同时启动本次转换。当然，这样做得到的第一个数据是无效的。其优点是接口简单，缺点是等待时间较长，且在等待期间微处理器不能去做别的工作。它适用于转换时间比较短的 ADC。

② 中断响应法：启动 A/D 转换后，在等待转换完成期间，CPU 可以继续执行其他任务。每当 A/D 转换结束时，由 EOC 向 CPU 发出中断请求，CPU 响应中断，在中断服务子程序中读取转换结果。EOC 应连接到 CPU 的中断引脚上。其特点是接口硬件简单，A/D 转换完成后，CPU 能立即得到通知，不需要花费等待时间，可提高 CPU 的利用率。

③ 查询法：启动 A/D 转换以后，CPU 一直查询 EOC，转换结束（EOC 由低电平变为高电平）时，CPU 再读取转换的结果数据。EOC 应连接到 CPU 的 I/O 引脚上。其优点是 A/D 转换完成后，CPU 能立即获得转换数据，接口硬件简单，但在 A/D 转换期间，CPU 会一直查询 A/D 转换是否结束，占用了 CPU 的时间，CPU 的利用率低。

（4）接口与编程

单片机外扩 ADC0809 的电路如图 5.18 所示。由于 ADC0809 的输出包含三态锁存，因此，其数据输出可以直接连接 MCS-51 单片机的数据总线 P0 口。单片机的 $\overline{WR}$、$\overline{RD}$ 分别与 P2.7（相当于片选）经过或非门后接到 ADC0809 的 START/ALE、OE 上，单片机的 P0 经过 74LS373 锁存输出的低位地址 A2、A1、A0 分别接到 ADC0809 的 C、B、A 上，单片机的 ALE 经 74LS74 二分频后接到 ADC0809 的 CLK 上，作为 ADC0809 的工作时钟。

可通过延时、外部中断或查询方式读取 A/D 转换结果。

表 5.2　ADC0809 的通道选择

C	B	A	选通的通道
0	0	0	IN0
0	0	1	IN1
0	1	0	IN2
0	1	1	IN3
1	0	0	IN4
1	0	1	IN5
1	1	0	IN6
1	1	1	IN7

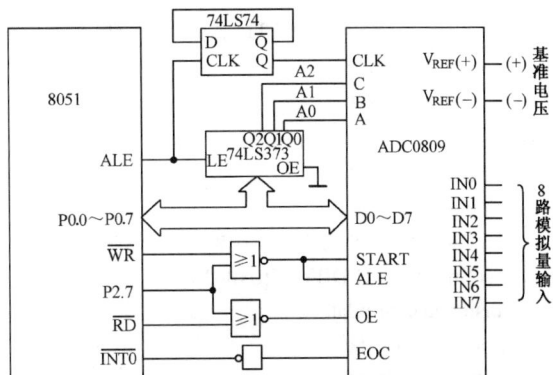

图 5.18　单片机外扩 ADC0809 的电路

编程时，写 P2.7 口有两个作用：第一，写 P2.7 口脉冲的上升沿使 ALE 信号有效，将送到 C、B、A 中的低 3 位地址 A2、A1、A0 锁存，并由此选通 IN0～IN7 中的一路进行转换，并清除逐次逼近寄存器；第二，写 P2.7 口脉冲的下降沿，启动 A/D 转换。

读 P2.7 口时（C、B、A 低 3 位地址已无任何意义），OE 信号有效，保存 A/D 转换结果的输出三态锁存器的"门"打开，将数据送到数据总线中。注意，只有在 EOC 信号有效后，读 P2.7 口才有意义。

CLK 时钟输入信号频率的典型值为 640kHz。鉴于 640kHz 频率的获取比较复杂，因此在工程实际中多采用在 MCS-51 单片机 ALE 信号的基础上分频的方法。例如，当单片机的 f_{osc}=6MHz 时，ALE 引脚上的频率约为 1MHz，经 2 分频之后为 500kHz，使用该频率信号作为 ADC0809 的时钟，基本上可以满足要求。该处理方法与使用精确的 640kHz 时钟输入相比，仅仅转换时间（128μs）比典型的 100μs 略长一些。ADC0809 转换需要 64 个 CLK 时钟周期。

【例 5.3】 假设 ADC0809 与 MCS-51 单片机的硬件连接如图 5.18 所示，要求采用中断方法，进行 8 路 A/D 转换，将 IN0～IN7 转换结果分别存到内部 RAM 的 30H～37H 地址单元中。

解 程序如下：

```
        ORG    0000H
        LJMP   MAIN          ;转主程序
        ORG    0003H         ;INT0 中断服务入口地址
        LJMP   INT0F         ;INT0 中断服务
        ORG    0030H
MAIN:   MOV    R0, #30H      ;内部数据指针指向 30H 单元
        MOV    DPTR, #7FF8H  ;指向 P2.7 口，且选通 IN0（低 3 位地址为 000）
        SETB   IT0           ;设置 INT0 下降沿触发
        SETB   EX0           ;允许 INT0 中断
        SETB   EA            ;开总中断允许
        MOVX   @DPTR, A      ;启动 A/D 转换
        LJMP   $             ;等待转换结束中断
```

中断服务程序如下：

```
INT0F:  MOVX   A, @DPTR     ;取 A/D 转换结果
        MOV    @R0, A        ;存结果
        INC    R0            ;内部指针下移
        INC    DPTR          ;外部指针下移，指向下一路
        CJNE   R0, #38H, NEXT;未转换完 8 路，继续转换
        CLR    EX0           ;关 INT0 中断允许
        RETI                 ;中断返回
NEXT:   MOVX   @DPTR, A      ;启动下一路 A/D 转换
        RETI                 ;中断返回，继续等待下一次
        END
```

C51 程序如下：

```c
#include<reg51.h>
#include<absacc.h>
#define ACSD XBYTE[0x7ff8]
#define ram30H DBYTE[0x0030]
unsigned char xdata *p;
unsigned char data   *q;
unsigned char a, k;
void main()
```

```
        {       p=&ACSD;
                q=&ram30H;
                k=0;
                IT0=1;
                EX0=1;
                EA=1;
                *p=0x00;                        //启动 AD 转换
                while(1);
        }
        void AD_INT0() interrupt 0
        {       a=*p;
                *q=a;
                p++;
                q++;
                k++;
                if(k==8) { EX0=0; }
                    else    *p=0x00;
        }
```

Proteus 仿真图如图 5.19 所示。Proteus 图库中无 ADC0809，这里使用与其兼容的 ADC0808 替代，结果一样。显示部分程序略（可参考例 6.1）。

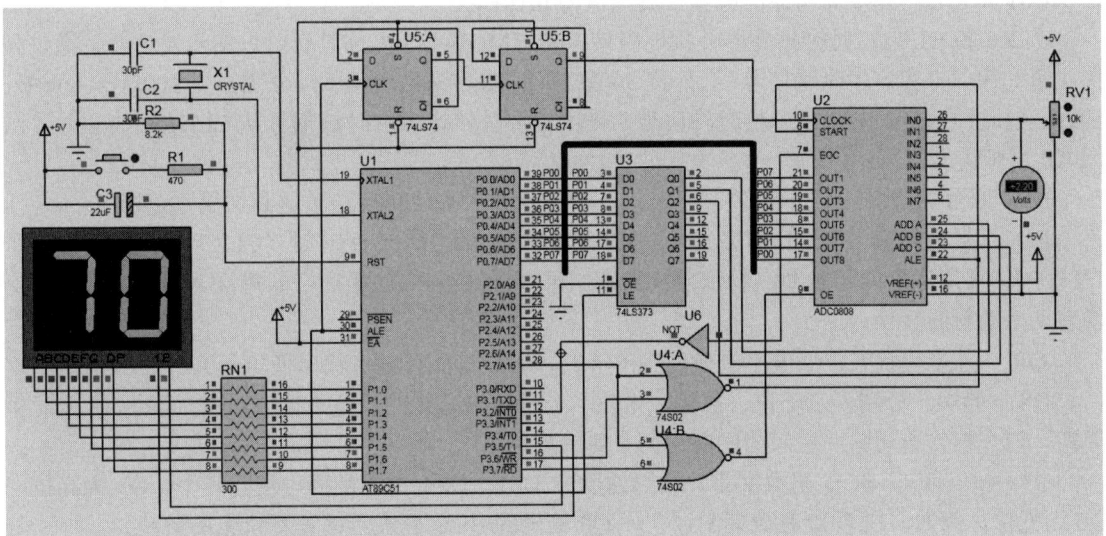

图 5.19　单片机外扩 ADC0809 采集数据的 Proteus 仿真图

2. 双积分型 A/D 转换器

双积分型 A/D 转换器的转换速度普遍不高（通常每秒转换几次到几百次），但是双积分型 A/D 转换器具有转换精度高、廉价、抗干扰能力强等优点，在速度要求不是很高的实际工程中使用广泛。常用的双积分型 A/D 转换器有 MC14433、ICL7106、ICL7135、AD7555 等芯片。下面以典型的 MC14433 为例进行介绍。

（1）MC14433 的特点

① $3\dfrac{1}{2}$ 位双积分型 A/D 转换器，精度为读数的±0.05%（±1 个字）。

② 外部输入基准电压为 200mV 或 2V。

③ 自动调零。

④ 量程有 199.9mV 或 1.999V 两种（由外部基准电压 V_{REF} 决定）。

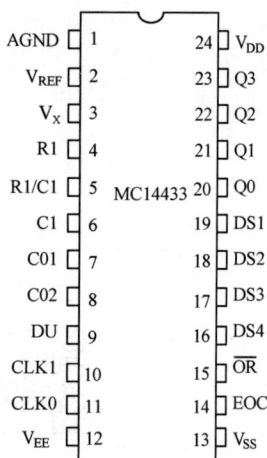

⑤ 转换速度为 2～25 次/秒，速度较慢。

⑥ 输入阻抗大于 1000MΩ。

⑦ 功耗为 8mW。

（2）MC14433 引脚功能

MC14433 采用 DIP24，引脚如图 5.20 所示，功能说明如下。

V_{DD}：正电源，典型值为+5V。

V_{EE}：模拟负电源，典型值为-5V。

V_{SS}：数字地（所有输入/输出数字信号的零电位）。

AGND：模拟地（所有模拟信号的零电位）。

V_X：被测电压。

V_{REF}：外接电压基准（200mV 或 2V）。

R1：外接积分电阻。有两种选择：470kΩ（量程为 200mV 时）或 27kΩ（量程为 2V 时）。

图 5.20　MC14433 引脚图

C1：外接积分电容。电容 C1 常采用聚丙烯电容，典型值为 0.1μF。

R1/C1：外接电阻 R1 和外接电容 C1 的公共端。

C01 和 C02：外接失调补偿电容，典型值为 0.1μF。

CLK0 和 CLK1：时钟振荡器外接电阻接入端。MC14433 内部具有时钟信号发生器，通过外接电阻和内部电容产生时钟信号，当外接 360kΩ、470kΩ、750kΩ 电阻时，分别产生 100kHz、66kHz、50kHz 的时钟信号。若采用外接时钟信号，则不需要外接电阻，时钟信号从 CLK1 引脚输入，从 CLK0 引脚输出。

DU：转换控制，高电平有效。若输入一个正脉冲，则使转换结果送到结果寄存器中。

EOC：转换结束，当 DU 有效后，EOC 变低电平，在 16400 个时钟（CLK）周期后产生一个 1/2 个时钟周期宽度的正脉冲，表示转换结束。可将 EOC 与 DU 相连，即每次 A/D 转换结束后，均自动启动新的转换。

$\overline{OR}$：过量程状态，低电平有效。当 $|V_X|>V_{REF}$ 时，$\overline{OR}$ 有效（输出低电平）。

DS1～DS4：分别表示千位、百位、十位、个位的选通脉冲，每个选通脉冲宽度为 18 个时钟周期。两个相邻选通脉冲之间的间隔为两个时钟周期。

Q3～Q0：某位 BCD 码数字量。由选通脉冲 DS1～DS4 指定是哪一位。其中，Q3 为高位，Q0 为低位。例如，在 DS2 有效期间，Q3～Q0 输出的 BCD 码表示的是百位上的数值。

MC14433 内部可实现输入电压的极性检测，用于指示输入电压的正、负极性。

（3）MC14433 选通时序

MC14433 选通时序如图 5.21 所示。EOC 输出 1/2 个 CLK 宽度正脉冲表示转换结束，依次为 DS1、DS2、DS3、DS4 有效。在 DS1 有效期间，从 Q3～Q0 读出的数据是千位数；在 DS2 有效期间，读出的数据为百位数；其余类推，周而复始。

由于千位只能是 0 或 1，因此，在 DS1 有效期间，Q3～Q0 输出的数据被赋予了新的含义，说明如下。

Q3 表示千位。Q3=0，表示千位为 1；Q3=1，表示千位为 0。

Q2 表示极性。Q2=0，表示极性为负；Q2=1，表示极性为正（0 负 1 正）。

Q0 表示超量程。Q0=1，表示超量程；Q0=0，表示未超量程（1 真 0 假）。当 Q0=1 时，由 Q3 确定是由过量程还是欠量程引起的超量程。当 Q3=0 时，表示千位为 1，是由过量程引起的；

当 Q3=1 时，表示千位为 0，是由欠量程引起的。MC14433 的 Q3～Q0 含义见表 5.3。

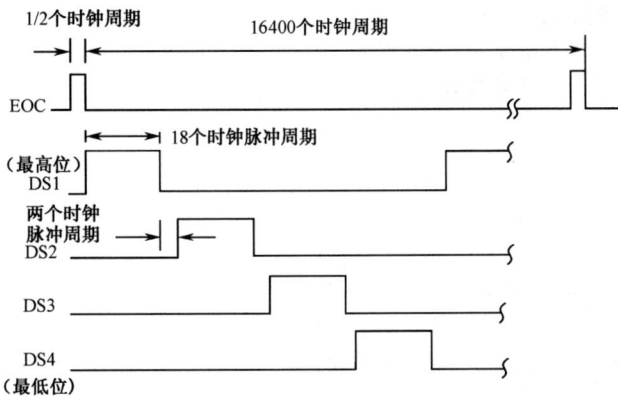

图 5.21 MC14433 选通脉冲时序图

表 5.3 MC14433 的 Q3～Q0 含义

BCD 输出				DS1 有效时千位的含义		
Q3	Q2	Q1	Q0	极性	千位	量程
1	1	×	0	+	0	
1	0	×	0	−	0	
1	1	×	1	+	0	欠量程
1	0	×	1	−	0	欠量程
0	1	×	0	+	1	
0	0	×	0	−	1	
0	1	×	1	+	1	过量程
0	0	×	1	−	1	过量程

（4）接口与编程

【例 5.4】 MCS-51 单片机与 MC14433 的连接电路如图 5.22 所示，采用中断方式（下降沿触发），结果存储格式见表 5.4，欠量程、过量程和极性分别保存在 00H～02H 位地址单元中。

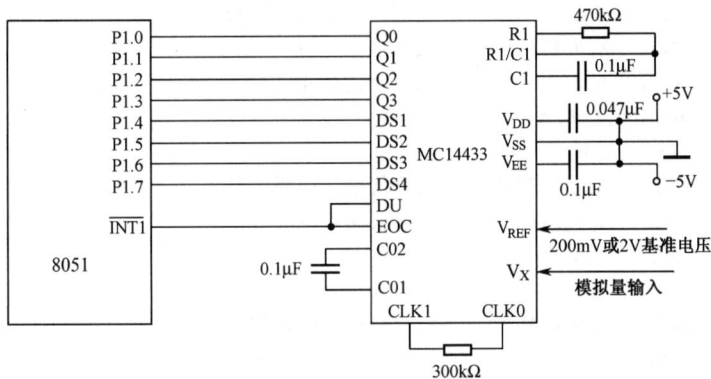

图 5.22 MCS-51 单片机与 MC14433 的连接电路

表 5.4 存储格式要求

存储单元	31H 高 4 位	31H 低 4 位	30H 高 4 位	30H 低 4 位
所存数据	千位	百位	十位	个位

解 程序如下：

```
        UNDER   BIT   00H        ;位地址单元存放欠量程（1 真 0 假）
        OVER    BIT   01H        ;位地址单元存放超量程（1 真 0 假）
        POLA    BIT   02H        ;位地址单元存放极性（1 负 0 正）
        HIGH    EQU   31H        ;测量结果高位
        LOW     EQU   30H        ;测量结果低位
                ORG   0000H
                LJMP  MAIN
                ORG   0013H      ;INT1 中断服务入口地址
                LJMP  INT1F
        MAIN:   MOV   LOW, #0
                MOV   HIGH, #0   ;将存放结果的单元清 0
```

	CLR	UNDER	
	CLR	OVER	;将存放欠、过量程的位地址单元内容清 0
	CLR	POLA	;假定结果为正
	SETB	IT1	;置外部中断为下降沿触发
	SETB	EX1	;开 $\overline{INT1}$ 中断允许
	SETB	EA	;开中断总允许
	SJMP	$	;等待中断
INT1F:	MOV	A, P1	;进入中断，说明转换结束，读 P1 口
	JNB	ACC.4, INT1F	;DS1 无效，等待
	JB	ACC.2, NEXT	;Q2=1 表示正，已经预处理过，继续
	SETB	POLA	;为负，需要将 02H 单元置位
NEXT:	JB	ACC.3, NEXT1	;千位为 0，已经预处理过，继续
	ORL	HIGH, #10H	;将千位信息保存在高位单元中
NEXT1:	JB	ACC.0, ERROR	;转欠、过量程处理，有千位，已能区分
INI1:	MOV	A, P1	
	JNB	ACC.5, INI1	;等待百位选通信号
	ANL	A, #0FH	;屏蔽高 4 位
	ORL	HIGH, A	
INI2:	MOV	A, P1	
	JNB	ACC.6, INI2	;等待十位选通信号
	ANL	A, #0FH	;屏蔽高 4 位
	SWAP	A	;交换到高 4 位
	ORL	LOW, A	
INI3:	MOV	A, P1	
	JNB	ACC.7, INI3	;等待个位选通信号
	ANL	A, #0FH	;屏蔽高 4 位
	ORL	LOW, A	
	RETI		
ERROR:	MOV	A, HIGH	;欠、过量程处理
	CJNE	A, #0, OV	;有千位，表示过量程
	SETB	UNDER	;置欠量程标志
	RETI		
OV:	SETB	OVER	;置过量程标志
	RETI		
	END		

3. 串行 A/D 转换器

随着芯片集成度和工艺水平的提高，串行 Λ/D 转换器正在被广泛采用。串行 A/D 转换器以其引脚数少、集成度高、价格低、易于数字隔离、易于芯片升级、廉价等一系列优点，正逐步取代并行 A/D 转换器，其代价仅仅是速度略微降低（主要是数据串行传送的速度，而非转换速度）。

串行 A/D 转换器的生产厂商很多，著名的厂商有 ADI、NS、TI、Maxim 等。串行 A/D 转换器的基本功能相似，下面以 MAX187/189 为例进行介绍。

（1）MAX187/189 的引脚及功能

MAX187/189 是 Maxim 公司生产的具有 SPI 总线接口的 12 位逐次逼近型 A/D 转换芯片。它采用 DIP8，外接元器件简单，使用方便；具有一个模拟量通道，单一+5V 供电，75kHz 采样速率，转换时间为 8.5μs，可转换 0~5V 模拟电压。

MAX187 与 MAX189 的区别在于，MAX187 具有内部基准电压，无须外部提供基准电压；MAX189 内部无基准，需要外接基准电压。

MAX187/189 的引脚如图 5.23 所示，功能说明如下。

V$_{DD}$：工作电源，（+5±5%）V。

GND：模拟地和数字地。

V$_{REF}$：参考电压。对于内含基准电压的 MAX187，只需外接一个 4.7μF 的去耦电容"激活"内部基准电压，使其产生 4.096V 的输出。对于 MAX189，需外接 2.5V～V$_{DD}$ 的精密电压，并增加 0.1μF 的去耦电容。

AIN：模拟电压。其范围为 0～V$_{REF}$ 或 0～4.096V（MAX187）。

$\overline{SHDN}$（shut down）：关闭控制。提供三级关闭方式，当 $\overline{SHDN}$ 输入低电平时，表示芯片处于待命低功耗状态，此时电流仅为 10μA；当 $\overline{SHDN}$ 输入高电平时，允许使用内部基准电压；当 $\overline{SHDN}$ 悬浮时，禁止使用内部基准电压，只能使用外部参考电压。

D$_{OUT}$：串行数据输出。在串行脉冲 SCLK 的下降沿，数据发生变化。

$\overline{CS}$：片选，低电平有效。在 $\overline{CS}$ 下降沿启动 A/D 转换，A/D 转换期间，$\overline{CS}$ 应保持低电平。$\overline{CS}$ 变高电平时，D$_{OUT}$ 呈高阻态。

SCLK：串行时钟，最大允许频率为 5MHz。

使用 MAX187/189 进行 A/D 转换分两步实现。第一步，启动 A/D 转换，等待转换结束。当 $\overline{CS}$ 输入低电平时，启动 A/D 转换，此时，D$_{OUT}$ 输出低电平，充当传递"转换结束"信号的作用。当 D$_{OUT}$ 输出变为高电平时，说明转换结束（在转换期间，SCLK 不允许送入脉冲）。第二步，串行读出转换结果。此时，从 SCLK 输入读出脉冲，SCLK 每输入一个脉冲，在 D$_{OUT}$ 上输出一位数据，先高位后低位。在 SCLK 的下降沿，数据改变；在 SCLK 的上升沿，数据稳定。因此，读出 12 位数据需要 13 个 SCLK 下降沿。可以在 SCLK 为高电平期间从 D$_{OUT}$ 上读取数据。

（2）接口与编程

MCS-51 单片机与 MAX187/189 的连接电路如图 5.24 所示。

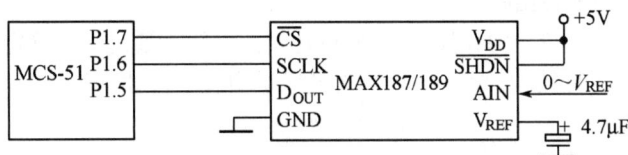

图 5.24 MCS-51 单片机与 MAX187/189 的连接电路

图 5.24 中，P1.7 控制片选，P1.6 输入串行移位脉冲，P1.5 接收串行数据。MAX187 外接 4.7 μF 去耦电容激活内部基准电压，$\overline{SHDN}$ 接+5V，允许使用内部基准电压。注意，与其他器件片选不同的是，MAX187/189 的片选信号在转换和读出数据期间始终保持低电平，不能采用前面章节介绍的总线写 P2.7 之类的处理方法。

工作流程：清 P1.7，启动 MAX187 开始 A/D 转换；读 P1.5，等待转换结束；当 P1.5 变为高电平时，转换结束；从 P1.6 发串行移位脉冲，从 P1.5 逐位读取数据。

【例 5.5】 如图 5.24 所示的 MCS-51 单片机与 MAX187/189 连接的电路图，将 MAX187/189 转换结果存到 31H 和 30H 单元中，右对齐，31H 单元存高位（高 4 位补 0）。

解 程序如下：

```
ORG    0000H
LJMP   START
```

```
                ORG     0030H
        START:  MOV     SP, #60H
                MOV     31H, #00
                MOV     30H, #00        ;将转换结果单元清 0
                CLR     P1.6
                CLR     P1.7            ;启动 A/D 转换
                JNB     P1.5, $         ;等待转换结束
                SETB    P1.6            ;SCLK 上升沿
                MOV     R7, #12         ;置循环初值 12
        LP:     CPL     P1.6            ;发 SCLK
                JNB     P1.6, LP        ;等待 SCLK 变高
                MOV     C, P1.5         ;将数据取到 C 中
                MOV     A, 30H
                RLC     A
                MOV     30H, A
                MOV     A, 31H
                RLC     A
                MOV     31H, A          ;将取到的数据位逐位移到结果保存单元中
                DJNZ    R7, LP
                SETB    P1.7            ;结束
                SJMP    $
                END
```

5.3.4 数据采集系统

数据采集系统主要实现从现场采集数据，由单片机分析处理或显示打印，为现场操作者提供操作指导等功能。

1. 数据采集系统的一般结构

数据采集系统需要解决的主要问题是如何设计模拟量输入通道，即确定模拟量输入通道的结构。模拟量输入通道有两种结构：第一种，每路模拟量均有各自独立的 A/D 转换器、采样保持器；第二种，多路模拟量公用一套采样保持器、A/D 转换器。

在两种结构中，前者电路结构简单、程序设计方便，每路模拟量均需要各自独立的 A/D 转换器，转换速度快；但由于使用的 A/D 转换器数量多，故总体成本昂贵，仅在高速数据采集系统中采用。后者（见图 5.26）多路模拟量公用一个 A/D 转换器，具有经济实用等良好特点，在性能指标要求许可的情况下，一般采用该结构。这里主要介绍第二种结构。

2. 数据采集系统应用举例

多路模拟转换器（也称多路模拟转换开关）采用常用的 8 路模拟转换开关 CD4051。

（1）CD4051 简介

CD4051 的引脚如图 5.25 所示。它由地址译码器和多路双向模拟转换开关组成，输入为 X0～X7，输出为 X；可以通过外部地址（C、B、A 引脚）选择 8 路输入中的某 1 路与输出 X 接通，而其他各路输入无法接通输出，完成 8 线到 1 线的多路转换开关的功能；V_{DD} 为工作电源，V_{EE} 为模拟地，V_{SS} 为数字地，输入信号范围为 $0～V_{DD}$；INH（高电平禁止）为控制输入，输入高电平时，多路开关中各开关均不通，输出呈高阻态。CD4051 真值表见表 5.5。

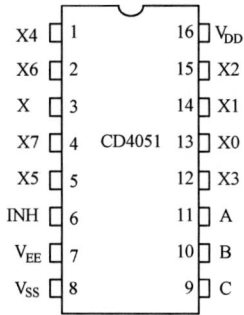

图 5.25　CD4051 引脚图

表 5.5　CD4051 真值表

输　入　端				与 X 端连接的通道
INH	C	B	A	
0	0	0	0	X0
			1	X1
		1	0	X2
			1	X3
	1	0	0	X4
			1	X5
		1	0	X6
			1	X7
1	X	X	X	高阻

（2）数据采集系统的实现

【例 5.6】　设计采用 A/D 转换器巡回采集 40 路模拟量的数据采集系统。

解　采用 5 片 CD4051，每片接 8 路模拟量输入，5 片构成 5×8=40 路模拟采集通道。同理可以扩展到 64 路或更多路的数据采集系统。40 路数据采集局部连接电路如图 5.26 所示。

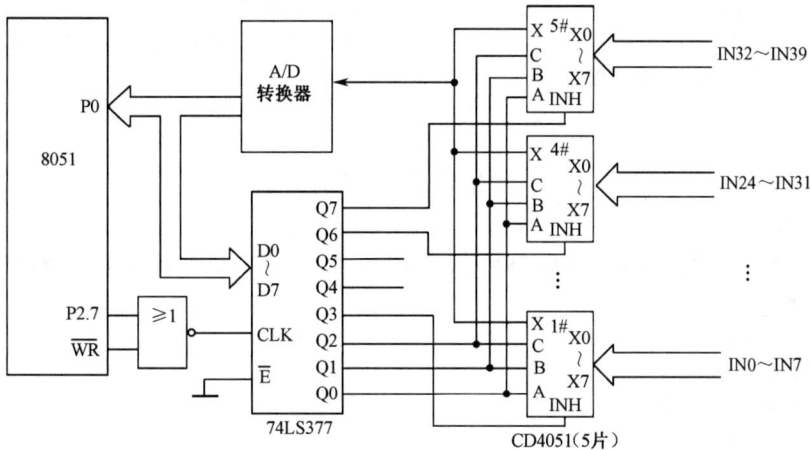

图 5.26　40 路数据采集局部连接电路

采用一片 74LS377 扩展 8 位并行输出口，其中，低 3 位用于选通每片 CD4051 的 8 路中的 1 路，高 5 位用于 5 片 CD4051 的片选。

74LS377 的数据格式见表 5.6。

表 5.6　74LS377 的数据格式

Q7	Q6	Q5	Q4	Q3	Q2	Q1	Q0
5#CD4051	4#CD4051	3#CD4051	2#CD4051	1#CD4051	C	B	A

向 74LS377 中写入数据 1111 0000～1111 0111，选通 1#CD4051 的 0～7 路；写入 1110 1000～1110 1111，选通 2#CD4051 的 0～7 路等。

其规律为数据的低 3 位从 000 到 111 变化，高 5 位初值为 11110，其中的 0 左移 5 次，完成对 40 路模拟量的数据采集。40 路模拟量的数据采集完后，存放到从 30H 开始的单元中。

程序如下：

```
        ORG    0000H
        LJMP   START
```

```
                ORG     0030H
START:          MOV     SP, #60H
                MOV     DPTR, #7FFFH              ;指向 P2.7 口
                MOV     A, #1111 0000B           ;选通第 1 片 CD4051 的第 0 路
                MOV     R0, #30H
                MOV     R7, #5                   ;计数 5 次（5 片 CD4051）
LP1:            MOVX    @DPTR, A                 ;选通一路
                LCALL   ADCONV                   ;调用 A/D 采样子程序
                LCALL   ADDSP                    ;调用转换结束后数据处理子程序
                MOV     R2, A                    ;用 R2 暂存 A
                ANL     A, #07H                  ;屏蔽高 5 位
                CJNE    A, #07H, LP2             ;判断 A 是否到 7，未到 7，选择下一路
                AJMP    LP3                      ;处理下一片
LP2:            MOV     A, R2                    ;取回暂存值
                INC     A                        ;选择下一路
                AJMP    LP1                      ;继续处理本片下一路
LP3:            MOV     A, R2                    ;取回暂存值
                RL      A                        ;高 5 位 0 的位置左移
                ANL     A, #0F8H                 ;指向下一片的第 0 路（低 3 位清 0）
                DJNE    R7, LP1
                SJMP    $
                END
```

在上述程序中，A/D 采样子程序、数据处理子程序略。

C51 程序如下：

（注：这里 A/D 转换子函数 ADCONV ()、数据处理子函数 ADDSP()略，编译调试时需添加。）

```
#include<reg51.h>
#include<absacc.h>
#include<intrins.h>
#define uchar unsigned char
#define CS XBYTE[0x7fff]
#define ram30h DBYTE[0x30]
uchar y,z;
void main()
{
    uchar k,i;
    uchar xdata *p;
    y=0xf7,z=0xf8;
    p=&CS;                      //设置外部模拟量地址
    for(i=0;i<5;i++)
    {
        for(k=0;k<8;k++)
        {
            *p=y&z;             //选择芯片模拟量地址
            ADCONV();           //调用 A/D 转换子函数
            ADDSP();            //调用数字处理子函数
            z ++;
        }
        y<<=1;
```

```
        z=0xf8;
    }
}
```

习题 5

1. A/D 转换器的作用是将（ ）量转为（ ）量，D/A 转换器的作用是将（ ）量转为（ ）量。

2. A/D 转换器的 4 个最重要的指标是（ ）、（ ）、（ ）和（ ）。

3. 若某 8 位 D/A 转换器的输出满刻度电压为+5V，则该 D/A 转换器的分辨率为（ ）V。

4. 当单片机启动 ADC0809 进行 A/D 转换时，应采用（ ）指令。

    A）MOV   A,20   B）MOVX   @DPTR,A

    C）MOVC   A,@A+DPTR   D）MOVX   A,@DPTR

5. 读取 A/D 转换的结果，使用（ ）指令。

    A）MOV   A,@Ri   B）MOVX   @DPTR,A

    C）MOVX   A,@DPTR   D）MOVC   A,@DPT

6. 当 DAC0832 的 $\overline{CS}$ 接 8031 单片机的 P2.0 时，程序中，DAC0832 的地址指针 DPTR 寄存器应置为（ ）。

    A）0832H   B）FE00H   C）FEF8H   D）以上三种都可以

7. 传感器的主要作用是什么？

8. 输入通道和输出通道的特点是什么？

9. 什么是 D/A 转换器？

10. 简述 D/A 转换器的主要技术指标。

11. 简述 D/A 转换器的主要结构特性。

12. DAC0832 主要性能指标有哪些？

13. DAC0832 与 8051 单片机连接时有哪些控制信号？其作用是什么？

14. 简述逐次逼近型 A/D 转换器的工作原理。

15. 在单片机系统中，常用的 A/D 转换器有哪几种？

16. 如何确定 A/D 转换器的位数？

17. 如何确定 A/D 转换器的转换速率？

18. ADC0809 的编程要点是什么？

19. 在什么情况下要使用 D/A 转换器的双缓冲方式？试以 DAC0832 为例画出双缓冲方式的接口电路。

20. 用单片机控制外部系统时，为什么要进行 A/D 转换和 D/A 转换？

21. A/D 转换器中采样保持器的作用是什么？省略采样保持器的前提条件是什么？

22. 具有 8 位分辨率的 A/D 转换器，当输入 0～5V 电压时，其最大量化误差是多少？

23. 在 8051 单片机与一片 DAC0832 组成的应用系统中，DAC0832 的地址为 7FFFH，输出电压为 0～5V。试画出有关逻辑电路图，并编写产生矩形波，其波形占空比为 1:4，高电平为 2.5V，低电平为 1.25V 的转换程序。

24. 在 8051 单片机与一片 ADC0809 组成的数据采集系统中，ADC0809 的地址为 7FF8H～7FFFH。试画出逻辑电路图，并编写程序，每隔 1 分钟轮流采集一次 8 路通道数据，8 路通道总共采集 100 次，其采样值存到外部 RAM 从 3000H 开始的存储单元中。

第6章　MCS-51单片机的交互通道配置与设计

本章从工程应用角度介绍 MCS-51 单片机的交互通道配置与设计，主要包括人机界面中的键盘、显示器、微型打印机等，并介绍多种实用方案与设计技巧。本章重点在于人机接口的典型设计方案和设计技巧的掌握，熟悉各种交互设备。本章难点在于使用动态方法进行键盘和显示器的硬件及软件设计。

人机界面是指人与计算机系统进行信息交互的接口，包括信息的输入和输出，是单片机系统不可缺少的组成部分。控制信息和原始数据需要通过输入设备输入计算机中，计算机的处理结果需要通过输出设备实现显示或打印。在单片机系统的人机接口中，输入设备主要是键盘，输出设备包括发光二极管、七段数码管显示器、液晶显示器等。

6.1　MCS-51 单片机扩展键盘的技术

键盘是单片机系统中最基本的人机对话输入设备，用于实现单片机系统中的数据和控制命令输入。常用的键盘设备包括独立式键盘、矩阵式键盘、BCD 拨码盘等。根据输入信息的特点，不同的键盘，其应用场合不同。

6.1.1　概述

键盘输入是单片机系统中使用最广泛的一种输入方式。键盘输入的主要对象是各种按键或开关，这些按键或开关可以独立使用，也可以组合成键阵使用。在单片机系统中，使用较多的按键或开关有自锁型和非自锁型、常开型和常闭型，以及微动开关、DIP 开关、薄膜开关等。

（1）按结构形式不同，键盘可分为机械式、电容式、电感式、磁感式、薄膜式、橡胶垫式等。其中最常用的是电容式和机械式键盘。由于薄膜开关具有结构简单、体积小、防尘、防水、防有害气体侵蚀、寿命长等优点，因此，在单片机系统中得到了越来越广泛的应用。

（2）按引入信号的形式不同，键盘可分为压按式和触摸式。

（3）按功能不同，键盘可分为编码键盘和非编码键盘。使用专用的硬件进行识别的键盘称为编码键盘，在微机中使用较多；使用软件进行识别的键盘称为非编码键盘，在单片机系统中常使用非编码键盘。

（4）按连接方式不同，键盘可分为独立式键盘与矩阵式键盘。

独立式键盘是一种最简单的键盘，每个按键独立地接入一根 I/O 接口线，其电路连接如图 6.1 所示。当无按键闭合（断开）时，所有的 I/O 接口线都为高电平；当有任意一个按键闭合（闭合）时，与之相连的 I/O 接口线将变为低电平。通过软件可以判断是否有按键闭合。独立式键盘的优点是，硬件和软件结构简单，使用方便。缺点是，随着按键数量的增多，被占用的 I/O 接口线数量也将增多。因此，独立式键盘适用于按键数量不多的单片机系统。

矩阵式键盘是指由若干个按键组成的开关矩阵。4×4 矩阵式键盘的连接电路如图 6.2 所示。当单片机系统需要安排较多的按键时，为节约 CPU 的 I/O 接口资源，通常把按键排列成矩阵形式，以便更合理地利用硬件资源。矩阵式键盘适合采取动态扫描的方式进行识别，如果采用低电平扫描，回送线必须被上拉为高电平；如果采用高电平扫描，则回送线需要被下拉为低电平。图 6.2 中给出了低电平扫描的电路。矩阵式键盘的优点是，使用较少的 I/O 接口线可以实现对较多按键的控制。例如，如果把 16 个按键排列成 4×4 的矩阵形式，则使用一个 8 位 I/O 接口（行、列各用 4

位）即可完成控制；如果把 64 个按键排列成 8×8 的矩阵形式，则使用两个 8 位 I/O 接口（行、列各用一个 8 位 I/O 接口）即可完成控制。

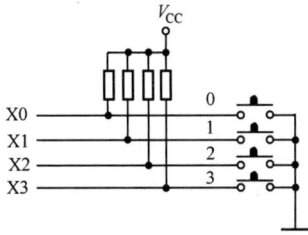

图 6.1　独立式键盘的连接电路

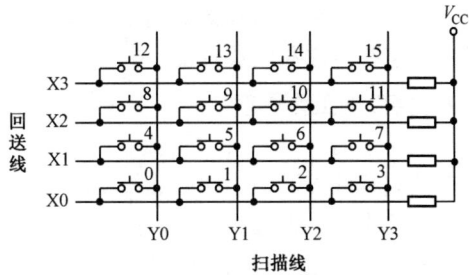

图 6.2　4×4 矩阵式键盘的连接电路

6.1.2　使用键盘时必须解决的问题

（1）键盘的抖动及其消抖方法

如图 6.2 所示的矩阵式键盘，当扫描线 Y1 输出低电平时，在按下和释放 1 号键的过程中，回送线 X0 上的电压波形如图 6.3 所示。图中，t_1 和 t_3 分别为按键的闭合和断开过程中的抖动期（分别称为前沿抖动和后沿抖动），其时间的长短与开关的机械特性有关，一般为 10～20ms；t_2 为稳定的闭合期，其时间的长短由按键的动作决定，一般为几百毫秒至几秒；t_0 和 t_4 为断开期。为了保证 CPU 对按键闭合的正确判定，必须消除抖动（简称消抖），在按键的稳定闭合期和断开期读取按键的状态。

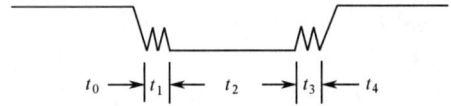

图 6.3　按下和释放按键时 X0 上的电压波形图

消除抖动的方法可分为硬件和软件两种方法。硬件方法是，为每个按键加上 RC 滤波或利用 RS 触发器消抖，适用于按键数量不多的场合。软件方法是，在检测到有按键闭合后，软件延时 10～20ms，待电压稳定之后，再读入按键的状态，若有，则读取键码，若无，则认为是抖动干扰。由于人的按键速度与单片机的运行速度相比要慢很多，因此，软件延时的方法在技术上完全可行，而且在经济上更加实惠，因而被越来越多地采用。

（2）使用非编码键盘必须解决的问题

对于非编码键盘而言，仅有键盘的接口电路是不够的，还需要编制相应的键盘输入程序，实现对键盘输入内容的识别。键盘输入程序的功能如下。

① 判断键盘上是否有按键闭合。采用程序控制、定时控制等方式对键盘进行扫描，采用查询、中断等方法读取键盘的信号，判断是否有按键闭合。

② 消除按键的机械抖动。为保证按键的正确识别，需要进行消抖处理。一般采用软件延时 10～20ms 的方法实现消抖。

③ 确定闭合按键的物理位置。对于独立式键盘，采取逐根 I/O 接口线查询的方法来确定闭合按键的物理位置；对于矩阵式键盘，需要采取动态扫描法或线反转法来确定闭合按键的物理位置。

④ 获得闭合按键的编号。在获得闭合按键物理位置的基础上，根据给定的按键编号规律，计算出闭合按键的编号。

⑤ 确保 CPU 对按键的一次闭合（按键操作）只做一次处理。为防止一次按键操作被高速运行的程序误判断为多次按键操作，在程序中必须保证一次按键操作只是一次有效的按键闭合。为实现这一功能，可以采用等待闭合按键释放以后再处理的方法。

需要指出的是，以上各功能部分可以在一个程序中完成，也可以通过子程序或中断服务程序的方式由多个程序完成。

6.1.3　MCS-51 单片机扩展键盘的硬件和软件设计

键盘接口的主要功能是对键盘中所按下的按键进行识别。由于单片机系统中常使用非编码键盘，因此本节主要介绍非编码键盘的工作原理、接口技术，以及单片机系统常用的两种软件按键识别方法：动态扫描法和线反转法。

1. 键盘接口的工作原理

如图 6.2 所示的 4×4 矩阵式键盘中，回送线 X0～X3 通过电阻接 V_{CC}，当键盘上没有按键闭合时，所有的扫描线 Y0～Y3 和回送线 X0～X3 都断开，无论扫描线处于何种状态，回送线都呈高电平。当键盘上某个按键闭合时，则该键所对应的扫描线和回送线被短路。例如，仅 6 号键被按下时，程序顺序低电平扫描 Y0～Y3 这 4 根扫描线，未扫描到扫描线 Y2 时，回送线的 4 位数据均为高电平；扫描到扫描线 Y2 时，由于 6 号键处于闭合状态，因此回送线 X1 也将变为低电平，由此可知扫描线 Y2 与回送线 X1 交叉处的按键闭合了。可见，如果回送线 X0～X3 均为高电平，则说明无按键闭合；如果任意一根回送线变为低电平，则说明该回送线上有按键闭合，与此键相连的扫描线也一定处于低电平（正在扫描）。由此可以确定扫描线与回送线的编号，从而确定闭合键的位置。

CPU 何时扫描键盘，可以采取以下方式决定。

① 程序控制的随机方式，在 CPU 空闲时扫描键盘。

② 定时控制方式，每隔一段时间，CPU 对键盘扫描一次，CPU 可以定时响应键盘输入请求。

③ 中断方式，当键盘上有按键闭合时，向 CPU 请求中断，CPU 响应键盘输入中断，对键盘进行扫描，以识别哪个键处于闭合状态，并对其输入的信息进行处理。

CPU 对键盘上闭合键的键号确定，可以根据扫描线和回送线的状态计算求得，也可以根据它们的状态查表求得。

2. 键盘接口与软件设计

键盘接口主要完成判键按下、消抖、按键识别与键码产生等功能。由于不同的单片机系统对输入的要求不同，因此各种单片机系统的键盘接口也不一样。常用的单片机键盘接口有以下几种。

（1）独立式键盘（静态方式）

独立式键盘结构简单，每个按键接单片机的一根 I/O 接口线，通过对输入线的查询，可以识别每个按键的状态。

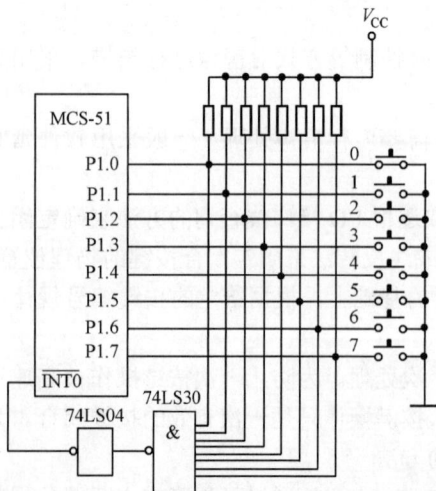

图 6.4　含 8 个按键的独立式键盘的连接电路

【例 6.1】　在 MCS-51 单片机系统中，设计一个含 8 个按键的独立式键盘。

解　含 8 个按键的独立式键盘的连接电路如图 6.4 所示，这 8 个按键经上拉电阻接 MCS-51 单片机的 P1 口。在无按键闭合时，P1.0～P1.7 线上的输入均为高电平；当有按键闭合时，与其相连的 I/O 接口线将出现低电平输入，其他按键的输入线上仍维持高电平输入。

由图 6.4 可知，P1 口 8 根 I/O 接口线经与非门 74LS30 实现逻辑与非后，再经过一个非门 74LS04 进行信号变换，然后接至 MCS-51 单片机的 $\overline{INT0}$ 引脚上。这样，每当有按键闭合时，$\overline{INT0}$ 引脚上将有一个下降沿产生，申请中断。在中断服务程序中，首先延时 10～20ms，等待按键抖动期过后再对各按键进行查询，找到闭合的按键，并转到相应的按键处理程序。

中断服务程序如下：

```
        INT00:   PUSH   ACC
                 CALL   DELAY20ms          ;延时 20ms 消抖
                 MOV    P1, #0FFH          ;P1 口送全 1，为读 P1 口做准备
                 MOV    A, P1             ;读 P1 口各引脚
                 CJNE   A, #0FFH，CLOSE    ;验证是否确实有按键闭合
                 AJMP   NEXT              ;无按键闭合
        CLOSE:   JNB    ACC.7, KEY7        ;查询 7 号键
                 JNB    ACC.6, KEY6        ;查询 6 号键
                 JNB    ACC.5, KEY5        ;查询 5 号键
                 JNB    ACC.4, KEY4        ;查询 4 号键
                 JNB    ACC.3, KEY3        ;查询 3 号键
                 JNB    ACC.2, KEY2        ;查询 2 号键
                 JNB    ACC.1, KEY1        ;查询 1 号键
                 JNB    ACC.0，KEY0        ;查询 0 号键
                 AJMP   NEXT
        KEY 7:   …                         ;7 号键处理程序
                 SJMP   NEXT
        KEY 6:   …                         ;6 号键处理程序
                 SJMP   NEXT
                 …                         ;其他按键处理程序
        NEXT:    MOV  P1, #0FFH
                 MOV    A, P1             ;再读 P1 口各引脚
                 CJNE   A, #0FFH, NEXT    ;确认按键是否释放，若没释放，则等待按键释放
                 POP    ACC
                 RETI
```

20ms 消抖的延时子程序设计如下。

设系统晶振频率为 12MHz，机器周期为 1μs，1 条 DJNZ 指令的执行时间为 2 个机器周期，即 2μs。因为 20ms÷2μs=10000（大于 8 位寄存器的最大值 255），所以用单重循环无法实现，可采用双重循环编写延时子程序。将 10000 分解成两个小于 255 的数的乘积，如 10000=100×100，这两个数即为用于双重循环的两个寄存器的初值。为了提高延时的精度，可以在双重循环之间添加 NOP 指令，并将内循环的初值减 2，此处，内循环的初值为 100，100-2=98。如果不要求延时的精度，可以去掉 NOP 指令，内循环的初值仍设置为 100，详见下面的延时子程序。

延时子程序如下：

```
    DELAY20ms:   MOV   R7, #100    ;设置外循环次数（1 个机器周期）
    DLY1:        MOV   R6, #98     ;设置内循环次数（1 个机器周期）
    DLY2:        DJNZ  R6, DLY2    ;(R6)-1=0，顺序执行，否则转 DLY2 循环（2 个机器周期）
                                   ;延时为 2μs×98=196μs
                 NOP               ;延时为 1μs（1 个机器周期）
                 DJNZ  R7, DLY1    ;(R7)-1=0，顺序执行，否则转 DLY1 循环（2 个机器周期）
                 RET               ;子程序结束（2 个机器周期）
```

延时：((2×98+1+2+1)×100+2+1)×1μs=20.003ms。

Proteus 仿真图如图 6.5 所示。

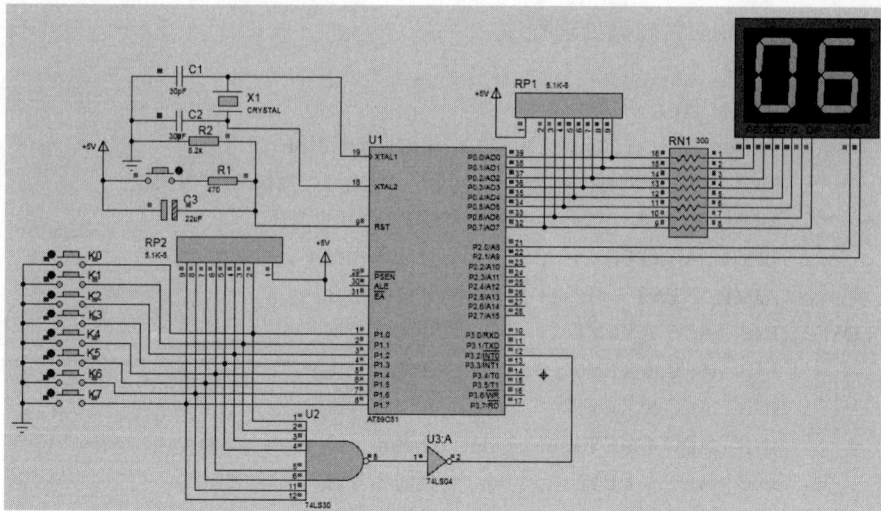

图 6.5　MCS-51 单片机扩展独立式键盘的 Proteus 仿真图

Proteus 仿真程序如下：

```
            ORG    0000H
            LJMP   START
            ORG    0003H
            LJMP   INT00
            ORG    0030H
START:  MOV    SP, #60H
            MOV    DPTR, #TAB
            MOV    30H, #00H
            SETB   EA
            SETB   EX0
            SETB   IT0
ST1:      LCALL  DISP
            SJMP   ST1
INT00:  PUSH   ACC
            LCALL  DELAY
            MOV    P1, #0FFH
            MOV    A, P1
            CJNE   A, #0FFH, JP1
            AJMP   NEXT
JP1:      JNB    ACC.0, LP0
            JNB    ACC.1, LP1
            JNB    ACC.2, LP2
            JNB    ACC.3, LP3
            JNB    ACC.4, LP4
            JNB    ACC.5, LP5
            JNB    ACC.6, LP6
            JNB    ACC.7, LP7
            SJMP   NEXT
LP0:      MOV    30H, #00H
            LCALL  DISP
            SJMP   NEXT
LP1:      MOV    30H, #01H
```

```
                LCALL   DISP
                SJMP NEXT
        LP2:    MOV    30H, #02H
                LCALL   DISP
                SJMP   NEXT
        LP3:    MOV    30H, #03H
                LCALL   DISP
                SJMP   NEXT
        LP4:    MOV    30H, #04H
                LCALL   DISP
                SJMP   NEXT
        LP5:    MOV    30H, #05H
                LCALL   DISP
                SJMP   NEXT
        LP6:    MOV    30H, #06H
                LCALL   DISP
                SJMP   NEXT
        LP7:    MOV    30H, #07H
                LCALL   DISP
        NEXT:   MOV    P1, #0FFH
                MOV    A, P1
                CJNE   A, #0FFH,JP1
                POP    ACC
                RETI
        DISP:   MOV    A, 30H
                ANL    A, #0FH
                MOVC   A, @A+DPTR
                CLR    P2.0
                SETB   P2.1
                MOV    P0, A
                LCALL   DELAY_1
                CLR    P2.1
                SETB   P2.0
                MOV    P0, #0C0H
                LCALL   DELAY_1
                RET
        TAB:    DB   0C0H, 0F9H, 0A4H, 0B0H, 99H
                DB   92H, 82H, 0F8H, 80H
                DB   90H, 88H, 83H, 0C6H
                DB   0A1H, 86H, 8EH, 8CH
        DELAY:MOV   R7,#70
          DL1: MOV   R6,#100
          DL2: DJNZ   R6, DL2
                DJNZ   R7, DL1
                RET
        DELAY_1: MOV   R7,#0FFH
          DLY1:   DJNZ   R7, DLY1
                  RET
                  END
```

（2）矩阵式键盘——线反转法

矩阵式键盘是由多个按键组成的键盘矩阵，其按键识别方法有线反转法、动态扫描法等。

线反转法需要两个双向 I/O 接口分别接行线、列线，通过行、列的两次扫描来识别按键闭合。由输入线与输出线反转而得名。注意，本书中矩阵式键盘的行线、列线是指广义的行线、列线，与实际的物理位置无关，一般将扫描线定义为行线，将回送线定义为列线，以下不再说明。步骤如下。

第 1 步：行出列入。首先，令行（线）值输出为全 0，读取列（线）值，若列值中的某位为 0，则说明有按键闭合，否则，无按键闭合。如果有按键闭合，则延迟 10～20ms 消抖。然后，令行值输出为全 0，再读取列值，若列值中的某位为 0，则说明真的有按键闭合，保存；否则为抖动。

第 2 步：线反转。列出行入，先将第 1 步读取的列值反转输出，然后读取目前的行值，并保存。

第 3 步：判定闭合按键的位置。第 1 步保存的列值中为 0 的位是闭合按键的列号，第 2 步保存的行值中为 0 的位是闭合按键的行号。可以判定，行值中为 0 的位与列值中为 0 的位的交叉点处的按键闭合。这样，根据读取的行值和列值就可以获得闭合按键的具体位置，计算键码。

线反转法的优点是软件设计简单，不需要逐行扫描，速度快，应用广泛。但其硬件需要采用双向并行 I/O 接口。

MCS-51 单片机可以采取两种方法判断是否有按键闭合：一种方法是将所有输入线进行逻辑与运算后接 MCS-51 单片机的外部中断输入口，通过中断法进行识别；另一种方法是逐根查询输入线是否出现低电平。

【例 6.2】 为 MCS-51 单片机系统设计一个由 4 行 4 列的键盘。

解 4×4 矩阵式键盘的连接电路如图 6.6 所示。其中，P2 口的低 4 位作为输出线（行线）；P1 口的低 4 位作为输入线（列线），输入线通过 74LS21 进行逻辑与运算后接到 MCS-51 单片机的外部中断引脚 $\overline{INT0}$ 上。这样，有按键闭合就将引起中断。中断服务程序开始部分应利用软件延时消抖，然后对闭合按键进行判别与处理。

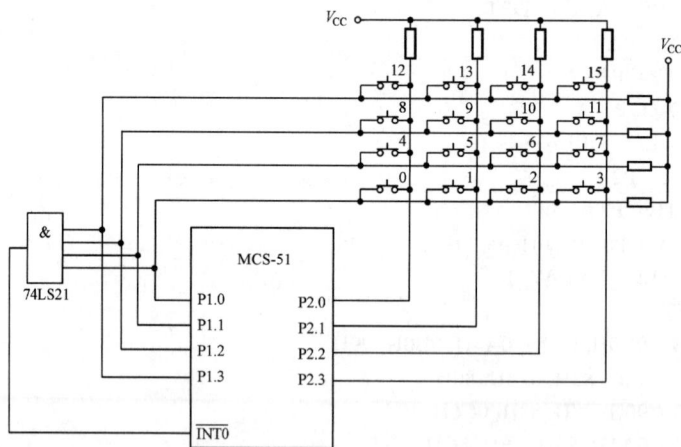

图 6.6 4×4 矩阵式键盘的连接电路

第 1 步：行出列入。P2 口（行）输出 0，读 P1 口（列），并保存 P1 口（列）的状态。

第 2 步：线反转。将第 1 步保存的 P1 口的状态从 P1 口（列）反转输出，读 P2 口（行），并保存 P2 口（行）的状态。

第 3 步：判定闭合按键的位置。根据保存的 P1 口（列）与 P2 口（行）两组线中 0 的位置，即可确定是哪个按键闭合。

下面的 KEYR 子程序用于确定每组线中哪位为 0，是否有多位为 0。在调用子程序前，应将读到的某组线的数据存到累加器 A 中。当这段子程序返回时，某组线中 0 的位置（0～3）将保存在 R3 中。

按键引起中断后，执行下列中断服务程序：

```
            ORG      0100H
INT00:      LCALL    DELAY20ms        ;延时消抖
            MOV      P1, #0FFH        ;为读 P1 口引脚做准备
            MOV      P2, #00H         ;输出扫描码
            MOV      A, P1            ;读输入线
            ANL      A, #0FH          ;判断是否有按键闭合
            CJNE     A, #0FH, TEST    ;有按键闭合，转判断按键程序
            RETI                      ;无按键闭合，返回
TEST:       MOV      B, A             ;暂存
            LCALL    KEYR             ;调用 KEYR 子程序
            MOV      40H, R3          ;暂存在 40H 单元中
            MOV      P2, #0FFH        ;为 P2 口置 1，读 P2 口引脚做准备
            MOV      P1, B            ;线反转，向输入线输出数据
            MOV      A, P2            ;读输出线
            ANL      A, #0FH          ;取 P2 口的低 4 位
            LCALL    KEYR             ;调用 KEYR 子程序
            XCH      A, R3
            SWAP     A
            ORL      40H, A           ;得到按键的特征值
            RETI
;判断哪位为 0 子程序 KEYR
KEYR:       CJNE     A, #0EH, TESTP11 ;测试 P1.0（或 P2.0）
            MOV      R3, #0           ;P1.0（或 P2.0）=0，说明闭合按键的输入线为 P1.0（或 P2.0）
            LJMP     FINISH           ;返回
TESTP11:    CJNE     A, #0DH, TESTP12 ;测试 P1.1（或 P2.1）
            MOV      R3, #1
            LJMP     FINISH
TESTP12:    CJNE     A, #0BH, TESTP13 ;测试 P1.2（或 P2.2）
            MOV      R3, #2
            LJMP     FINISH
TESTP13:    CJNE     A, #07H, FINISH  ;测试 P1.3（或 P2.3）
            MOV      R3, #3
FINISH:     RET
```

上面的中断服务程序结束时，在 40H 单元中存放有按键的单字节数据，即该键的特征值。该键的 P2 口输出线号位于 40H 单元的高 4 位中，P1 口输入线号位于低 4 位中。此后，根据 40H 单元中的内容查表，获得相应按键的代码，可进行显示或其他处理。

消抖的延时子程序 DELAY20ms 参照上面独立式键盘接口（静态方式）中延时子程序。

Proteus 仿真图如图 6.7 所示。

（3）矩阵式键盘——动态扫描法（也称为行扫描法）

线反转法是一种有效的键盘接口方法，不仅节省 I/O 接口线，编程实现也较容易，在只需要扩展键阵的情况下这是一种很好的方案。但是，在多数单片机系统中，不仅需要扩展键阵，同时还要扩展显示器，此时线反转法将不能满足要求。下面介绍另一种常用的键盘接口方法——动态扫描法。动态扫描法不仅可以扫描键阵，也可以同时兼顾实现显示硬件设计，是目前应用十分广泛的一种方法。

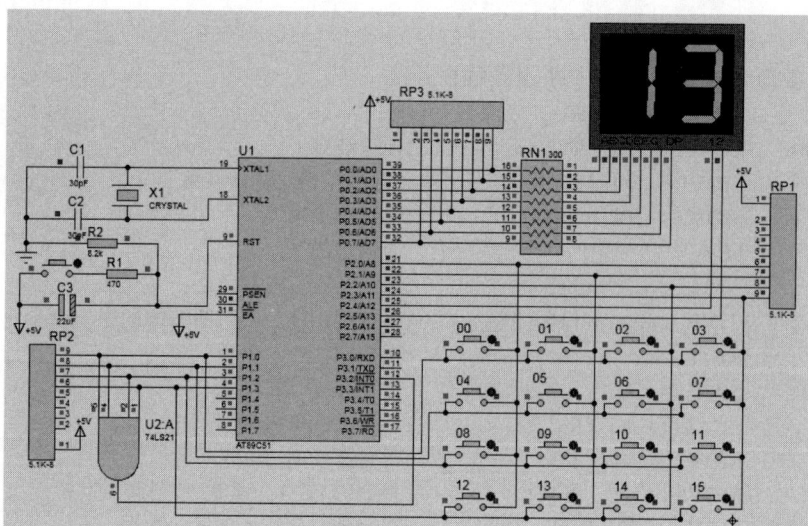

图 6.7 MCS-51 单片机采用线反转法扩展矩阵式键盘的 Proteus 仿真图

动态扫描法输出"移动"信号，轮流对各行按键进行检测，列线必须接上拉电阻。如图 6.2 所示，4×4 矩阵式键盘设置为行出列入，首先令行值输出为全 0，读取列值，当列值全为 1 时，无按键闭合；否则，有按键闭合，进行延时消抖，然后，将某行值输出为全 0，读取列值，若列值中的某位为 0，则表示行、列交叉点处的按键闭合；否则，无按键闭合。继续扫描下一行（令下一个行值输出为全 0），直至全扫描完为止。

【例 6.3】 用 8255A 实现 4 行 8 列的 32 键键盘接口。

解 用 8255A 实现 4×8 矩阵式键盘的连接电路如图 6.8 所示。8255A 的 PA 口设定为输出，作为行线。PC3～PC0 设定为输入，作为列线。8255A 与 MCS-51 单片机的接口采用 4.3.3 节中介绍的形式，设控制口地址为 7FFFH，PA 口地址为 7FFCH，PC 口地址为 7FFEH。

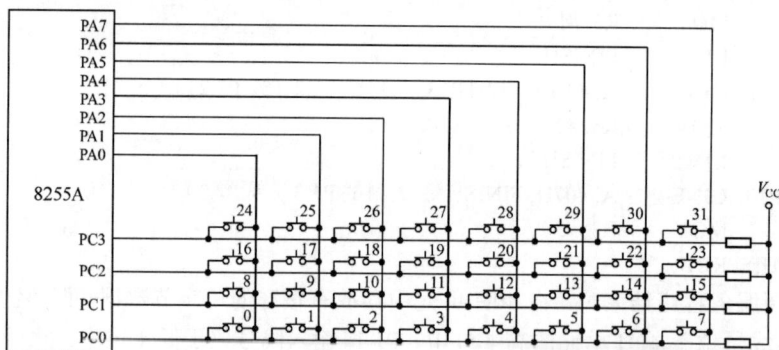

图 6.8 用 8255A 实现 4×8 矩阵式键盘的连接电路

键码说明如下。

列线 PC0、PC1、PC2、PC3 上的键码（每根列线上有 8 个按键，顺序为从左到右）分别为 00～07、08～15、16～23、24～31。用十进制数表示键码。

- 如果 PC0 上有按键闭合，则其键码为 00+(00～07)；
- 如果 PC1 上有按键闭合，则其键码为 08+(00～07)；
- 如果 PC2 上有按键闭合，则其键码为 16+(00～07)；
- 如果 PC3 上有按键闭合，则其键码为 24+(00～07)。

其中，(00～07)的具体内容由行线决定，在程序中用 R4 存储。R2 存放的是行值。

程序如下:

```
            ORG     0000H
            LJMP    START
            ORG     0030H
START:      MOV     SP , #60H
            MOV     DPTR, #7FFFH
            MOV     A, #81H
            MOVX    @DPTR, A        ;8255A 初始化
KEY:        LCALL   KEY1            ;检查是否有按键闭合
            JNZ     LKEY1           ;A 非 0, 说明有按键闭合
            SJMP    KEY
LKEY1:      LCALL   DELAY1
            LCALL   DISP            ;有按键闭合, 利用 DISP、DELAY1 子程序延时消抖
            LCALL   KEY1            ;延时以后再检查是否有按键闭合
            JNZ     LKEY2           ;有按键闭合, 转 LKEY2
            ACALL   DELAY1          ;无按键闭合, 说明是干扰信号, 不处理
            AJMP    KEY             ;延时 6ms 后, 转 KEY 等待继续按键操作
LKEY2:      MOV     R2, #0FEH       ;扫描初值送 R2, 设定 PA0 为当前行
            MOV     R4, #00H        ;行初值送 R4
LKEY4:      MOV     DPTR, #7FFCH    ;指向 PA 口 (行值输出口)
            MOV     A, R2
            MOVX    @DPTR, A        ;扫描初值送 PA 口
            MOV     DPTR, #7FFEH    ;指向 PC 口 (列值读入口)
            MOVX    A, @DPTR        ;读取列值
            JB      ACC.0, LONE     ;.0=1, 第 0 列无按键闭合, 转 LONE
            MOV     A, #00H         ;第 0 列有按键闭合, 第 0 列第 0 行键码送 A 保存
            AJMP    LKEYP           ;转计算键码
LONE:       JB      ACC.1, LTWO     ;ACC.1=1, 第 1 列无按键闭合, 转 LTWO
            MOV     A, #08H         ;第 1 列有按键闭合, 第 1 列第 0 行键码送 A 保存
            AJMP    LKEYP           ;转计算键码
LTWO:       JB      ACC.2, LTHR     ;ACC.2=1, 第 2 列无按键闭合, 转 LTHR
            MOV     A, #16H         ;第 2 列有按键闭合, 第 2 列第 0 行键码送 A 保存
            AJMP    LKEYP           ;转计算键码
LTHR:       JB      ACC.3, NEXT     ;ACC.3=1, 第 3 列无按键闭合, 转 NEXT
            MOV     A, #24H         ;第 3 列有按键闭合, 第 3 列第 0 行键码送 A 保存
LKEYP:      ADD     A, R4           ;计算键码, 将该列第 0 行的初值 (A) 与行值 (R4) 相加
            DA      A               ;十进制调整
            MOV     R4, A           ;计算的键码回送到 R4 中
            PUSH    ACC             ;保存键码
LKEY3:      LCALL   DISP            ;判断闭合的按键是否释放, 保证对一次按键操作只做一次处理
            LCALL   DELAY1          ;延时
            LCALL   KEY1            ;判断闭合的按键是否继续闭合
            JNZ     LKEY3           ;若没有释放该键, 则转 LKEY3, 等待
            POP     ACC             ;若闭合的按键已释放, 则键码回送 A
ZX:         LCALL   DISP            ;刷新显示
            LCALL   KEY1            ;继续判断按键操作
            JNZ     KEY             ;有按键闭合, 转 KEY
            SJMP    ZX              ;无按键闭合, 转 ZX
```

```
NEXT:     INC     R4                    ;行号加 1
          MOV     A, R2
          JNB     ACC.7, KND            ;行值的第 7 位为 0，已扫描到最高行，转 KND
          RL      A                     ;循环左移一位
          MOV     R2, A                 ;行值回送 R2
          AJMP    LKEY4                 ;进行下一行扫描
KND:      AJMP    KEY                   ;扫描完毕，开始新的一轮
;KEY1 子程序用于扫描是否有按键闭合，并将读取的列值送 A
KEY1:     MOV     DPTR, #7FFCH          ;将 PA 口地址送 DPTR，PA 口作为行线
          MOV     A, #00H               ;所有行线均为低电平
          MOVX    @DPTR, A              ;PA 口向行线输出 00H
          MOV     DPTR, #7FFEH          ;指向 PC 口
          MOVX    A, @DPTR              ;读取列值
          CPL     A                     ;列值取反
          ANL     A, #0FH               ;屏蔽 A 的高半字节
          RET                           ;返回
DISP:     …                             ;显示子程序，参考例 6.1 仿真程序，略
          RET
TAB:      …                             ;LED 段码，参考例 6.1 仿真程序，略
DELAY1:   …                             ;延时 6ms 子程序，略
          END
```

键盘扫描程序的运行结果是将闭合按键的键码存到累加器 A 中，再根据键码进行相应处理。Proteus 仿真图如图 6.9 所示。

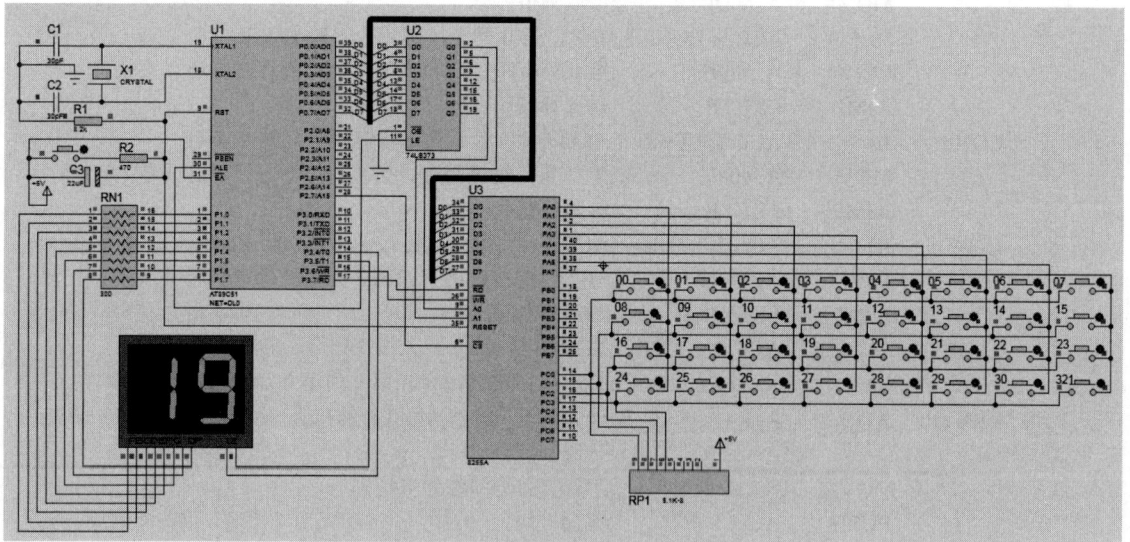

图 6.9　MCS-51 单片机采用动态扫描法通过 8255A 外扩矩阵式键盘的 Proteus 仿真图

C51 程序如下：

（注：显示子函数 disp()略，可参考例 6.7，编译调试时需添加。显示键号为十六进制数。）

```
#include <reg51.h>
#include<absacc.h>
#define uchar unsigned char
#define uint unsigned int
#define COM8255 XBYTE[0x7fff]
```

```c
#define PA8255 XBYTE[0x7ffc]
#define PC8255 XBYTE[0x7ffe]
#define R2 DBYTE[0x02]
#define R4 DBYTE[0x04]
uchar y;
void delay(uint count)
{    uchar i;
     while(count--!=0)
     for(i=0;i<110;i++);
}
void key1()
{    PA8255=0x00;
     y=PC8255;
     y=~y;
     y=y&0x0f;
}
void main()
{    uchar k,x,z;
     void disp();                   //显示子函数
     COM8255=0x81;
     for(;;)
     {
         key1();
         if (y!=0)
         {
             delay(6);
             disp();
             key1();
             if (y!=0)
             {
                 R2=0xFE;
                 R4=0x00;
                 for (k=0;k<8;k++)
                 {
                     PA8255=R2;
                     x=PC8255;
                     x=0x0f&~x;
                     switch(x)
                     { case 1:z=0x00;
                           break;
                       case 2:z=0x08;
                           break;
                       case 4:z=0x10;
                           break;
                       case 8:z=0x18;
                           break;
                     }
                     R4=R4+z;
                     while(y!=0)
                     {
                         disp();
```

```
                        key1();
                    }
                    R4++;
                    R2<<=1;
                }
            }
        }
    }
}
```

（4）通过串行口扩展键盘

MCS-51 单片机的串行口与串/并转换芯片配合，可扩展并行用 I/O 接口，用于扩展键盘。例如，使用串入并出芯片 74LS164 扩展键盘，其串/并转换原理详见 3.4 节。

【例 6.4】 使用串行口与 74LS164 配合，扩展 2 行 8 列的键盘，键号为 0～15。要求设计其硬件连接和键盘查询子程序。

解 串行口与串/并转换芯片配合扩展键盘的线路连接如图 6.10 所示。

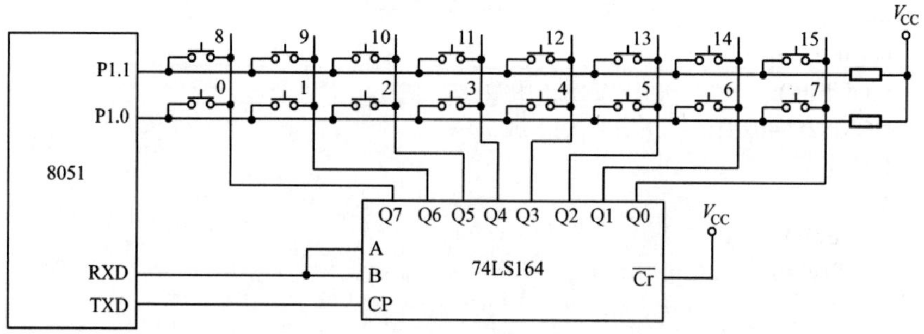

图 6.10 串行口与 74LS164 配合扩展键盘的线路连接

使用串行口连接 74LS164，构成键阵中行线，P1.0 和 P1.1 作为列线。程序采用查询方法读取键号，并且考虑按键的消抖问题。

注意： 串行口工作方式 0 输出数据时低位在前，高位在后，74LS164 的移位从 Q0 到 Q7（串行数据先到 Q0，逐步移位，最后移到 Q7），因此，串行口外扩 74LS164 输出数据时，Q7 为低位，Q0 为高位。

键盘的编码方式与前例类似：

- P1.0 列线上的 8 个按键的键码分别为 00+（00～07）；
- P1.1 列线上的 8 个按键的键码分别为 08+（00～07）。

行线（00H～07H）的具体值存放在 R4 中，程序中的 DLY1 子程序是一个延时子程序。

子程序如下：

```
          ORG     1000H
KEYC:     MOV     SCON, #00H      ;设置串行口
ST1:      MOV     A, #00H         ;键盘初始化，送 00H 到行线上
          LCALL   VARTO           ;发送数据
CHK:      JNB     P1.0, CHK0      ;检查 P1.0 列线上是否有按键闭合
          JNB     P1.1, CHK0      ;检查 P1.1 列线上是否有按键闭合
          RET                     ;无按键闭合，返回结束
CHK0:     LCALL   DELAY10ms       ;调用延时子程序，消抖
          JNB     P1.0, CHEN      ;检查 P1.0 列线上确实有按键闭合，转 CHEN
          JNB     P1.1, CHEN
          RET                     ;无按键闭合，返回结束
```

```
CHEN:      MOV     R2, #0FEH    ;首行值送 R2，查键码，最低位为 0
           MOV     R4, #00H     ;首行偏移值送 R4
CHKN:      MOV     A, R2        ;发送行值
           LCALL   VARTO
           JB      P1.0, CH1    ;检查 P1.0 列线上是否有按键闭合；若无，则转 CH1
           MOV     A, #0        ;P1.0 列线上有按键闭合，其首行值送 A，00+(R4)
           AJMP    CKEY         ;转求键码
CH1:       JB      P1.1, NEXT   ;检查 P1.1 列线上是否有按键闭合；若无，则转 NEXT
           MOV     A, #8H       ;P1.1 列线上有按键闭合，其首行值送 A，08+(R4)
CKEY:      ADD     A, R4        ;求键码
           DA A
           MOV     R4, A
           RET
NEXT:      INC     R4           ;指向下一行
           MOV     A, R2        ;取出原行值
           JNB     ACC.7，KEND  ;是否已检查完 8 行
           RL      A            ;8 行未完，指向下一行
           MOV     R2, A        ;行值送 R2
           AJMP    CHKN         ;8 行未完，检查下一行
KEND:      RET                  ;8 行查完，未查到有按键闭合，返回结束
VARTO:     MOV     SBUF, A      ;发送 A 中数据
           JNB     TI, $        ;发送等待
           CLR     TI           ;清除
           RET
DELAY10ms: MOV     R7, #50
DLY1:      MOV     R6, #100
DLY2:      DJNZ    R6, DLY2
           DJNZ    R7，DLY1
           RET
```

Proteus 仿真图如图 6.11 所示。显示程序（略）可参考例 6.1。

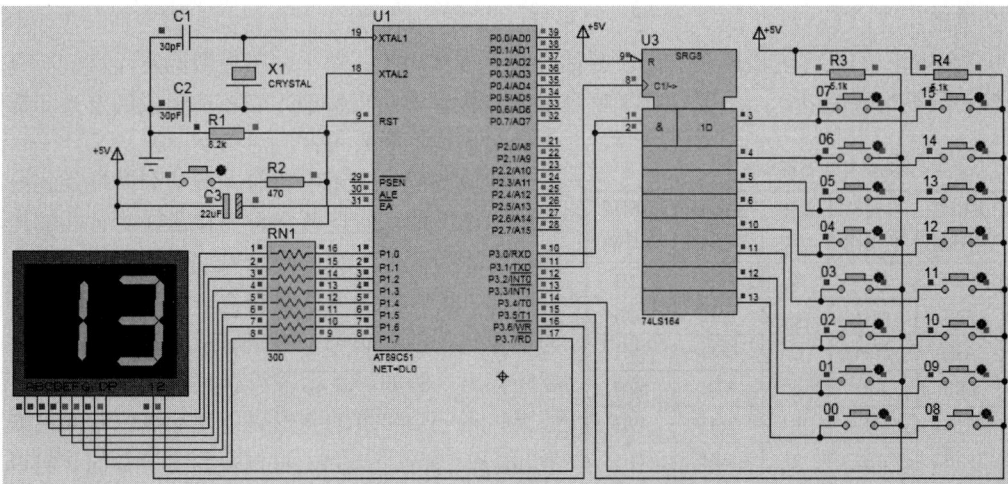

图 6.11　MCS-51 单片机通过串行口与 74LS164 配合扩展键盘的 Proteus 仿真图

6.2 MCS-51 单片机扩展显示器的技术

显示器用于实现单片机系统中数据的输出和状态的反馈，在单片机系统中占有非常重要的地位，是人机界面中为用户提供系统工作状态的主要手段。单片机系统中常用的显示器有七段数码管显示器、液晶显示器等。

6.2.1 LED 显示器及其硬件和软件设计

发光二极管（Light Emitting Diode，LED）是最基本的显示器件，由 LED 组成的显示器是单片机系统中常用的输出设备。将若干个 LED 按不同的规则进行排列，可以构成不同的 LED 显示器。从 LED 器件的外观来划分，可分为七段数码管、米字形显示器、LED 点阵模块、矩形平面显示器、数字笔画显示器等。其中，数码管又可从结构上分为单、双、三、四位字等类型；从尺寸上可分为 0.3 英寸、0.36 英寸、0.4 英寸、……、5.0 英寸等类型。

1. 七段数码管

七段数码管能够显示十进制数字或十六进制数字及某些简单字符，其显示的字符较少，形状有些失真，但控制简单，使用方便，在单片机系统中应用较多。其结构如图 6.12 所示。

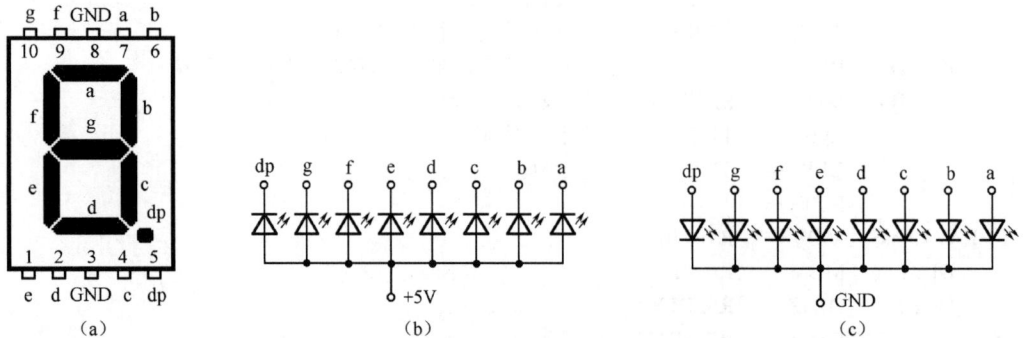

图 6.12　七段数码管

七段数码管根据公共端的连接方式不同，可以分为共阴极和共阳极两种。图 6.12 中的 a～g 这 7 个笔画（段）及小数点 dp 均为发光二极管。如果将所有发光二极管的阳极连在一起，则称为共阳极数码管；如果将阴极连在一起，则称为共阴极数码管。对于共阳极数码管而言，所有发光二极管的阳极均接高电平，所以，如果哪个发光二极管的阴极接地，则相应笔段的发光二极管发光；对于共阴极数码管，则相反。

七段数码管显示字符时，向其公共端及各段施加正确的电压即可实现该字符的显示。对公共端加电压的操作称为位选，对各段 a～g 及 dp 加电压的操作称为段选，所有段的段选组合在一起称为段选码，也称为字形码。字形码可以根据显示字符的形状和各段的顺序得出。例如，显示字符 0 时，a～f 点亮，g 和 dp 熄灭。在一个字节的字形码中，从高位到低位的顺序为 dp, g, f, e, d, c, b, a，可以得到字符 0 的共阴极字形码为 3FH，共阳极字形码为 C0H。其他字符的字形码可以通过相同的方法得出，见表 6.1。

表 6.1　字形码

显示字符	共阳极字形码	共阴极字形码	显示字符	共阳极字形码	共阴极字形码
0	C0H	3FH	A	88H	77H
1	F9H	06H	b	83H	7CH
2	A4H	5BH	C	C6H	39H
3	B0H	4FH	d	A1H	5EH
4	99H	66H	E	86H	79H
5	92H	6DH	F	8EH	71H
6	82H	7DH	P	8CH	73H
7	F8H	07H	H	89H	76H
8	80H	7FH	L	C7H	38H
9	90H	6FH	灭	FFH	00H

2. LED 点阵模块

LED 点阵模块是指由 LED 排成的一个 $m \times n$ 的点

阵，每个 LED 构成点阵中的一个点。这种显示器显示的字形逼真，能显示的字符比较多，但控制比较复杂。

常用的 LED 点阵模块有 7 行 5 列、8 行 5 列、8 行 8 列等类型。单个 LED 点阵模块可以显示各种字母、数字和常用的符号。如图 6.13 所示为由 7 行 5 列共 35 个 LED 构成的点阵模块显示字符 A 的情况。用多个 LED 点阵模块可以组成更大的 LED 点阵显示器，用于显示汉字、图形和表格，广泛用于公共场合的信息发布。

3．LED 的驱动接口

LED 工作时需要一定的工作电流，才能正常发光。单个 LED 的正向压降一般为 1.2～2.5V，颜色不同略有差别；流过 LED 的电流大小决定了它的发光强度，一般为 2～20mA。如图 6.14 所示为单个 LED 的驱动接口电路。LED 工作电流计算公式为

$$I_F = \left[V_{CC} - \left(V_F + V_{CS} \right) \right] / R \tag{6.1}$$

式中，V_F 为 LED 的正向压降，V_{CS} 为 LED 驱动器 7406 的压降，R 为 LED 的限流电阻，V_{CC} 为电源电压，I_F 为 LED 的工作电流。

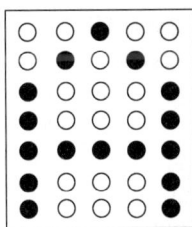

图 6.13　LED 点阵模块显示字母'A'　　　　图 6.14　单个 LED 的驱动接口电路

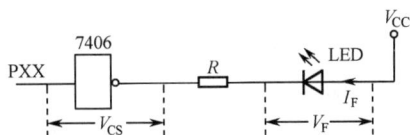

图 6.14 中的 7406 是一个集电极开路的反相器，用于驱动 LED。当单片机的 I/O 接口 PXX 为高电平时，反相器输出低电平，LED 发光；当单片机的 I/O 接口为低电平时，反相器输出高电平，没有电流流过 LED，LED 熄灭。

当电源电压为 5V 时，LED 工作电流取 10mA。限流电阻计算公式为

$$R = \left[V_{CC} - \left(V_F + V_{CS} \right) \right] / I_F \tag{6.2}$$

式中，V_F 一般取 1.5～2.5V，V_{CS} 约为 0.3V，则

$$R=[5-(1.5+0.3)]/0.01=320\Omega$$

一般，取限流电阻为 300Ω。对于实际应用中的 LED，适当减小限流电阻可以增大 LED 的工作电流，使 LED 的显示效果更好。但工作电流不宜过大，一方面，工作电流继续增大不会再增强显示亮度；另一方面，过大的工作电流会对驱动器件、LED 造成损害。

4．七段数码管的硬件和软件设计

七段数码管常用的工作方式有静态显示方式和动态显示方式两种。设计人员可以根据系统总体资源的分配情况，选择合适的方式。下面介绍其硬件和软件设计方法。

（1）静态显示方式

静态显示方式是指当七段数码管显示某个字符时，其位选始终被选中。在这种显示方式下，每个七段数码管都需要一个 8 位的输出口进行控制。由于单片机本身提供的 I/O 接口数量有限，因此在实际使用中，通常使用扩展 I/O 接口的方法解决单片机输出口数量不足的问题。第 4 章中介绍的 I/O 接口扩展方法大多数可用于显示接口的扩展。

【例 6.5】　8051 单片机通过 8255A 扩展 3 位静态显示器（七段共阳极数码管）的设计。

解　图 6.15 给出了 3 位静态显示器的接口电路，8255A 与 8051 单片机的接口电路见 4.3.3 节。

在程序中将相应的字形码写到 8255A 的 PA、PB、PC 口中，显示器就可以显示出 3 位字符。

8255A 的初始化：PA、PB、PC 口为基本输出方式，待显示的数据存放在内部 RAM 的 30H～32H 单元中，数据格式为非压缩 BCD 码。

程序如下：

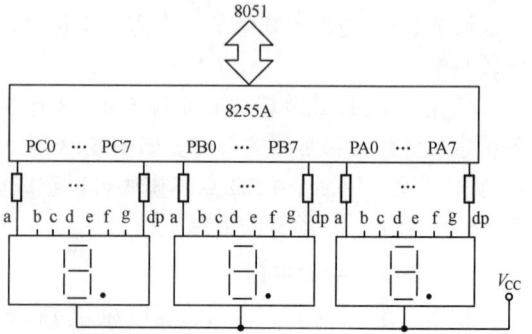

图 6.15　3 位静态显示器的接口电路

```
            ORG     0000H
            LJMP    START
            ORG     0030H
START:  MOV     SP,#60H
DSP8255: MOV    DPTR, #7FFFH
            MOV     A, #80H             ;8255A 工作方式设置
            MOVX    @DPTR, A            ;工作方式字送 8255A 控制口
            MOV     R0, #30H            ;显示数据起始地址为 30H
            MOV     R1, #3H             ;待显示数据个数
            MOV     DPTR, #7FFCH        ;第一个数据在 PA 口显示
LOOP：  MOV     A, @R0              ;取出第一个待显示数据
            ADD     A, #07H             ;加上偏移量，从查表指令到表 TAB 之间
                                        ;有 7 字节指令
            MOVC    A, @A+PC            ;查表取出字形码
            MOVX    @DPTR, A            ;字形码送 8255A 控制口显示
            INC     R0                  ;指向下一个数据存储位置
            INC     DPTR                ;指向下一个七段数码管
            DJNZ    R1, LOOP            ;未显示结束，返回继续
            SJMP    $
TAB:    DB      0C0H, 0F9H, 0A4H, 0B0H, 99H, 92H, 82H, 0F8H ;0,1,2,3,4,5,6,7 的字形码
            DB      80H, 90H, 88H, 83H, 0C6H, 0A1H, 86H, 8EH  ;8,9, A,b,C,d,E,F 的字形码
            END
```

Proteus 仿真图如图 6.16 所示。

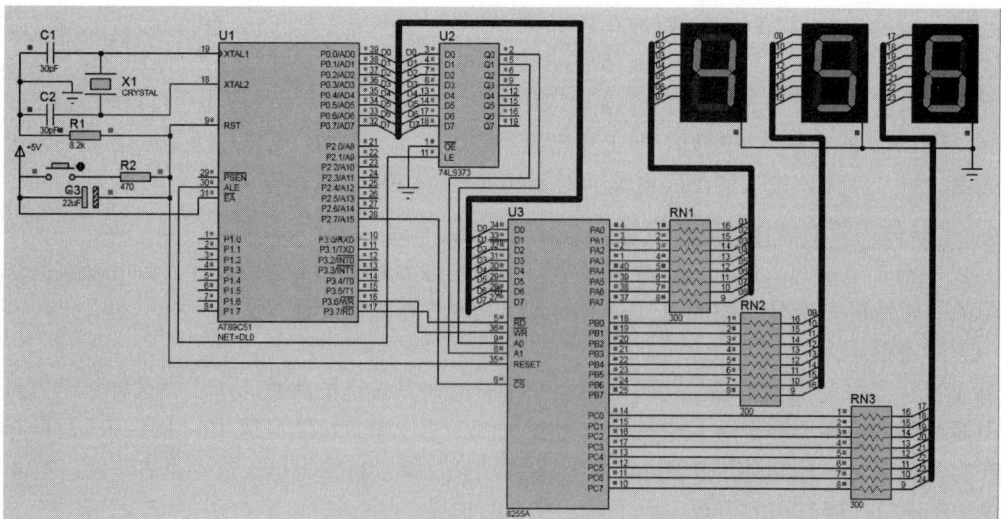

图 6.16　8051 单片机通过 8255A 扩展 3 位静态显示器的 Proteus 仿真图

【例 6.6】　利用 8051 单片机串行口扩展串入并出移位寄存器 74LS164，实现 3 位静态显示

器的硬件和软件设计，将单片机内部 3FH～3DH 三个单元中的数值分别在三个七段数码管上显示出来。

解 其硬件设计如图 6.17 所示，三个七段共阴极数码管的公共端均接地，通过 8051 单片机的串行口，采用串/并转换原理，分别送出三个七段数码管的段码。图 6.17 中，先送出的段码字节在 LED2 上显示。

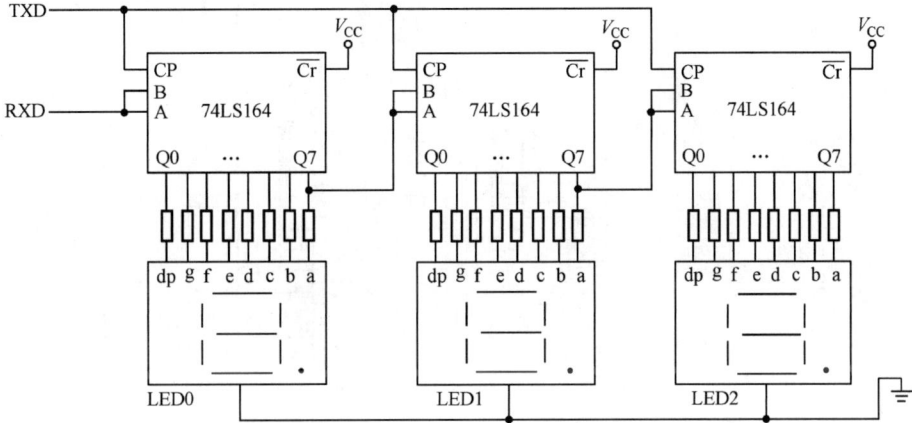

图 6.17 8051 单片机通过串行口扩展 3 位静态显示器的接口电路

程序如下：

```
            ORG     0000H
            LJMP    START
            ORG     0030H
  START :   MOV     SP , #60H
  DISPSER:  MOV     R5, #03H            ;显示 3 个字符
            MOV     R1, #3FH           ;3FH～3DH 中存放要显示的数据
  DL0:      MOV     A, @R1             ;取出要显示的数据
            MOV     DPTR, #STAB        ;指向段数据表
            MOVC    A, @A+DPTR         ;查表取字形数据
            MOV     SBUF, A            ;送出数据，进行显示
            JNB     T1, $              ;是否输出完
            CLR     T1                 ;输出完，清中断标志
            DEC     R1                 ;再取下一个数据
            DJNZ    R5, DL0            ;循环 3 次
            SJMP    $
  STAB:     DB      3FH, 06H, 5BH, 4FH, 66H, 6DH, 7DH, 07H, 7FH    ;段数据表
            DB      6FH, 77H, 7CH, 39H, 5EH, 79H, 71H, 73H
            END
```

Proteus 仿真图如图 6.18 所示。

静态显示的主要优点是显示稳定。在 LED 工作电流一定的情况下，显示的亮度较高。在系统运行过程中，只有需要更新显示内容时，CPU 才去执行显示更新子程序。这样既节约了 CPU 的时间，又提高了 CPU 的工作效率。其不足之处是占用硬件资源较多，每个七段数码管需要独占 8 根输出线。随着显示器位数的增多，需要的 I/O 接口线也将增多。为了节省 I/O 接口线，常采用动态显示方式。

（2）动态显示方式

动态显示方式是指一位一位地轮流点亮每个七段数码管（称为扫描），即每个七段数码管的位选被轮流选中，多个七段数码管公用一组段选线，段选线仅对位选选中的七段数码管有效。对于每个七段数码管，每隔一段时间点亮一次，由于人眼有视觉暂留现象，因此，只要每位点亮的间隔足够短，则可造成多位同时点亮的假象，达到显示的目的。

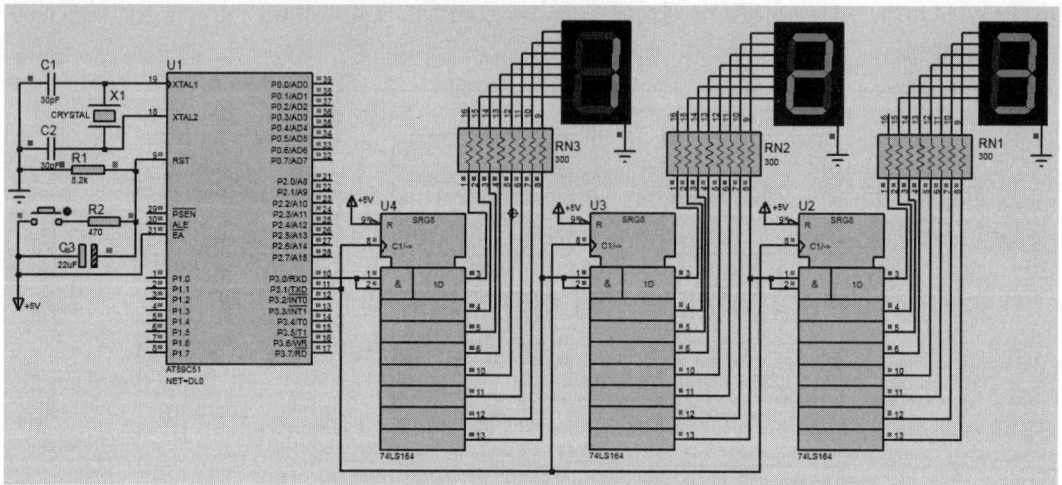

图 6.18　8051 单片机通过串行口扩展 3 位静态显示器的 Proteus 仿真图

动态显示中，LED 显示亮度既与工作电流的大小有关，也与点亮时间和间隔时间的比例有关。通过调整电流和时间参数，既可以保证亮度，又可以保证显示稳定。进行硬件设计时，每个七段数码管的位选占用 1 根 I/O 接口线，所有七段数码管的段选并联，占用一个 8 位 I/O 接口。

动态显示的特点是，使用元器件少，占用 I/O 接口线少，必须进行动态扫描，占用 CPU 时间，可能有闪烁，使用多个七段数码管时，编程较复杂。

【例 6.7】　利用 8051 单片机外扩 8155 设计 6 位显示器（七段共阴极数码管）的接口电路，并写出与之对应的动态扫描显示程序。6 位显示数据缓存区在单片机内部 RAM 的 3AH～3FH 单元中。

解　8155 与 8051 单片机的接口采用 4.3.3 节中所介绍的形式，其控制口地址为 7F00H，PA 口、PB 口的地址分别为 7F01H、7F02H。8051 单片机通过 8155 扩展 6 位动态显示器的接口电路如图 6.19 所示。

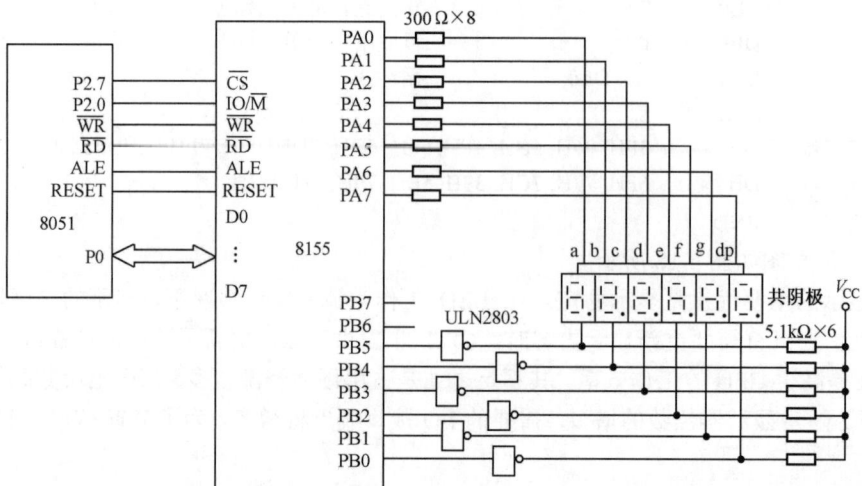

图 6.19　8051 单片机通过 8155 扩展 6 位动态显示器的接口电路

在该接口电路中使用了 8155 的 PA 和 PB 口，其中，PB 口作为位选扫描口，PA 口作为段选输出口。8155 的 PA 和 PB 口都工作在基本输出方式下。进行扫描时，PB 口的低 6 位依次置 1，依次选中从左至右的七段数码管。图 6.19 中使用了 ULN2803 而不是用 7407 作为段选输出驱动，这是因为 ULN2803 具有 8 路驱动，只需一片即可驱动 8 个 LED。注意，ULN2803 为反相驱动。

动态扫描程序如下：

```
            ORG     0000H
            LJMP    START
            ORG     0030H
   START:   MOV     SP,#60H
   DSP8155: MOV     DPTR, #7F00H       ;指向 8155 命令寄存器
            MOV     A, #00000011B      ;设定 PA、PB 口为基本输出方式
            MOVX    @DPTR, A           ;输出命令字
   DISP1:   MOV     R0, #3FH           ;指向显示缓冲区末地址
            MOV     R7, #06H           ;6 位显示器，循环显示次数
            MOV     A, #20H            ;扫描字，PB5 为 1，从左至右扫描
   LOOP:    MOV     R2, A              ;暂存扫描字
            MOV     DPTR, #7F02H       ;指向 8155 的 PB 口
            MOVX    @DPTR, A           ;输出位选码
            MOV     A, @R0             ;读显示缓冲区 1 个字符
            MOV     DPTR, #PTRN        ;指向段数据表首地址
            MOVC    A, @A+DPTR         ;查表得段选码
            MOV     DPTR, #7F01H       ;指向 8155 的 PA 口
            MOVX    @DPTR, A           ;输出段选码
            LCALL   D1MS               ;延时 1ms，稳定显示
            DEC     R0                 ;调整显示数据指针
            MOV     A, R2              ;读回扫描字
            RR      A                  ;扫描字右移
            DJNZ    R7, LOOP           ;6 位显示器是否扫描完？未完则转 LOOP，继续显示
            SJMP    DISP1              ;扫描完，重新循环
   D1MS:    MOV     R5, #02H           ;延时 1ms 子程序
   DMS:     MOV     R6, #0FFH
            DJNZ    R6, $
            DJNZ    R5, DMS
            RET
   PTRN:    DB  3FH, 06H, 5BH, 4FH, 66H, 6DH, 7DH, 07H, 7FH   ;段选码 0~9 数据表
            DB  6FH, 77H, 7CH, 39H, 5EH, 79H, 71H, 73H
            END
```

在上面的程序中，虽然每次点亮时间仅为 1ms，由于往复循环点亮，而人眼的视觉暂留时间为 1/12s，所以，从视觉角度来看，6 位显示器处于同时点亮状态。

C51 程序如下：

```c
#include <reg51.h>
#include<absacc.h>
#define uint unsigned int
#define uchar unsigned char
#define COM8155 XBYTE[0x7f00]
#define PA8155 XBYTE[0x7f01]
#define PB8155 XBYTE[0x7f02]
```

```
#define ram3fh DBYTE[0x3f]
#define R2 DBYTE[0x02]
uchar data *p;
uchar code LED_code[]={0x3f, 0x06, 0x5b, 0x4f, 0x66, 0x6d, 0x7d, 0x07, 0x7f, 0x6f, 0x77, 0x7c, 0x39};
void delay(uint count)
{
    uchar i;
    while(count--!=0)
    for(i=0;i<110;i++);
}
void main()
{
    uchar k,x;
    COM8155=0x03;
    p=&ram3fh;
    R2=0x20;
    for(k=0;k<6;k++)
    {
        PB8155=R2;
        x=*p;
        PA8155=LED_code[x];
        delay(2);
        p--;
        R2>>=1;
    }
}
```

Proteus 仿真图如图 6.20 所示。

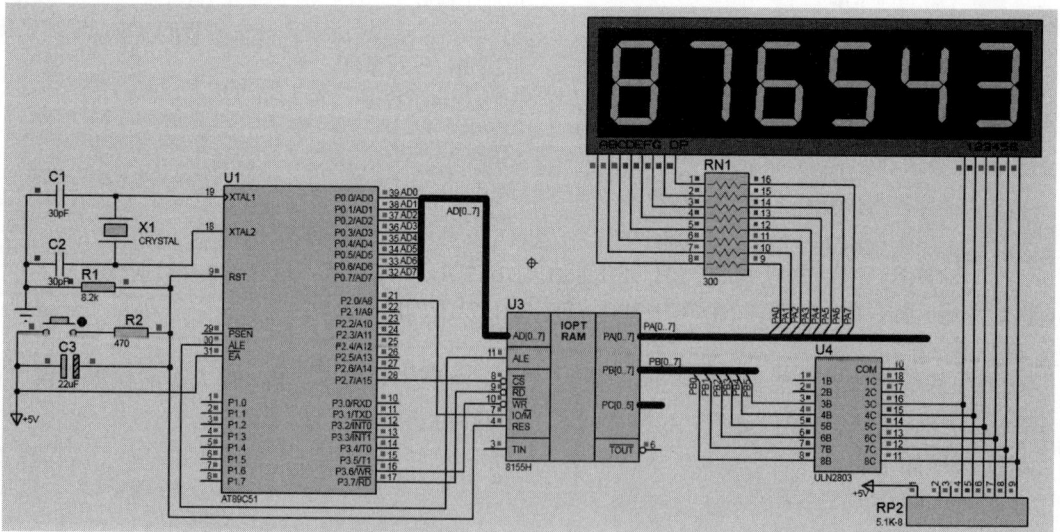

图 6.20　8051 单片机通过 8155 扩展 6 位动态显示器的 Proteus 仿真图

（3）LED 显示器专用接口芯片

LED 显示器专用接口芯片的种类较多。例如，Maxim 公司的 MAX7219/MAX7221 采用 SPI 三总线串行口：装载数据输入引脚 LOAD（相当于片选）、串行时钟引脚 CLK 和串行数据引脚 DIN，可同时驱动 8 位七段共阴极数码管或 64 个独立的 LED。其应用可参考相关资料。

6.2.2　液晶显示器及其硬件和软件设计

液晶显示器（Liquid Crystal Display，LCD）是一种被动式的显示器，即液晶本身并不发光，而利用液晶经过处理后能够改变光线传输方向的特性，达到显示字符或者图形的目的。液晶显示模块具有体积小、功耗低、显示内容丰富、超薄轻巧等优点，在嵌入式系统中得到越来越广泛的应用。

1. LCD 的分类及特点

LCD 有笔段式和点阵式两种，点阵式又可分为字符型和图像型两种。笔段式 LCD 类似于七段数码管。每个 LCD 包括 7 个笔画 a、b、c、d、e、f、g 和一个小数点 dp 共 8 个段电极（段选码），以及一个背电极 BP（或 COM）。可以显示数字和简单的字符，每个数字和字符与其字形码（段选码）相对应。

点阵式 LCD 的段电极与背电极呈正交带状分布，液晶位于正交的带状电极之间。点阵式 LCD 的控制一般采用行扫描方式，如图 6.21 所示为显示字符 A 的情况。通过两个移位寄存器控制所扫描的点，图中的移位寄存器 1 控制扫描的行位置。同一时刻只有一个数据位为 1，其对应的行处于被扫描状态。这时，移位寄存器 2 可以将相应的列数据送到点阵中。这样逐行循环扫描，可以得到显示的结果为字符 A。

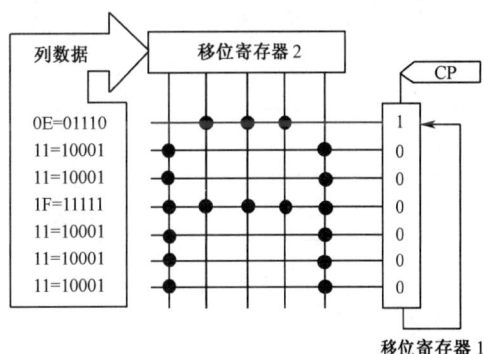

图 6.21　点阵式 LCD 显示字符 A

2. LCD 的驱动

LCD 的驱动与 LED 的驱动有很大的不同。对于 LED，在其两端加上恒定的导通或截止电压，便可控制其亮或灭。而 LCD 由于两极不能加恒定的直流电压，否则 LCD 中将发生化学变化，并导致液晶的损坏，故其驱动比较复杂。一般应在 LCD 的公共极（一般为背电极）上加恒定的交变方波信号，通过控制段电极的电压变化，在 LCD 两极间产生所需的零电压或 2 倍幅值的交变电压，以达到 LCD 亮、灭的控制。

在笔段式 LCD 的段电极与背电极间施加周期性的改变极性的电压（通常为 4V 或 5V），可使该段呈黑色，这样便实现了字符的显示。

3. 液晶显示模块

在实际应用中，用户很少直接设计 LCD 驱动接口，一般直接使用专用的液晶显示驱动器或液晶显示模块。其中，液晶显示模块（Liquid Crystal Display Module，LCM）把液晶显示屏、背景光源、线路板和驱动集成电路等部件构造成一个整体，作为一个独立部件使用，具有功能较强、易于控制、接口简单等优点，在单片机系统中应用较多。其内部结构如图 6.22 所示。液晶显示模块只留一个接口与外部通信。显示模块通过该接口接收显示命令和数据，并按指令和数据的要求进行显示。外部电路通过该接口读出液晶显示模块的工作状态和显示数据。液晶显示模块一般带有内部显示 RAM 和字符发生器，只要输入 ASCII 码就可以进行显示。

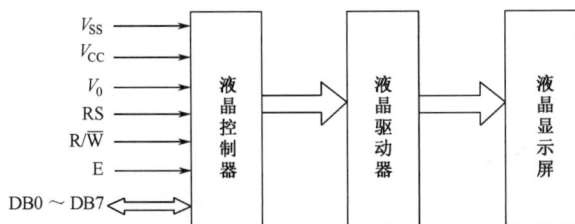

图 6.22　液晶显示模块的内部结构

液晶显示模块按显示功能不同可分为段式显示模块、字符型显示模块和图形显示模块三类。每类显示模块均有多种不同的产品可供选用。HD44780用于显示模块的控制，下面以它为例介绍液晶显示模块与单片机系统的接口。

HD44780共有14个引脚，包括8个数据引脚、3个控制引脚、3个电源引脚。各引脚名称及功能见表6.2。

HD44780控制的字符每行可达80个，并且具有驱动16×40点阵的能力。其自身具有11条指令构成的指令系统。用户对模块写入适当的控制命令，即可完成清屏、显示、地址设置等操作。例如，向显示模块的口地址中写入#01H，即可实现清显示器的功能。

【例6.8】 设计8051外扩HD44780的接口电路。

解 8051与HD44780的电路连接如图6.23所示。

表6.2 HD44780各引脚名称及功能

引脚号	引脚名称	功能
PIN1	V_{SS}	地
PIN2	V_{CC}	+5V电源
PIN3	V_0	液晶灰度调整，可使用可变电阻器调整，也可直接接地
PIN4	RS	寄存器选择：输入低电平选择指令寄存器，输入高电平选择数据寄存器
PIN5	R/$\overline{W}$	读/写选择：输入低电平为写操作，输入高电平为读操作
PIN6	E	使能，下降沿触发
PIN7～PIN14	D0～D7	数据总线，双向，三态

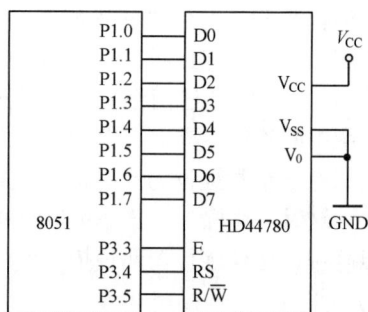

图6.23 8051外扩HD44780的接口电路

图6.23中，8051单片机的P1口与HD44780的数据总线相连，HD44780的使能信号E、寄存器选择信号RS、读/写选择信号R/$\overline{W}$分别由8051单片机的P3.3、P3.4、P3.5提供。

用户编写显示程序，开始时必须进行初始化，否则无法进行正常显示。HD44780初始化的方法主要有以下两种。

（1）利用模块内部的复位电路进行初始化

LCD显示模块内部具有复位电路，在复位期间，电源电压在4.5V以上维持10ms后，执行下列命令即可完成初始化。

① 清除显示；

② 功能设置，包括数据长度（4位/8位）、显示行数、点阵选择等；

③ 开/关显示，并设置光标状态，闪烁功能；

④ 方式设置。

（2）利用软件编程实现初始化

电源打开后，在电源电压上升到4.5V并维持15ms后，写入功能设置控制字，选择数据接口位数等；等待5ms后，检查忙标志，在不忙的情况下，再进行其他功能设置；检查忙标志，在不忙的情况下，关显示；检查忙标志，在不忙的情况下，清屏；检查忙标志，在不忙的情况下，设定输入方式，开显示，初始化结束。

6.2.3 单片机扩展液晶显示模块LCD1602

1. 概述

（1）液晶显示模块中各种存储器的作用

DDRAM（Display Data RAM）：显示数据存储器，用于寄存待显示的字符代码。屏幕上的一个点和 DDRAM 中的一位相对应。

CGROM（Custom Glyph ROM）：字模存储空间（字符发生存储器），用于存储标准字符的字模编码（包括 ASCII 码、日文字符和希腊字符等），是 LCD 出厂时固化在控制芯片内部的。用户不能改变其中的存储内容，只能读取和调用。欲显示某个字符时，向 DDRAM 中写入字符索引（ASCII 码）即可完成其显示。例如，写入字符索引 38H，则显示为数字 8。

CGRAM（Custom Glyph RAM）：用户自建字模区，是控制芯片留给用户的，用于存储用户自己设计的字模编码。当 ASCII 码表不能满足用户设计对字符的要求时，需要在 CGRAM 中写入字模编码。字模编码的方式和 CGROM 中的类似。建立好字模后，向 DDRAM 中写入相应的字符索引，新建的字符就会显示出来。

（2）字符型液晶显示模块的命名

目前字符型液晶显示模块常用的有 16 字×1 行、16 字×2 行、20 字×2 行、20 字×4 行等，型号常用的有×××1601、×××1602、×××2002、×××2004 等。其中，×××为商标名称；16/20 表示每行显示的字符数为 16/20 个；01/02/04 表示显示行数为 1、2、4 行。

（3）液晶显示模块 LCD1602 的组成及功能

① 内部控制器为 HD44780 芯片，可以显示 2 行，每行可以显示 16 个字符。

② 字符库 CGROM：能显示 192 个 5×7 点阵的 ASCII 字符（见附录 A，ASCII 码字符表）。

③ DDRAM：80B 的数据显示 RAM，控制器内设有一个数据指针，用户可通过数据指针访问内部 80B 的 DDRAM。

④ CGRAM：64B 的自定义字符 RAM。

⑤ 工作电压为 4.5～5.5V，典型值为+5V，可以采用单一+5V 电源供电，工作电流为 2mA。

⑥ 外围电路配置简单，价格便宜，具有很高的性价比。

各液晶屏厂商均提供几乎是同样规格的 LCD1602 模块或兼容模块，控制器采用的是 HD44780 或其兼容器件，很多厂商还提供了不同的字符颜色、背光色之类的显示模块。

单片机控制 LCD1602 时，只需要将待显示字符的 ASCII 码写到其内部的 DDRAM 中，其内部控制电路就可以将字符在 LCD1602 显示屏上显示出来。

2．LCD1602 的引脚及功能

LCD1602 为标准的 14 个引脚（无背光）或 16 个引脚（有背光）器件，其 16 个引脚（有背光）外观如图 6.24（a）所示。LCD1602 字符型显示模块的引脚分布如图 6.24（b）所示。

（a）LCD1602 外观图　　　　　　　（b）LCD1602 引脚图

图 6.24　LCD1602 外观图与引脚图

LCD1602 各引脚名称及功能见表 6.3。

表 6.3　LCD1602 的引脚名称及功能

引脚号	引脚名称	状态	功能
1	V$_{SS}$		电源地
2	V$_{DD}$		+5V 电源正极
3	V$_0$		液晶显示偏压（调节显示对比度）
4	RS	输入	寄存器选择（1—数据寄存器，0—命令/状态寄存器）
5	R/$\overline{W}$	输入	读/写（1—读，0—写）
6	E	输入	使能
7～14	D0～D7	三态	数据总线（与单片机数据总线相连）
15	LEDA	输入	背光+5V 电源（串联 1 个电位器，调节背光亮度，接地时无背光且不易发热）
16	LEDK	输入	背光电源地

3. LCD1602 的命令

LCD1602 有 11 个命令，见表 6.4。

表 6.4　LCD1602 显示模块的命令

编号	命令	RS	R/$\overline{W}$	D7	D6	D5	D4	D3	D2	D1	D0
1	清屏	0	0	0	0	0	0	0	0	0	1
2	光标返回	0	0	0	0	0	0	0	0	1	×
3	光标和显示模式设置	0	0	0	0	0	0	0	1	I/D	S
4	显示开/关及光标设置	0	0	0	0	0	0	1	D	C	B
5	光标或字符移位	0	0	0	0	0	1	S/C	R/L	×	×
6	工作方式设置	0	0	0	0	1	DL	N	F	×	×
7	CGRAM 地址设置	0	0	0	1	字符发生存储器地址					
8	DDRAM 地址设置	0	0	1	显示数据存储器地址						
9	读状态（忙标志/地址）	0	1	BF	计数器地址						
10	写数据	1	0	写入数据 D0～D7（E=正脉冲）							
11	读数据	1	1	从 D0～D7 读取数据（E=1）							

LCD1602 的命令字说明如下。

（1）命令 1：清屏。光标返回地址 00H 位置（屏幕左上方），将 DDRAM 地址计数器（AC）的值设置为 0。

（2）命令 2：光标返回地址 00H 位置（屏幕左上方）。DDRAM 地址计数器 AC=0。

（3）命令 3：输入方式设置（光标和显示模式设置）。

I/D——地址指针加 1 或减 1 选择位。I/D=1，读/写一个字符后地址指针加 1；I/D=0，读/写一个字符后地址指针减 1。

S——屏幕上所有字符移动方向是否有效的控制位。S=1，当写一个字符时，整屏显示左移（I/D=1）或右移（I/D=0）；S=0，整屏显示不移动。

（4）命令 4：显示开/关及光标设置。

D——屏幕整体显示控制位。D=1，开屏幕显示；D=0，关屏幕显示。

C——光标开关控制位。C=1，开光标（有光标）；C=0，关光标（无光标）。

B——光标闪烁开关控制位。B=1，开光标闪烁；B=0，关光标闪烁（光标不闪烁）。

（5）命令5：光标或字符移位，不影响 DDRAM。

S/C——光标/字符移位控制位。S/C=1，画面平移 1 个字符位；S/C=0，光标移动。

R/L——移动方向选择控制位。R/L=1，右移；R/L=0，左移。

（6）命令6：工作方式设置（初始化命令）。

DL——传输数据有效长度选择控制位。DL=1，8 位数据；DL=0，4 位数据。

N——显示器行数选择控制位。N=1，2 行显示；N=0，1 行显示。

F——字符显示点阵控制位。F=1，显示 5×10 点阵字符；F=0，显示 5×7 点阵字符。

（7）命令7：CGRAM 地址设置。CGRAM 中 64B 的自定义字符地址由 D5～D0 设置为 00H～3FH。

（8）命令8：DDRAM 地址设置。通过此命令设置内部数据地址指针，访问内部 80B 的显示数据存储器（DDRAM）。其格式为 80H+地址码，其中，80H 为命令码，地址码范围为 00H～27H（第 1 行）、40H～67H（第 2 行）。

（9）命令9：读状态（忙标志/地址）。读取 D7～D0 输出的忙标志（BF）或地址（AC 的值）。

BF——忙标志，在 D7 位。BF=1，显示器处于忙状态，禁止读/写操作，此时显示器不能接收命令或数据；BF=0，显示器不忙，允许读/写操作。要求 E=1。对显示器每次进行读/写操作前，必须进行读/写检测（读状态 BF，只有 BF=0 时，才可以进行读/写操作）。

（10）命令10：写数据。E 为正脉冲时，通过 D7～D0 向 DDRAM 或 CGRAM 中写入数据。

（11）命令11：读数据。E=1 时，通过 D7～D0 读取 DDRAM 或 CGRAM 中的数据。

4．指令集

LCD1602 主要指令如下。

0x38：设置 16×2 显示，5×7 点阵，8 位数据长度。

0x01：清屏，光标返回地址 00H 位置。

0x0F：开显示，显示光标，光标闪烁。

0x08：只开显示。

0x0E：开显示，显示光标，光标不闪烁。

0x0C：开显示，不显示光标。

0x06：地址加 1，整屏显示不移动。

0x02：AC=0（此时地址为 0x80），光标回原点，但是 DDRAM 中的内容不变。

0x18：光标和显示一起向左移动。

5．字符显示位置的确定

LCD1602 内部有 80B 的 DDRAM，与屏幕上的字符显示位置是一一对应的，其地址映射图如图 6.25 所示。用户可通过其内部的数据地址指针访问 80B 的 DDRAM。

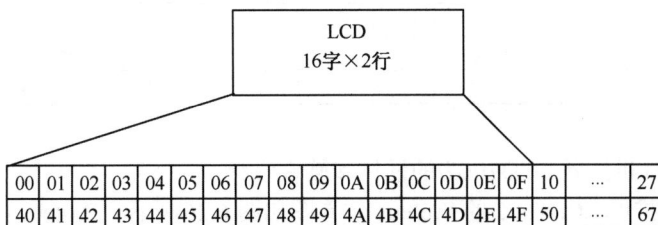

| LCD |
| 16字×2行 |

00	01	02	03	04	05	06	07	08	09	0A	0B	0C	0D	0E	0F	10	…	27
40	41	42	43	44	45	46	47	48	49	4A	4B	4C	4D	4E	4F	50	…	67

图 6.25　DDRAM 的地址映射图

当向 LCD1602 的 DDRAM 的 00H～0FH（第 1 行）、40H～4FH（第 2 行）地址中的任意一处写入数据时，屏幕上将立即显示出来，该区域称为可显示区域。而当写到 10H～27H（第 1 行）

或 50H～67H（第 2 行）地址中时，字符不会显示出来，该区域称为隐藏区域。要显示写入隐藏区域的字符，需要通过字符移位命令（命令 5）将它们移到可显示区域方可正常显示。

注意：在向 DDRAM 中写入字符时，首先要设置 DDRAM 地址（命令 8，定位数据指针）。例如，要向 DDRAM 的 40H 处写入字符，其命令格式为 80H+40H=C0H，其中，80H 为命令码，40H 是要写入字符处的地址。

6. LCD1602 程序编写流程

LCD1602 上电复位后的初始状态：清除屏幕显示，8 位数据长度，单行显示，5×7 点阵字符；显示屏、光标、闪烁功能均关闭；输入方式为整屏显示不移动，读或写一个字符后地址指针加 1（I/D=1）。

LCD1602 编程步骤如下。

（1）定义硬件连接的引脚，包括 RS、R/$\overline{W}$、E 引脚硬件连接的 I/O 接口。

（2）编写显示初始化程序。

进行初始化及设置显示模式等操作，包括设置显示方式、设置延时、清理显示缓存、设置显示模式等步骤。一般的初始化过程如下：

（这里都不需要检测忙标志 BF。）

① 延时 15ms→写指令 38H→延时 5ms→写指令 38H→延时 5ms→写指令 38H→延时 5ms。其中，"写指令 38H"视情况可以只写 1 次或 2 次。

（以下都需要检测忙标志 BF）

② 写指令 38H：显示模式设置为 16×2 行显示，5×7 点阵字符，8 位数据长度。

③ 写指令 08H：只开显示。

④ 写指令 01H：显示清屏，数据指针清 0。

⑤ 写指令 06H：写一个字符后地址指针加 1（整屏显示不移动）。

⑥ 写指令 0CH：开显示、不显示光标。

（3）设置显示地址（写显示字符的位置）。

（4）写显示字符的数据。

7. LCD1602 的基本操作

LCD1602 是慢显示器件，所以在写每条指令前都需要检测忙标志 BF，如果忙（BF=1），则等待；如果不忙（BF=0），则向 LCD1602 中写入命令或数据。忙标志 BF 硬件连接在数据总线的 D7 位上，直接检测即可。LCD1602 的读/写操作见表 6.5。

表 6.5　LCD1602 的读/写操作

	单片机发给 LCD1602 的控制信号	LCD1602 的输出
读状态	RS=0, R/$\overline{W}$=1, E=1	D7～D0=状态字
写命令	RS=0, R/$\overline{W}$=0, D7～D0=指令, E 为正脉冲	无
读数据	RS=1, R/$\overline{W}$=1, E=1	D7～D0=数据
写数据	RS=1, R/$\overline{W}$=0, D7～D0=数据, E 为正脉冲	无

8. MCS-51 单片机扩展 LCD1602 的硬件和软件设计

MCS-51 单片机扩展 LCD1602 的 Proteus 仿真图如图 6.26 所示。Proteus 图库中无 LCD1602，这里使用与其兼容的 LM016L 替代，结果一样。

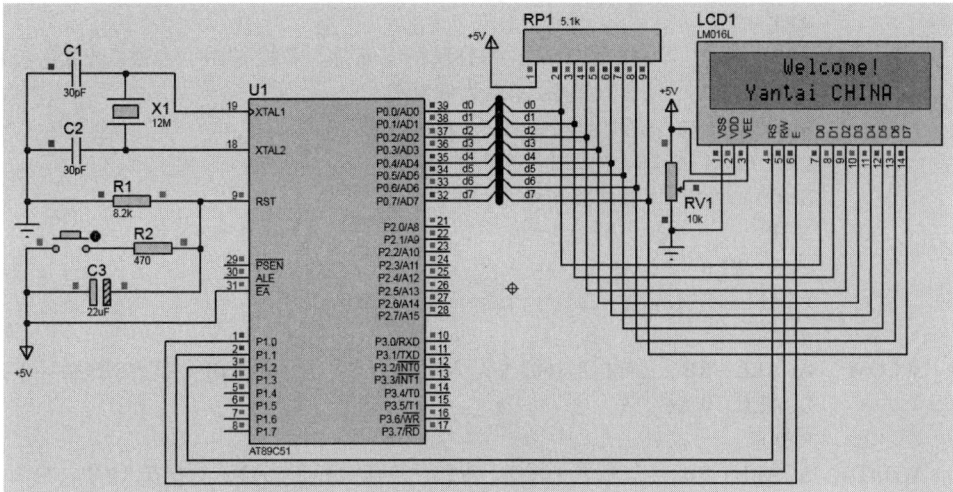

图 6.26 MCS-51 单片机扩展 LCD1602 的 Proteus 仿真图

汇编程序如下：

```
           ORG   0000H
           LJMP  START
           ORG   0030H
START:     MOV   SP,#60H
DISP:      LCALL LINIT              ;LCD1602 初始化
DP1:       MOV   3FH,#01H
           MOV   3EH,#05H
           MOV   DPTR,#TAB1
           MOV   R7,#8
           LCALL DIS0               ;第 1 行第 5 列开始显示"Welcome!"
DP3:       MOV   3FH,#02H
           MOV   3EH,#02H
           MOV   DPTR,#TAB2
           MOV   R7,#12
           LCALL DIS0               ;第 2 行第 2 列开始显示"Yantai CHINA"
           SJMP  DP1
DIS0:      CLR   A         ;显示子程序，行在 3FH 中，列在 3EH 中，数据在 DPTR 指向的表中
           MOVC  A,@A+DPTR
           MOV   R1,A
           LCALL WCH
           INC   3EH
           INC   DPTR
           DJNZ  R7,DIS0
           RET
RB:        MOV   P0,#0FFH           ;检测忙标志 BF 子程序
           CLR   P1.2
           SETB  P1.1
           SETB  P1.0
           ANL   P0,#7FH;P0 口外接上拉电阻，一般总为 1，P0.7 先和 0 相与，然后测试是否忙
           JB    P0.7,$             ;测试 P0.7（忙标志 BF），若为 1，则 LCD1602 忙，等待；否则，不忙
           CLR   P1.0
```

```
                RET
WNC:     CLR   P1.0        ;向 LCD1602 中写控制字子程序，不检测 BF。参数：控制字在 R0 中
         CLR   P1.2        ;写入指令，RS 为低电平
         MOV   P0,R0       ;接收命令字并送到数据总线上
         CLR   P1.1        ;写命令时，读/写为低电平
         SETB  P1.0        ;置使能为高电平
         NOP
         CLR   P1.0
         LCALL DELAY1
         RET
WCOM:    ACALL RB          ;向 LCD1602 中写入控制字子程序，检测 BF。参数：控制字在 R0 中
         LCALL WNC
         RET
WDATA:   ACALL RB          ;写数据子程序。参数：欲写入 LCD1602 的数据在 R1 中，检测 BF
         CLR   P1.0
         SETB  P1.2        ;写入数据，RS 为高电平
         MOV   P0,R1       ;接收数据并送到数据总线上
         CLR   P1.1        ;写命令时，读/写为低电平
         SETB  P1.0        ;置使能为高电平
         NOP
         CLR   P1.0
         LCALL DELAY1
         RET
LINIT:   MOV   R0,#38H     ;LCD1602 初始化子程序，设置工作方式
         LCALL WNC
         MOV   R0,#38H
         LCALL WNC         ;写命令，不检测 BF
         MOV   R0,#38H
         LCALL WCOM        ;写命令，设置 16×2 行，5×7 点阵，8 位数据长度（DL=1,N=1,F=0）
         MOV   R0,#0CH
         LCALL WCOM        ;开显示、不显示光标（D=1,C=0,B=0）
         MOV   R0,#06H
         LCALL WCOM        ;写一个字符后地址指针加 1（光标不移动，I/D=1,S=0）
         MOV   R0,#01H
         LCALL WCOM        ;显示清屏，数据指针清 0
         RET
WCH:     MOV   R2,3FH      ;写字符子程序。参数：3FH 为行，3EH 为列，R0 为欲显示字符
         CJNE  R2,#01H,WCH1  ;判断行，第 2 行则转 WCH1，第 1 行继续执行
         MOV   A,#80H      ;第 1 行的地址+80H
         SJMP  WCH2
WCH1:    MOV   A,#0C0H     ;第 2 行的地址+C0H
WCH2:    ADD   A,3EH
         MOV   R0,A
         LCALL WCOM
         LCALL WDATA
         RET
DELAY1:  MOV   R6,#0FFH
DY:      DJNZ  R6,DY
```

```
                   RET
TAB1:     DB    'Welcome!'        ;第 1 行欲显示字符表
TAB2:     DB    'Yantai CHINA'    ;第 2 行欲显示字符表
                   END
```

C51 程序如下：

```
#include<reg52.h>                          //包含 52 单片机头文件
#include<intrins.h>                         //包含非本征函数头文件
#define uchar unsigned char
#define uint unsigned int
sbit EN=P1^0;                              //定义 LCD1602 的 E 使能端
sbit RW=P1^1;                              //定义 LCD1602 的读/写端
sbit RS=P1^2;                              //定义 LCD1602 的 RS 端
unsigned char code dis1[]={"Welcome!"};    //欲显示的字符串
unsigned char code dis2[]={"Yantai CHINA"}; //欲显示的字符串
void delay(uint z)                          //延时函数
{
    uint x,y;
    for(x=z;x>0;x—)
    for(y=110;y>0;y—);
}
void read_busy()                                    //检测 BF 函数
{
    P0=0xFF;            //这里 P0 为与 LCD 的 D0～D7 相连的单片机内部 I/O 接口
    RS=0;
    RW=1;
    EN=1;
    while(P0&0x80);     //P0 和 10000000 相与，D7 位（BF）为 1，忙，停在此等待
    EN=0;              //D7 位（BF）为 0，不忙，关闭 LCD1602 使能，检测 BF 结束
}                      //若忙，则在此等待，否则跳出子程序，执行读/写指令
void write_command (uchar command)//向寄存器中写入控制字。参数 command 为控制字
{
    read_busy();        //检测 BF
    EN=0;
    RS=0;              //写入指令，RS 为低电平
    P0=command;        //接收命令字并送到数据总线上
    RW=0;              //写命令时，读/写为低电平
    EN=1;              //置使能为高电平
    _nop_();
    EN=0;
    delay(5);
}
void write_nobcom (uchar command)    //写命令不检测 BF。参数 command 为控制字
{
    EN=0;
    RS=0;              //写入指令，RS 为低电平
    P0=command;        //接收命令字并送到数据总线上
    RW=0;              //写命令时，读/写为低电平
    EN=1;              //置使能为高电平
```

```c
        _nop_();
        EN=0;
        delay(5);
}
void write_data(uchar dat)      //写数据函数。参数：dat 为欲写到 LCD1602 中的数据
{
    read_busy();                //检测 BF
    EN=0;
    RS=1;                       //写入数据，RS 为高电平
    P0=dat;                     //接收数据并送到数据总线上
    RW=0;                       //写命令时，读/写为低电平
    EN=1;                       //置使能为高电平
    _nop_();
    EN=0;
    delay(5);
}
void LCD_init（void）           //LCD 初始化函数：设置工作方式
{
    write_nobcom (0x38);        //写命令，不检测忙标志
    write_nobcom (0x38);
    write_command (0x38);       //写命令，设置 16×2 行，5×7 点阵，8 位数据长度（DL=1，N=1，F=0）
    write_command (0x0C);       //开显示、不显示光标（D=1，C=0，B=0）
    write_command (0x06);       //写一个字符后地址指针加 1（整屏显示不移动，I/D=1，S=0）
    write_command (0x01);       //显示清屏，数据指针清 0
}
void LCD_pos (uchar x, uchar y); //设定显示位置，参数：x 为列坐标，y 为行坐标（1,2）
{
    uchar add1;
    if(y==1) add1=0x80+x;       //第 1 行的地址+80H
    else    add1=0xc0+x;        //第 2 行的地址+C0H
    write_command (add1);
}
void write_char (uchar x, uchar y, uchar dat) //向 LCD 中写一个字符。dat 为要显示的字符数据
{
    LCD_pos(x,y);               //首先设置显示坐标
    write_data(dat);            //写数据
}
void main()     //LCD1602 主函数，第 1 行第 5 列显示"Welcome!"，第 2 行第 2 列显示"Yantai CHINA"
{   LCD_init();                 //LCD 初始化
    while(1)
    {
        uchar i;
        for(i=0;i<8;i++)
        {
            LCD_pos(5+i,1);
            write_data(dis1[i]);    //第 1 行第 5 列开始显示"Welcome!"
        }
        for(i=0;i<12;i++)
```

```
            {
                LCD_pos(2+i,2);
                write_data(dis2[i]);        //第 2 行第 2 列开始显示"Yantai CHINA"
            }
        }
    }
```

6.3 MCS-51 单片机扩展键盘和显示器的设计实例

在单片机系统设计中,一般将键盘和显示器放在一起考虑,这样可以节省 I/O 接口线。下面介绍几种实用的键盘和显示器接口设计方案。

6.3.1 利用 8155/8255A 扩展键盘和显示器

1. 硬件设计

如图 6.27 所示为一个典型实用的采用 8155 并行扩展 I/O 接口构成的键盘和显示器接口电路,图中只设置了 32 个按键。如果增加 PC 口线,则可以增加按键,最多可达 48 个按键。LED 显示器采用七段共阴极数码管,段选码由 8155 的 PA 口提供,位选码由 PB 口提供。键盘的行输出由 PB 口提供,列输入由 PC0～PC3 提供,8155 的 RAM 地址为 7E00H～7EFFH,I/O 地址为 7F00H～7F05H。图中的 8155 也可以用 8255A 来替代,但单片机与 8255A 之间的接口与 8155 的不同。

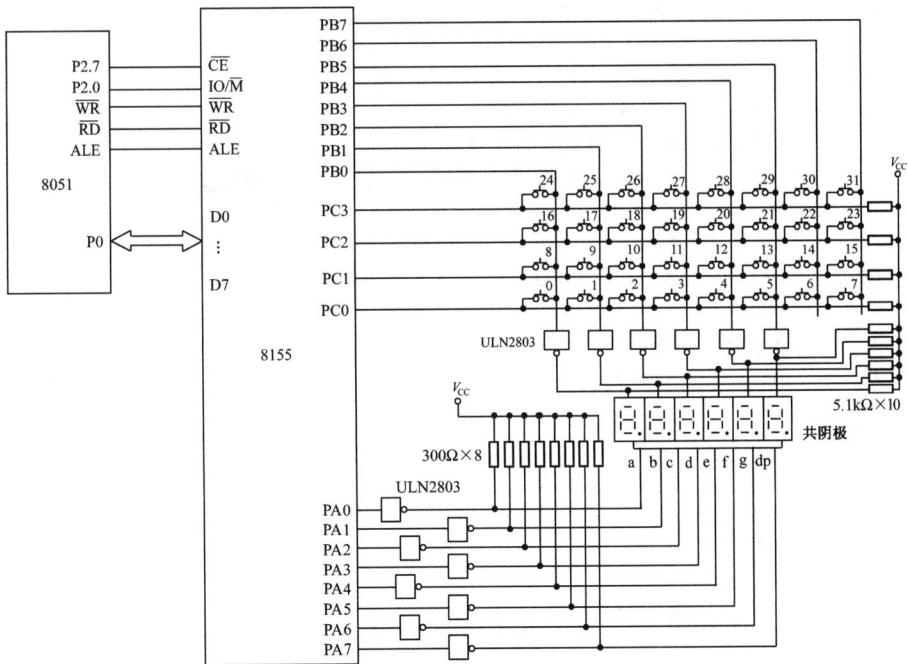

图 6.27 8155 扩展键盘和显示器的接口电路

2. 软件设计

将键盘与显示器设计成一个接口电路,在软件中要合并考虑键盘查询与动态显示,按键消抖的延时子程序用显示子程序替代。

程序代码如下:

```
            ORG      0000H
            LJMP     START
```

```
        ORG     0030H
START:  MOV     SP,#60H
        MOV     DPTR, #7F00H
        MOV     A, #03H          ;8155 初始化，PA 和 PB 口为输出方式，PC 口为输入方式
        MOVX    @DPTR, A
        MOV     R4, #00H         ;按键初值设置
ZX:     LCALL   DSP8155          ;调用 8155 动态显示子程序
        LCALL   KEY              ;调用按键闭合处理子程序
        SJMP    ZX
KEY:    ACALL   KS1              ;调用判断是否有按键闭合子程序
        JNZ     LK1              ;有按键闭合，转 LK1
        ACALL   DSP8155          ;调用 8155 动态显示子程序，延时 6ms
        RET
LK1:    ACALL   DSP8155
        ACALL   DSP8155          ;调用两次显示，延时 12ms
        ACALL   KS1
        JNZ     LK2
        RET                      ;若无按键闭合则返回
LK2:    MOV     R2, #0FEH
        MOV     R4, #00H
LK3:    MOV     DPTR, #7F02H
        MOV     A, R2
        MOVX    @DPTR, A         ;通过 PB 口发送扫描码
        INC     DPTR
        MOVX    A, @DPTR         ;读 PC 口
        JB      ACC.0, LONE
        MOV     A, #00H
        AJMP    LKP
LONE:   JB      ACC.1, LTWO
        MOV     A, #08H
        AJMP    LKP
LTWO:   JB      ACC.2, LTHR
        MOV     A, #16H
        AJMP    LKP
LTHR:   JB      ACC.3, NEXT
        MOV     A, #24H
LKP:    ADD     A, R4
        DA      A
        MOV     R4，A
        PUSH    ACC
LK4:    ACALL   DSP8155
        ACALL   KS1
        JNZ     LK4
        POP     ACC
        RET
NEXT:   INC     R4
        MOV     A, R2
        JB      ACC.7, KND
        RL      A
```

```
            MOV      R2, A
            AJMP     LK3
KND:        RET
KS1:        MOV      DPTR, #7F02H
            MOV      A, #00H
            MOVX     @DPTR, A
            INC      DPTR
            MOVX     A, @DPTR
            ORL      A, #0F0H
            CPL      A
            RET
DSP8155:    MOV      32H,#00H          ;显示缓存区为内部 RAM 的 30H～35H
            MOV      33H,#00H
            MOV      34H,#00H
            MOV      35H,#00H
            MOV      A, R4             ;R4 中存放的是键码
            ANL      A,#0FH
            MOV      30H,A             ;将键码的低位存放在内部 RAM 的 30H 中
            MOV      A,R4
            ANL      A,#0F0H
            SWAP     A
            MOV      31H,A             ;将键码的高位存放在内部 RAM 的 31H 中
            MOV      R0, #35H
            MOV      R5, #06H
            MOV      R1, #20H
DP2:        MOV      DPTR, #7F02H      ;显示子程序
            MOV      A, R1
            MOVX     @DPTR, A
            MOV      A, @R0
            MOV      DPTR, #TAB
            MOVC     A, @A+DPTR
            MOV      DPTR, #7F01H
            MOVX     @DPTR, A
            LCALL    DELAY
            MOV      A, R1
            RR       A
            MOV      R1,A
            DEC      R0
            DJNZ     R5, DP2
            RET
DELAY:      MOV      R6,#0FFH
DY:         DJNZ     R6,DY
            RET
TAB:        DB       0C0H, 0F9H, 0A4H, 0B0H, 99H, 92H, 82H, 0F8H, 80H
            DB       90H, 88H, 83H, 0C6H, 0A1H, 86H, 8EH, 8CH
            END
```

Proteus 仿真图如图 6.28 所示。

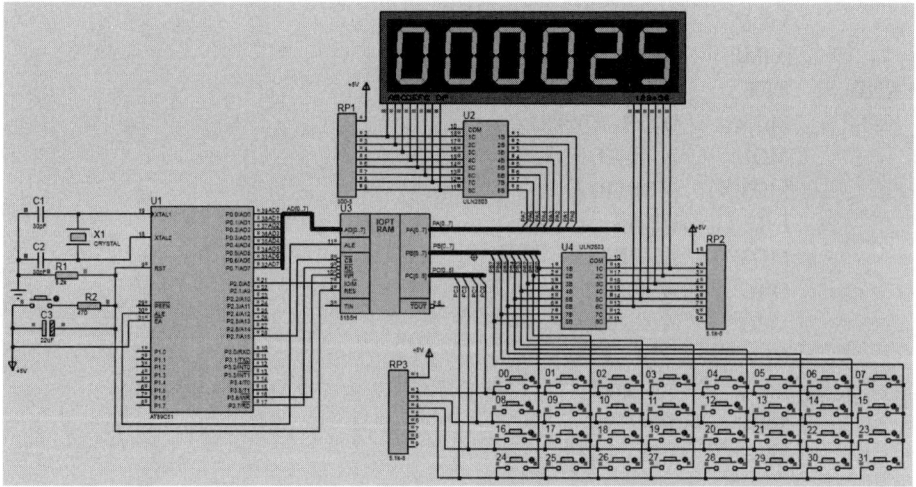

图 6.28 MCS-51 单片机通过 8155 扩展键盘和显示器的 Proteus 仿真图

6.3.2 利用 MCS-51 单片机的串行口扩展键盘和显示器

MCS-51 单片机系统中，当串行口未使用时，可以使用串行口扩展键盘和显示器。这是一种非常可行的键盘和显示器接口设计方案。

1. 硬件设计

应用 MCS-51 单片机的串行口工作方式 0，在串行口外接移位寄存器 74LS164，构成键盘和显示器接口，其接口电路如图 6.29 所示。

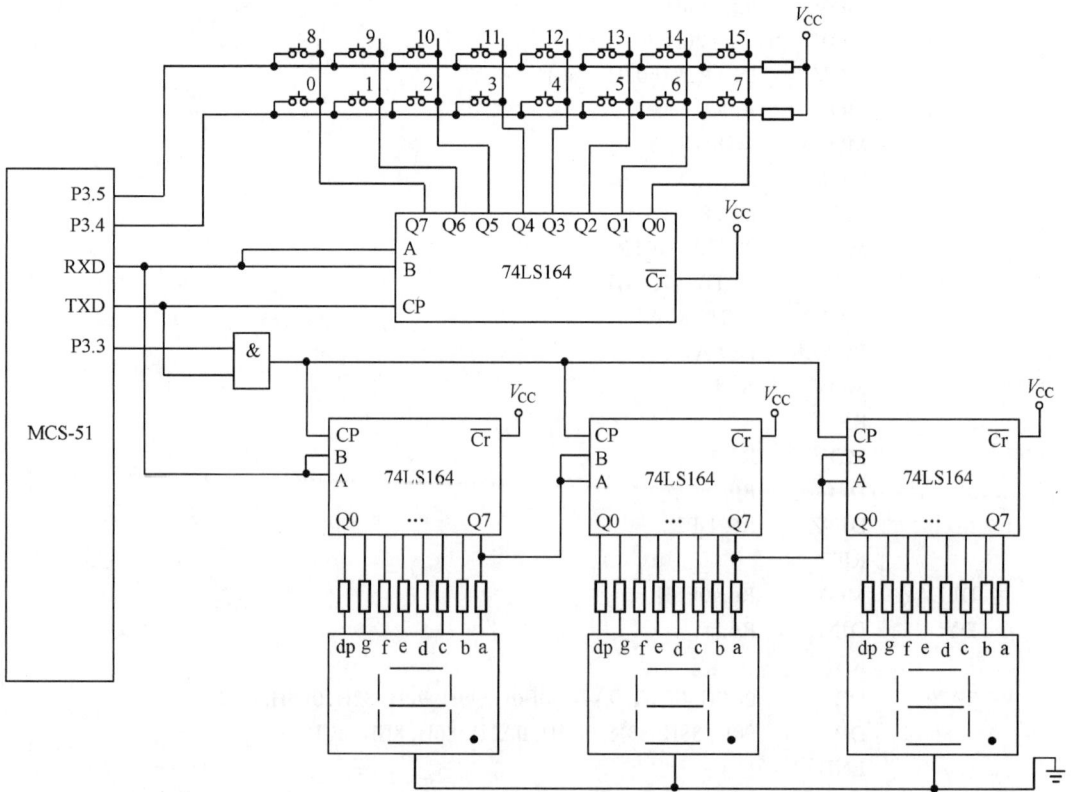

图 6.29 使用串行口扩展键盘和显示器的接口电路

为了节省空间，避免电路重复，图 6.29 中只画出 3 位 LED 静态显示器和 16 个按键。用户根据需要可以任意扩展。在键盘中，每增加一根行线，可增加 8 个按键；在显示器中，每扩展一个 74LS164，可增加一位 LED 静态显示器。使用该种方式扩展的静态显示器亮度大，容易做到不闪烁，并且 CPU 不必频繁地为显示器服务，因而主程序不必扫描显示器，软件设计比较简单，从而使单片机有更多的时间处理其他事务，节约 CPU 的资源。

2. 软件设计

```
              ORG     0000H
              LJMP    START
              ORG     0030H
START:        MOV     SP , #60H
              MOV     R4,  #00H        ;设置键初值
              MOV     SCON, #00H       ;设置串行口工作方式
KEY:          CLR     P3.3             ;关闭显示器输出
              MOV     A, #00H
              LCALL   VARTO            ;扫描键盘全部输出 0
KSY1:         JNB     P3.4, PKS1       ;第 1 列有按键闭合吗？有，转 PKS1 处理
              JNB     P3.5, PKS1       ;第 2 列有按键闭合吗？有，转 PKS1 处理
              SJMP    KEY              ;若无按键闭合则返回
PKS1:         ACALL   DELAY            ;调用延时子程序，键盘消抖
              JNB     P3.4, PKS2       ;第 1 列有按键闭合吗？有，转 PKS2 处理
              JNB     P3.5, PKS2       ;第 2 列有按键闭合吗？有，转 PKS2 处理
              SJMP    KEY              ;若无按键闭合则返回
PKS2:         MOV     R2, #0FEH        ;有按键闭合，设置键盘扫描码
              MOV     R4, #00H         ;设置第 1 行（广义的行，余同）的初值
PKS3:         MOV     A, R2
              LCALL   VARTO            ;发键盘扫描码
              JB      P3.4, PKTWO      ;第 1 列无按键闭合，转 PKTWO
              MOV     A, #0            ;第 1 列有按键闭合，设置第 1 列初值
              SJMP    PKS4
PKTWO:        JB      P3.5, NEXT       ;第 2 列无按键闭合，转 NEXT
              MOV     A, #08H          ;第 2 列有按键闭合，设置第 2 列初值
PKS4:         ADD     A, R4            ;键码按行值与列值相加，计算键码
              DA      A
              MOV     R4, A            ;保存键码
              LCALL   DISP             ;显示
KSY2:         LCALL   DELAY
              MOV     A, #00H
              LCALL   VARTO
              JNB     P3.4, KSY2
              JNB     P3.5, KSY2       ;保证一次按键操作只做一次处理
              SJMP    KEY
NEXT:         INC     R4               ;判断下一行是否有按键闭合
              MOV     A, R2
              JNB     ACC.7, KEY       ;所有的行均扫描完吗？若扫描完则返回
              RL      A
              MOV     R2, A            ;修改行值
              SJMP    PKS3
DISP:         SETB    P3.3             ;开放显示输出
              MOV     R5, #03H         ;设置显示数据个数
              MOV     R0, #30H         ;30H～32H 为显示缓冲区
              MOV     32H, #00H        ;显示缓冲区最高单元 32H 设置为 0
```

```
        MOV     A, R4            ;R4 中存放的是键码
        ANL     A,#0FH
        MOV     30H,A           ;将键码的低位存放在内部 RAM 的 30H 中
        MOV     A,R4
        ANL     A,#0F0H
        SWAP    A
        MOV     31H,A           ;将键码的高位存放在内部 RAM 的 31H 中
DP1:    MOV     A, @R0          ;取出要显示的数据
        MOV     DPTR, #TAB
        MOVC    A,@A+DPTR
        LCALL   VARTO           ;显示
        INC     R0
        DJNZ    R5, DP1
        CLR     P3.3            ;关闭显示输出
        RET
VARTO:  MOV     SBUF, A         ;串行口发送子程序
        JNB     TI, $
        CLR     TI
        RET
DELAY:  MOV     R7,#30
DL1:    MOV     R6,#200
DL2:    DJNZ    R6, DL2
        DJNZ    R7, DL1
        RET
TAB:    DB      3FH, 06H, 5BH, 4FH, 66H, 6DH, 7DH, 07H, 7FH
        DB      6FH, 77H, 7CH, 39H, 5EH, 79H, 71H, 73H
        END
```

Proteus 仿真图如图 6.30 所示。

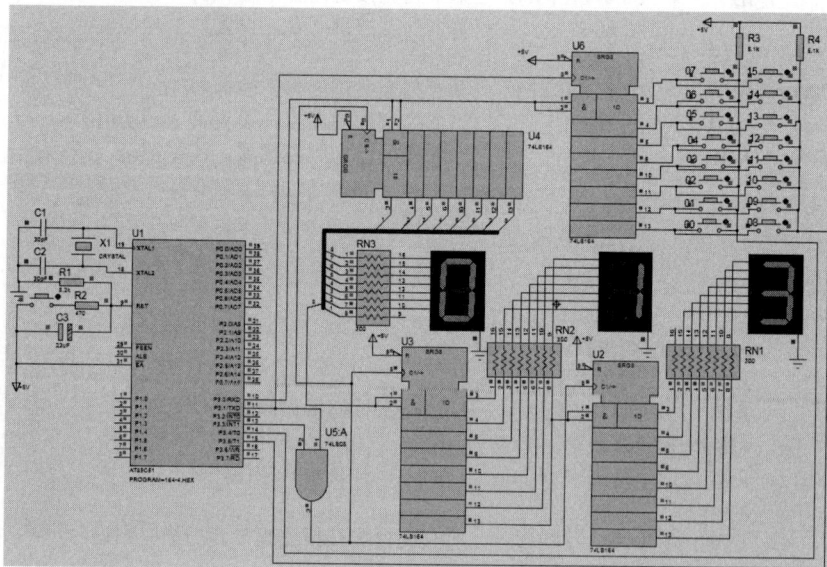

图 6.30　MCS-51 单片机通过串行口扩展键盘和显示器的 Proteus 仿真图

6.3.3　利用专用芯片扩展键盘和显示器

　　上述两种键盘和显示器设计方法中，CPU 必须干预键盘的扫描工作，CPU 的效率会受到影响。可以将键盘的处理和显示器的处理全部交由专用芯片管理，CPU 只需要在规定的时间去读取键盘

和发送待显示的数据即可。

键盘/显示器管理专用接口芯片的种类较多，早期流行的是 Intel 公司的 8279，目前流行的键盘/显示器接口芯片均采用串行连接方式，占用 I/O 接口线少。常用的键盘/显示器专用接口芯片有8279、HD7279、CH451 等。这些芯片对所连接的 LED 显示器均采用动态扫描方式，并可对键盘进行自动扫描，直到得到闭合按键的键码为止，并且自动消抖。

（1）8279 在键盘扫描方式下，可以对 64 个按键不断进行扫描，自动消抖，自动识别出按下的键，并给出键码，还能对双键或 n（n>2）个键同时按下实行保护。显示部分可以接七段数码管显示器，最多可显示 16 位的字符或数字。

（2）HD7279 无须外围电路，只需要外接少量的电阻等，即可构成完善的 8 位 LED 显示器、64 键键盘接口电路。而与 CPU 的接口采用 SPI 串行口方式，使用方便。具有多种译码方式，可直接驱动数码管显示器，便于使用独立的 LED；具有左移、右移、闪烁、消隐等多种显示控制指令；键盘部分具有消抖功能，按键有效指示输出。

（3）CH451 是一种整合了七段数码管显示驱动和键盘扫描控制以及μP 监控的多功能外围芯片。CH451 内置 RC 振荡电路，可以动态驱动 8 位七段数码管或者 64 只 LED，具有 BCD 译码、闪烁、移位等功能；同时还可以进行 64 个按键的键盘扫描；可以通过 1 线串行口或者可级联的 4 线串行口与单片机交换数据；提供上电复位和看门狗等监控功能。

习题 6

1．LED 显示器有（   ）和（   ）两种显示形式。

2．消除按键抖动既可以采用（   ）方法，也可采用（   ）方法。

3．矩阵式键盘常用的扫描方法为（   ）法和（   ）法。

4．LED 显示器若采用动态显示方式，则（   ）。

    A）将各位七段数码管的位选线并联   B）将各位七段数码管的段选线并联

    C）将位选线用一个 8 位输出口控制   D）输出口加驱动电路

5．显示器和键盘在单片机系统中的作用是什么？

6．在单片机系统中，常用的显示器有哪几种？

7．LED 显示器显示字符的条件是什么？

8．LED 动态显示子程序的设计要点是什么？

9．LED 静态显示方式与动态显示方式有何区别？各有什么优缺点？

10．为什么要消除按键的机械抖动？消抖的方法有几种？

11．简述液晶显示器的特点，画出 8051 单片机与液晶显示模块的基本接口电路，并编写初始化程序。

12．矩阵式键盘的编程要点是什么？

13．设计一个 8051 单片机外扩键盘和显示器接口电路，要求扩展 8 个按键，4 位 LED 显示器。

14．使用 8255 的 PC 口设计一个 4 行 4 列键阵的接口电路，并编写与之对应的键盘识别程序。

15．利用单片机串行口，用一片 74LS164 扩展 3×8 矩阵式键盘，P1.0～P1.2 作为键盘输入口，试画出该部分接口电路图，并编写与之对应的按键识别程序。

16．设计一个含 8 位动态显示器和 2×8 键阵的硬件电路，并编写程序，实现将按键内容显示在 LED 显示器上的功能。

17．设计一个用 8155 控制 32 个按键的接口电路。编写程序实现以下功能：用 8155 定时器/计数器定时，每隔 2s 读一次键盘，并将读出的键值存到 8155 内部 RAM 从 20H 开始的单元中。

18．设计单片机外扩 LCD1602 的接口电路。编写程序，在 LCD1602 上显示："This is a display program"。

第7章 MCS-51单片机系统设计

本章从总体设计、硬件设计、软件设计、可靠性设计、系统调试与测试等方面介绍单片机系统设计的方法及基本过程，并给出典型设计实例，使读者对系统设计的全过程有一个全面的了解，并对各阶段应完成的任务有一个清晰的认识。本章重点在于系统概念的形成，单片机系统开发的方法与实际应用。本章的难点在于将单片机系统开发的方法应用于实际工程中，设计出最优的单片机系统。

由于单片机具有体积小、功耗低、功能强、可靠性高、实时性强、简单易学、使用方便灵巧、易于维护和操作、性价比高、易于推广应用、可实现网络通信等技术特点，因此，单片机在自动化装置、智能仪表、家用电器，乃至数据采集、工业控制、计算机通信、汽车电子、机器人等领域都得到了日益广泛的应用。

由于具体的单片机系统实现的任务和要求不同，设计方案也会不同，因此，在设计方法上没有固定的模式可循，但其设计过程的步骤却大体相同。图 7.1 用流程图描述了单片机系统设计的一般过程。

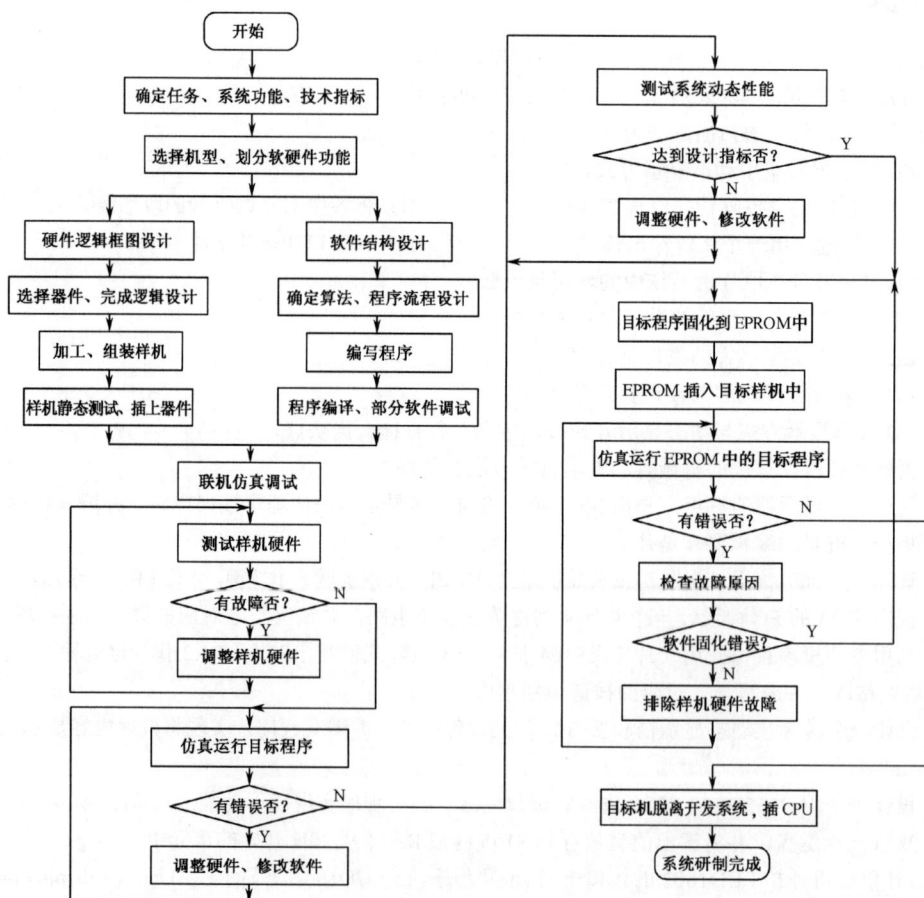

图 7.1 单片机系统设计过程流程图

7.1 单片机系统设计过程

7.1.1 总体设计

1. 明确设计任务

单片机系统的设计是从确定目标任务开始的。首先必须认真进行目标分析，根据应用场合、工作环境、具体用途等提出合理、详尽的功能技术指标，这是系统设计的依据和出发点，也是决定产品前途的关键。与此同时，还应对其可靠性、通用性、可维护性、先进性，以及成本等进行综合考虑，参考国内外同类产品的有关资料，使确定的技术指标更合理，并且符合国际标准。

明确设计任务的性质是检测还是控制，需要检测的参数有哪些，需要控制的回路有几个，是否具有数学模型、经验公式或经验参数等条件；弄清楚输入/输出信号的个数、种类、变化范围及相关关系；输入信号采用何种传感器进行检测、信号处理，输出信号采用何种执行机构、功率范围及如何与单片机接口；明确系统的性能指标、功能、人机对话方式（如键盘、显示、语音等）、报警及打印等；了解系统的应用环境（如湿度、温度、供电、干扰等），采用何种措施实现抗干扰和现场保护。

2. 器件选择

（1）单片机的选择。单片机的选择主要考虑性能指标，如字长、主频、寻址能力、指令系统、内部寄存器状况、存储器容量、有无 A/D 或 D/A 转换通道、功耗、性价比等方面。其中，字长是重要指标，它不仅影响运算精度，还关系到指令系统的功能、寻址能力及运算速度；主频影响速度、功耗等指标；寻址能力决定可能的最大存储容量；指令系统的性能影响数据处理、输入/输出等操作功能及编程的方便性；内部寄存器的数量和功能也与操作方便性有关；存储器容量的大小和有无 A/D、D/A 转换通道取决于系统设计任务的要求。

工业测控系统一般对微处理器的运算速度、数据处理能力、寻址能力和速度没有过高的要求，它偏重于中断系统、I/O 接口的数量、功能、内部寄存器，以及有无 A/D 或 D/A 转换通道、运算放大器、比较器等。因此，除某些高精度快速系统需要采用 16 位机或 32 位机外，对于一般的测控系统来说，选择 8 位机均能满足要求。

（2）外围器件的选择。外围器件的选择是根据实际需要进行的，所选择的器件和设备应符合系统的精度、速度、可靠性、功耗和抗干扰等方面的要求。在总体设计阶段，应对市场情况有大体的了解，对器件的选择提出具体要求。在满足性能指标的前提下，还应考虑功耗、电压、温度、价格、封装形式等其他方面的要求，应尽可能选择标准化、模块化的典型电路。在条件允许的情况下，尽可能选用功能强的、集成度高的、采用最新技术的电路或芯片。同时，注意选择通用性强、市场货源充足的元器件。

3. 总体设计

所谓的总体设计，就是根据设计任务、指标要求和给定条件，有目的地查阅有关资料，参考同类或相近的课题设计方案，根据已掌握的知识和文献资料，分析所要设计的应用系统应完成的功能，根据用户要求，设计出符合现场条件的硬件、软件方案。着重从方案是否满足要求、结构是否简单、技术是否先进、实现是否经济可行等方面，对方案进行论证。要敢于创新，敢于采用新技术，不断完善所提出的方案，最后确定一个最优的方案。

在确定总体可行性设计方案的基础上，应划分硬件、软件任务，画出系统结构框图。要合理分配系统内部的硬件、软件资源。硬件结构与软件方案会产生相互影响，遵循的原则是，软件能实现的功能应尽可能由软件实现。用硬件实现虽能提高工作速度、减少软件工作量，但会使电路复杂、成本增加，而用软件替代硬件则可简化电路、降低成本，但增大了软件的复杂程度，响应时间比硬件实现长，且占用 CPU 时间。因此，在总体设计时，必须在两者之间反复权衡，合理分工，在满足性能指标的前提下，既易于实现，又经济实用。

7.1.2 硬件设计

由总体设计给出的硬件框图所规定的硬件功能，在确定单片机类型的基础上，进行硬件设计、实验。进行必要的工艺结构设计，制作出印制电路板（PCB），组装后即完成了硬件设计。

一个单片机系统的硬件设计包含两部分内容：一是系统的扩展，即当单片机内部的功能单元不能满足应用系统的要求时，必须进行外部扩展，选择适当的芯片，设计相应的电路；二是系统的配置，即按照系统功能要求配置外围设备，如通信接口、键盘、显示器、打印机、A/D 转换器、D/A 转换器等，要设计合理的接口电路。

1. 硬件电路设计的一般原则

在硬件设计时，要尽量应用新型号的单片机，采用新技术。还要注意通用性的问题，尽可能选择典型电路，并符合单片机常规用法，为硬件系统的标准化、模块化打下良好的基础。系统扩展与外围设备的配置应充分满足应用系统的功能要求，并留有适当余地，以便进行二次开发。硬件设计应尽量朝片上系统（SoC）方向发展，以提高系统的稳定性。工艺设计时，要考虑安装、调试、维修的方便。扩展接口的开发应尽可能采用 PSD 等器件。

2. 硬件电路各模块设计的原则

图 7.2 给出了单片机系统的常规结构，在具体设计各模块电路时还应考虑以下几个方面。

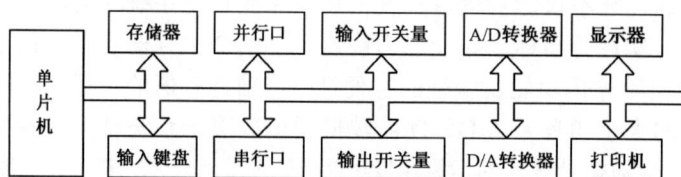

图 7.2 单片机系统的常规结构

（1）存储器扩展。对存储器容量的需求，不同系统之间差别较大。在选择单片机时，就要考虑单片机的内部存储器资源，如果能满足要求，则尽量不进行扩展；在必须扩展时，才考虑扩展的类型、容量和接口，一般应尽量留有余地，并且尽可能减少芯片的数量。选择合适的方法、ROM和 RAM 的形式，并考虑 RAM 是否要进行掉电保护等。

（2）I/O 接口的扩展。单片机系统在扩展 I/O 接口时应从体积、价格、负载能力、功能等方面考虑。一般应选用标准的、可编程的 I/O 接口（如 8255A、8155 等），这样的接口简单、使用方便、对总线负载小，但有时它们的 I/O 接口的功能没有被充分利用，容易造成浪费。若选用 TTL（或 CMOS）三态门电路或锁存器作为 I/O 接口，则比较灵活、负载能力强、可靠性高，但接口电路的接口线多且电路复杂。扩展 I/O 接口时，应根据外部需要扩展电路的数量和所选单片机的内部资源（空闲地址线的数量）选择合适的地址译码方法。

（3）输入通道的设计。输入通道设计包括开关量和模拟量输入通道的设计。开关量输入通道的设计要考虑接口形式、电压等级、隔离方式、扩展接口等。模拟量输入通道的设计要与信号检测环节（传感器、信号处理电路等）结合起来，应根据系统对速度、精度和价格等要求来进行选择，同时还需要和传感器等设备的性能相匹配，要考虑传感器类型、传输信号的形式（电流还是电压）、线性化、补偿、光电隔离、信号处理方式等，还要考虑 A/D 转换器的选择（转换精度、转换速度、结构、功耗等）及相关电路、扩展接口，有时还会涉及软件的设计。高精度的 A/D 转换器价格十分昂贵，因而应尽量降低对 A/D 转换器的要求，能用软件实现的功能尽量用软件来实现。

（4）输出通道的设计。输出通道的设计包括开关量和模拟量输出通道的设计。开关量输出通道的设计要考虑功率、控制方式（继电器、晶闸管、三极管等）。模拟量输出通道的设计要考虑 D/A 转换器的选择（转换精度、转换速度、结构、功耗等），输出信号的形式（电流还是电压），隔离方式，扩展接口等。

（5）人机界面的设计。人机界面的设计包括输入键盘、开关、拨码盘、启/停操作、复位操作、显示器、打印机、指示、报警等。输入键盘、开关、拨码盘应考虑类型、个数、参数及相关处理（如按键的消抖处理）。启/停、复位操作要考虑方式（自动、手动）及其切换。显示器要考虑类型（LED、LCD）、显示信息的种类、倍数等。此外，还要考虑各种人机界面的扩展接口。

（6）通信电路的设计。单片机系统往往作为现场测控设备，与上位机或同位机构成测控网络，需要其具有数据通信的能力，通常采用 RS-232C、RS-485、I^2C、CAN、工业以太网、红外收发等通信标准。

（7）印制电路板的设计与制作。电路原理图和印制电路板常采用专业设计软件进行设计，如 Protel、PowerPCB、Proteus、Altium Designer、OrCAD 等。设计印制电路板需要技巧和经验。设计好印制电路板图后，应送到专业厂家制作生产，在生产出来的印制电路板上安装好元器件，完成硬件设计和制作。

（8）负载容限的考虑。单片机总线的负载能力是有限的。例如，MCS-51 单片机的 P0 口可驱动 8 个 TTL 电路，P1～P3 口可驱动 4 个 TTL 电路。若外接负载较多，则应采取总线驱动的方法提高系统的负载容限。常用驱动器有单向驱动器 74LS244、双向驱动器 74LS245 等。

（9）信号逻辑电平兼容性的考虑。在所设计的电路中，可能兼有 TTL 和 CMOS 器件，也有非标准的信号电平，要设计相应的电平兼容和转换电路。当有 RS-232、RS-485 接口时，还要实现电平兼容和转换。常用的集成电路有 MAX232、MAX485 等。

（10）电源系统的配置。单片机系统一定需要电源，要考虑电源的组数、输出功率、抗干扰能力等。要熟悉常用的三端稳压器（78XX 系列、79XX 系列）和精密电源（AD580、MC1403、CJ313/336/385、W431）的应用。

（11）抗干扰的实施。采取必要的抗干扰措施是保证单片机系统正常工作的重要环节。它包括芯片、器件选择，去耦滤波，印制电路板布线，通道隔离等。

7.1.3 软件设计

软件设计随单片机系统的不同而不同。图 7.3 给出了单片机软件设计的流程图。软件设计一般可分为以下几个方面。

1. 总体规划

软件所要完成的任务已在总体设计时确定，在具体软件设计时，要结合硬件结构，进一步明确软件所承担的各任务细节，确定具体实施的方法，合理分配资源。

要定义输入/输出，确定信息交换的方式、输入/输出的数据传输速率、数据格式、校验方法及所用的状态信号等。它们必须和硬件逻辑协调一致，同时，必须明确对输入数据应进行哪些处理。

将输入数据变为输出结果的基本过程，主要取决于对算法的确定。对实时系统、测试和控制有明确的时间要求，如模拟信号的采样频率、何时发送数据、何时接收数据、有多少延时等。同时，必须考虑可能产生错误的类型和检测方法，以及在

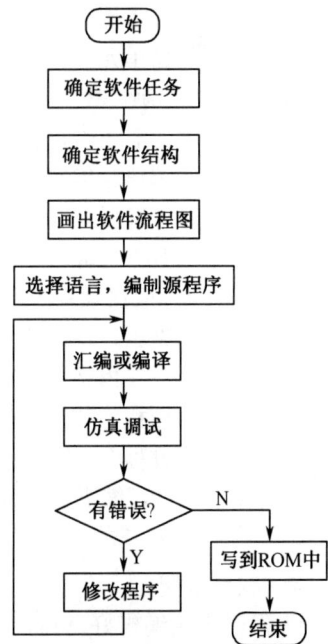

图 7.3 软件设计的流程图

软件上进行何种处理，以减小错误对系统的影响。

2. 程序设计方法

合理的软件结构是设计一个性能优良的单片机系统的基础。在程序设计中，应培养结构化程序设计风格，各功能程序实行模块化、子程序化。一般有以下两种设计方法。

① 模块化程序设计。模块化程序设计是单片机系统中常用的一种程序设计方法。它把一个较大的程序分解为若干个功能相对独立的较小的程序模块，各个程序模块分别进行设计、编程和调试，最后由各个调试好的模块组成一个大的程序。其优点是，单个功能明确的程序模块的设计和调试比较方便，容易完成，一个模块可以为多个程序所共享。其缺点是，各个模块的连接可能有一定难度。

② 自顶向下的程序设计。自顶向下进行程序设计时，先从主程序开始设计，从属程序或子程序用符号来代替。主程序编好后再编制各从属程序和子程序，最后完成整个系统的设计。其优点是，比较符合人们的日常思维方式，设计、调试和连接同时按一个线索进行，程序错误可以较早发现。其缺点是，上一级的程序错误将对整个程序产生影响，一处修改可能会引起对整个程序的全面修改。

3. 程序设计

在选择好软件结构和所采用的程序设计方法后，便可进行程序设计。

① 建立数学模型。根据设计任务，描述各输入变量和各输出变量之间的数学关系，此过程即为建立数学模型。数学模型随系统任务的不同而不同，其正确度是系统性能好坏的决定性因素之一。

② 绘制程序流程图。通常，在编写程序之前应绘制程序流程图，以提高软件设计的总体效率。程序流程图以简明直观的方式对任务进行描述，并很容易由此编写出程序，故对初学者来说尤为适用。

在设计过程中，先画出简单的功能性流程图（粗框图），然后对其进行细化和具体化，对存储器、寄存器、标志位等工作单元进行具体的分配和说明，将功能性流程图中每个粗框的操作转变为具体的存储器单元、工作寄存器或 I/O 接口的操作，从而给出详细的程序流程图（细框图）。

③ 程序的编制。在完成程序流程图设计以后，便可以开始编写程序。程序设计语言对程序设计的影响较大。汇编语言和 C 语言（如 MCS-51 单片机的 C51 语言）是最为常用的单片机程序设计语言。用汇编语言编写的程序代码非常精简，直接面向硬件电路进行设计，速度快，但进行大量数据运算时，编写难度将大大增加，不易阅读和调试。C 语言开发效率高，使用方便、灵活，数据结构丰富，数据运算较丰富，可移植性好，不过分依赖机器硬件系统，程序执行效率高。

编写程序时，应注意系统硬件资源的合理分配与使用、子程序的入口/出口参数的设置与传递。采用合理的数据结构、控制算法，以满足系统的精度要求。在存储空间分配时，应将使用频率最高的数据缓冲区设在内部 RAM 中；标志位应设置在内部 RAM 的位操作区（20H～2FH）中；指定用户堆栈区，堆栈区的大小应留有余量；余下部分作为数据缓冲区。

在编写程序过程中，根据流程图逐条用符号指令来进行描述，即得到汇编语言源代码（C51 语言与之类似）。应按汇编语言的标准符号和格式书写代码，在完成系统功能的同时应注意保证设计的可靠性，如数字滤波、软件陷阱、保护等。必要时，可加上若干功能性注释，以提高程序的可读性。

4. 软件装配

各程序模块编辑好之后，需进行汇编或编译、调试。当满足设计要求后，将各程序模块按照软件结构设计的要求连接起来，即软件装配，从而完成软件设计。在软件装配时，应注意软件接口。

7.1.4 可靠性设计

可靠性通常是指在规定的条件下，在规定的时间内完成规定功能的能力。规定的条件包括环境条件（如温度、湿度、震动等），供电条件等；规定的时间一般指平均无故障时间、连续正常运转时间等；规定的功能因单片机系统的不同而不同。

用于生产现场的单片机系统，可能会受到各种外部和内部的干扰，使系统产生错误或故障，直接影响系统的可靠性。因此，抗干扰设计是单片机系统设计中不可忽视的一个重要内容。

近年来，为了提高单片机本身的可靠性，单片机的制造商在单片机设计方面采取了一系列技术措施，主要体现在降低外时钟频率、采用系统监控电路与看门狗技术、低电压复位、EFT 抗干扰技术、指令设计上的软件抗干扰等方面。在选择单片机机型时，尽量选择本身抗干扰能力较强的单片机，力求设计出可靠性高的系统。

对于应用于工业生产过程中的单片机系统来说，主要干扰渠道有：空间干扰（通过电磁波辐射窜入系统的场干扰），过程通道干扰（通过与主机相连的前、后向通道及与其他主机传输信息的通道进入的干扰），供电系统干扰。空间干扰一般远小于后两种干扰，而且可以通过良好的屏蔽、正确的接地与高频滤波加以解决，所以，在用于工业生产过程的单片机系统中，应重点防止供电系统与过程通道的干扰。

1. 供电系统干扰与抑制

任何电源及输电线路都存在内阻、分布电容和电感等，正是这些因素引起了电源的噪声干扰。因此，来自供电系统及通过导线传输、电磁耦合等产生的电磁干扰，是单片机系统工作不稳定的重要原因。为了减小供电系统的干扰，通常的方法是，使用交流稳压器，用于防止电源系统的过压或欠压；加装电源低通滤波器，并采用带屏蔽层的隔离变压器，交流引线应尽量短；采用分散的独立功能模块构成性能优良的直流稳压电路，增大输入/输出滤波电容，减小电源的纹波系数；电路板各主要集成芯片的电源采用去耦电路；将电感串到电源线或地线中，以抑制高频信号从电源/地线引入；采用优良的微机专用稳压电源，以及高抗干扰电源和干扰抑制器（目前已有现成产品），可以更有效地抑制干扰。

2. 过程通道干扰与抑制

过程通道是指前向通道、后向通道与主机或主机相互之间进行信息传输的路径。在过程通道中，长线传输的干扰是主要因素，其会随着系统主振频率的增高而增加。单片机系统中过程通道的长线传输越来越不可避免。按照经验公式计算，当计算机主振频率为 1MHz，传输线长度超过 0.5m 时，或者当主振频率为 4MHz，传输线长度超过 0.3m 时，作为长线传输处理。

在单片机系统中，从现场信号输出的开关信号或从传感器输出的微弱模拟信号，经传输线送到单片机中。信号在传输线上传输时，会产生延时、畸变、衰减及通道干扰。为了保证长线传输的可靠性，提高干扰抑制能力，可采用金属网状屏蔽线来抑制静电感应干扰，采用双绞屏蔽线或采用隔离技术来抑制电磁感应干扰。信号频率过高时，信号线要按传输线处理，要加装终端匹配电阻。

（1）采用隔离技术

隔离一方面可将外来的干扰通道切断，达到隔离现场干扰的目的；另一方面也可将两根信号线隔开，使彼此的串扰尽可能小。常用的隔离方式有光电隔离、变压器隔离、继电器隔离和布线隔离等。另外，应将微弱信号电路与易产生噪声干扰的电路分开布线，信号线与强电控制线、电源线分开走线，且相互间要保持一定距离。配线时，应区分开交流线、直流稳压电源线、数字信号线、模拟信号线、数字地、模拟地等。

典型的信号隔离方法是光电隔离。光电隔离是由光电耦合器来实现的，由于光电耦合器的输入端和输出端的电信号是以光为媒介进行间接耦合的，因而具有较高的电气隔离和干扰抑制能力。光电耦合器的主要优点是，能有效地抑制尖峰脉冲及各种噪声干扰，从而使过程通道的信噪比大大提高。

（2）采用屏蔽措施

屏蔽主要用于隔离空间辐射。对噪声特别大的部件，如开关电源，用金属盒罩起来，可减少噪声源对单片机系统的干扰。对于容易受干扰的模拟电路（如高灵敏度的弱信号放大电路），也可采用屏蔽措施。需要注意的是，金属屏蔽本身必须接真正的地（保护地）。

（3）双绞线传输

在单片机实时应用系统的长线传输中，双绞线是一种较常用的传输线。与同轴电缆相比，双绞线虽然频带较差，但阻抗高、抗共模噪声能力强。双绞线能使各个小环路的电磁感应干扰相互抵消，其分布电容为几十皮法（pF），距离信号源较近时可起到积分作用，故双绞线对电磁干扰有一定的抑制效果，但对接地有一定的要求。

（4）长线传输的阻抗匹配

长线传输时，阻抗不匹配的传输线会产生反射，使信号失真，其危害程度与系统的工作速度及传输线的长度有关。为了对传输线进行阻抗匹配，必须估算出它的特性阻抗 R_P。用示波器观测的方法可以大致测定传输线特性阻抗的大小。

传输线的阻抗匹配有 4 种形式，如图 7.4 所示。

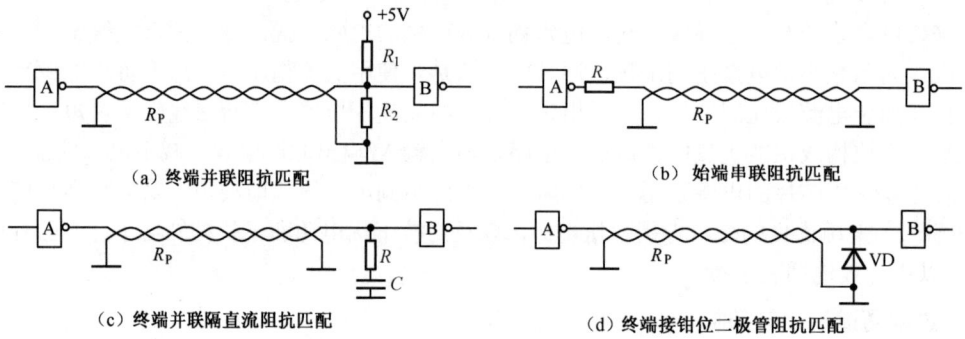

图 7.4　长线传输的阻抗匹配的 4 种形式

① 终端并联阻抗匹配。如图 7.4（a）所示，终端匹配电阻 R_1、R_2 的值按 $R_P=R_1//R_2$ 的要求选取。一般 R_1 在 220～330Ω 范围内，R_2 在 270～390Ω 范围内。这种匹配方法由于终端阻值低，相当于加重负载，使高电平有所下降，故高电平的抗干扰能力有所下降。

② 始端串联阻抗匹配。如图 7.4（b）所示，匹配电阻 R 的取值为 R_P 与 A 门输出低电平的输出阻抗 R_{OUT}（约 20Ω）之差值。这种匹配方法会使终端的低电平抬高，相当于增大了输出阻抗，降低了低电平的抗干扰能力。

③ 终端并联隔直流阻抗匹配。如图 7.4（c）所示，因为电容 C 在较大时只起隔直流作用，并不影响阻抗匹配，所以只要求匹配电阻 R 的值与 R_P 相等即可，它不会引起输出高电平的降低，故增强了对高电平的抗干扰能力。

④ 终端接钳位二极管阻抗匹配。如图 7.4（d）所示，利用二极管 VD 把 B 门输入端低电平钳位在 0.3V 以下，可以减少波的反射和振荡，提高动态抗干扰能力。

长线传输时，用电流传输代替电压传输，可获得较好的抗干扰能力。例如，以传感器直接输出 4～20mA 电流在长线上传输，在接收端可并接 250Ω 的精密电阻，将此电流转换为 1～5V 电压，然后送到 A/D 转换器中。

3．其他硬件抗干扰措施

（1）对信号进行整形。为了保持门电路输入信号和触发器时钟脉冲的正确波形，可采用施密特电路进行整形。

（2）组件空闲输入端的处理。组件空闲输入端的处理方法如图 7.5 所示。如图 7.5（a）所示的方法最简单，但增加了前级门的负担。图 7.5（b）把不用的输入端通过一个电阻接+5V，这种方法适用于慢速、多干扰的场合。图 7.5（c）利用印制电路板上多余的反相器，让其输入端接地，用其输出端来控制工作逻辑门不用的输入端。

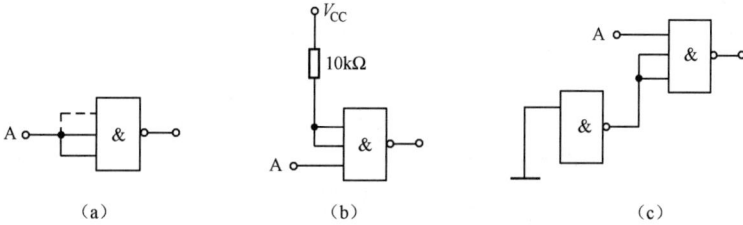

图 7.5　组件空闲输入端的处理方法

（3）机械触点的消抖，接触器、晶闸管等的噪声抑制。包括：① 开关、按钮、继电器触点等在操作时应进行消抖处理。② 在输入/输出通道中使用接触器、继电器时，为减小电感性负载闭合、断开产生的噪声，应在线圈两端并接噪声抑制器，继电器线圈处要加装放电二极管。③ 晶闸管两端并接 RC 抑制电路，可减小晶闸管产生的噪声。

（4）印制电路板（PCB）设计中的抗干扰问题。在设计 PCB 时，为了提高抗干扰能力，应合理选择 PCB 的层数，大小要适中，布局、分区应合理，把相互有关的元器件尽量放得靠近一些；导线应尽量短而宽，尽量减小回路环的面积，以减小感应噪声；导线的布局应当是均匀的、分开的平行直线，以得到一条具有均匀阻抗的传输通路；应尽可能减少过孔的数量；在 PCB 的各个关键部位应配置去耦电容；要将强、弱电路严格分开，尽量不要把它们设计在一块印制电路板上；电源线的走向应尽量与数据传递方向一致，电源线、地线应尽量加粗，以减小阻抗。

（5）地线设计。在微机系统中，地线大致有保护地、系统地、机壳地（屏蔽地）、数字地、模拟地等几种。在设计时，数字地和模拟地要分开，分别与电源端地线相连。当系统工作频率小于 1MHz 时，屏蔽线应单点接地；当系统工作频率在 1～10MHz 之间时，屏蔽线应多点接地。保护地的接地是指接大地，良好的保护地至关重要。消除干扰的方法都是将干扰引入大地。如果系统不接地，或虽有地线但接地电阻过大，则抗干扰元器件均不能发挥作用。供电电源的系统地和保护地可以相通、浮空或接一个电阻，要视应用场合而定。不能把接地线与动力线的零线混淆。

除此之外，应提高元器件的可靠性，注意各电路之间的电平匹配，总线驱动能力应符合要求，单片机的空闲端要接地或接电源，或者定义成输出。室外使用的单片机系统或从室外架空引入室内的电源线、信号线，要防雷击。常用的防雷击器件有气体放电管、瞬态电压抑制器（Transient Voltage Suppressor，TVS）等。

4．软件的抗干扰设计

软件的抗干扰设计是单片机系统抗干扰设计的一个重要组成部分。在许多情况下，单片机系统的抗干扰不可能完全依靠硬件来解决。而对软件采取抗干扰设计，往往成本低、见效快，起到事半功倍的效果。常用的软件抗干扰技术有软件陷阱、时间冗余、指令冗余、空间冗余、容错技术、设置特征标志和软件数字滤波等。在实际应用中，针对不同的干扰应采取不同的软件对策。

（1）实时数据采集系统的软件抗干扰

在实时数据采集系统中，为了消除传感器通道中的干扰信号，可采用一些简单的数值、逻辑运算处理来达到软件数字滤波的效果。常用的软件数字滤波方法有以下 4 种。

① 算术平均值法。对一点数据连续采样多次，计算其平均值，以平均值作为该点的采样结果。这种方法可以减小系统的随机干扰对采集结果的影响。一般取 3～5 次平均。

② 比较取舍法。当控制系统测量结果中的个别数据存在偏差时，为了剔除个别的错误数据，可采用比较取舍法，即对每个采样点连续采样几次，根据所采样数据的变化规律，确定取舍办法来剔除偏差数据。例如，"采三取二"，即对每个采样点连续采样三次，取两次相同数据作为采样结果。

③ 中值法。根据干扰造成采样数据偏大或偏小的情况，对一个采样点连续采集多个信号，并对这些采样值进行比较，取中值作为该点的采样结果。

④ 一阶递推数字滤波法。这是利用软件实现 RC 低通滤波器的算法，其公式为

$$Y_n = QX_n + (1-Q)Y_{n-1} \tag{7.1}$$

式中，Q 为数字滤波器时间常数，X_n 为第 n 次采样时滤波器的输入，Y_{n-1} 为第 $n-1$ 次采样时滤波器的输出，Y_n 为第 n 次采样时滤波器的输出。

采用软件滤波可以消除数据采集中的误差，获得满意的效果。但应注意的是，选取何种方法必须根据信号的变化规律予以确定。

（2）开关量控制系统的软件抗干扰

在开关量控制系统中，为防止干扰进入系统，影响各种控制条件而造成控制输出失误，或直接影响输出信号造成控制失误，可采取软件冗余、设置当前输出状态寄存单元、设置自检程序等软件抗干扰措施。

5．程序运行失常的软件对策

当系统受到干扰侵害时，可能致使程序计数器 PC 值改变，造成程序运行失常，导致程序的 PC 值指向操作数，将操作数作为指令执行；或 PC 值超出应用程序区，将非程序区中随机数作为指令执行。这些情况都将造成程序的无序运行，甚至进入死循环。

对于程序运行失常的软件对策主要是，发现失常状态后，及时引导系统恢复原始状态，可采用以下方法。

（1）看门狗技术。看门狗的作用是通过不断监视程序每个阶段的运行时间是否超出正常状态下所需要的时间，从而判断程序是否进入"死循环"，并对进入"死循环"的程序进行系统复位处理。看门狗技术既可由硬件实现，也可由软件实现。硬件看门狗可以很好地解决主程序陷入死循环的故障。但是，在许多工业应用中，严重的干扰有时会破坏中断方式控制字而关闭中断。这时，系统无法定时"喂狗"，硬件看门狗电路失效。而软件看门狗的相互监督机制可以保证对中断关闭故障的发现和处理，但若单片机的死循环发生在某个高优先级的中断服务程序中，则软件看门狗也显得无能为力。利用软件、硬件结合的看门狗组合可以克服单一看门狗功能的缺陷，从而实现对故障的全方位监控。

（2）设置软件陷阱。当"跑飞"程序进入非程序区后，冗余指令便无法起作用。通过软件陷阱，拦截"跑飞"程序，将其引向指定位置，再进行出错处理。软件陷阱是指将捕获的"跑飞"程序引向复位入口地址 0000H 的指令。通常，在 EPROM 中，非程序区输入以下指令作为软件陷阱：

```
NOP
NOP
LJMP   0000H
```

当未使用的中断因干扰而开放时，在对应的中断服务程序中设置软件陷阱，能及时捕获错误的中断。例如，某应用系统虽未用到外部中断 1，但外部中断 1 的中断服务程序可设置为如下形式：

```
NOP
NOP
RETI
```

考虑到程序存储器的容量，一般 1KB 空间有 2～3 个软件陷阱即可进行有效拦截。

（3）指令冗余技术。CPU 取指令的过程是先取操作码，再取操作数。当程序计数器 PC 值受到干扰而出现错误时，程序便脱离正常轨道"跑飞"。若"跑飞"到某双字节指令处，取指令时刻落在操作数上，误将操作数当作操作码，则程序将出错。若"跑飞"到三字节指令处，则出错概率更大。在程序的关键地方人为地插入一些单字节指令，或将有效单字节指令重写，称为指令冗余。通常，在双字节指令和三字节指令后插入 2 字节以上的空操作指令 NOP。这样，即使程序"跑飞"到操作数上，由于 NOP 指令的存在，因此避免了后面的操作数被当作指令执行，程序自动纳入正轨。此外，在对系统流向起重要作用的指令（如 RET、RETI、LCALL、LJMP、JC 等指令）之前插入两条 NOP 指令，也可将"跑飞"程序纳入正轨，确保这些重要指令的执行。

7.1.5 单片机系统的调试与测试

单片机系统的硬件、软件设计制作完成后，必须反复进行调试、修改，直至其完全正常工作，经过测试，功能完全符合系统性能指标要求后，应用系统设计才真正完成。

1. 硬件调试

① 静态检查。根据硬件电路图核对元器件的型号、规格、极性、集成芯片的插接方向是否正确。用逻辑笔、万用表等工具检查硬件电路连线是否与电路图一致，有无短路、虚焊等现象。严防电源短路和极性接反问题。检查数据总线、地址总线和控制总线是否存在短路的故障。

② 通电检查。通电检查时，可以模拟各种输入信号分别送到电路的各有关部分中，观察 I/O 接口的动作情况，查看电路板上有无元器件过热、冒烟、异味等现象，各相关设备的动作是否符合要求，整个系统的功能是否符合要求。

2. 软件调试

软件调试是指为开发者提供一个调试目标系统的环境，如单步运行、断点运行、连续运行、跟踪功能、数据读出和修改等。

程序编写完成后，首先通过汇编或编译，然后在开发系统中进行调试。调试时，应先分别调试各模块子程序，调试通过后，再调试中断服务程序，最后调试主程序，并将各部分进行联调。调试的范围可以由小到大、逐步增大，必要的中间信号可以预先假定。

3. 系统调试

当硬件、软件调试完成之后，即可进行系统调试。在系统调试时，应将全部硬件电路都连接上，应用程序模块、子程序也都组合好，进行全系统硬件、软件调试。系统调试的任务是排除硬件、软件中的残留错误，使整个系统能够完成预定的工作任务，达到要求的性能指标。

在进行系统调试时，对于有电气控制负载的系统，应先试验空载情况，空载正常后再试验带载情况。要试验系统的各项功能，以避免遗漏。

4. 程序固化

系统调试成功之后，即可将程序固化到 ROM 中。程序固化可以在仿真系统中进行，最好用专用程序固化器进行固化操作，因为它的功能完善，使用方便、可靠。

5. 脱机运行调试

将固化好程序的 ROM 插回系统电路板的相应位置，即可脱机运行。系统试运行要连续运行相当长的时间（也称为考机），以考验其稳定性，并要进一步进行修改和完善处理。

一般，经开发装置调试合格的硬件、软件，脱机后应能够正常运行。但由于开发调试环境与应用系统的实际运行环境不尽相同，也会出现脱机后不能正常运行的情况。当出现脱机运行故障时，应考虑程序固化有无错误；仿真系统与实际系统在运行时，有无某些方面的区别（如驱动能力）；在联机仿真调试时，未涉及的电路部分有无错误等。

6．测试系统的可靠性

当一个单片机系统设计完成时，必须测试其可靠性。对于不同的单片机产品，会有不同的测试项目和方法。例如，上电、掉电测试，老化测试，ESD 和 EFT 抗扰度测试等。可以使用各种干扰模拟器来测试单片机系统的可靠性，还可以模拟人为使用中可能发生的破坏情况。

经过调试、测试后，若系统完全正常工作，功能完全符合系统性能指标要求，则一个单片机系统的研制过程全部结束。

7.2　MCS-51 单片机系统设计举例

7.2.1　在工业测控系统中的应用

单片机的一个广泛应用领域就是工业测控。本节以 8 路通用模拟量采集系统为例，简单介绍单片机在工业测控系统中的应用。实际应用时，可利用传感器、信号调理电路实现不同模拟参数的采集。

1．设计任务与要求

① 实现 8 路通用模拟量的采集。

② 通过选择可以设置采集任何一路模拟量。

③ 通过选择能够显示任何一路模拟量的测量值，并有相应的路数指示。

2．总体方案论证

主控制器采用 MCS-51 单片机。根据系统的测控特点，需要选择能处理 8 路模拟量的 A/D 转换器，这里选择 ADC0809 构成模拟输入通道，它有 8 个模拟量输入通道。由于 ADC0809 为 8 位 A/D 转换器，其采集的数据为 3 位十进制数据（0～255），因此采用 4 位 LED 显示器，其中一位用于显示模拟量的路数。通过按键设置采集路数，并通过 LED 指示灯同步指示路数。由于系统用到的 I/O 接口比较多，因此通过外扩 8255A 扩展 I/O 接口，实现 LED 显示器、LED 指示灯的扩展。

系统总体框图如图 7.6 所示。

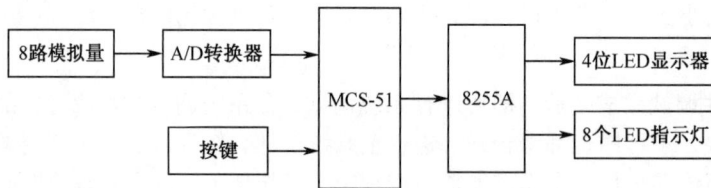

图 7.6　8 路通用模拟量采集系统总体框图

3．硬件电路设计

（1）单片机最小系统设计

单片机选用 AT89C51。单片机的最小系统包括晶振和复位电路，晶振频率为 12MHz，复位电路采用上电复位与手动复位方式。设计过程参考 7.1 节。

单片机通过 P0 口外扩锁存器 74LS373 实现低 8 位地址锁存输出。

（2）系统输入通道设计

系统输入通道包括 8 路模拟量的输入、A/D 转换器和按键输入。8 路模拟量用 8 个 10kΩ 滑动变阻器连接电源与地代替，其连接 ADC0809 的模拟量输入 IN0～IN7。ADC0809 的数据总线 OUT1～OUT8 连接单片机的 P0 口，通道地址 ADDA、$\overline{\text{ADDB}}$、$\overline{\text{ADDC}}$ 分别连接单片机经 74LS373 锁存输出的低 3 位地址线 A2、A1、A0。单片机的 P2.7 分别与 $\overline{\text{WR}}$、$\overline{\text{RD}}$ 经过或非门输出连接 ADC0809 的 START、

OE，分别用于控制 ADC0809 的启动/地址锁存、读取 A/D 转换后的数据，因此 ADC0809 的 8 个通道的地址分别为 7FF8H～7FFFH。ADC0809 的 EOC 连接单片机的 P3.2，用于 A/D 转换是否结束查询；也可以将 EOC 通过非门连接单片机的 P3.2，通过中断方式读取 A/D 转换结果。单片机的主频为 12MHz，其 ALE 输出 2MHz 的时钟信号，经过四分频输出为 500kHz，为 ADC0809 提供时钟信号 CLOCK。四分频电路由 74LS74 组成的两个二分频电路级联实现。ADC0809 的参考电压 $V_{REF(+)}$、$V_{REF(-)}$ 分别接电源、地，以保证 ADC0809 的正确转换。单片机的 P1 口经过上拉电阻扩展了 8 个独立式按键 K0～K7，用于 8 路模拟量进行 A/D 转换的输入选择。

（3）系统输出通道设计

系统输出通道包括显示器和指示灯。单片机通过外扩 8255A 实现 4 位 LED 显示器和 8 个 LED 指示灯的扩展。

8255A 的数据总线 D0～D7 连接单片机的 P0 口，地址线 A1、A0 分别连接单片机的 P0 口经 74LS373 锁存输出的低 2 位地址线 A1、A0；8255A 的 $\overline{RD}$、$\overline{WR}$ 分别连接单片机的 $\overline{RD}$、$\overline{WR}$，其片选 $\overline{CS}$ 连接单片机的 P2.6，则 8255A 的控制端口、PA 口、PB 口、PC 口的地址分别为 0BFFCH、0BFFDH、0BFFEH、0BFFFH。8255A 的 RESET 连接单片机的 RST，以保证 8255A 的正确复位。

8255A 通过 PA0～PA3 为 4 位 LED 显示器提供位选，通过 PB 口经 ULN2803 反相驱动为 4 位 LED 显示器提供段选，并控制 4 位 LED 显示器。4 位 LED 显示器的低 3 位用于模拟量显示，最高位（左侧）用于显示模拟量的路数（0～7）。

8255A 通过 PC 口扩展 8 个 LED 指示灯（D0～D7），用于配合按键指示正在进行 A/D 转换的某路模拟量。当 IN0～IN7 引入的某一路模拟量进行 A/D 转换时，其对应的 LED 指示灯亮。

8 路模拟量采集系统的仿真图如图 7.7 所示（图中用 ADC0808 代替 ADC0809），按下 K6 按键表示选择采集 IN6 路模拟量，LED 指示灯 D6 亮；4 位 LED 显示器最左侧的高位数字 6 表示采集的是 IN6 路模拟量，右侧 3 位数字 217 为从滑动变阻器 RV6 输入的采集值。

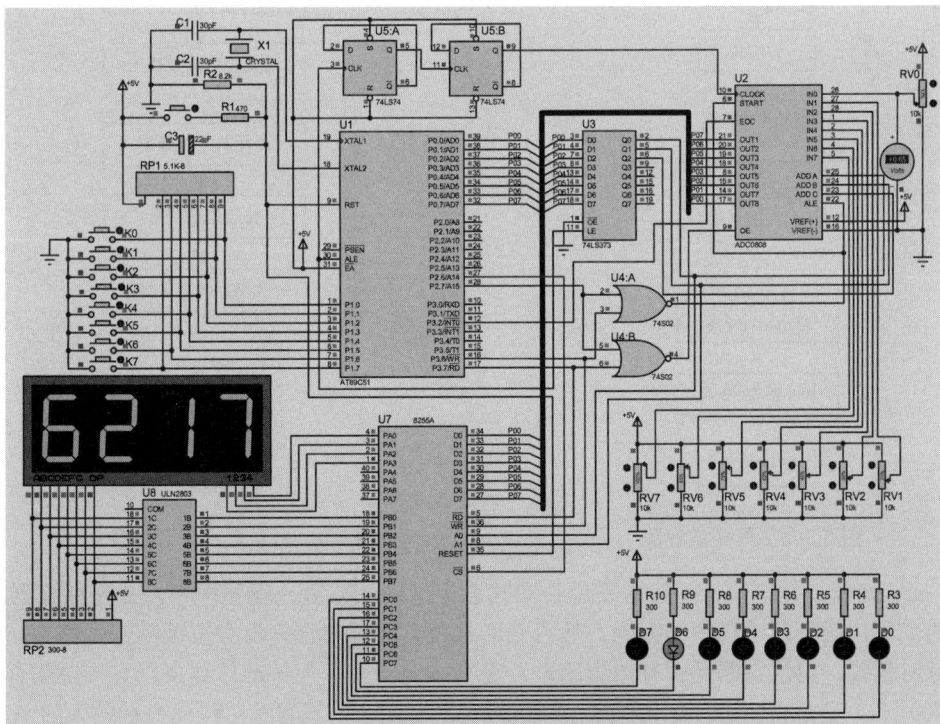

图 7.7　8 路模拟量采集系统的仿真图

4．软件设计

（1）主程序设计

系统上电或手动复位后，首先进行初始化，启动 A/D 转换进行数据采集。查询 A/D 转换是否结束，如果转换没有结束，则继续查询；如果转换结束，则读取 A/D 转换结果并启动下一次 A/D 转换。然后显示数据与路数、扫描键盘，返回查询 A/D 转换是否结束，形成主程序循环。当无按键闭合时，系统处于初始的状态，采集 IN0 路数据并显示。当有按键闭合时，按照闭合的按键采集相应的模拟量并显示、指示。

主程序流程图如图 7.8 所示。

（2）各模块子程序设计

① 初始化子程序设计。初始化子程序完成设置堆栈、初始化 8255A、设置显示缓存区及其初值、关中断等操作。初始化子程序流程图略。

② 读取数据子程序设计。读取数据子程序完成读取并保存数据、启动下一次 A/D 转换等操作。读取数据子程序流程图略。

③ 显示数据子程序设计。LED 显示器采用动态显示方式实现数据显示。显示数据子程序完成的操作：处理采集的数据（转化为十进制数），设置显示缓存区，设置位选信号初值，显示某一位数据，修改位选信号（左移），修改显示缓存区地址，为显示下一位做准备，判断 4 位显示器是否显示完，如果没有显示完，则返回继续显示某一位数据；如果显示完，则结束。显示数据子程序流程图如图 7.9 所示。

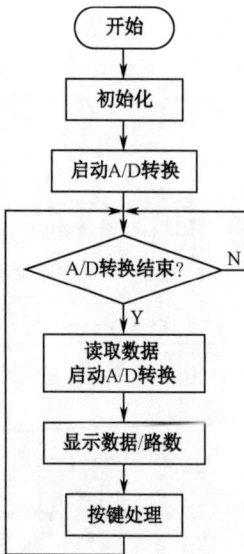

图 7.8　主程序流程图

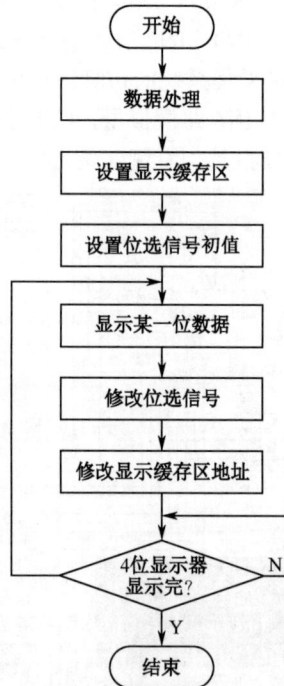

图 7.9　显示数据子程序流程图

④ 按键处理子程序设计。按键采用独立式连接。进入按键处理子程序，首先保存累加器 A 的值，避免受按键处理子程序的影响。然后判断是否有按键闭合，没有按键闭合，结束；有按键闭合，延时消抖。再次判断是否有按键闭合，没有按键闭合，为抖动，结束；有按键闭合，再逐次判断 K0～K7 键是否闭合，如果第 i 个（i=0～7）键闭合，设置第 i 路模拟量输入的 A/D 转换地址，设置 LED 显示第 i 路，点亮第 i 路 LED 指示灯。K0～K7 键逐个查询完，再次判断是否有

按键闭合，有按键闭合则返回继续处理；无按键闭合，恢复累加器 A 的值，结束。按键处理子程序流程图如图 7.10 所示。

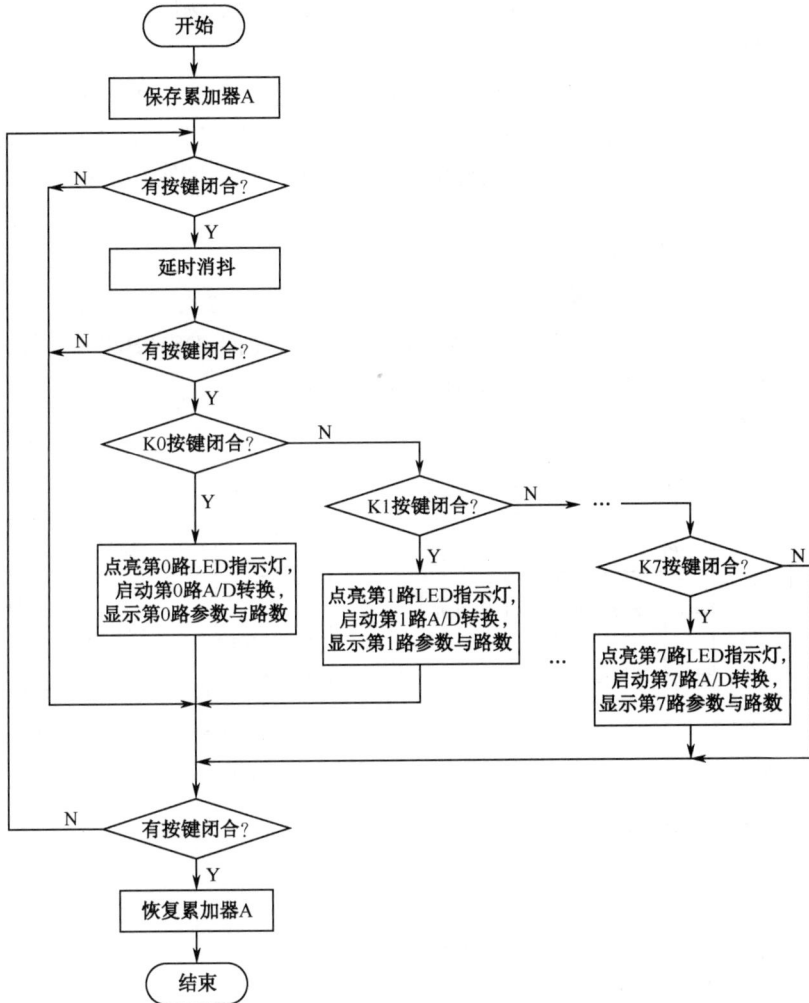

图 7.10　按键处理子程序流程图

（3）汇编程序、仿真演示

汇编程序、仿真演示见二维码。

7.2.2　在温度监控系统中的应用

温度是重要的物理量。温度的变化可能会直接影响材料和产品的质量，以及能源的合理利用与生产过程的安全。如何实现某点或某区域温度的监测与控制，特别是实时测量，是首要任务。温度变送器的可靠性、稳定性、准确性和寿命是监测与控制的基础，而温度传感器的性能将直接影响系统性能指标。

1. 设计任务与要求

① 实时监测环境温度，温度范围为-50～+125℃。

② 根据温度值，控制电动机的转速，以调节温度：温度为 0～25℃，电动机不转；温度低于0℃，电动机全速反转；温度为 25～50℃时，电动机以与温度成正比的关系正转；温度超过 50℃，电动机全速正转。

③ 实时显示被测温度。

④ 温度高于 50℃或低于 0℃时，实现声光报警，并显示报警状态。

⑤ 适用于室内温度监控，如办公室、农业温室大棚、机房等场所。

2．总体方案论证

主控制器采用 MCS-51 单片机 AT89C52。根据系统特点，选择 DS18B20 数字温度传感器采集温度；单片机外扩 LCD 显示器 LCD1602 显示被测参数及报警状态，外扩蜂鸣器和 LED 指示灯实现声光报警功能；单片机通过驱动电路根据测量的温度值驱动电动机，控制转速实现升温或降温。

温度监控系统总体框图如图 7.11 所示。

3．DS18B20 数字温度传感器

DS18B20 是美国 DALLAS 公司生产的数字温度传感器。由于 DS18B20 芯片输出的温度信号是数字信号，因此简化了系统设计，提高了测量效率和精度。

（1）DS18B20 的引脚

DS18B20 的引脚如图 7.12 所示。

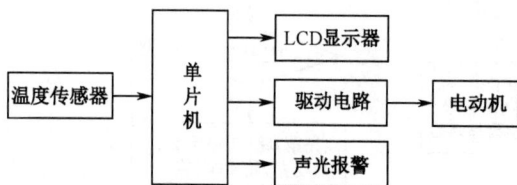

图 7.11　温度监控系统总体框图

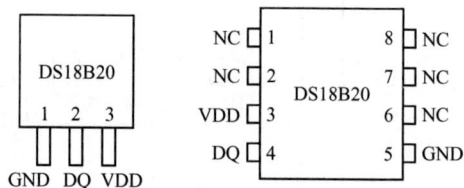

（a）TO-92 封装　（b）SOIC 封装

图 7.12　DS18B20 的引脚图

主要引脚的功能说明如下。

DQ：数字信号输入/输出端；

GND：电源地；

VDD：外部电源输入端（在采用寄生电源接线方式时接地）。

（2）DS18B20 的主要性能

DS18B20 具有单总线接口，仅需要一个引脚进行通信；测温范围为-55～+125℃，在-10～+85℃范围内，测量精度可达±0.5℃；工作电压范围为 3.0～5.5V；多个 DS18B20 可以组网，实现多点温度测量。通过编程可设置分辨率分别为 9、10、11 和 12 位，对应的可分辨温度分别为 0.5℃、0.25℃、0.125℃和 0.0625℃，出厂时被设置为 12 位。具有结构简单、体积小、功耗小、抗干扰能力强、使用方便等特点，非常适合恶劣环境下的温度测量，也可用于各种狭小空间内设备的温度测量，例如，环境控制、过程控制、测温类消费电子产品及多点温度控制系统。

（3）DS18B20 的存储器

每个 DS18B20 都有唯一的 64 位光刻 ROM 编码——序列号，它使每个 DS18B20 的地址都不相同，可实现在一根总线上挂接多个 DS18B20。

DS18B20 可对环境温度进行实时测量，并将温度值以两字节补码形式存放在高速缓冲存储器的第 0 个和第 1 个字节中。单片机可通过单总线接口读取测量数据，读取时低位在前，高位在后。测量温度与输出数据对应关系见表 7.1。

表 7.1　DS18B20 测量温度与输出数据对应关系

温度	16 位二进制温度值																十六进制温度值
	符号位（5 位）					数据位（11 位）											
+125℃	0	0	0	0	0	1	1	1	1	1	0	1	0	0	0	0	07D0H
+85℃	0	0	0	0	0	1	0	1	0	1	0	1	0	0	0	0	0550H
+25.0625℃	0	0	0	0	0	0	0	1	1	0	0	1	0	0	0	1	0191H
0℃	0	0	0	0	0	0	0	0	0	0	0	0	0	0	0	0	0000H
−25.0625℃	1	1	1	1	1	1	1	0	0	1	1	0	1	1	1	1	FE6FH
−55℃	1	1	1	1	1	1	0	0	1	0	0	1	0	0	0	0	FC90H

当 DS18B20 采集的温度为+125℃时，输出 07D0H，则

实际温度=（07D0H）℃/16=（$0 \times 16^3 + 7 \times 16^2 + 13 \times 16^1 + 0 \times 16^0$）/16=125℃

当 DS18B20 采集的温度为−55℃时，输出 FC90H，其为补码，需要先将 11 位数据取反加 1 得 0370H，其中，符号位不变，不参加运算，则

实际温度=（0370H）℃/16=（$0 \times 16^3 + 3 \times 16^2 + 7 \times 16^1 + 0 \times 16^0$）/16=55℃

DS18B20 温度传感器内部存储器包括一个高速缓冲存储器 RAM（包含 9 个连续字节）和一个 E²PROM（存放高温和低温触发器 TH、TL 及结构寄存器）。缓冲存储器结构见表 7.2。

表 7.2　缓冲存储器结构

字节地址	寄存器内容	字节地址	寄存器内容	字节地址	寄存器内容
0	温度最低数字位	3	低温限值 TL	6	保留
1	温度最高数字位	4	配置寄存器	7	保留
2	高温限值 TH	5	保留	8	CRC 校验码

表 7.2 中的配置寄存器各位的含义见表 7.3。其中，低 5 位都是 1，TM 是测试模式位，用于设置 DS18B20 的工作模式/测试模式。在 DS18B20 出厂时，该位被设置为 0，用户不能改变。R1 和 R0 用来设置分辨率，见表 7.4。

表 7.3　配置寄存器各位的含义

D7	D6	D5	D4	D3	D2	D1	D0
TM	R1	R0	1	1	1	1	1

表 7.4　分辨率的设置

R1	R0	分辨率	温度最大转换时间
0	0	9 位	93.75ms
0	1	10 位	187.5ms
1	0	11 位	375ms
1	1	12 位	750ms

（4）DS18B20 的时序

根据 DS18B20 的通信协议，单片机控制 DS18B20 完成温度测量有严格的时序要求，也设置了规定的操作。一般来说，操作需要经过三个步骤：每次读/写之前都要对 DS18B20 进行初始化复位，复位成功后发送 ROM 指令执行写命令操作，最后发送 RAM 指令执行读数据操作。

① 初始化时序，单片机将数据总线电平拉低 480～960μs 后释放，等待 15～60μs（初始化成功后在 15～60μs 时间内产生一个由传感器返回的低电平，由单片机判断该传感器是否存在），单片机读取到传感器反馈的低电平，则延时 480μs，然后将数据总线电平拉高。

② 写命令时序，当单片机将数据总线电平从高拉低时，产生写命令时序，有写 0 和写 1 两种时序。写时序开始后，DS18B20 在 15～60μs 期间从数据总线上采样。如果采样到低电平，则

向 DS18B20 中写 0；如果采样到高电平，则向 DS18B20 中写 1。这两个独立的时序之间至少需要拉高数据总线电平 1μs 的时间。

③ 读数据时序，当单片机从 DS18B20 中读取数据时，产生读数据时序。此时单片机将数据总线电平从高拉低使读时序被初始化。在此后的 15μs 内，如果单片机在数据总线上采样到低电平，则从 DS18B20 中读的是 0；如果采样到高电平，则从 DS18B20 中读的是 1。

（5）DS18B20 的命令字

DS18B20 的命令字均为 8 位字长，常用命令见表 7.5。

表 7.5　DS18B20 常用命令

命令功能	命令代码
启动温度转换	44H
读取寄存器内容	BEH
读 DS18B20 的序列号（数据总线上仅有一个 DS18B20 时使用）	33H
跳过读序列号的操作（数据总线上仅有一个 DS18B20 时使用）	CCH
将数据写入寄存器的第 2~4 个字节中	4EH
匹配 ROM（总线上有多个 DS18B20 时使用）	55H
搜索 ROM（单片机识别所有的 DS18B20 的序列号）	F0H
报警搜索（仅在温度测量报警时使用）	ECH
读电源供给方式，0 为寄生电源，1 为外部电源	B4H

4. 硬件电路设计

单片机选用 AT89C52。单片机的最小系统包括晶振和复位电路。

DS18B20 的 DQ 通过上拉电阻连接单片机的 P1.7 口，并接电源与地线。显示器 LCD1602 的数据总线 D0~D7 通过上拉电阻连接单片机的 P0 口，其寄存器选择 RS、读/写 R/$\overline{\text{W}}$、使能 E 分别连接单片机的 P2.0、P2.1、P2.2 口，用于控制显示器。单片机使用 P2.3、P2.4 口通过由三极管组成的驱动电路驱动电动机，使用 P1.7、P1.6 口驱动蜂鸣器和控制 LED 指示灯实现声光报警功能。温度监控系统的仿真图如图 7.13 所示。

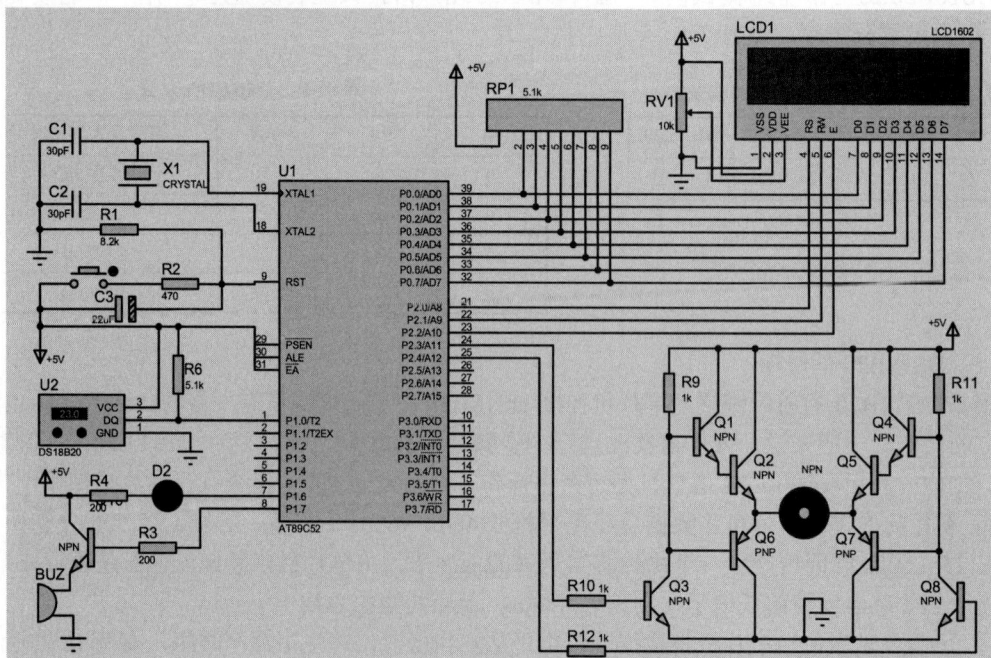

图 7.13　温度监控系统的仿真图

5．软件设计

（1）主程序设计

系统上电或手动复位后，首先进行系统、LCD 显示器的初始化。启动 DS18B20 成功后，读取温度值，经过数据处理后，通过 LCD 显示器显示出来。根据不同的温度值，驱动电动机转动，并实现报警处理。主程序流程图如图 7.14 所示。

（2）各模块子程序设计

① 初始化子程序设计

初始化子程序实现设置堆栈、设置存储器单元、关闭报警等功能。初始化子程序流程图略。

② 读取数据子程序设计

DS18B20 是可编程器件，在使用时必须经过初始化、写命令操作和读数据操作三个步骤。根据 DS18B20 的通信协议和时序控制要求编写相应的程序：初始化 DS18B20；写 CCH 命令，设置总线上只有一个 DS18B20 传感器，跳过读序列号的操作；然后，写 44H 命令，启动温度转换；延时，避免 DS18B20 出厂时设置的 85℃ 被显示；温度转换完成后，重新初始化 DS18B20；写 BEH 命令，读取寄存器内容；读取温度值，暂存于 R2R1 中。

读取温度值的流程如图 7.15 所示。

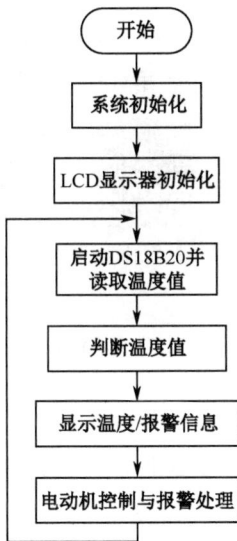

图 7.14　主程序流程图

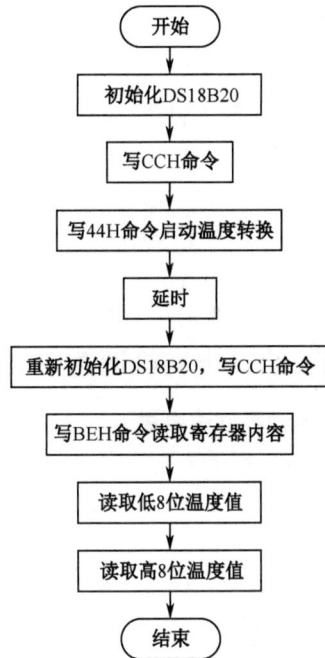

图 7.15　读取温度值流程图

③ 温度转换子程序设计

当温度值从 DS18B20 读出后，以二字节补码形式存放在指定位置。单片机需要将其转换成十进制数，然后显示。对应的温度判断：当符号位为 0 时，表示测得的温度值为正值，可直接将二进制数转换为十进制数；当符号位为 1 时，表示测得的温度值为负值，要先将补码变为原码，再转换为十进制数。温度转换子程序流程图略。

④ 电动机驱动与报警子程序设计

根据不同的温度值，电动机以不同的速度转动。当温度为 0～25℃ 时，电动机不转动，不进行声光报警并显示"No alarm"；当温度大于 50℃ 时，电动机全速正转，进行声光报警并显示高温报警"High alarm"；当温度为 25～50℃，电动机以与温度成正比的关系正转，不进行声光报警并显示"No alarm";当温度低于0℃时，电动机全速反转，进行声光报警并显示低温报警"Low alarm"。程序流程图如图 7.16 所示。

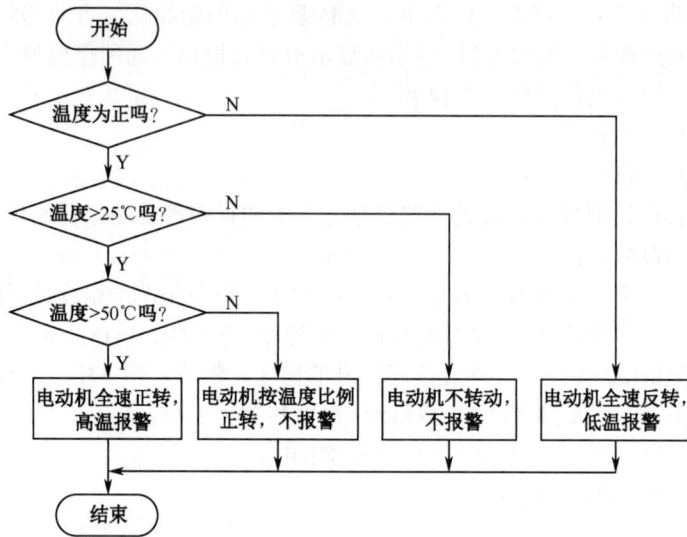

图 7.16　电动机驱动与报警子程序流程图

⑤ 液晶显示子程序设计

液晶显示包括两部分，第 1 行显示温度值（TEMP：温度值），第二行显示报警状态（无报警、低报警或高报警）。十进制温度值保存在单片机内部 RAM 的 53H~50H 单元中，54H 单元为其符号位。设单片机主频为 12MHz。

（3）汇编程序、仿真演示

汇编程序、仿真演示见二维码。

7.2.2_汇编程序　　7.2.2_仿真演示

7.2.3　在直流电动机调速中的应用

1. 直流电动机调速概述

直流电动机多用于无交流电源、方便移动的场合，具有低速、大力矩等特点。直流电动机的转速计算公式如下：

$$n=(U-IR)/k\Phi \tag{7.2}$$

式中，n 为电动机转速，U 为电枢电压，I 为电枢电流，R 为电枢回路总电阻，Φ 为电动机主磁通，k 为电动机结构参数。

根据式（7.2），直流电动机的转速与电动机结构参数 U、I、R、Φ 有关，可通过调节电枢电压 U、改变电动机主磁通 Φ 或改变电枢回路总电阻 R 实现调速。调节电枢电压 U 的方法是，从额定电压往下降低电枢电压，使电动机从额定转速向下调速，属恒转矩调速方法。其特点是，电枢电流变化的时间常数较小，响应速度快，可在一定的范围内实现无级平滑调速，所需电源容量较大。改变电动机主磁通 Φ 只能减弱磁通，使电动机从额定转速向上调速，属恒功率调速方法。其特点是，电枢电流变化的时间常数较大，响应速度较慢，可以实现无级平滑调速，所需电源容量小。在电动机电枢回路外串联电阻以改变电枢回路总电阻 R 的方法，设备简单，操作方便。其特点是，只能实现有级调速，调速平滑性差，机械特性较软，在调速电阻上会消耗大量电能，目前很少采用。

自动控制的直流电动机调速系统一般以调压调速为主，必要时把调压调速和弱磁调速两种方法配合起来使用。

脉冲宽度调制（Pulse Width Modulation，PWM）调速系统近年来在中小功率直流传动系统中得到了迅猛发展。PWM 调速系统通过改变电动机电枢电压接通与断开时间的占空比来改变平均电压的大小，从而实现直流电动机转速的控制。当电动机通电时，转速提高；当电动机断电时，转速逐渐降低。电动机起到低通滤波器的作用，将 PWM 信号转换为有效直流电平。只要按一定的规律改变通、断电时间，即可让电动机转速得到控制。假设电动机永远接通电源，其转速最大为 v_{max}，占空比为 D，则电动机的平均速度为 $v_p=v_{max}\times D$。PWM 调速系统的特点是，开关频率高，响应速度快，动态抗扰能力强，低速性能好，稳速精度高，调速范围宽，电动机的损耗和发热都较小，线路简单，控制方便等。目前，受到器件容量的限制，PWM 调速系统只用于中、小功率的系统中。

2．MCS-51 单片机输出 PWM 信号的方法

目前，很多单片机可以直接输出 PWM 信号。但 MCS-51 单片机不能直接输出 PWM 信号，要通过内部定时器/计数器实现 PWM 信号的输出。实现方法有以下两种。

（1）用两个定时器/计数器实现

用定时器/计数器 T0 控制频率，用定时器/计数器 T1 控制占空比。设计思想：使用某个 I/O 接口（如 P1.0 口）输出 PWM 信号，T0 中断使该 I/O 接口（P1.0 口）输出高电平，并且启动 T1；T1 中断使该 I/O 接口（P1.0 口）输出低电平。因此，改变 T0 的初值可以改变 PWM 信号的频率，改变 T1 的初值可以改变 PWM 信号的占空比。

（2）用一个定时器/计数器实现

设 PWM 信号的周期为 T，占空比为 D，使用某个 I/O 接口（如 P1.0 口）输出 PWM 信号。用一个定时器/计数器（如 T0）产生一个时间基准 t（定时时间），设 m 次定时器/计数器中断为一个周期（$T=mt$）的 PWM 信号，占空比 $D=(m-n)/m$，$0\leqslant n\leqslant m$，nt 为 PWM 信号在一个周期内处于低电平的时间。在定时器/计数器中断服务子程序内，设置一个变量 x（$0\leqslant x<m$），当 $x\geqslant m$ 时，$x=0$；当 $x<n$ 时，使该 I/O 接口（P1.0 口）输出低电平；当 $x\geqslant n$ 时，使该 I/O 接口（P1.0 口）输出高电平。占空比为 $(m-n)/m$。调整 n 可以调整 PWM 信号的占空比，调整 m 可以调整 PWM 信号的频率。

例如，用 T0 在 P1.0 口输出周期为 1ms（频率为 1kHz）的可调 PWM 信号。设置 T0 产生的时间基准 t 为 0.01ms，$m=100$，$T=mt=1$ms。根据上面的原理设置 x 与 n，占空比为 $(m-n)/m$，可调。假设 $(R2)=x$，$(R3)=n$，T0 在 P1.0 口输出周期为 1ms 的可调 PWM 信号，其中断服务子程序（设 MCS-51 单片机的主频为 12MHz）如下：

```
        ORG  0100H
T00:    CJNE R2,#100,T01    ;当 x>=m（此处为 100）时，x=0
        MOV R2,#00H
T01:    MOV A,R2            ;x 与 n 比较
        CLR C
        SUBB A,R3
        JC T02
        SETB P1.0           ;当 x>=n 时，P1.0 口输出高电平
        SJMP T03
T02:    CLR P1.0            ;当 x<n 时，P1.0 口输出低电平
T03:    MOV TH0,#0FFH       ;重新设置计数初值，输出连续波形
        MOV TL0,#0F6H
        RETI
```

3．MCS-51 单片机控制直流电动机调速系统的设计

（1）设计要求

采用 MCS-51 单片机控制直流电动机，要求实现上电、急停、正转高速、正转调速、反转高

速、反转调速 6 种控制，转速控制连续可调。

（2）硬件设计

单片机采用 STC89C52，控制 L298N 驱动直流电动机，通过单片机内部的定时器/计数器 T0 与 T1 产生 PWM 信号控制电动机正/反转调速，通过键盘设置直流电动机的工作状态及调速。其仿真图如图 7.17 所示。

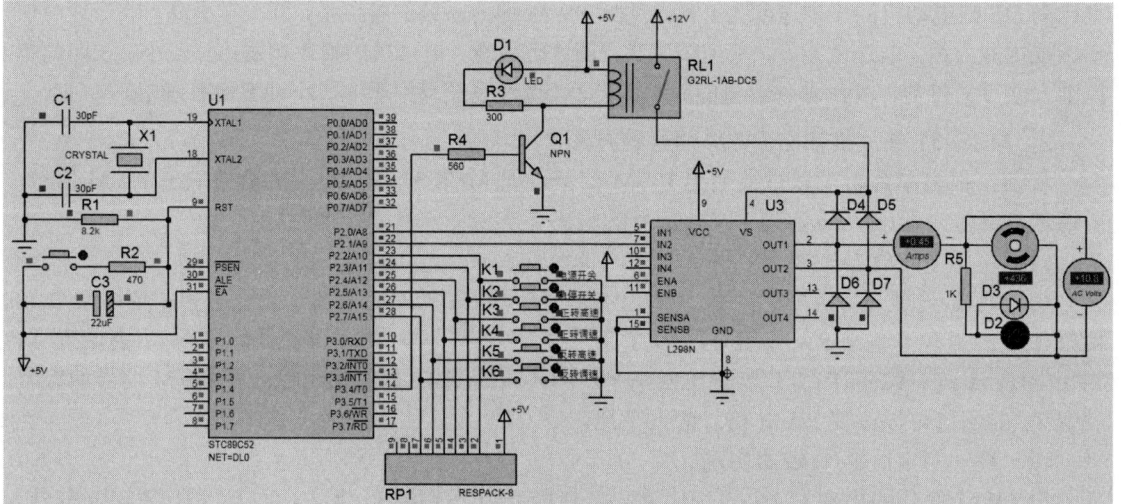

图 7.17　MCS-51 单片机控制直流电动机调速系统的仿真图

由于 MCS-51 单片机无法直接驱动电动机，因此选择 L298N 驱动电动机。L298N 是意法半导体公司生产的一种高电压、大电流的电动机驱动芯片。其主要特点是，最高工作电压可达 46V，输出电流瞬间峰值可达 3A，持续工作电流为 2A，额定功率为 25W，内含两个 H 桥的高电压、大电流、全桥式驱动器。一片 L298N 可以用来驱动两台直流电动机，也可以驱动两台两相步进电动机或一台四相步进电动机、继电器线圈等感性负载。其采用标准逻辑电平信号控制。

表 7.1　L298N 的功能表

直流电动机	旋转方式	ENA	ENB	IN1	IN2	IN3	IN4
M1	正转	H	X	H	L	X	X
	反转	H	X	L	H	X	X
	停止	H	X	L	L	X	X
		H	X	H	H	X	X
M2	正转	X	H	X	X	H	L
	反转	X	H	X	X	L	H
	停止	X	H	X	X	L	L
		X	H	X	X	H	H

注：H—高电平；L—低电平；X—任意。

L298N 的主要引脚如图 7.17 所示。L298N 有两个电源，V_{CC} 为 L298N 工作电源，V_S 为驱动电动机电源。使能控制 ENA 与 ENB 可以直接接高电平，上电就有效；也可以接 PWM 信号，用于调速。OUT1 和 OUT2 与 OUT3 和 OUT4 之间可分别接直流电动机。IN1～IN4 接高/低电平，用于控制电动机正/反转；当 ENA 与 ENB 直接接高电平时，IN1～IN4 可接 PWM 信号，用于调速。L298N 的功能表见表 7.1。

如图 7.17 所示，在单片机最小系统的基础上通过单片机的 P2.2～P2.7 扩展了 6 个按键 K1～K6，其中，K1 为电源开关按键，按一下 K1，电动机上电，再按一下 K1，电动机断电；K2 为急停开关按键，在运转的状态下，按下 K2，电动机急停；K3 为正转高速按键，按下 K3，电动机正转高速运行；K4 为正转调速按键，每按一下 K4，电动机正转速度就会降低一挡；K5 为反转高速按键，按下 K5，电动机反转高速运行；K6 为反转调速按键，每按一下 K6，电动机反转速度就会降低一挡。

该系统只控制一个直流电动机。L298N 的 ENA 直接接高电平。单片机的 P2.0 和 P2.1 分别接

L298N 的 IN1 和 IN2，用于控制电动机的正/反转。用于调速的 PWM 信号通过单片机接口接 IN1（正转）或接 IN2（反转）。单片机的 P3.4 通过三极管 Q1、继电器 G2RL-1AB-DC5 控制电动机的电源，发光二极管 D1 用于指示电动机的电源开关状态，D1 亮，表示电动机的电源接通。发光二极管 D2、D3 用于指示电动机的正/反转，D3 亮，表示电动机正转；D2 亮，表示电动机反转。D4～D7 为 4 个续流二极管，用于消除电动机转动时的尖峰电压，保护电动机。电压表、电流表用于指示电动机的电压与电流。

（3）软件设计

采用汇编语言，通过模块化方法进行程序设计。软件包括主程序、初始化程序、键盘扫描处理子程序、正/反转子程序、延时子程序、产生 PWM 信号的 T0/T1 中断服务子程序等。程序框图略。汇编程序见二维码。

习题 7

7.2.3_汇编程序

1．简述单片机系统设计的一般方法及步骤。

2．简述单片机系统中硬软件设计的原则。

3．单片机系统硬软件设计应注意哪些问题？

4．单片机系统硬件设计的基本任务是什么？

5．在单片机系统设计中，硬件调试的基本步骤是什么？

6．在单片机系统设计中，有哪些常规的可靠性设计内容？

7．简述单片机系统软件设计的主要步骤和方法。

8．简述单片机系统的调试步骤和方法。

9．按照单片机系统设计的一般方法和步骤，设计一个函数信号发生器，并写出完整的设计报告。

10．按照单片机系统设计的一般方法和步骤，设计一个数据采集系统，要求可以采集 8 路模拟量，并通过 LCD 显示器显示路数与采集参数；可通过按键设置报警上下限参数，并实现声光报警功能。

11．按照单片机系统设计的一般方法和步骤，设计一个温度监测系统，要求可以采集 8 路温度参数，并通过 LCD 显示器显示路数与采集参数等。

12．按照单片机系统设计的一般方法和步骤，设计一个直流电动机控制系统，要求能实时控制电动机的正转、反转、启动、停止、加速、减速等。

第8章 课程设计与创新实验题目

本章给出了 16 个单片机课程设计与创新实验题目,其目的在于提高读者应用单片机解决实际工程问题的能力。本章重点在于单片机开发的基本方法,课程设计题目的设计思想。本章难点在于课程设计与创新实验题目的具体实现。

8.1 交通信号灯实时控制系统的设计

设计一个交通信号灯实时控制系统,要求具有以下功能。

(1)在一个十字路口的一条主干道和一条支干道上,分别装上红、黄、绿三种信号灯和车辆检测传感器(车辆检测传感器可用红外传感器或光电传感器代替)。

(2)在通常情况下,主干道绿灯亮 60 秒(同时支干道红灯亮 60 秒)后,绿灯闪烁 3 秒(同时支干道仍然是红灯亮),然后主干道黄灯亮 3 秒;之后主干道红灯亮 30 秒(同时支干道绿灯亮 30 秒),然后支干道绿灯闪烁 3 秒(同时主干道仍然是红灯亮),其后支干道黄灯亮 3 秒,转为红灯亮;如此循环。要求主干道和支干道的信号灯同步控制,以防止出现车祸。

(3)若在主干道绿灯亮后的 60 秒内检测到支干道中有 3 辆以上车辆到达,则在第 3 辆车到达时,主干道绿灯闪烁 3 秒(同时支干道仍然是红灯亮),然后主干道黄灯亮 3 秒,其后支干道由红灯变为绿灯,并转入正常工作。

(4)支干道变绿灯后,若检测到主干道车辆已到达 3 辆,则支干道绿灯维持 20 秒后,支干道绿灯闪烁 3 秒(同时主干道仍然红灯),其后支干道黄灯亮 3 秒,其后主干道红灯变为绿灯,并转入正常工作。

(5)设置左转弯信号灯。主干道左转弯信号绿灯亮 20 秒(同时支干道红灯亮),闪烁 3 秒后变为红灯;然后主干道绿灯亮 60 秒后(同时支干道仍然红灯),闪烁 3 秒;然后主干道黄灯亮 3 秒,转入红灯。之后支干道左转弯信号绿灯亮 15 秒(同时主干道仍然红灯),闪烁 3 秒后变为红灯;其后支干道绿灯亮 30 秒(同时主干道仍然红灯),闪烁 3 秒;然后支干道黄灯亮 3 秒,转入红灯。如此循环。要求主干道和支干道的信号灯同步控制。

8.2 智力竞赛抢答器的设计

设计一个供 8 名选手参加比赛的智力竞赛抢答器,要求如下。

(1)每名选手有一个抢答按钮,按钮的编号与选手的编号相对应。

(2)抢答器具有第一个抢答信号的鉴别和数据锁存、显示的功能。抢答开始后,若有选手按下抢答按钮,则该选手指示灯亮,并在数码管上显示相应编号,扬声器发出声音提示。同时,电路应具备自锁功能,禁止其他选手再抢答,优先抢答选手的编号会一直保持到主持人将系统清 0 为止。

(3)抢答器具有计分、显示功能。预置分数可由主持人设定,并显示在每名选手的计分牌上。选手答对加 10 分,答错扣 10 分。

(4)抢答器具有定时抢答的功能。一次抢答的时间由主持人设定,在主持人发出抢答指令后,定时器立即进行减计时,并在显示器上显示,同时扬声器发出短暂声音提示,声音提示持续时间为 0.5 秒左右。

(5)选手在设定的抢答时间内进行抢答,抢答有效,定时器停止工作,显示器显示选手编号和抢答时刻的时间,并保持到主持人将系统清 0 为止。

(6)如果设定抢答的时间已到,却没有选手抢答,则本次抢答无效,系统进行短暂的报警,并禁止选手超时后抢答,定时显示器上显示 00。

(7)抢答器具有犯规提示功能。对提前抢答和超时抢答的选手,扬声器发出报警信号,并在显示器上显示其编号。

8.3 住校学生生活时间提示系统的设计

设计制作一个住校学生生活时间提示系统,要求如下。

(1)基本计时和时间显示功能(用 24 小时制显示)。

(2)可以用键盘设定当前时间(日、时、分)。

(3)可以实现整点报时功能,整点时声音提示 10 秒,有控制启动和关闭功能。

(4)具有声音提示功能。声音提示可用蜂鸣器(或喇叭)播放,凡是用到声音提示功能的均按此处理。规定如下。① 6:00 起床,声音提示 5 秒,停 2 秒,再提示 5 秒。② 7:50 上课,8:35 下课;8:45 上课,9:30 下课;9:50 上课,10:35 下课;10:45 上课,11:30 下课。每次声音提示 5 秒。③ 22:30 熄灯,声音提示 5 秒,停 2 秒,再提示 5 秒。

8.4 多路数据采集系统的设计

设计一个 8 路数据采集系统,要求如下。

(1)实现 8 路数据采集功能,通过调节电位器实现 0～5V 的电压输出作为 8 路输入信号使用。

(2)通过 4 位 LED 显示采集的结果,第 1 位显示路数,第 2、3、4 位显示数据采集结果。

(3)通过按键可选择显示 8 路中任意路数的数据采集结果。

(4)具有报警功能。如果任意一路超过报警限(可自行通过软件设定),则发出声音报警,并通过 LED 指示是哪一路报警,同时停止数据采集。

8.5 温度监控系统的设计

设计一个温度监控系统,要求如下。

(1)实现-40～+125℃范围内的温度测量,测量精度为 1.0 级。通过 LCD 显示器显示测量的值。

(2)可用键盘设定报警值,并在 LCD 显示器上显示。当测量值超过报警值时发声光报警。

(3)当测量值超限时,按照某种控制规律(控制规律可选择 PID 的 PI 或 PD)输出控制信号,控制执行器动作(执行器可模拟)。

8.6 万年历的设计

设计一台液晶屏显示的万年历,要求如下。

(1)显示年、月、日、时、分、秒和星期,并有相应的农历显示。

(2)可通过键盘自动调整时间。

(3)具有闹钟功能。

(4)具有环境温度测量与显示功能,温度测量误差小于±1℃。

(5)计时精度:月误差小于 20 秒。

8.7 医院住院病人呼叫器的设计

设计医院住院病人呼叫器,要求如下。

（1）无线呼叫器对应 8 个床位，供医院住院病人呼叫医护人员时使用。

（2）病人可通过按动自己床边的按钮，向医护人员发出呼叫信号。

（3）当有病人的呼叫信号时，医护人员值班室中的显示器上将显示该病人的床位编号，同时扬声器发出声音信号，提醒医护人员。

8.8　电子密码锁的设计

设计一个电子密码锁，要求如下。

（1）可以用键盘设置 1～8 位的密码，从键盘上输入正确密码后才可更改密码或开锁。设置新密码前需要校验旧密码。

（2）当输入 3 次错误密码后，电路提供声音报警。开锁信号输出接口用发光二极管表示。

（3）可以实现掉电密码保存功能。

（4）可以实现密码加密功能。

8.9　超声波测距系统的设计

设计一个超声波测距系统，要求如下。

（1）通过超声波原理实现距离测量，采用 3 位数码管显示测量的距离。

（2）当测量距离小于 0.5m 或大于 3m 时能够声光报警，并通过报警声音区别这两种报警。

（3）可以用键盘设定报警距离上限和下限。

8.10　数字频率计的设计

设计一台数字频率计，要求如下。

（1）可以实现频率测量、周期测量、脉冲宽度测量。频率测量与周期测量：方波或正弦波信号，幅度为 0.5～5V，频率为 1Hz～1MHz，测量误差小于或等于 0.1%。脉冲宽度测量：脉冲波信号，幅度为 0.5～5V，脉冲宽度大于或等于 100μs，测量误差小于或等于 1%。

（2）实现测量值的十进制数字显示，显示刷新时间为 1～10s，连续可调，对上述三种测量功能分别用不同颜色的发光二极管指示。

（3）具有自校功能，时标信号频率为 1kHz。

8.11　电梯自动控制电路的设计

设计一个 8 层楼房的电梯自动控制电路，要求如下。

（1）电梯内设有对外报警开关，可以在紧急情况下报警。报警装置设在电梯外。

（2）每层电梯门边都设有上、下楼的开关及指示灯，电梯内设有可选择楼层的开关及指示灯。

（3）每层电梯门边都设有表示电梯上升或下降的状态标志，以及电梯当前位于哪层楼的指示显示。

（4）能记忆电梯外的所有请求信号，并按照电梯的运行规则对信号进行分批处理，每个请求信号一直保持到处理后才能清除。电梯运行规则如下。

① 电梯上升时，仅响应电梯所在位置以上楼层的上楼请求信号，按楼层顺序逐个执行，直到最后一个请求执行完毕。然后上升到有下楼请求的最高楼层，开始执行下楼请求。

② 电梯下降时，仅响应电梯所在位置以下楼层的下楼请求信号，按楼层顺序逐个执行，直到最后一个请求执行完毕。然后下降到有上楼请求的最低楼层，开始执行上楼请求。

③ 电梯执行完全部的请求信号后，应在原位置停止，等待新的请求信号到来后再处理。

（5）电梯运行速度为 4 秒/层。

（6）电梯到达有请求的楼层停下时，该层指示灯亮。经 1 秒后，电梯门自动打开。经 10 秒后，电梯门自动关闭（指示灯显示）。电梯到达新楼层后，原楼层指示灯灭。

8.12　出租车计程计价器的设计

设计一个出租车的计程计价器，要求如下。

（1）具有时钟和计程计价显示功能，按下启动键，开始计程，同时显示起步价和每公里单价。

（2）在行驶过程中，实时显示已行走的里程数和当前累计价格。

（3）按下清除键，计价器清 0。

8.13　智能化公共汽车报站器的设计

设计一个智能化公共汽车报站器，要求如下。

（1）具有 20 个停靠站的报站能力。

（2）每到一个停靠站，由驾驶员按下相应的按键，扬声器发出相应的报站语音（如"某某站到了，请下车"），系统处于等待状态。一旦检测到汽车启动信号，扬声器就会发出相应的提示音（如"车开了，请坐好，下一站是某某站"）。

（3）在语音报站的同时，屏幕上用汉字显示出到站的站名。

8.14　自动往返电动车的设计

设计一台自动往返的电动车，要求如下。

（1）电动车自动前进，遇到障碍后返回。

（2）电动车在行驶过程中不能出现擦墙行驶或撞墙故障。

（3）自动测量显示里程数、行车时间。

（4）误差要求：总里程数小于 3%，行车时间小于 3%，识别距离在 5～15cm 范围内。

8.15　简易 IC 卡收费器的设计

设计一台简易 IC 卡收费器，要求如下。

（1）实现 IC 卡数据的读/写操作。

（2）显示当前 IC 卡内金额、消费金额和余额。

（3）具有误操作报警功能。

8.16　消毒柜控制系统的设计

设计一台消毒柜控制系统，要求如下。

（1）显示消毒柜温度、保持时间。

（2）可以用键盘设定消毒柜的温度、定时时间。

（3）可以实现实时中断功能。

（4）消毒后自动关机。

（5）测温误差：小于 0.5℃。

（6）定时误差：小于 20 秒/月。

附录 A ASCII 码字符表

表 A.1 ASCII 码字符表

		高位							
		0	**1**	**2**	**3**	**4**	**5**	**6**	**7**
		000	**001**	**010**	**011**	**100**	**101**	**110**	**111**
0	0000	NUL	DLE	SP	0	@	P	、	p
1	0001	SOH	DC1	!	1	A	Q	a	q
2	0010	STX	DC2	"	2	B	R	b	r
3	0011	ETX	DC3	#	3	C	S	c	s
4	0100	EOT	DC4	$	4	D	T	d	t
5	0101	ENQ	NAK	%	5	E	U	e	u
6	0110	ACK	SYN	&	6	F	V	f	v
7	0111	BEL	ETB	'	7	G	W	g	w
8	1000	BS	CAN	(	8	H	X	h	x
9	1001	HT	EM	)	9	I	Y	i	y
A	1010	LF	SUB	*	:	J	Z	j	z
B	1011	VT	ESC	+	;	K	[	k	{
C	1100	FF	FS	,	<	L	\	l	|
D	1101	CR	GS	-	=	M	]	m	}
E	1110	SO	RS	.	>	N	↑	n	~
F	1111	SI	US	/	?	O	←	o	DEL

低位（位于左侧第一列标注）

表 A.2 控制符号的定义

控制符	定义	控制符	定义
NUL	Null（空白）	DLE	Data link escape（转义）
SOH	Start of heading（序始）	DC1	Device control 1（机控 1）
STX	Start of text（文始）	DC2	Device control 2（机控 2）
ETX	End of text（文终）	DC3	Device control 3（机控 3）
EOT	End of tape（送毕）	DC4	Device control 4（机控 4）
ENQ	Enquiry（询问）	NAK	Negative acknowledge（未应答）
ACK	Acknowledge（应答）	SYN	Synchronize（同步）
BEL	Bell（响铃）	ETB	End of transmitted block（组终）
BS	Backspace（退格）	CAN	Cancel（作废）
HT	Horizontal tab（横表）	EM	End of medium（载终）
LF	Line feed（换行）	SUB	Substitute（取代）
VT	Vertical tab（纵表）	ESC	Escape（换码）
FF	Form feed（换页）	FS	File separator（文件隔离符）
CR	Carriage return（回车）	GS	Group separator（组隔离符）
SO	Shift out（移出）	RS	Record separator（记录隔离符）
SI	Shift in（移入）	US	Unit separator（单元隔离符）
SP	Space（空格）	DEL	Delete（删除）

附录 B MCS-51 单片机指令表

表 B.1 8 位数据传送类指令

助记符		功能说明	寻址范围	机器码	字节数	机器周期
MOV A,	Rn	寄存器内容送累加器	R0~R7	E8H ~EFH	1	1
	direct	直接地址单元中的数据送累加器	00H~FFH	E5H direct	2	1
	@Ri	间接 RAM 中的数据送累加器	(R0~R1), 00H~FFH	E6H~E7H	1	1
	#data8	8 位立即数送累加器	#00H~#FFH	74H data8	2	1
MOV Rn,	A	累加器内容送寄存器	R0~R7	F8H~FFH	1	1
	direct	直接地址单元中的数据送寄存器	00H~FFH	A8H~AFH direct	2	2
	#data8	8 位立即数送寄存器	#00H~#FFH	78H~7FH data8	2	1
MOV direct,	A	累加器内容送直接地址单元	00H~FFH	F5H direct	2	1
	Rn	寄存器内容送直接地址单元	R0~R7	88H~8FH direct	2	2
	direct	直接地址单元中的数据送直接地址单元	00H~FFH	85H direct2 direct1	3	2
	@Ri	间接 RAM 中的数据送直接地址单元	(R0~R1), 00H~FFH	86H~87H direct	2	2
	#data8	8 位立即数送直接地址单元	#00H~#FFH	75H direct data8	3	2
MOV @Ri,	A	累加器内容送间接 RAM 单元	(R0~R1), 00H~FFH	F6H~F7H	1	1
	direct	直接地址单元中的数据送间接 RAM 单元	(R0~R1), 00H~FFH	A6H~A7H direct	2	2
	#data8	8 位立即数送间接 RAM 单元	#00H~#FFH	76H~77H data8	2	1

表 B.2 16 位数据传送类指令

助记符	功能说明	寻址范围	机器码	字节数	机器周期
MOV DPTR, #data16	16 位立即数地址送数据指针寄存器	0000H~FFFFH	90H data16	3	2

表 B.3 外部数据传送类指令

助记符		功能说明	寻址范围	机器码	字节数	机器周期
MOVX A,	@Ri	外部 RAM（8 位地址）送累加器	00H~FFH	E2H~E3H	1	2
	@DPTR	外部 RAM（16 位地址）送累加器	0000H~FFFFH	E0H	1	2
MOVX @Ri, A		累加器送外部 RAM（8 位地址）	00H~FFH	F2H~F3H	1	2
MOVX @DPTR, A		累加器送外部 RAM（16 位地址）	0000H~FFFFH	F0H	1	2

表 B.4 交换与查表类指令

助记符		功能说明	寻址范围	机器码	字节数	机器周期
SWAP A		累加器高 4 位与低 4 位数据互换	A	C4H	1	1
XCHD A, @Ri		间接 RAM 与累加器进行低半字节交换	(R0～R1), 00H～FFH	D6H～D7H	1	1
XCH A,	Rn	寄存器与累加器交换	(R0～R1), 00H～FFH	C8H～CFH	1	1
	direct	直接地址单元与累加器交换	00H～FFH	C5H direct	2	1
	@Ri	间接 RAM 与累加器交换	(R0～R1), 00H～FFH	C6H～C7H	1	1
MOVC A, @A+DPTR		将以 DPTR 为基址、A 为变址的寻址单元的内容送累加器	0000H～FFFFH	93H	1	2
MOVC A, @A+PC		将以 PC 为基址、A 为变址的寻址单元的内容送累加器	PC 向下 00H～FFH	83H	1	2

表 B.5 算术操作类指令

助记符		功能说明	对标志位的影响				机器码	字节数	机器周期
			C	AC	OV	P			
ADD A,	Rn	寄存器内容加到累加器中	Y	Y	Y	Y	28H～2FH	1	1
	direct	直接地址单元加到累加器中	Y	Y	Y	Y	25H direct	2	1
	@Ri	间接 RAM 内容加到累加器中	Y	Y	Y	Y	26H～27H	1	1
	#data8	8 位立即数加到累加器中	Y	Y	Y	Y	24H data8	2	1
ADDC A,	Rn	寄存器内容带进位加到累加器中	Y	Y	Y	Y	38H～3FH	1	1
	direct	直接地址单元带进位加到累加器中	Y	Y	Y	Y	35H direct	2	1
	@Ri	间接 RAM 内容带进位加到累加器中	Y	Y	Y	Y	36H～37H	1	1
	#data8	8 位立即数带进位加到累加器中	Y	Y	Y	Y	34H data8	2	1
INC	A	累加器内容加 1				Y	04H	1	1
	Rn	寄存器内容加 1					08H～0FH	1	1
	direct	直接地址单元内容加 1					05H direct	2	1
	@Ri	间接 RAM 内容加 1					06H～07H	1	1
	DPTR	DPTR 加 1					A3H	1	2
DA A		累加器内容进行十进制数转换	Y	Y		Y	D4H	1	1
SUBB A,	Rn	累加器内容带借位减寄存器内容	Y	Y	Y	Y	98H～9FH	1	1
	direct	累加器内容带借位减直接地址单元内容	Y	Y	Y	Y	95H direct	2	1
	@Ri	累加器内容带借位减间接 RAM 内容	Y	Y	Y	Y	96H～97H	1	1
	#data8	累加器内容带借位减 8 位立即数	Y	Y	Y	Y	94H data8	2	1
DEC	A	累加器内容减 1				Y	14H	1	1
	Rn	寄存器内容减 1					18H～1FH	1	1
	direct	直接地址单元内容减 1					15H direct	2	1
	@Ri	间接 RAM 内容减 1					16H～17H	1	1
MUL A	B	A 乘以 B	0		Y	Y	A4H	1	4
DIV A	B	A 除以 B	0		Y	Y	84H	1	4

表 B.6　逻辑运算类指令

助记符		功能说明	寻址范围	机器码	字节数	机器周期
CLR A		累加器清 0	A	E4H	1	1
CPL A		累加器内容求反	A	F4H	1	1
ANL A,	Rn	累加器内容与寄存器内容相与	(R0~R7)，00H~FFH	58H~5FH	1	1
	direct	累加器内容与直接地址单元内容相与	00H~FFH	55H direct	1	1
	@Ri	累加器内容与间接 RAM 内容相与	(R0~R1)，00H~FFH	56H~57H	1	1
	#data8	累加器内容与 8 位立即数相与	#00H~#FFH	54H data8	1	1
ANL direct,	A	直接地址单元内容与累加器内容相与	00H~FFH	52H direct	1	1
	#data8	直接地址单元内容与 8 位立即数相与	#00H~#FFH	53H direct data8	2	2
ORL A,	Rn	累加器内容与寄存器内容相或	(R0~R7)，00H~FFH	48H~4FH	1	1
	direct	累加器内容与直接地址单元内容相或	00H~FFH	45H direct	1	1
	@Ri	累加器内容与间接 RAM 内容相或	(R0~R1)，00H~FFH	46H~47H	1	1
	#data8	累加器内容与 8 位立即数相或	#00H~#FFH	44H data8	1	1
ORL direct,	A	直接地址单元内容与累加器内容相或	00H~FFH	42H direct	1	1
	#data8	直接地址单元内容与 8 位立即数相或	#00H~#FFH	43H direct data8	2	2
XRL A,	Rn	累加器内容与寄存器内容相异或	(R0~R7)，00H~FFH	68H~6F H	1	1
	direct	累加器内容与直接地址单元内容相异或	00H~FFH	65H direct	2	1
	@Ri	累加器内容与间接 RAM 内容相异或	(R0~R1)，00H~FFH	66H~67H	1	1
	#data8	累加器内容与 8 位立即数相异或	#00H~#FFH	64H data8	2	1
XRL direct,	A	直接地址单元内容与累加器内容相异或	00H~FFH	62H direct	2	2
	#data8	直接地址单元内容与 8 位立即数相异或	#00H~#FFH	63H direct data8	3	2

表 B.7　循环/移位类指令

助记符	功能说明	对标志位的影响				机器码	字节数	机器周期
		C	AC	OV	P			
RL A	累加器内容循环左移					23H	1	1
RLC A	累加器内容带进位循环左移	Y			Y	33H	1	1
RR A	累加器内容循环右移					03H	1	1
RRC A	累加器内容带进位循环右移	Y			Y	13H	1	1

表 B.8　转移类指令

助记符		功能说明	寻址范围	机器码	字节数	机器周期
LJMP addr16		长转移	0000H~FFFFH	02H ddr16	3	2
AJMP addr11		绝对短转移	0000H~07FFH	备注1	2	2
SJMP rel		相对转移	−80H~7FH	80H rel	2	2
JMP @A+DPTR		相对于 DPTR 的间接转移	0000H~FFFFH	73H	1	2
JZ rel		累加器内容为 0，转移	−80H~7FH	60H rel	2	2
JNZ rel		累加器内容非 0，转移	−80H~7FH	70H rel	2	2
CJNE A,	direct,rel	累加器内容与直接地址单元内容比较，若不等则转移	−80H~7FH 若(A)<(direct)，则 C 置 1，否则 C 清 0	B5H direct rel	3	2
	#data8,rel	累加器内容与 8 位立即数比较，若不等则转移	−80H~7FH 若(A)<data，则 C 置 1，否则 C 清 0	B4H data8 rel	3	2

助记符	功能说明	寻址范围	机器码	字节数	机器周期
CJNE Rn, #data8,rel	寄存器内容与8位立即数比较，若不等则转移	−80H～7FH 若(Rn)<data，则 C 置 1，否则 C 清 0	B8H～BFH data8 rel	3	2
CJNE @Ri, #data8,rel	间接 RAM 单元内容与8位立即数比较，若不等则转移	−80H～7FH 若((Ri))<data，则 C 置 1，否则 C 清 0	B6H～B7H data8 rel	3	2
DJNZ Rn,	寄存器内容减1，非 0 转移	不影响状态标志位	D8H～DFH rel	2	2
DJNZ direct,	直接地址单元内容减 1，非 0 转移	不影响状态标志位	D5H direct rel	3	2

说明：*备注 1*=a10 a9 a8 00001/ a7 a6 … a2 a1 a0，其中 a10 a9 a8 a7 a6…a2 a1 a0 是 addr11。

表 B.9 其他指令

助记符	功能说明	机器码	字节数	机器周期
ACALL addr11	绝对短调用子程序	*备注 2*	2	2
LCALL addr16	长调用子程序	12H addr16	3	2
RET	子程序返回	22H	1	2
RETI	中断返回	32H	1	2
PUSH direct	直接地址单元中的数据入栈	C0H direct	2	2
POP direct	堆栈中的数据弹出到直接地址单元中	D0H direct	2	2
NOP	空操作	00H	1	1

说明：*备注 2*=a10 a9 a8 10001/ a7 a6 … a2 a1 a0，其中 a10 a9 a8 a7 a6…a2 a1 a0 是 addr11。

表 B.10 位操作类指令

助记符	功能说明	机器码	字节数	机器周期
CLR C	清进位标志位	C3H	1	1
CLR bit	清直接地址位	C2H bit	2	1
SETB C	置进位标志位	D3H	1	1
SETB bit	置直接地址位	D2H bit	2	1
CPL C	进位标志位求反	B3H	1	1
CPL bit	直接地址位求反	B2H bit	2	1
ANL C, bit	进位标志位内容和直接地址位内容相与	82H bit	2	2
ANL C, /bit	进位标志位内容和直接地址位内容的反码相与	B0H bit	2	2
ORL C, bit	进位标志位内容和直接地址位内容相或	72H bit	2	2
ORL C, /bit	进位标志位内容和直接地址位内容的反码相或	A0H bit	2	2
MOV C, bit	直接地址位内容送进位标志位	A2H bit	2	2
MOV bit, C	进位标志位内容送直接地址位	92H bit	2	2
JC rel	若进位标志位内容为 1 则转移	40H rel	2	2
JNC rel	若进位标志位内容为 0 则转移	50H rel	2	2
JB bit, rel	若直接地址位内容为 1 则转移	20H bit rel	3	2
JNB bit, rel	若直接地址位内容为 0 则转移	30H bit rel	3	2
JBC bit, rel	若直接地址位内容为 1 则转移，该位清 0	10H bit rel	3	2

参 考 文 献

[1] 何立民. MCS-51 系列单片机应用系统设计：系统配置与接口技术. 北京：北京航空航天大学出版社，2001.

[2] 张毅刚. 单片机原理及应用. 4 版. 北京：高等教育出版社，2021.

[3] 胡汉才. 单片机原理及其接口技术. 4 版. 北京：清华大学出版社，2018.

[4] 李全利. 单片机原理及接口技术. 3 版. 北京：高等教育出版社，2020.

[5] 赵德安，孙月平. 单片机原理与应用. 4 版. 北京：机械工业出版社，2023.

[6] 陈海宴. 51 单片机原理及应用——基于 Keil C 与 Proteus. 4 版. 北京：北京航空航天大学出版社，2022.

[7] 桑胜举等. 单片机原理及应用. 北京：电子工业出版社，2022.

[8] 陈桂友等. 单片机原理及应用. 2 版. 北京：机械工业出版社，2022.

[9] 何立民. 单片机高级教程——应用于设计. 2 版. 北京：北京航空航天大学出版社，2007.

[10] 周立功. 单片机实验与实践教程（三）. 北京：北京航空航天大学出版社，2006.

[11] 徐爱钧. 单片机原理实用教程——基于 Proteus 虚拟仿真. 4 版. 北京：电子工业出版社，2018.

[12] 马春燕. 单片机原理与接口技术——基于 AT89S52 单片机. 北京：高等教育出版社，2022.

[13] 刘志君，姚颖. 单片机原理及应用——基于 C51+Proteus 仿真. 北京：机械工业出版社，2023.

[14] 汪贵平. 新编单片机原理及应用. 2 版. 北京：机械工业出版社，2022.

[15] 胡汉才. 单片机原理及其接口技术学习辅导与实践教程. 北京：清华大学出版社，2009.

[16] 李朝青等. 单片机学习指导. 2 版. 北京：北京航空航天大学出版社，2021.

[17] 张毅刚. 单片机应用设计案例——C51+Proteus 仿真. 北京：高等教育出版社，2021.

[18] 李泉溪. 单片机原理与应用实例仿真. 4 版. 北京：北京航空航天大学出版社，2022.

[19] 李媛等. 单片机原理与实践. 北京：电子工业出版社，2022.

[20] 牟志华等. 单片机原理与应用. 北京：高等教育出版社，2022.

[21] 胡长胜，高梅. 单片机原理及应用. 3 版. 北京：高等教育出版社，2021.

[22] 何立民. 单片机应用技术选编（一至十二）. 北京：北京航空航天大学出版社，2004.

[23] 李胜铭等. MSP430 单片机原理与创新设计. 北京：电子工业出版社，2021.

[24] 曾辉. PIC 单片机原理与实践——汇编及 C 语言. 北京：北京航空航天大学出版社，2017.

[25] 薛小铃. 电子系统设计与实战——C8051F 单片机+FPGA 控制版. 北京：高等教育出版社，2015.

[26] 李学海. EM78 单片机实用教程. 北京：电子工业出版社，2003.

[27] 欧阳明星. AVR 单片机应用技术项目化教程. 2 版. 北京：电子工业出版社，2019.

反侵权盗版声明

电子工业出版社依法对本作品享有专有出版权。任何未经权利人书面许可，复制、销售或通过信息网络传播本作品的行为，歪曲、篡改、剽窃本作品的行为，均违反《中华人民共和国著作权法》，其行为人应承担相应的民事责任和行政责任，构成犯罪的，将被依法追究刑事责任。

为了维护市场秩序，保护权利人的合法权益，我社将依法查处和打击侵权盗版的单位和个人。欢迎社会各界人士积极举报侵权盗版行为，本社将奖励举报有功人员，并保证举报人的信息不被泄露。

举报电话：（010）88254396；（010）88258888

传　　真：（010）88254397

E-mail:　　dbqq@phei.com.cn

通信地址：北京市海淀区万寿路 173 信箱

　　　　　电子工业出版社总编办公室

邮　　编：100036